土木建筑类"1+X证书"课证融通教材

BIM建筑工程计量与计价

BIM JIANZHU GONGCHENG JILIANG YU JIJIA

主编 兰　丽（北京财贸职业学院）
邹雪梅（北京财贸职业学院）

副主编 郭秋生（北京财贸职业学院）
左岩岩（张家口职业技术学院）

参编 李　宁（北京经济管理职业学院）
欧阳喜玉（北京开放大学）
李　虹（广联达科技股份有限公司）
夏　添（北京市燕通建筑构件有限公司）

重庆大学出版社

内容提要

本书根据"1+X"工程造价数字化应用职业技能等级(初级和中级)证书考试要求,依托一个完整的建设项目,以典型框架结构和剪力墙结构计算为主线编写而成。本书共3篇、9个项目,分别介绍了BIM建筑工程计量与计价基础知识、工程计量设置、主体结构工程量计量、二次结构工程量计量、装修及其他工程量计量、基础及土方工程量计量、查看报表及云应用、装配式建筑工程量计量、招标控制价编制等内容。本书旨在提升学习者工程计量与计价的能力,提升建筑相关企业的造价管理水平。

本书可用作高等院校工程造价专业的实训教材,也可用作建筑工程技术、工程管理专业的教学用书以及岗位技能培训教材或自学用书。

图书在版编目(CIP)数据

BIM 建筑工程计量与计价 / 兰丽, 邹雪梅主编. --
重庆 : 重庆大学出版社, 2023.3(2024.2 重印)
土木建筑类"1+X证书"课证融通教材
ISBN 978-7-5689-3752-8

Ⅰ. ①B… Ⅱ. ①兰… ②邹… Ⅲ. ①建筑工程—计量—教材②建筑造价—教材 Ⅳ. ①TU723.32

中国国家版本馆 CIP 数据核字(2023)第 036782 号

BIM 建筑工程计量与计价
主 编 兰 丽 邹雪梅
策划编辑:林青山
责任编辑:张红梅 版式设计:林青山
责任校对:谢 芳 责任印制:赵 晟
*
重庆大学出版社出版发行
出版人:陈晓阳
社址:重庆市沙坪坝区大学城西路21号
邮编:401331
电话:(023) 88617190 88617185(中小学)
传真:(023) 88617186 88617166
网址:http://www.cqup.com.cn
邮箱:fxk@cqup.com.cn (营销中心)
全国新华书店经销
重庆华林天美印务有限公司印刷
*
开本:787mm×1092mm 1/16 印张:17 字数:453千 插页:8开1页
2023年4月第1版 2024年2月第2次印刷
印数:2 001—5 000
ISBN 978-7-5689-3752-8 定价:49.00元

前言
FOREWORD

随着数字化时代的到来，数字科技在建筑领域得到了深度创新应用，工程造价管理出现新业态，老行业颠覆成为必然，新岗位的出现又对造价人员提出了更高的要求。因此，培养能运用现代信息技术解决岗位实际问题的高素质造价人才显得尤为关键和迫切。

从国内外职业教育实践来看，产教融合是职业教育的基本办学模式，也是职业教育人才培养的必由之路，2019 年，教育部推出职业教育改革"1 + X 证书"制度。本书按照"1 + X"工程造价数字化应用职业技能等级（初级和中级）证书考试要求，将数字技术及新业务模式与传统工程造价融合，依托一个完整的建设项目，以典型框架结构和剪力墙结构计算为主线，以《建设工程工程量清单计价规范》（GB 50500—2013）、《房屋建筑与装饰工程工程量计算规范》（GB 50854—2013）、《建筑工程建筑面积计算规范》（GB/T 50353—2013）、《混凝土结构施工图平面整体表示方法制图规则和构造详图（现浇混凝土框架、剪力墙、梁、板）》（22G101—1）和《北京市建设工程计价依据——预算定额 房屋建筑与装饰工程预算定额》（2012 版）为依据编写而成。

本书有机融入党的二十大精神，采用"理论知识 + 技能实操"的模式，根据课程具体知识点背后蕴含的思政元素，激发学生的爱国主义情怀，增强学生的民族自信心与责任感，培养学生树立正确的价值观，以及造价人员应具备的严守纪律、公正、公平、诚实守信、保守秘密的职业品质，严谨求实、一丝不苟、吃苦耐劳的职业精神，勤于沟通、团队协作的职业态度，并从数字技术在行业中的应用需求出发，培养学生独立运用数字技术进行建筑工程计量与计价的职业能力，充分发挥课程的育人功能。

本书共设 3 篇，分别为原理篇、计量篇、计价篇。原理篇主要介绍 BIM 建筑工程计量与计价的相关概念、基本原理和建筑面积计算规则；计量篇主要介绍建筑工程主体结构工程量、二次结构工程量、装修及其他工程量、基础及土方工程量、装配式建筑工程量的计量方法；计价篇主要介绍建筑工程招标控制价的编制方法。此外，附录部分还以二维码的形式提供了"1 + X"工程造价数字化应用职业技能等级证书标准、考评大纲和真题实训，为学生取得"1 + X"工程造价数字化应用职业技能等级（初级和中级）证书助力。同时，本书还提供了相关规范以及配套的课程标准、教学

PPT、阶段性成果源文件等数字教学资源,为教师开展教学活动助力。

本书的编写整合了各大高校及相关建筑企业的力量。本书由北京财贸职业学院兰丽、邹雪梅担任主编,北京财贸职业学院郭秋生、张家口职业技术学院左岩岩担任副主编,其中原理篇、计价篇及附录由兰丽、郭秋生、欧阳喜玉、李虹编写;计量篇由邹雪梅、李宁、左岩岩、夏添编写。全书由兰丽统稿。

本书的编写得到了广联达科技股份有限公司、北京市燕通建筑构件有限公司各位领导和同仁的指导与支持,同时参考了大量同类专著和教材等,在此一并表示由衷的感谢!

由于编者水平有限,书中难免有不足之处,恳请广大读者批评指正,以便及时修改和完善。

编　者

2023 年 2 月

目录
CONTENTS

原理篇

项目1 BIM建筑工程计量与计价基础知识

【教学目标】

1. 知识目标

(1)熟悉工程造价的概念、特点和职能。

(2)熟悉建设项目总投资及固定资产投资的构成。

(3)掌握建筑工程计量的依据和方法。

(4)掌握定额计价和清单计价的依据和方法。

(5)掌握建筑面积的计算规则和方法。

2. 能力目标

(1)能够正确处理定额计价与清单计价两种计价模式之间的关系。

(2)能够根据建筑面积计算规则正确计算建设项目建筑面积。

3. 素养目标

(1)培养学生获取、分析、归纳、使用信息的职业能力。

(2)培养学生严守纪律、公平公正、诚实守信、保守秘密的职业品质。

(3)培养学生严谨求实、一丝不苟、精益求精、吃苦耐劳的职业精神。

(4)践行公平公正、诚实守信、保守秘密的价值行为(建议:介绍工程造价的特点和计价的阶段性特点时,结合行业典型案例讲解造价人员职业道德的重要性)。

(5)弘扬精益求精的工匠精神(建议:介绍建筑面积计算规则和方法时,结合港珠澳大桥建设案例讲解工匠精神的重要性)。

【教学载体】配套使用员工宿舍楼图纸和教材提供的数字资源。

【建议学时】6 学时

任务 1.1 工程造价基本内容

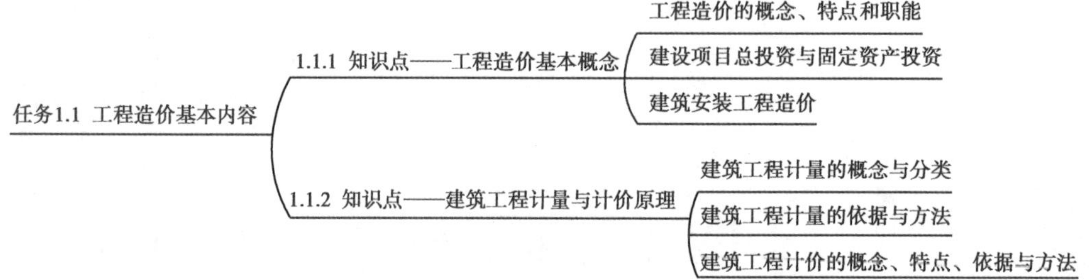

【知识与技能】

1.1.1 知识点——工程造价基本概念

1)工程造价的概念、特点和职能

(1)工程造价的概念

工程造价是指工程项目的建造价格。其含义根据当事人所处的角度不同而不同。

从投资者角度,工程造价是指建设一项工程预期或实际开支的全部固定资产投资费用。

从市场交易角度,工程造价是指在工程项目发承包交易活动中形成的建筑安装工程费用或建设工程总费用。

(2)工程造价的特点

①高额性。建设项目一般不仅实物形体庞大,而且工程造价额度巨大,动辄数百万元或数千万元人民币,特大建设项目的工程造价甚至可达数十亿元或数百亿元人民币。工程造价不仅关系各方面的经济利益,而且对宏观经济也会产生重大影响,这不仅体现了它的特殊性质,也体现了工程造价管理的重要性。

②个体性和差异性。每个建设项目的规模、功能、用途以及建设时间、地点都不同，造型、主体结构、内外装饰、工艺设备和建筑材料都有具体的要求，实物形态千差万别，投资费用构成的各种价格要素也存在区域差异，从而导致工程造价的个体性和差异性。

③层次性。一个建设工程一般由建设项目、单项工程和单位工程三个层次构成。

建设工程的层次性也决定了工程造价的层次性，与此相对应，工程造价也主要有三个层次，即建设项目总造价、单项工程造价和单位工程造价，如图 1.1 所示。

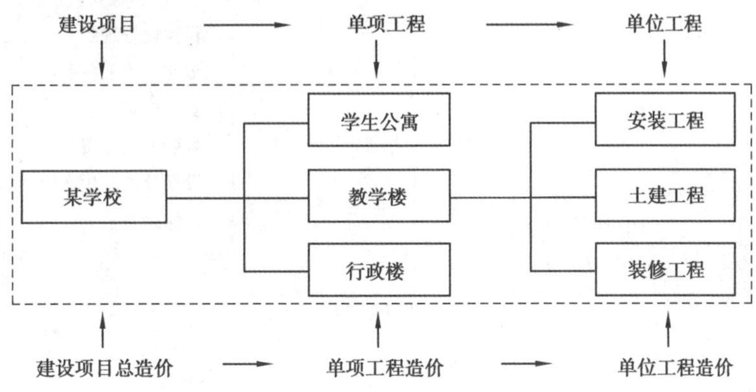

图 1.1

④动态性。一个建设项目从投资决策到竣工交付使用有一个较长的建设周期，在此期间存在诸多影响工程造价的因素，如工人工资标准、材料及设备价格、各项取费费率、利率等都可能会发生变化，因此项目价格总是处于不断变化的动态状态，工程造价也从预算造价逐步成为实际造价。

(3)工程造价的职能

工程造价的职能有基本职能和派生职能之分。其基本职能包括表价职能与调节职能，派生职能包括核算职能与分配职能。除此之外，工程造价还具有自己特有的职能。

①预测职能。由于工程造价的高额性和动态性，无论是业主还是承包商，都要对拟建工程造价进行预先测算。业主进行预先测算，目的是为建设项目决策、筹集资金和控制造价提供依据；承包商进行预先测算，目的是为投标决策、投标报价和成本控制提供依据。

②评价职能。一个建设项目的工程造价，是评价这个建设项目总投资、分项投资的合理性以及投资效益的主要依据之一；又是评价土地价格、建筑安装产品价格和设备价格是否合理的依据；也是评价建设项目偿贷能力和获利能力的依据；还是评价建筑安装企业管理水平和经营成果的重要依据。

③调控职能。调控职能包括调整与控制两个方面。一方面是国家对建设工程项目的建设规模、工程结构、投资方向，以及建设中的各种物资消耗水平等进行调整与管理；另一方面是对投资者的投资控制和对承包商的成本控制。投资控制是指根据工程造价在各阶段的预算而进行全过程和阶段性的控制；成本控制是指在价格一定的条件下，建筑施工企业以工程造价来控制成本、增加盈利。

2)建设项目总投资与固定资产投资

(1)建设项目总投资

建设项目总投资是指投资主体为获取预期收益，在选定的建设项目上投入的全部所需资金。

建设项目按用途可分为生产性建设项目和非生产性建设项目。生产性建设项目总投资包括固定资产投资和流动资产投资两部分;非生产性建设项目总投资只包括固定资产投资,不含流动资产投资。建设项目总造价是指项目总投资中的固定资产投资总额。我国现行建设项目总投资构成如图 1.2 所示。

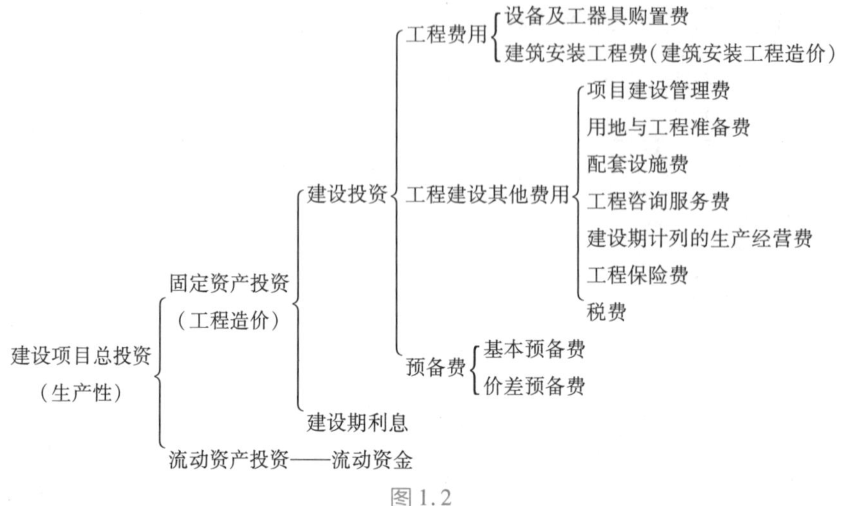

图 1.2

(2)建设项目固定资产投资

建设项目固定资产投资也就是建设项目的工程造价,建设项目总投资与固定资产投资二者在量上是等同的。其中,建筑安装工程投资也就是建筑安装工程造价,二者在量上也是等同的。从这里也可以看出工程造价两种含义的同一性。

3)建筑安装工程造价

建筑安装工程造价也称建筑安装产品价格。从投资的角度看,它是建设项目投资中的建筑安装工程部分的投资,也是工程造价的组成部分;从市场交易角度看,建筑安装工程实际造价是投资者和承包商双方共同认可的、由市场形成的价格。

1.1.2 知识点—— 建筑工程计量与计价原理

1)建筑工程计量的概念与分类

(1)建筑工程计量的概念

建筑工程计量即建筑工程工程量计算,指建设工程项目以工程图纸、施工组织设计及有关技术经济文件为依据,按照工程相关国家或地区标准的计算规则、计量单位等规定,进行工程数量计算的过程。

建筑工程计量是建筑工程计价的基础,是项目招投标和工程结算的前提。建筑工程工程量的计算准确与否直接影响工程造价的准确性以及工程建设的投资控制。

(2)建筑工程计量的分类

建筑工程计量按照不同的性质和用途分为建筑生产要素消耗量计量和建筑工程量计量。建筑生产要素消耗量计量是指在正常的生产条件下,完成某分项工程或结构构件实际所需要的人工、材料、施工机械台班数量的计算。建筑工程量计量是指以物理计量单位或自然计量单位表示的各个具体分部分项工程量和构配件数量的计算，如图 1.3 所示。

- 建筑工程计量
  - 建筑生产要素消耗量计量
    - 人工消耗量计量
    - 材料消耗量计量
    - 机械台班使用量计量
  - 建筑工程量计量
    - 分部分项工程量计量
    - 构配件数量计量

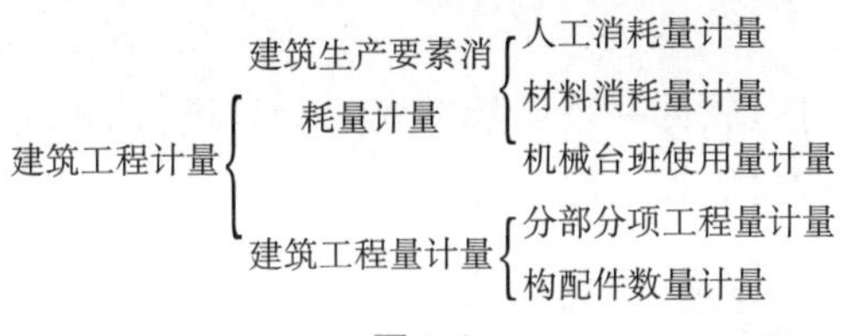

图 1.3

建筑工程量包括定额工程量和清单工程量。定额工程量是指依据相关定额的项目划分和工程量计算规则及设计文件计算得出的工程数量，它不仅包含工程的净值净量，还包括施工操作和技术措施的增加量。清单工程量是指依据清单规范中的项目划分和工程量计算规则及设计文件计算得出的工程数量，它仅包含工程的净值净量。建筑工程量分类如图 1.4 所示。

- 建筑工程量
  - 定额工程量
    - 工程的净值净量
    - 增加量
      - 施工操作增加量
      - 技术措施增加量
  - 清单工程量 = 工程的净值净量

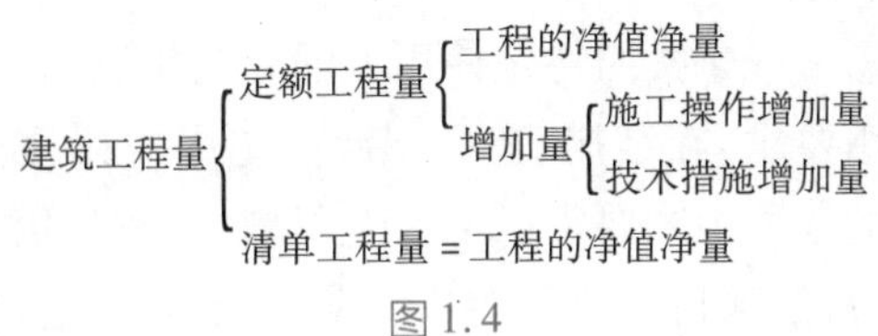

图 1.4

2) 建筑工程计量的依据与方法

(1) 建筑工程计量的依据

建筑工程计量包括清单工程量计量和定额工程量计量，其计算的依据不完全一致，主要采用如下依据：

①建筑工程计量规范。

清单工程量计量：

《建筑工程建筑面积计算规范》(GB/T 50353—2013)；

《房屋建筑与装饰工程工程量计算规范》(GB 50854—2013)。

定额工程量计量：

各地区消耗量定额的计算规则，例如：员工宿舍楼工程建设地点在北京市，采用《北京市建设工程计价依据——预算定额 房屋建筑与装饰工程预算定额》(2012 版)。

②经审定通过的施工图纸及其说明。

③经审定通过的施工组织设计。

④经审定通过的其他有关技术经济文件。

(2) 建筑工程计量的方法

建筑工程计量是一项繁杂且细致的工作，方法主要包括手工计量、计算机专业软件计量，如图 1.5 所示。

- 建筑工程计量方法
  - 手工计量
  - 计算机专业软件计量

图 1.5

近年来，随着建筑业信息化发展的加快，特别是相应专业软件的开发，建筑工程计量已经摒弃利用直尺、计算器等工具相结合的手工计量方式，而利用专业计量软件建立模型，实现了软件自动计算并统计各专业工程量，不仅提高了计算速度和效率，工程量的确定也更加准确。

但对于一些复杂的建筑,现有的计量软件建模能力有限,还是需要计算机与手工计算相结合的方式。

目前国内常用的三维计量软件一般是基于 AutoCAD 进行的二次开发,包括广联达清单计价软件、广联达预算软件、神机妙算工程造价软件、BIM 等。

3)建筑工程计价的概念、特点、依据与方法

(1)建筑工程计价的概念

建筑工程计价就是计算和确定建筑工程项目的建造费用,即建筑工程造价,是指工程造价人员在项目建设的各个阶段,按照法律法规及标准规范规定的程序、方法和各阶段的不同依据和要求,对工程项目最可能实现的合理价格做出科学计算和确定的过程。其表现形式和成果是编制的工程造价文件。

(2)建筑工程计价的特点

①计价的单件性。建设工程是按照特定使用者的专门用途,在指定地点逐个建造的。每项建筑工程为适应不同使用要求,在结构、造型、装饰、选用材料、面积等方面都有差异,再加上不同地区构成投资费用的各种生产要素(如人工、材料、机械)的价格差异,建设施工时采用的施工方案不同,最终导致每个项目一般只能单独设计、单独建造,根据各自所需的生产消耗量逐项计价,即单件计价。

②计价的阶段性(即多次性)。建筑产品具有生产周期长、规模大、造价高的特点,按照建设程序的规定,需要按照其建设阶段的不同分别进行工程造价的计算,以防工程费用超支,因此各个阶段需要多次计价,建筑工程计价过程就是从估算到概算、预算、合同价、结算价、决算价逐渐深化、细化直至最后接近实际造价的过程。建筑工程计价过程如图 1.6 所示。

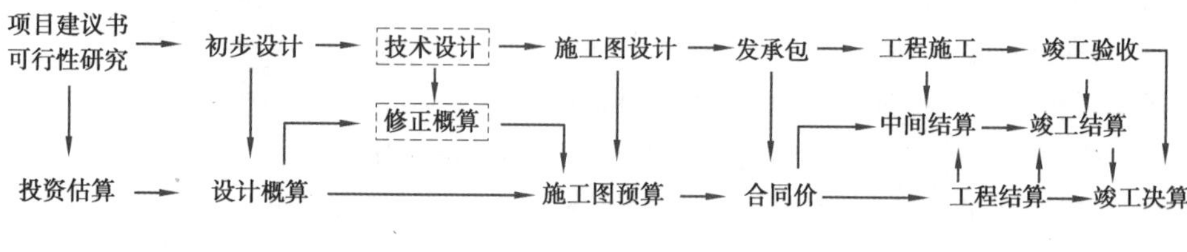

图 1.6

a. 投资估算:在项目建议书和可行性研究阶段,由建设单位或其委托的咨询机构根据项目建议和类似工程的有关资料,对拟建工程所需投资进行预先测算和确定的过程。投资估算是项目决策前期编制项目建议书和可行性研究报告的重要组成部分,是项目决策的重要经济指标之一。

b. 设计概算:在初步设计或扩大初步设计阶段编制的计价文件,由设计院根据初步设计文件和图纸、概算定额(或概算指标)及有关取费规定,用科学的方法计算和确定工程项目从筹建到竣工全部建设费用的文件。它是国家确定和控制基本建设投资额、编制基本建设计划、选择最优设计方案、推行限额设计的重要依据,经批准的设计总概算是建设项目造价控制的最高限额。

c. 施工图预算:在施工图设计阶段,根据施工图、基础定额、市场价格及各项取费标准等资料计算和确定单位工程或单项工程建设费用的经济文件。

d. 合同价:在工程招投标阶段,通过签订总承包合同、建筑安装工程承包合同、设备材料

采购合同,以及技术和咨询服务合同确定的价格。合同价是由发承包双方根据市场行情议定和认可的价格,它属于市场价格范畴,但并不等于实际工程造价。

e. 工程结算:在工程建设的收尾阶段,由施工单位根据影响工程造价的设计变更、设备和材料差价等,在承包合同约定的调整范围内,对合同价进行必要修正后形成的造价。工程结算可采取竣工后一次结算,也可以在工期中通过采用分期付款的方式进行中间结算。

f. 竣工决算:在建设项目竣工后,建设单位按照国家有关规定对新建、改建及扩建的工程建设项目编制的从筹建到竣工投产的全部实际支出费用的竣工结算报告。它是正确核定新增固定资产价值、考核分析投资效果、建立健全经济责任制的依据,是综合、全面反映竣工项目建设成果及财务情况的总结性文件。

③计价的组合性。工程造价是按照建设项目的划分分别计算组合而成的。一个建设项目是一个工程综合体,这个综合体可以分解成许多有内在联系的独立和非独立的工程,计价时需要按照建设项目的划分逐个计算、逐层汇总、组合计价。

工程造价的计算过程和计算顺序是:分部分项工程单价→单位工程造价→单项工程造价→建设项目总造价。

④计价的动态性。建设项目从立项到竣工验收要经历较长的建设期,在此期间会出现一些不可预见的因素对工程造价产生影响,如设计变更,材料、设备价格变化等,因此,工程计价需随项目的进展进行跟踪、调整,直至竣工决算后形成实际造价。

⑤计价方法的多样性。不同建设阶段的计价依据不同,对造价的精确度要求也不同,这就决定了不同建设阶段的计价方法具有多样性的特征。如投资估算的方法有生产能力指数法和设备系数法,计算概预算的方法有单价法和实物法等。不同方法的适用条件不同,计价时要根据工程特点和实际情况进行选择。

⑥计价依据的复杂性。工程造价的影响因素较多,决定了建筑工程计价依据的复杂性。计价依据主要分为以下七类:

a. 设备和工程量计算依据。

b. 人工、材料、机械等实物消耗量计算依据。

c. 工程单价(包括人工单价、材料价格、材料运杂费、机械台班费等)计算依据。

d. 设备单价计算依据。

e. 措施费、间接费和工程建设其他费用计算依据,主要是相关的费用定额和指标。

f. 政府规定的税、费。

g. 物价指数和工程造价指数。

(3)建筑工程计价的依据

建筑工程计价的依据是指在建筑工程计价活动中,所要依据的与计价内容、计价方法和价格标准相关的建筑工程计量计价标准、建筑工程计价定额及建筑工程造价信息等。

①建筑工程计价活动的相关规章规程:建筑工程发包与承包计价管理办法、建设项目投资估算编审规程、建设项目设计概算编审规程、建设项目施工图预算编审规程等。

②工程量清单计价和计量规范:由《建设工程工程量清单计价规范》(GB 50500—2013)、《房屋建筑与装饰工程工程量计算规范》(GB 50854—2013)、《仿古建筑工程工程量计算规范》(GB 50855—2013)、《通用安装工程工程量计算规范》(GB 50856—2013)、《市政工程工程

量计算规范》(GB 50857—2013)、《园林绿化工程工程量计算规范》(GB 50858—2013)、《矿山工程工程量计算规范》(GB 50859—2013)、《构筑物工程工程量计算规范》(GB 50860—2013)、《城市轨道交通工程工程量计算规范》(GB 50861—2013)、《爆破工程工程量计算规范》(GB 50862—2013)等组成。

③工程定额:国家、省、有关专业部门制定的各种定额,包括工程消耗量定额和工程计价定额等。

④工程造价信息:价格信息、工程造价指数和已完工程信息等。

(4)建筑工程计价基本原理

在没有具体的图样和工程量清单时,通常利用函数关系对拟建项目的造价进行类比匡算;在设计方案已经确定时,通常利用项目的分解与价格的组合原理计价。

建设项目的分解自上而下,将建设项目分解为:建设项目→单项工程→单位工程→分部工程→分项工程;价格的组合自下而上进行,由局部组合为整体,分项工程造价→分部工程造价→单位工程造价→单项工程造价→建设项目总造价。

(5)建筑工程计价的方法

建筑工程计价的方法通常有定额计价法和清单计价法两种。

①定额计价法。定额计价法是指按照现行建设行政主管部门发布的建设工程预算定额的项目内容和工程量计算规则,对一个建设工程项目中的分部分项工程项目及施工技术措施项目进行列项,计算其定额工程量,同时参照省级建设行政主管部门发布的人工工日单价、机械台班单价、材料以及设备价格信息及同期市场价格,并考虑一定范围内的风险费用,据此直接计算、汇总出定额直接费,再按照规定的取费方法和标准确定企业管理费、利润、规费、税金,汇总确定建筑安装工程造价。定额计价法基本程序如图 1.7 所示。

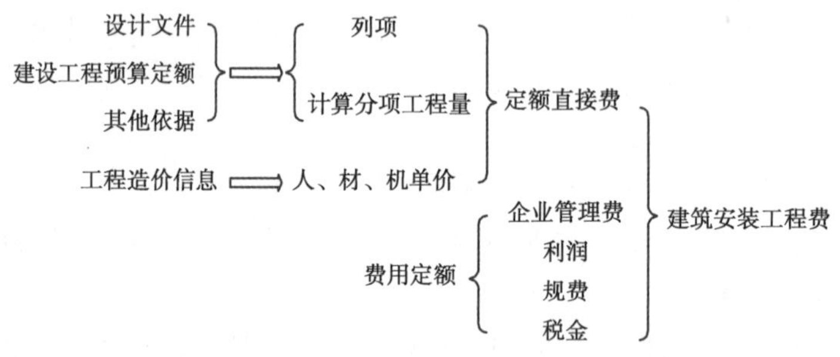

图 1.7

定额计价法的工程造价构成:人工费、材料费、施工机具使用费、企业管理费、规费、税金。

②清单计价法。工程量清单计价法是指按照国家统一的工程量清单计价规范的规定,在各相应专业工程工程量计算规范规定的清单项目设置和工程量计算规则基础上,针对具体工程的施工图纸和施工组织设计计算出各个清单项目的工程量,根据规定的方法计算出综合单价,并汇总各清单合价得出的工程总价。

工程量清单计价的编制过程可以分为两个阶段:工程量清单的编制及利用工程量清单来编制和确定工程造价,包括投标报价和招标控制价。投标报价是在业主提供的工程量清单的基础上,根据企业自身所掌握的各种信息、资料、市场价格,结合企业定额编制得出的。招标控制价是业主依据工程量清单、社会平均消耗量定额、生产要素信息价及建设主管部门颁发的计价依据等资料编制得出的。工程量清单计价基本程序如图1.8所示。

建设项目价格的形成过程是在正确划分分项工程的基础上,用综合单价乘以工程量得出分项工程费用;将某一分部工程的所有分项工程费用相加求出该分部工程的费用;同理,将属于本单位工程的所有分部工程费用相加,再加上措施项目费、其他项目费、规费、税金等,可算出该单位工程的造价或发承包价格;最后加上工程建设其他费用,可依次计算出单项工程、建设项目的工程造价。清单计价法的工程造价包括分部分项工程费、措施项目费、其他项目费、规费、税金。其中:

a. 分部分项工程费 = $\sum$(分部分项工程量×分部分项工程综合单价)

其中,分部分项工程综合单价由人工费、材料费、施工机具使用费、企业管理费、利润等组成,并考虑一定范围内的风险费用。

b. 措施项目费 = $\sum$(措施项目工程量×措施项目综合单价)+ $\sum$(取费基础×对应费率)

其中,措施项目包括总价措施项目和单价措施项目,措施项目综合单价的构成与分部分项工程单价构成类似。

c. 其他项目费 = 暂列金额 + 暂估价 + 计日工 + 总承包服务费

d. 单位工程造价 = 分部分项工程费 + 措施项目费 + 其他项目费 + 规费 + 税金

e. 单项工程造价 = $\sum$ 单位工程造价 + 设备及工器具购置费

f. 建设项目总造价 = $\sum$ 单项工程造价 + 建设项目其他费用

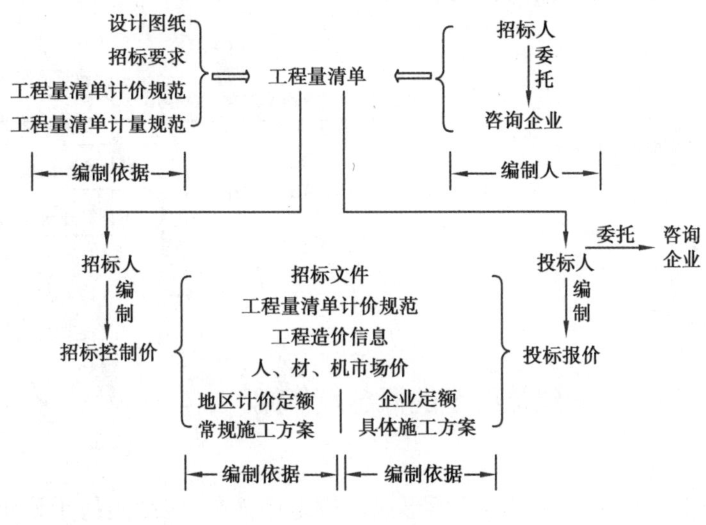

图1.8

【测试】

1. 客观题(扫下方二维码,在线测试)

2. 主观题

(1)简述建筑工程计价的概念及特点。

(2)简述设计概算的概念及意义。

【知识拓展】

序号	拓展内容	扫码阅读
拓展 1	定额计价与清单计价的区别与联系	
拓展 2	招标控制价、标底、投标报价以及中标价间的关系	

任务 1.2 建筑面积计算规则

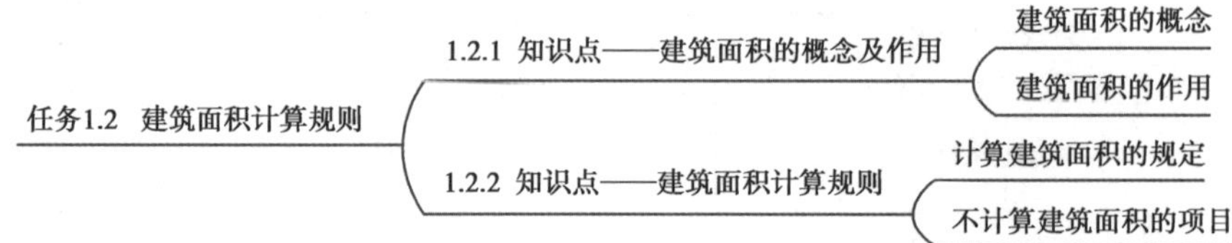

【知识与技能】

1.2.1 知识点—— 建筑面积的概念及作用

1)建筑面积的概念

建筑面积是指建筑物(包括墙体)所形成的楼地面面积,包括附属于建筑物的室外阳台、雨篷、檐廊、室外走廊、室外楼梯等以平方米为单位计算出的建筑物各层面积的总和。它包括建筑物中的使用面积、辅助面积和结构面积,即建筑面积 = 使用面积 + 辅助面积 + 结构面积。其中,使用面积与辅助面积的总和为有效面积,即有效面积 = 使用面积 + 辅助面积。

(1)使用面积

使用面积是指建筑物各层平面布置中可直接为人们生活、工作和生产使用的净面积的总和。居室净面积在民用建筑中亦称“居住面积”。

(2)辅助面积

辅助面积是指建筑物各层平面布置中为辅助生产、生活和工作所占的净面积(如建筑物内的设备管道层、储藏室、水箱间、垃圾道、通风道、室内烟囱等)及交通面积(如楼梯间、通道、电梯井等所占净面积)。

(3)结构面积

结构面积是指建筑物各层平面布置中的内外墙、柱体等结构所占面积的总和(不含抹灰厚度、装饰幕墙厚度所占面积)。

2)建筑面积的作用

建筑面积指标在工程建设中具有十分重要的作用,是计算和分析工程建设一系列技术经济指标的重要依据,其作用主要包括以下几个方面:

①建筑面积是控制设计、评价设计方案的重要依据。建筑面积作为设计的重要参数,是计算容积率(土地利用系数)的基础。

②建筑面积是计算单位建筑面积工程造价、用工、用料等技术经济指标的基础。利用建筑面积计算单位建筑面积的技术经济指标,才能以此评价设计方案和施工的经济效益及管理水平。

③建筑面积的计算对建筑施工企业实行内部经济承包责任制、投标报价、编制施工组织设计、配备施工力量、进行成本核算及物资供应等各个方面,都具有重要意义。

1.2.2　知识点—— 建筑面积计算规则

《建筑工程建筑面积计算规范》(GB/T 50353—2013)适用于新建、扩建、改建的工业与民用建筑工程建设全过程的建筑面积计算。

1)计算建筑面积的规定

(1)建筑面积计算规范

见课程电子资源,请扫码阅读。

建筑面积
计算规范

(2)员工宿舍楼工程建筑面积计算

①员工宿舍楼工程地上三层,属于多层建筑,首层外墙结构外边线以外有台阶、墙垛、雨篷、散水;屋顶为坡屋顶。

②根据《建筑工程建筑面积计算规范》(GB/T 50353—2013)3.0.27 中第 6 条规定,附墙柱、垛、台阶、散水不计算建筑面积;而雨篷为钢结构,不计算建筑面积;屋顶属于无设计利用的坡顶空间,根据 3.0.3 规定,也不需要计算建筑面积。

③员工宿舍楼工程建筑面积 = 首层建筑面积 $\times 3 = 28.5\ m \times 14.5\ m \times 3 = 413.25\ m^2 \times 3 = 1\ 239.75\ m^2$

2)不计算建筑面积的项目

①与建筑物内不连通的建筑部件,例如独立的空调室外机搁板。

②骑楼、过街楼底层的开放公共空间和建筑物通道。

骑楼是指建筑底层沿街面后退且留出公共人行空间的建筑物,如图 1.9 所示。过街楼是指跨越道路上空与两边建筑相连接的建筑物,如图 1.10 所示。

③舞台及后台悬挂幕布和布景的天桥、挑台等。

④露台、露天游泳池、花架、屋顶的水箱及装饰性结构构件。

露台是指设置在屋面、首层地面或雨篷上的供人进行室外活动的有围护设施的平台。但如果是设置在首层并有围护设施的平台，且其上层为同体量阳台，则该平台应视为阳台，按阳台的规则计算建筑面积。

⑤建筑物内的操作平台、上料平台、安装箱和罐体的平台。

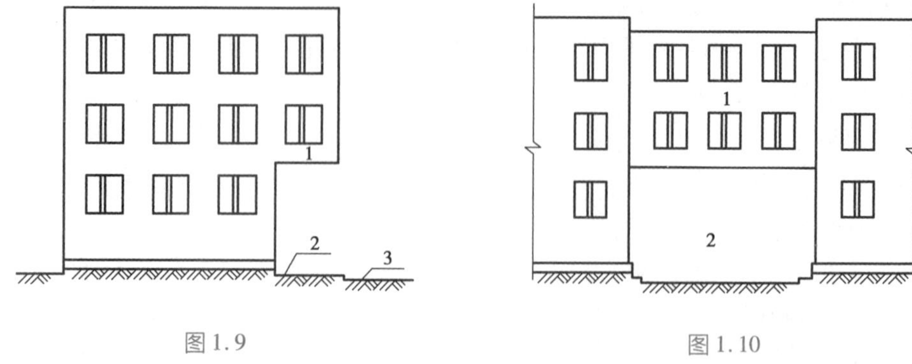

图 1.9
1—骑楼;2—人行道;3—街道

图 1.10
1—过街楼;2—建筑物通道

⑥勒脚、附墙柱、垛、台阶、墙面抹灰、装饰面、镶贴块料面层、装饰性幕墙，主体结构外的空调室外机搁板(箱)、构件、配件，挑出宽度在 2.10 m 以下的无柱雨篷和顶盖高度达到或超过两个楼层的无柱雨篷。墙垛和墙柱如图 1.11 所示。

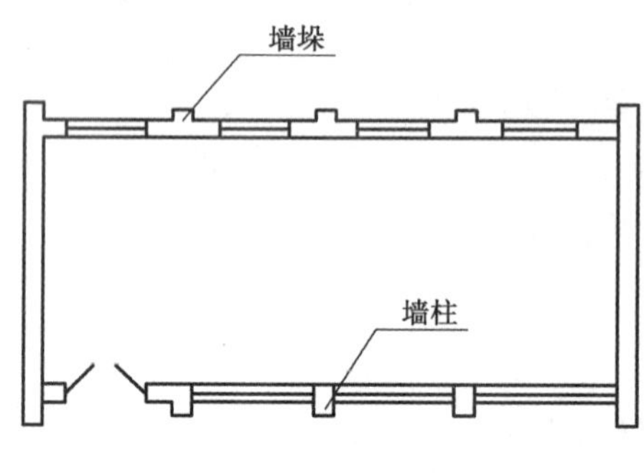

图 1.11

⑦窗台与室内地面高差在 0.45 m 以下且结构净高在 2.10 m 以下的凸(飘)窗，窗台与室内地面高差在 0.45 m 及以上的凸(飘)窗。

⑧室外爬梯、室外钢楼梯。

室外钢楼梯需要区分具体用途，如专用于消防楼梯，则不计算建筑面积；如果是建筑物唯一通道，兼用于消防，则需要计算建筑面积。

⑨无围护结构的观光电梯。

⑩建筑物以外的地下人防通道，独立的烟囱、烟道、地沟、油(水)罐、气柜、水塔、储油(水)池、储仓、栈桥等构筑物。

【测试】

1. 客观题(扫下方二维码，在线测试)

2. 主观题

(1)简述雨篷的种类及其建筑面积计算方法。

(2)简述建筑物哪些部位不计算建筑面积。

【知识拓展】

序号	拓展内容	资源二维码
拓展 1	关于建筑面积的专业术语	
拓展 2	商品房建筑面积与计价中建筑面积计算的区别	

计量篇

项目2 工程计量设置

【教学目标】

1. 知识目标

(1)熟悉建筑设计总说明及图纸,识读结构设计总说明。

(2)熟悉软件界面。

(3)掌握工程信息、楼层信息的输入。

(4)掌握添加、分割、定位工程图纸。

(5)掌握识别轴网、二次编辑、用户界面管理。

2. 能力目标

(1)能够正确设置工程信息、楼层信息、土建及钢筋信息。

(2)能够基于具体图纸,正确建立轴网。

3. 素养目标

(1)培养学生的规范意识、严谨务实的职业品质。

(2)培养学生在知识学习过程中,有意识地把理论转化为实际行动的科学精神。

(3)树立规范意识以及严谨务实的职业品质(建议:识读建筑设计总说明及工程图纸时,结合工程测量错误等典型案例,讲解职业品质培养)。

(4)践行把理论转化为实际行动的科学精神(建议:讲解工程信息设置时,结合《混凝土结构施工图平面整体表示方法制图规则和构造详图》(16G101—1)体会理论转化为实际的意义)。

【教学载体】配套使用员工宿舍楼图纸和教材提供的数字资源

【建议学时】4 学时

任务 2.1　工程设置

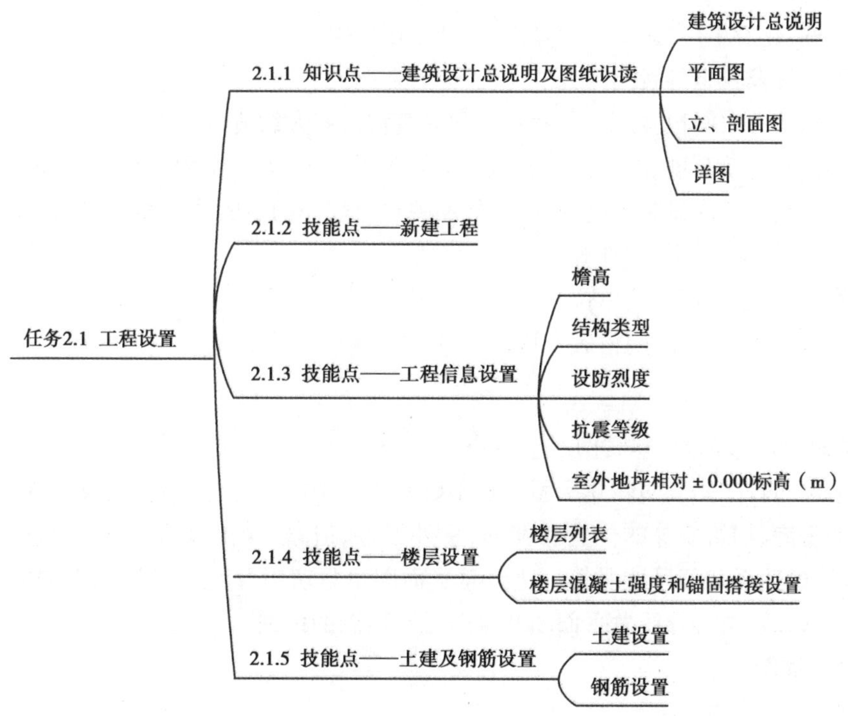

【知识与技能】

工程计量的工作流程如图 2.1 所示。

2.1.1　知识点——建筑设计总说明及图纸识读

建筑工程图纸是用标明尺寸的图形和文字来说明工程建筑、设备等结构、形状、尺寸及其

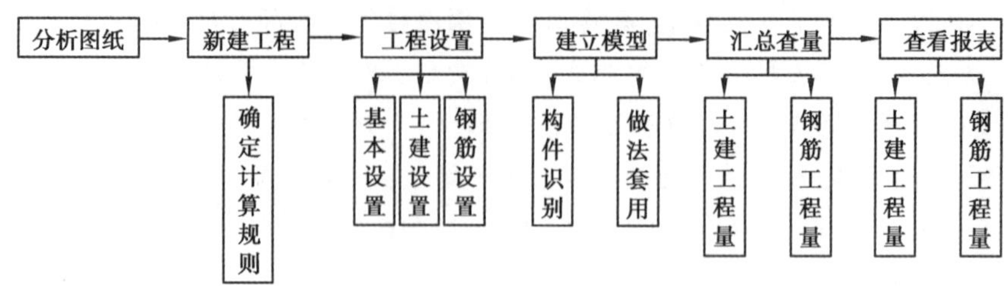

图 2.1

他要求的技术文件，其中土建部分通常分为建筑施工图和结构施工图。建筑施工图是用来表示房屋的规划位置、外部造型、内部布置、内外装修、细部构造、固定设施及施工要求等的图纸，它包括施工图首页、总平面图、各层平面图、立面图、剖面图和详图。结构施工图主要表示房屋承重结构的布置、构件类型、数量、大小及做法等，它包括结构布置图和构件详图。以员工宿舍楼工程图纸为例，通过识读建筑施工图对工程全貌有一个总体了解，结构施工图则在算量模型建立中详细学习。

1）建筑设计总说明

①工程概况：

a. 建筑名称、建设单位、建筑工程等级、设计使用年限。

b. 建设地点涉及税金等费用问题。

c. 建筑面积及占地面积，可根据经验，对此建筑物估算大约造价金额。

d. 建筑层数和建筑高度、防火设计建筑分类和耐火等级、人防工程防护等级、屋面防水等级、地下室防水等级、抗震设防烈度等，以及能反映建筑规模的主要技术经济指标。

②设计依据：标准、规定、文件等。

③建筑物定位、设计标高及单位。

④砌体墙的材料与厚度、门窗表及详图、装修构造做法表等决定各构件的具体做法。

2）平面图

（1）建筑总平面布置图（本案例不包括）

建筑总平面布置图是表明新建房屋所在基础有关范围内的总体布置，它反映新建、拟建、原有和拆除的房屋、构筑物等的位置和朝向，室外场地、道路、绿化等的布置，地形、地貌、标高，与原有环境的关系和邻界情况等。建筑总平面图也是房屋及其他设施施工的定位、土方施工以及绘制水、暖、电等管线总平面图和施工总平面图的依据。

（2）各层平面图

①通看平面图，是否对称。

②台阶、坡道的位置，散水的宽度。

③墙体的厚度、材质、砌筑要求。

④是否有节点详图引出标志，如有节点引出标志，需对照相应节点号找到详图，以助全面理解图纸。

⑤注意当前层与其他楼层平面的异同，并结合立面图、详图、剖面图综合理解。

⑥屋面结构板顶标高、平面形状，女儿墙顶标高。

3)立、剖面图

(1)立面图

①室外地坪标高、门窗洞口尺寸、离地高度,结合各层平面图中门窗的位置,思考过梁、构造柱布置。

②理解建筑物各个立面的外装修信息。

③结合平面图,从立面图上理解女儿墙及屋面造型,理解各层节点位置及装饰位置。

(2)剖面图

剖面图补充说明平面图、立面图所不能显示的建筑物内部信息。

4)详图

(1)楼梯详图

楼梯详图由楼梯剖面图、平面图组成。结合平面图中楼梯位置、楼梯详图的标高信息,理解梯柱、梯梁、楼梯踏步、楼梯休息平台的信息。

(2)节点详图

一般中小型建筑常用节点有雨篷、坡道、台阶、散水、女儿墙、檐口、栏杆扶手、窗台、天沟等,可以采用设计通用详图集。

2.1.2　技能点——新建工程

启动“广联达BIM土建计量平台”软件后,单击“新建工程”,进入新建工程界面。新建工程的目的是给工程取一个名字并且选择工程适用的计算规则、清单定额库和钢筋规则。本案例选择北京地区清单、定额规则“房屋建筑与装饰工程计量规范计算规则(2013-北京)(R1.0.31.0)”“北京市房屋建筑与装饰工程预算定额计算规则(2012)(R1.0.31.0)”,北京地区清单定额库“工程量清单项目计量规范(2013-北京)”“北京市建设工程预算定额(2012)”,钢筋选用“16系平法规则”,汇总方式“按照钢筋图示尺寸-即外皮汇总”,单击“创建工程”即可,如图2.2所示。

新建工程
工程名称:员工宿舍楼
计算规则
清单规则:房屋建筑与装饰工程计量规范计算规则(2013-北京)(R1.0.31.0)
定额规则:北京市房屋建筑与装饰工程预算定额计算规则(2012)(R1.0.31.0)
清单定额库
清单库:工程量清单项目计量规范(2013-北京)
定额库:北京市建设工程预算定额(2012)
钢筋规则
平法规则:16系平法规则
汇总方式:按照钢筋图示尺寸-即外皮汇总
《钢筋汇总方式详细说明》《计算规则选择注意事项》　创建工程　取消

图2.2

2.1.3 技能点——工程信息设置

进入“工程设置”界面，工程设置分为“基本设置”“土建设置”“钢筋设置”三个部分，如图 2.3 所示。在工程设置过程中主要参看“结构设计总说明”。本案例依照工程设置的顺序学习“结构设计总说明”中的有关内容。首先在基本设置中设置工程信息。

图 2.3

在工程信息中，属性有蓝色字体和黑色字体。蓝色字体内容影响工程量计算，抗震等级决定钢筋的最小锚固长度和搭接长度，也就是影响钢筋量，而它又是由结构类型、设防烈度、檐高三个因素决定的。室外地坪相对 ±0.000 标高(m)会影响土建工程量，例如脚手架、土方、垂直运输费计算。黑色字体内容不影响工程量计算，只需修改蓝色字体有关内容。

1)檐高

以室外设计地坪标高作为计算起点。如果是平屋顶带挑檐，算至挑檐板下皮标高；如果是平屋顶带女儿墙，算至屋顶结构板上皮标高；坡屋面或其他曲面屋顶均算至墙的中心线与屋面板交点的高度；阶梯式建筑物按高层的建筑物计算檐高；对于突出屋面的水箱间、电梯间、楼梯间、亭台楼阁等均不计算檐高。本案例实际屋顶为坡屋面，但考虑到“1+X”工程造价数字化应用职业技能等级中级证书考试以平屋顶带女儿墙居多，故檐高计算采用室外地坪至屋顶结构板上皮距离，即12.6+0.45=13.05(m)。

2)结构类型

常见钢筋混凝土结构类型及适用范围如表 2.1 所示。

表 2.1 常见钢筋混凝土结构类型及适用范围

序号	结构类型	适用范围
1	框架结构	厂房或 20 层以下多、高层建筑
2	全剪力墙结构	住宅、旅馆等小开间高层建筑
3	框架-剪力墙结构	20 层左右高层建筑
4	筒体结构	超高层建筑

3)设防烈度

抗震设防烈度是按国家批准权限审定的作为一个地区抗震设防依据的地震烈度。一般情况下可采用中国地震烈度区划图的地震基本烈度；对做过抗震防灾规划的城市，可按批准的抗震设防区划(设防烈度或设计地震动参数)进行抗震设防。例如广州、北京地区的设防烈度分别是 7 度和 8 度。

4）抗震等级

抗震等级是设计部门依据国家有关规定，按“建筑物重要性分类与设防标准”，根据设防烈度、结构类型和檐高，采用不同抗震等级进行的具体设计。抗震等级划分为一、二、三、四级，一级很严重、二级严重、三级较严重及四级一般。以上描述的建筑结构形式、设防烈度和檐口高度共同决定了抗震等级。

5）室外地坪相对 ±0.000 标高（m）

室外地坪相对 ±0.000 标高（m）为 −0.45 m，工程信息修改数值如图 2.4 所示。

工程信息

工程信息　计算规则　编制信息　自定义

	属性名称	属性值
1	⊟ 工程概况:	
2	工程名称:	员工宿舍楼
3	项目所在地:	
4	详细地址:	
5	建筑类型:	居住建筑
6	建筑用途:	住宅
7	地上层数(层):	
8	地下层数(层):	
9	裙房层数:	
10	建筑面积(m²):	(1239.75)
11	地上面积(m²):	(1239.75)
12	地下面积(m²):	(0)
13	人防工程:	无人防
14	檐高(m):	13.05
15	结构类型:	框架结构
16	基础形式:	筏形基础
17	⊟ 建筑结构等级参数:	
18	抗震设防类别:	
19	抗震等级:	三级抗震
20	⊟ 地震参数:	
21	设防烈度:	7
22	基本地震加速度（g）:	
23	设计地震分组:	
24	环境类别:	
25	⊟ 施工信息:	
26	钢筋接头形式:	
27	室外地坪相对±0.000标高(m):	-0.45

图 2.4

工程信息输入之后，计算规则和编制信息自动生成，不需输入内容。

2.1.4　技能点——楼层设置

楼层设置包括楼层列表及各层混凝土强度和锚固搭接设置两部分内容。

1）楼层列表

在楼层列表中，软件默认设置好首层和基础层，如需添加地面以上楼层，选择“首层”行，单击列表上方“插入楼层”即可；若需添加地下楼层，选择“基础层”行，单击列表上方“插入楼层”。各层有软件默认底标高和层高，实际数值在结构施工图的梁配筋图或板配筋图的下角，有一个“结构层楼面标高 结构层高”，如图 2.5 所示。数据修改顺序为先修改软件默认的首层底标高，将默认数值“−0.05”修改为实际数值“−0.03”，再修改各层层高。

案例工程楼层列表如图 2.5 所示。屋面层层高用楼面标高表中层顶标高 − 层底标高计算，即 16.17 − 12.57 = 3.6（m）。基础层层高需从结施-04 基础平面布置图说明中获得，用首层底标高 − 基础底标高计算，即（−0.03）−（−2.00）= 1.97（m），修改后楼层列表如图 2.6 所示。

选择某一楼层，通常为首层，根据结构设计总说明修改各构件混凝土强度等级、保护层厚度等信息。

屋面	12.570~16.170	
3F	8.370	4.200
2F	4.170	4.200
1F	-0.03	4.200
层号	标高(m)	层高（m）

结构层楼面标高
结构层高

图 2.5

楼层列表（基础层和标准层不能设置为首层。设置首层后，楼层编码自动变化，正数为地上层，负数为地下层，基础层编码固定为 0）

插入楼层　删除楼层　上移　下移

首层	编码	楼层名称	层高(m)	底标高(m)	相同层数	板厚(mm)	建筑面积(m2)	备注
☐	4	屋面层	3.6	12.57	1	120	(0)	
☐	3	第3层	4.2	8.37	1	120	(413.25)	
☐	2	第2层	4.2	4.17	1	120	(413.25)	
☑	1	首层	4.2	-0.03	1	120	(413.25)	
☐	0	基础层	1.97	-2	1	500	(0)	

图 2.6

2）楼层混凝土强度和锚固搭接设置

（1）抗震等级

16G101 系列图集中，基础、板、楼梯是非抗震构件，图纸中有特殊说明的除外。在框架和剪力墙结构中构造柱和过梁、圈梁也不是抗震构件，但是对“1＋X”工程造价数字化应用职业技能等级中级证书考试来说，为使考试不过于复杂，常按软件默认设置，已按前面工程信息输入数据自动取用，此处不做修改。

（2）混凝土强度等级

混凝土强度等级是指边长为 150 mm 的立方体试块在标准养护[温度(20±2)℃、相对湿度在 95% 以上]条件下，养护至 28 d 龄期，用标准试验方法测得的极限抗压强度。案例中混凝土强度等级按结构设计总说明取用，如图 2.7 所示。砂浆强度等级和类型也可参见总说明。

八、主要结构材料：

1. 混凝土强度等级

(1)基础：C30　(2)柱：C30，　(3)梁、板、楼梯：C30，

(4)其他未注明部分混凝土等级为C25。

图 2.7

（3）钢筋锚固、搭接设置

软件中已按 16G101 系列图集自动设置，除图纸中有特殊说明外，均不需修改。

（4）混凝土保护层厚度

混凝土保护层的主要作用是保护钢筋，以保证构件在设计使用年限内钢筋不发生降低结构可靠度的锈蚀。保护层厚度是指最外层钢筋外边缘至混凝土外表面的距离。保护层位置及大小直接影响钢筋长度的计算。保护层厚度过大或过小都不合理，过小起不到保护作用，过大会使构件受力后产生的裂缝宽度过大，影响其使用性能（如破坏构件表面的装修层、过大的裂缝宽度会使人惶恐不安等），因此保护层厚度应符合结构设计总说明中的规定，如图 2.8 所示。一般设计中采用最小值。

最后输入混凝土强度等级、保护层厚度等如图 2.9 所示。修改项目颜色自动变为黄色或绿色，代表此项被修改过。将某一楼层数值修改过之后，可以单击表格下方“复制到其他楼层”，就可以复制到相同楼层了，如图 2.9 所示。当楼层数较多时，混凝土强度等级、地上地下保护层厚度等往往是不一样的，注意应分别修改。

十、结构构造要求：

1.混凝土环境类别及最外层钢筋保护层见下表；不大于C25时，数值增加5mm。
(1)室内正常环境为一类；室内潮湿环境为二(a)类；露天环境、与无侵蚀的水或土壤直接接触的环境为二(b)类。

部位／环境类别	混凝土墙	梁	板	柱	基础	楼梯
一	15	20	15	20		15
二(a)	20	25	20	25		
二(b)	25	35	25	35	40	

(2)最外层钢筋保护层厚度除满足上表要求外，尚不应小于钢筋的公称直径；

图 2.8

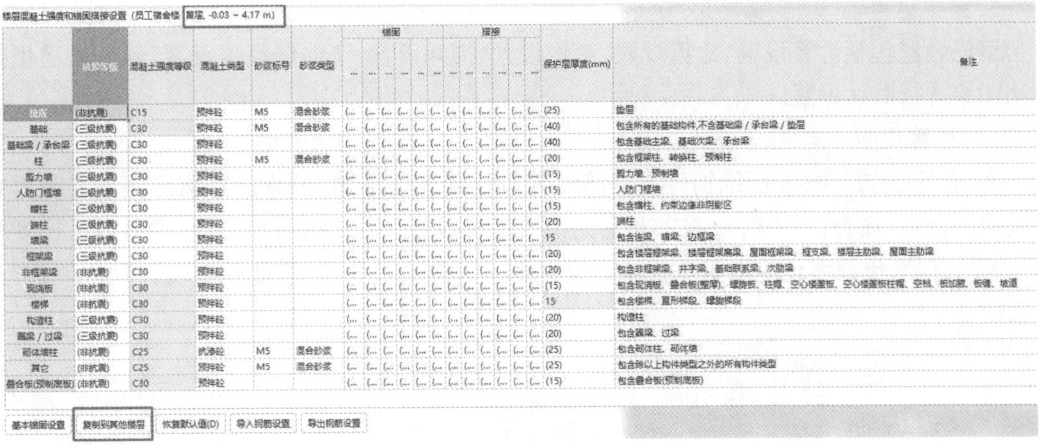

楼层混凝土强度和锚固搭接设置（员工宿舍楼 首层，-0.03 ~ 4.17 m）

	抗震等级	混凝土强度等级	混凝土类型	砂浆标号	砂浆类型	锚固						搭接						保护层厚度(mm)	备注
						…	…	…	…	…	…	…	…	…	…	…	…		
垫层	(非抗震)	C15	预拌砼	M5	混合砂浆	(…	(…	(…	(…	(…	(…	(…	(…	(…	(…	(…	(…	(25)	垫层
基础	(三级抗震)	C30	预拌砼	M5	混合砂浆	(…	(…	(…	(…	(…	(…	(…	(…	(…	(…	(…	(…	(40)	包含所有的基础构件,不含基础梁 / 承台梁 / 垫层
基础梁 / 承台梁	(三级抗震)	C30	预拌砼			(…	(…	(…	(…	(…	(…	(…	(…	(…	(…	(…	(…	(40)	包含基础主梁、基础次梁、承台梁
柱	(三级抗震)	C30	预拌砼	M5	混合砂浆	(…	(…	(…	(…	(…	(…	(…	(…	(…	(…	(…	(…	(20)	包含框架柱、转换柱、预制柱
剪力墙	(三级抗震)	C30	预拌砼			(…	(…	(…	(…	(…	(…	(…	(…	(…	(…	(…	(…	(15)	剪力墙、预制墙
人防门框墙	(三级抗震)	C30	预拌砼			(…	(…	(…	(…	(…	(…	(…	(…	(…	(…	(…	(…	(15)	人防门框墙
暗柱	(三级抗震)	C30	预拌砼			(…	(…	(…	(…	(…	(…	(…	(…	(…	(…	(…	(…	(15)	包含暗柱、约束边缘非阴影区
端柱	(三级抗震)	C30	预拌砼			(…	(…	(…	(…	(…	(…	(…	(…	(…	(…	(…	(…	(20)	端柱
墙梁	(三级抗震)	C30	预拌砼			(…	(…	(…	(…	(…	(…	(…	(…	(…	(…	(…	(…	15	包含连梁、暗梁、边框梁
框架梁	(三级抗震)	C30	预拌砼			(…	(…	(…	(…	(…	(…	(…	(…	(…	(…	(…	(…	(20)	包含楼层框架梁、楼层框架扁梁、屋面框架梁、框支梁、楼层主肋梁、屋面主肋梁
非框架梁	(非抗震)	C30	预拌砼			(…	(…	(…	(…	(…	(…	(…	(…	(…	(…	(…	(…	(20)	包含非框架梁、井字梁、基础联系梁、次肋梁
现浇板	(非抗震)	C30	预拌砼			(…	(…	(…	(…	(…	(…	(…	(…	(…	(…	(…	(…	(15)	包含现浇板、叠合板(整厚)、螺旋板、柱帽、空心楼盖板、空心楼盖板柱帽、空档、板加腋、板缝、坡道
楼梯	(非抗震)	C30	预拌砼			(…	(…	(…	(…	(…	(…	(…	(…	(…	(…	(…	(…	15	包含楼梯、直形梯段、螺旋梯段
构造柱	(三级抗震)	C30	预拌砼			(…	(…	(…	(…	(…	(…	(…	(…	(…	(…	(…	(…	(20)	构造柱
圈梁 / 过梁	(三级抗震)	C30	预拌砼			(…	(…	(…	(…	(…	(…	(…	(…	(…	(…	(…	(…	(20)	包含圈梁、过梁
砌体墙柱	(非抗震)	C25	抗渗砼	M5	混合砂浆	(…	(…	(…	(…	(…	(…	(…	(…	(…	(…	(…	(…	(25)	包含砌体柱、砌体墙
其它	(非抗震)	C25	预拌砼	M5	混合砂浆	(…	(…	(…	(…	(…	(…	(…	(…	(…	(…	(…	(…	(25)	包含除以上构件类型之外的所有构件类型
叠合板(预制底板)	(非抗震)	C30	预拌砼			(…	(…	(…	(…	(…	(…	(…	(…	(…	(…	(…	(…	(15)	包含叠合板(预制底板)

基本锚固设置　复制到其他楼层　恢复默认值(D)　导入钢筋设置　导出钢筋设置

图 2.9

2.1.5　技能点——土建及钢筋设置

1) 土建设置

工程设置中的土建设置包括计算设置和计算规则。

(1)计算设置

计算设置指各构件土建部分的清单和定额计算设置，已在新建工程时选取过清单规则和定额规则，若工程图纸中有特殊规定，则按图纸更改，如图 2.10、图 2.11 所示。

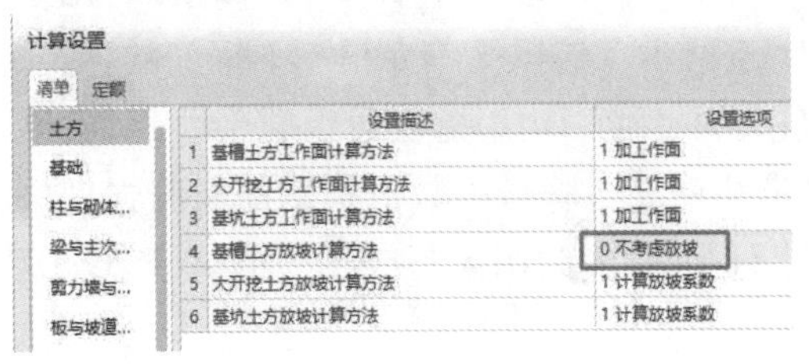

图 2.10

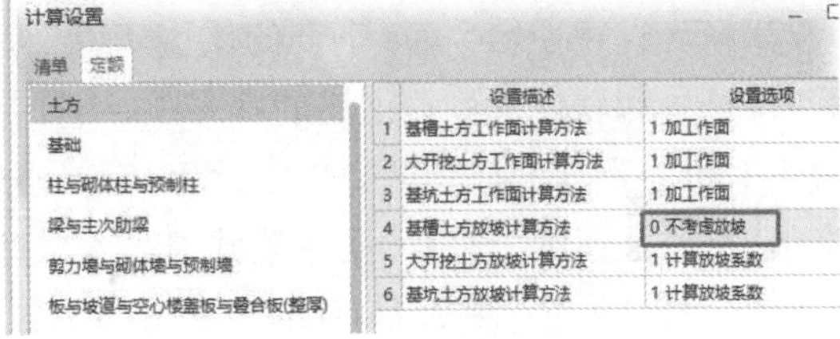

图 2.11

(2)计算规则

计算规则指土建部分的清单和定额计算规则，软件已根据新建工程时设置的清单规则和定额规则默认设置，若工程图纸中有特殊规定，则按图纸更改，如图 2.12 所示。

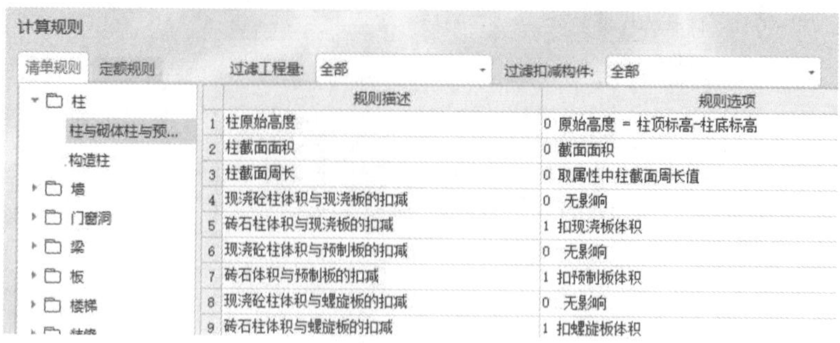

图 2.12

2)钢筋设置

钢筋设置包括计算设置、比重设置、弯钩设置、损耗设置、弯曲调整值设置，软件均已根据平法图集进行默认设置。

(1)计算设置

在“计算设置”中，若图纸构件有钢筋设置与计算规则不同，可待计算该构件钢筋时再来此处修改，节点设置也一样，如图 2.13 所示。“搭接设置”中，钢筋的连接形式和定尺长度在“1 + X”工程造价数字化应用职业技能等级中级考试中不做要求，故此处按软件默认值执行，不修改。

图 2.13

(2)比重设置

直径为 6 mm 的钢筋一般用直径为 6.5 mm 的钢筋代替，即把直径 6 mm 钢筋的比重 0.222修改成直径6.5 mm 钢筋的比重 0.26，如图 2.14 所示。这里简单介绍一下钢筋的种类、牌号、符号和软件代号。钢筋的牌号中，HPB 指热轧光圆钢筋，HRB 指普通热轧带肋钢筋，混凝土对带肋钢筋的握裹能力更强，受力钢筋多采用带肋钢筋。牌号中数值指钢筋屈服强度标准值，符号是图纸中符号，但在软件中输入这些符号不方便，因此用大写或小写的 A、B、C、D、E 代替，如图 2.14、图 2.15 所示。

其他设置不需修改。

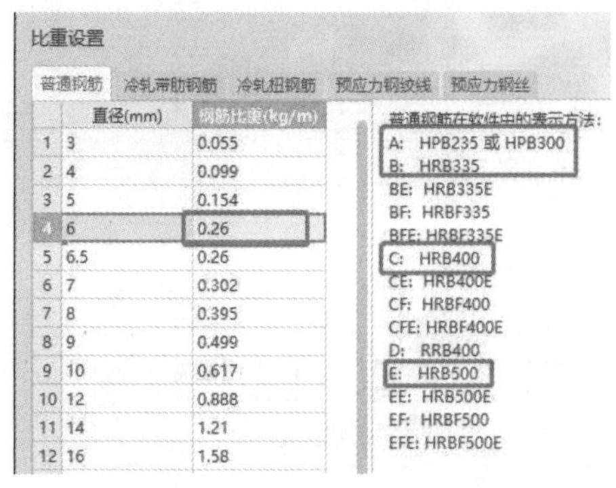

图2.14

种类	牌号	符号	软件代号
热轧光圆钢筋	HPB300	Φ	A
普通热轧带肋钢筋	HRB335	Φ	B
普通热轧带肋钢筋	HRB400	Φ	C
余热处理带肋钢筋	RRB400	$Φ^R$	D
普通热轧带肋钢筋	HRB500	Φ	E

图2.15

【测试】

1. 客观题(扫下方二维码,在线测试)

2. 主观题

(1)工程计量的工作流程是什么?

(2)抗震等级会影响钢筋的哪些长度?它的决定因素有哪些?

【知识拓展】

序号	拓展内容	资源二维码
拓展1	受拉钢筋锚固长度	
拓展2	受拉钢筋搭接长度	

任务 2.2 轴网建立

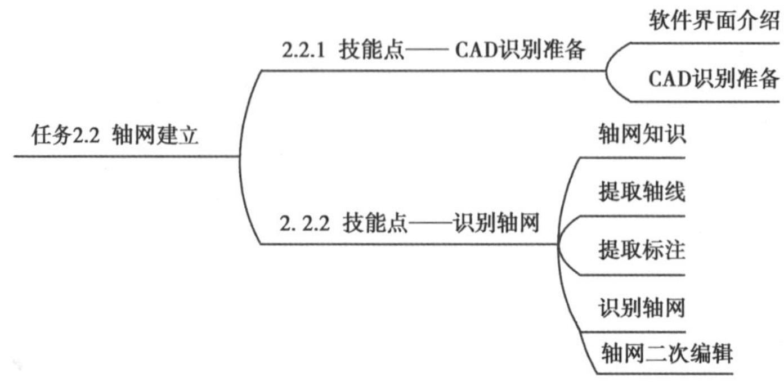

【知识与技能】

我们采用 CAD 识别的方法来建立工程模型。CAD 识别是软件根据建筑工程制图规则,快速从 CAD 图纸中拾取构件、图元,并完成工程建模的方法。

识别效率取决于图纸的标准化程度:如各类构件是否严格按照图层进行区分,各类尺寸或配筋信息是否按照图层进行区分,标注方式是否按照制图标准进行。

2.2.1 技能点—— CAD 识别准备

1)软件界面介绍

广联达 BIM 土建计量平台 GTJ 的界面如图 2.16 所示。

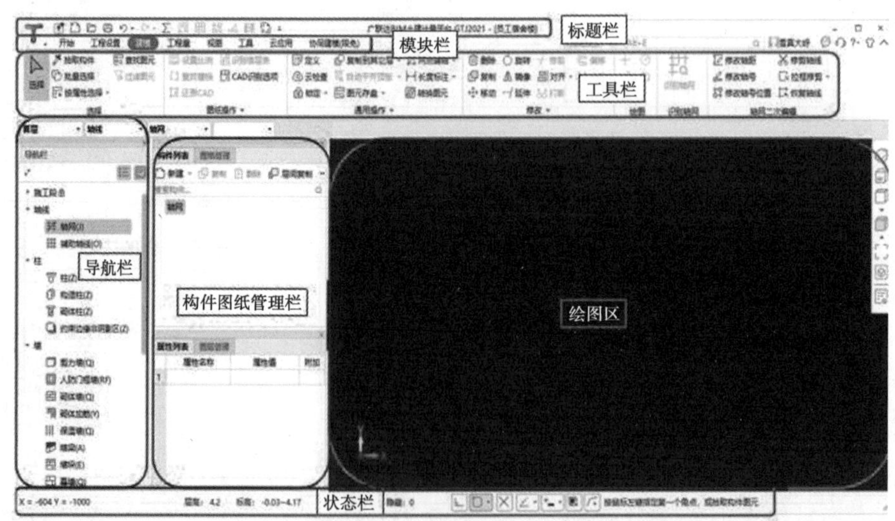

图 2.16

标题栏除显示工程名称外,也包括新建、打开、保存、撤销、恢复等文件常规操作,汇总计算之后还可以查看工程量。模块栏包括软件操作的八个模块,开始和工程设置已在前面完成，此处主要讲解从建模到云应用五个模块。工具栏是对每个模块的具体操作，导航栏选择要操作的构件，构件图纸管理栏选择要管理的构件和图纸。绘图区绘制图元，状态栏显示操作状态和操作提示。

(1)建模

建模模块包括选择、图纸操作、通用操作、修改、绘图、识别轴网、轴网二次编辑七个工具栏选项，如图2.17所示，这里对重点工具进行讲解。

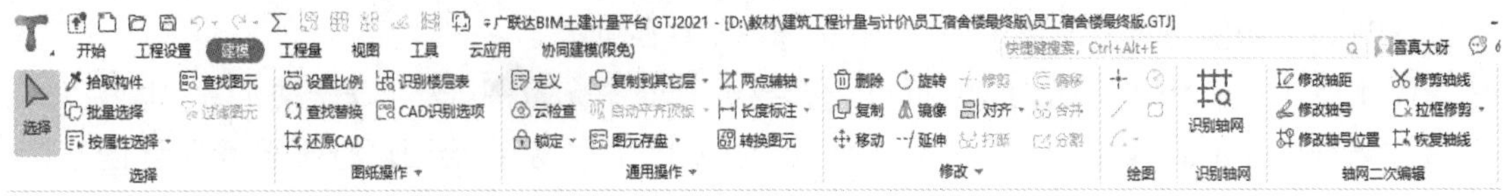

图2.17

①选择。选择工具栏中的“选择”是常规的单击选择绘图区中已绘制好的图元工具，而“批量选择”可以选择绘图区中所有叫这个名称的图元进行统一修改，如图2.18所示。

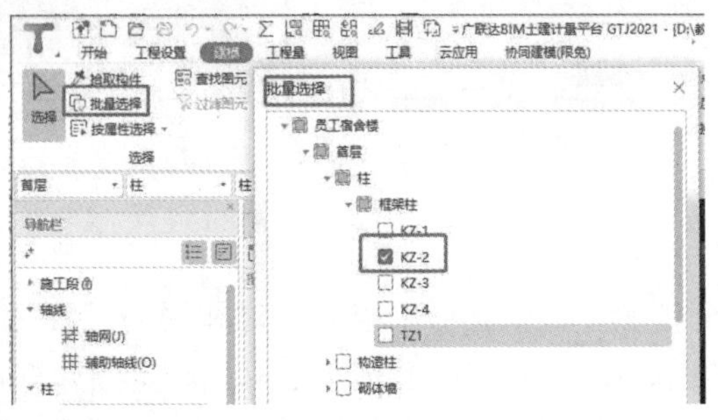

图2.18

②图纸操作。此栏内容在CAD识别板块详细介绍。

③通用操作。通用操作中“复制到其他层”可将绘图区中绘制好的图元和构件列表中的构件统一从本层复制到其他楼层，“从其他层复制”则可将源楼层的选择图元复制到目标楼层，如图2.19所示。通用操作中对辅轴有多种操作方式，如“平行辅轴”等，如图2.20所示。

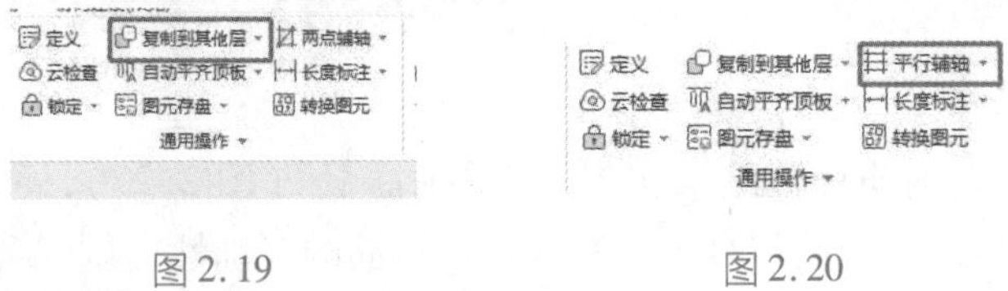

图2.19　　图2.20

④修改。如图2.21所示，是对已绘制图元进行删除、旋转、复制、镜像、对齐、移动、修剪、延伸、打断、偏移、合并、分割等常规操作的工具，在图元绘制中具体应用。

图2.21　　图2.22

⑤绘图。同样如图2.21所示，在构件列表中新建构件后，在绘图栏中根据构件性质的不同选择点、直线、弧线、圆、矩形进行图元绘制。

⑥识别。CAD识别的建模方式就是用此栏命令建立各类构件和图元，如图2.22所示。

(2)工程量

工程量主要呈现软件汇总结果,软件给出八个功能,如图 2.23 所示。

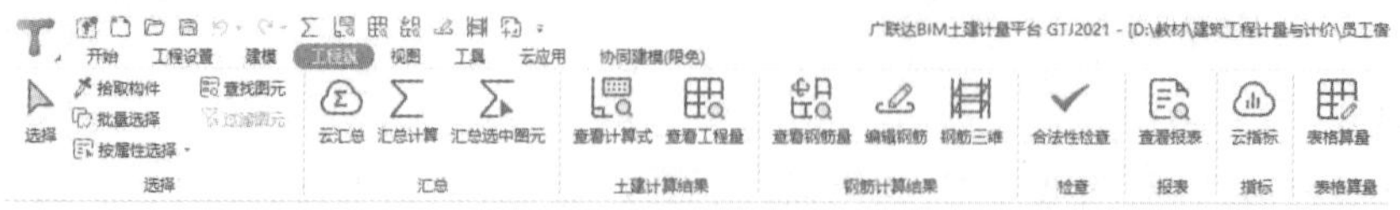

图 2.23

①选择。功能与建模模块中一样,都是选择某些图元。

②汇总。汇总中的“汇总计算”可以选择要汇总的图元范围,既可以全楼汇总,也可以某些楼层某些构件汇总,如图 2.24 所示。而“汇总选中图元”是在绘图区选择已绘制好的某些图元单独汇总。

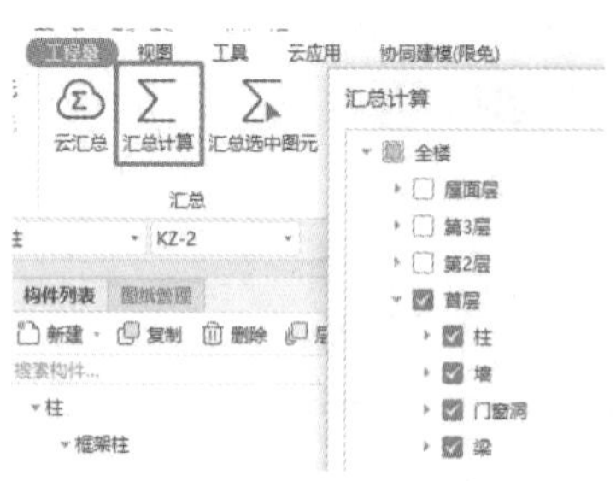

图 2.24

③土建计算结果。汇总计算之后就可以查看土建和钢筋工程量了。土建计算结果包括“查看工程量计算式”,如图2.25所示,可查看清单计算式和定额计算式。还可以“查看构件图元工程量”,如图2.26所示,可查看“构件工程量”和“做法工程量”。

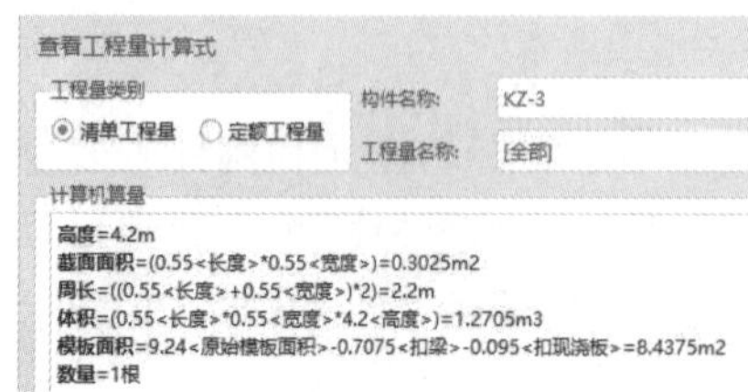

图 2.25

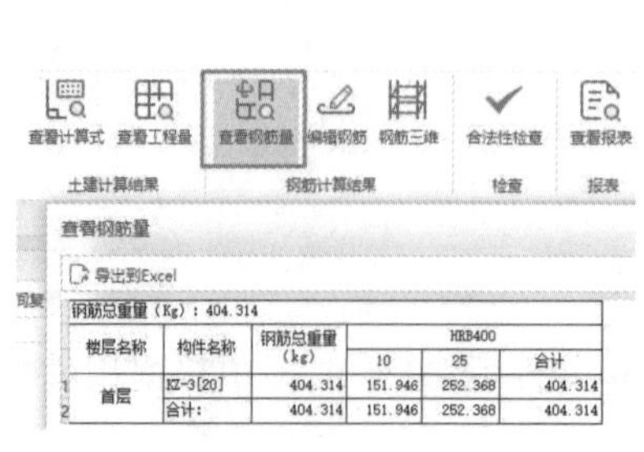

查看构件图元工程量

构件工程量 做法工程量

清单工程量 定额工程量 显示房间、组合构件量 只显示标准层单层量

	截面形状	楼层	混凝土强度等级	工程量名称					
				周长(m)	体积(m3)	模板面积(m2)	数量(根)	高度(m)	截面面积(m2)
1	矩形柱	首层	C30	2.2	1.2705	8.4375	1	4.2	0.3025
2			小计	2.2	1.2705	8.4375	1	4.2	0.3025
3		小计		2.2	1.2705	8.4375	1	4.2	0.3025
4	合计			2.2	1.2705	8.4375	1	4.2	0.3025

图 2.26

④钢筋计算结果。钢筋计算结果包括“查看钢筋量”(图 2.27),还包括“编辑钢筋”和“钢筋三维”(图 2.28)。这为我们今后检验各构件钢筋的正确性提供了帮助。

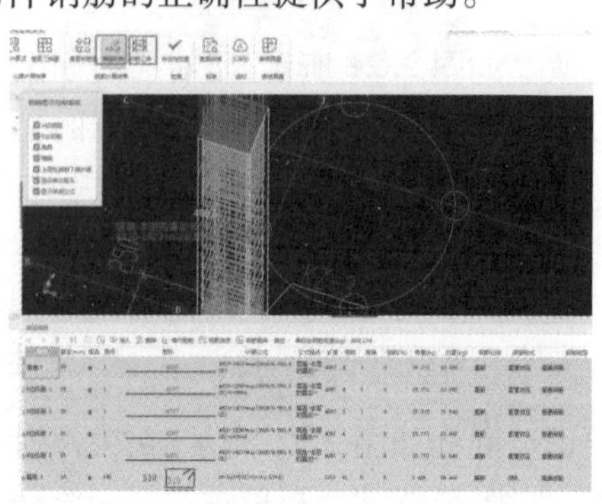

钢筋总重量(Kg):404.314

	楼层名称	构件名称	钢筋总重量(kg)	HRB400		
				10	25	合计
1	首层	KZ-3[20]	404.314	151.946	252.368	404.314
2		合计:	404.314	151.946	252.368	404.314

图 2.27

图 2.28

⑤检查。进行合法性检查,检查当前楼层中是否存在非法属性的构件。

⑥报表。查看报表在项目 7 详细讲解。

⑦指标。云指标在项目 7 详细讲解。

⑧表格算量。表格算量用来输入不便在构件中输入的钢筋或土建内容,既可以计算任意钢筋,也可以用参数化输入计算楼梯等构件,如图 2.29 所示。

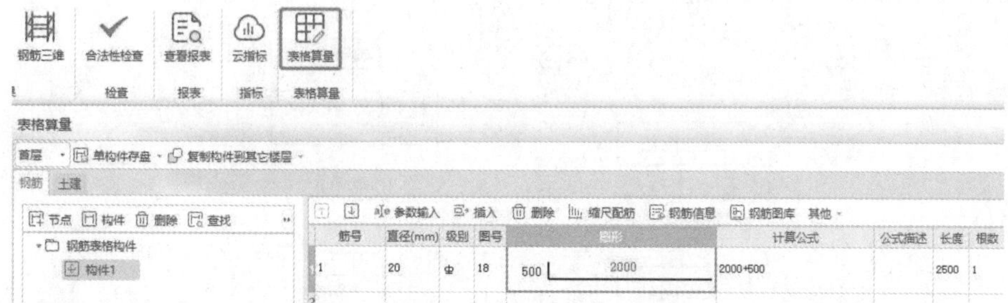

图 2.29

(3)视图

视图模块如图 2.30 所示,对已绘制的图元进行动态或二维观察,视图方式的图标一般在绘图区右侧。其他操作内容主要来自用户界面管理,包括导航栏、构件列表、属性,显示设置可以选择图元,也可以选择楼层。图纸管理和图层管理在 CAD 识别部分会详细讲解。如果某个项目不见了,可以选择“恢复默认”来恢复原始设置。

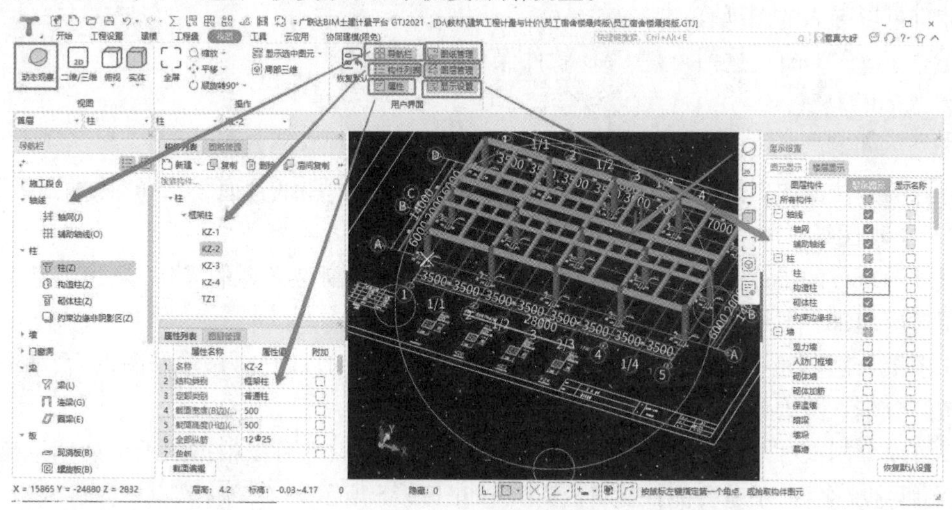

图 2.30

(4)工具

工具模块如图 2.31 所示,通用操作中的“设置原点”在绘制轴网时可能会用到。“查看长度”用来测量两点间距离,“计算器”也经常用到。

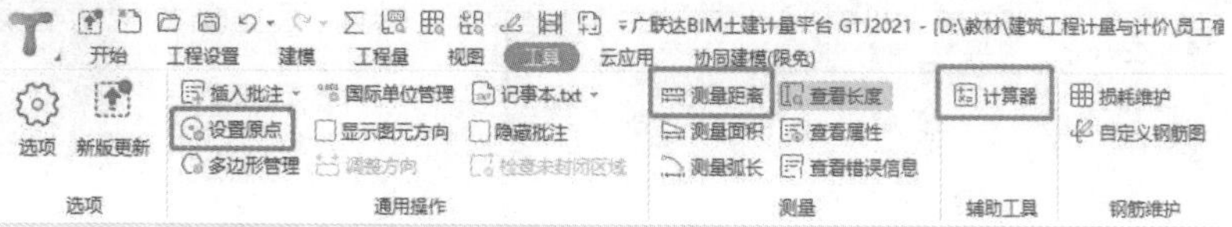

图 2.31

(5)云应用

云应用在项目 7 详细讲解。

2)CAD 识别准备

CAD 识别的工作流程如图 2.32 所示,图纸管理包括“添加”“整理”“定位”和“删除”,识别构件的顺序如图 2.33 所示。

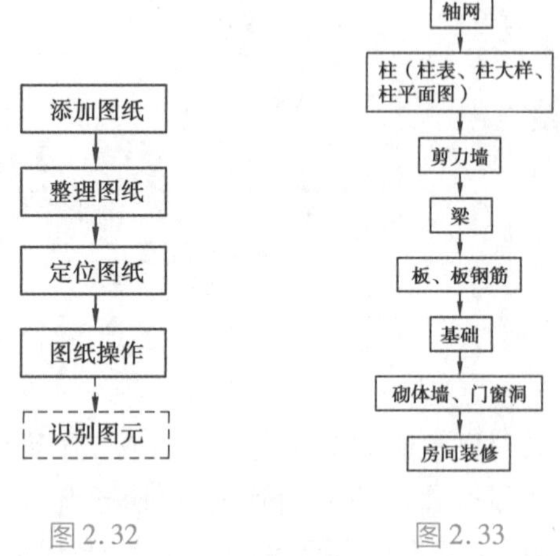

图 2.32　　图 2.33

(1)添加图纸

软件可以导入的图纸有:

①“.dwg”“.dxf”:这两个是 CAD 软件保存的格式。

②“.pdf”格式。

③“.cadi2”“.gad”:这两个属于广联达算量分割后的保存格式。

导入的方法如图 2.34 所示,从构件图纸管理栏中单击“图纸管理”,选择“添加图纸”。

(2)整理图纸

整理图纸分两步:图纸分割和图纸分类。其中图纸分割是必要的操作,是为了把图纸和每一层对应起来。图纸分类则是为了方便后面查找使用。

①图纸分割。导入的图纸是一大张,是没有办法使用的。因此,添加好图纸后,第一步一定是图纸分割。图纸分割的方法有自动分割和手动分割。

a. 自动分割:软件根据图纸的边框线自动分割图纸。软件可以根据图纸中的信息提取文字,给图纸定义名称,十分智能快捷,操作方法如图 2.35 所示。

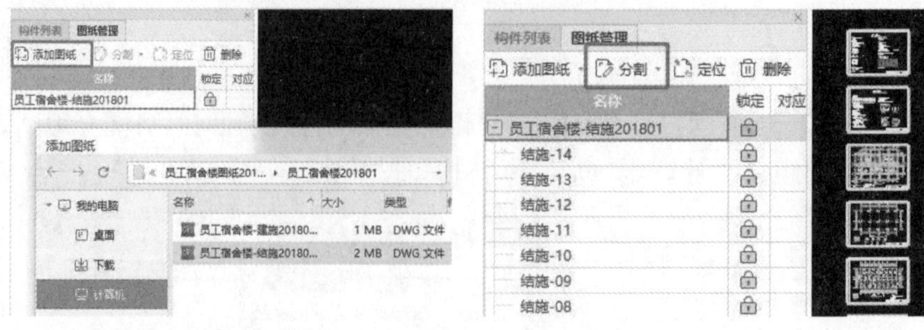

图 2.34　　图 2.35

b. 手动分割:这是推荐大家使用的方法,可以根据自己的需要分割图纸,虽然软件自动分割很智能，但有时也会出现如下问题：图纸复杂，导致软件卡住崩溃；把所有图纸都分割但有些是不需要的；定义错图纸名称；把图纸分错楼层，；按16G平法图集规定，结构层楼面标高是指层底标高，不是指层顶标高，因此一般梁和板的图纸应给其下一层的楼层使用（有图纸名称或标高特别注明的除外）。例如，首层梁图，应是－1层的顶梁，放在－1层使用。手动分割根据需要拉框选择，图纸变为蓝色，周边黄色高亮。将鼠标放在图纸名称上变成“回”字形，选择图名自动读入软件，还可以选择对应楼层，如图2.36所示。

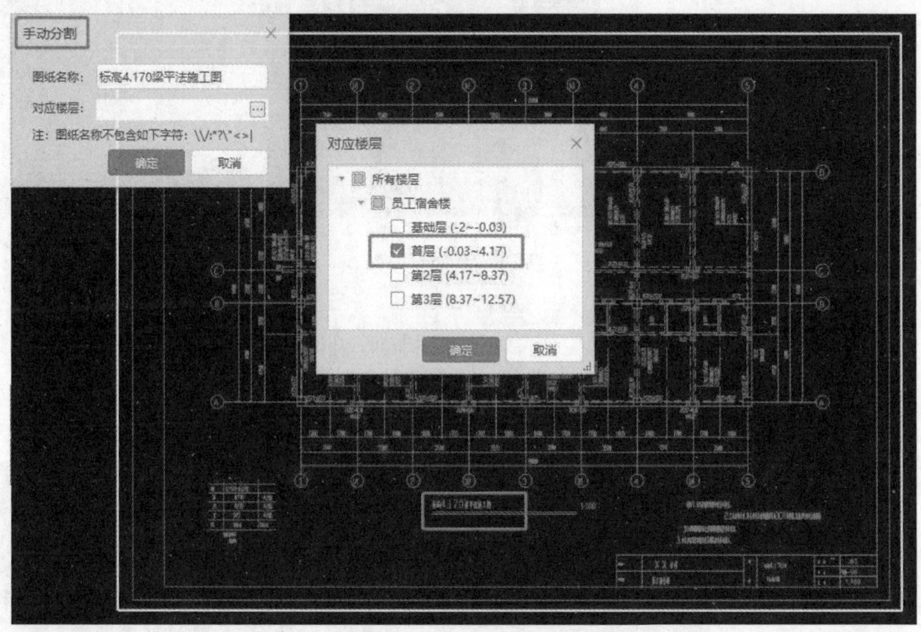

图2.36

②图纸分类。图纸分割好后，检查图纸和图纸名称是否对应，并根据楼层给图纸分类。自动分割的图纸，信息无法对应的会被放在“未对应图纸”栏目下，可以从这里将图纸分类出去，也可以直接将它拖动到对应楼层。多余的用不到的图纸可以删除，如图2.37所示。

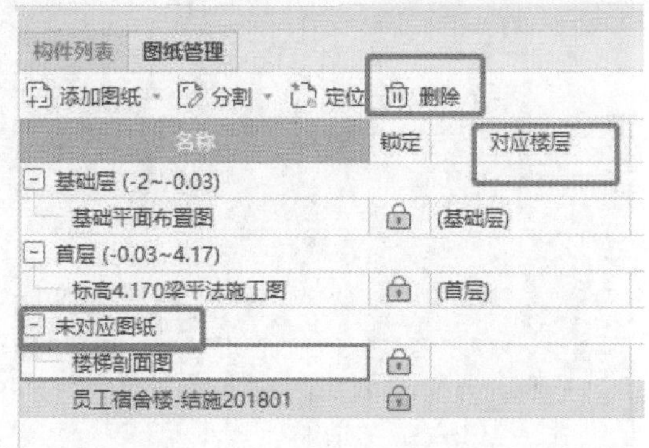

图2.37

一般住宅楼有标准层图纸，在对应楼层那里可以多选楼层与之相对应。图纸管理中的多余楼层也可以删除。目的是让图纸分类清晰简练，提高后面的画图效率。

图纸分割后全在一个界面里，我们需要双击图纸，切换到需要画的那一张，如图2.38所示。

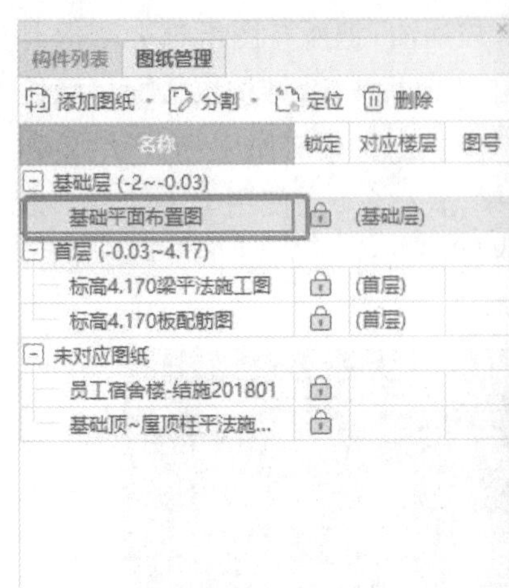

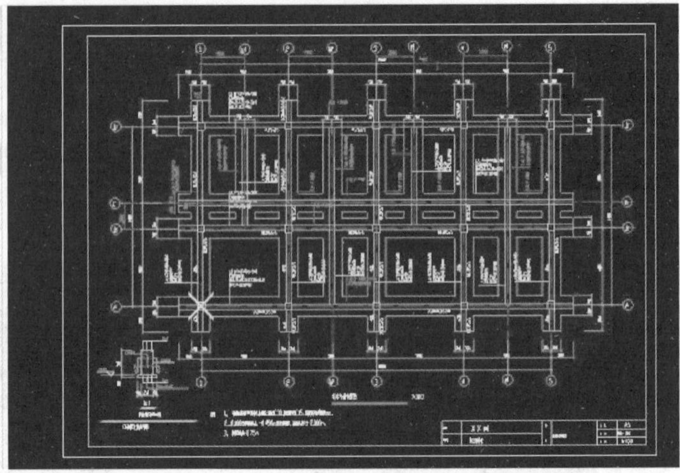

图 2.38

(3)定位图纸

在使用图纸时要注意，各层图纸位置要对应，否则有可能出现构件错位的情况，比如绘制完轴网后用 CAD 来识别柱与轴网的不对应。这就需要提前定位图纸，选择定位命令，一般是选择图纸上的①—Ⓐ轴交点，并定位到轴网上的①—Ⓐ轴交点，方法如图 2.39 所示。

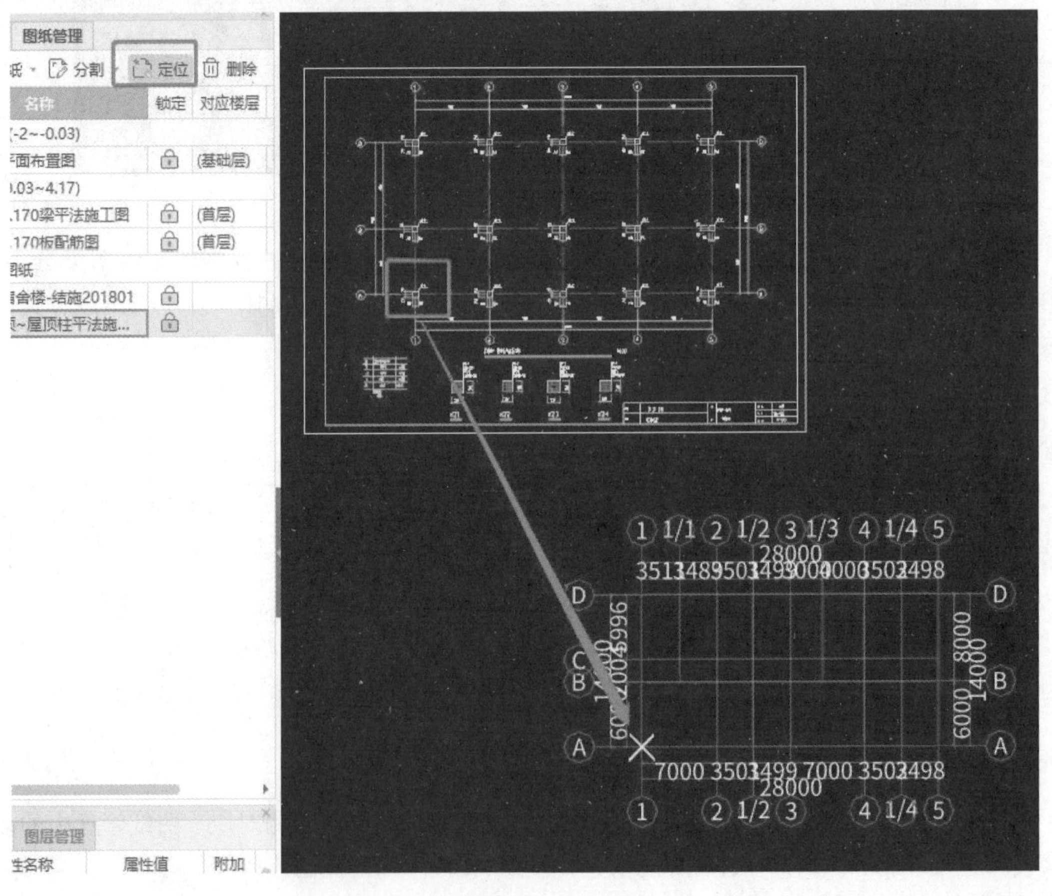

图 2.39

也可以用原点定位的方法。这种方法适用于还没有画轴网,或者找不到轴网的情况。在“工具”模块下,选择“通用操作”中的“设置原点”,原点就是软件中的(0,0)点,软件上会有一个白色“×”,如图2.40所示。一般第一张图纸都在原点位置。

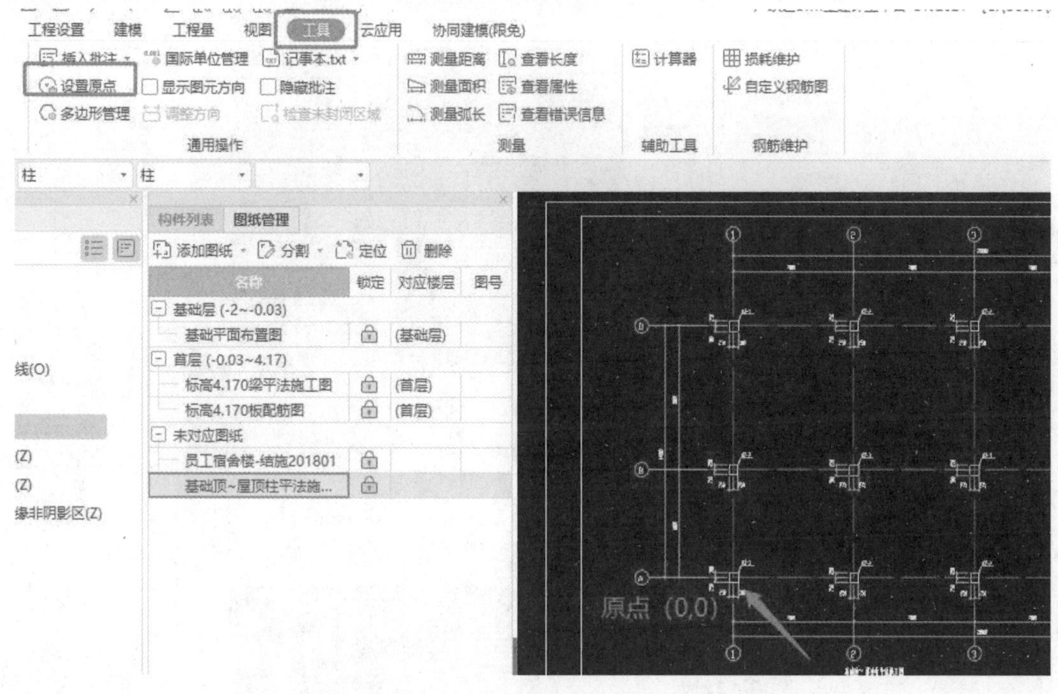

图2.40

(4)图纸操作

识别图元的操作到具体的图元件再讲,这里主要介绍识别时需对图纸做的工作。

①查找替换。CAD图纸中有些标注不规范,例如若在工程图纸说明中规定“K8”表示“C8@200”钢筋,则在“建模”中对“图纸操作”使用“查找替换”功能,将“K8”替换为“C8@200”,软件即可自动识别该钢筋,如图2.41所示。

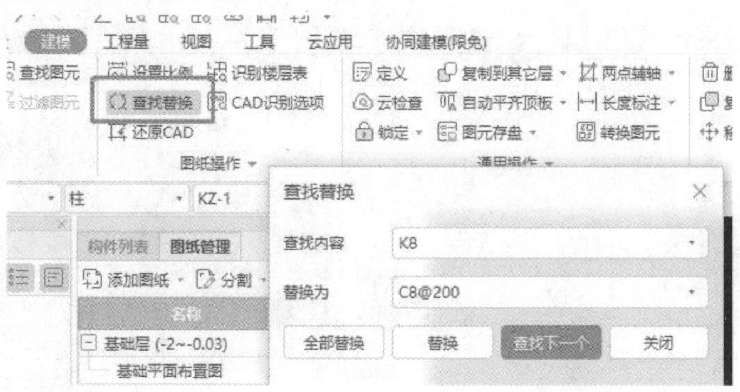

图2.41

②设置比例。有些CAD图纸的实际尺寸与图示尺寸不符,例如图示尺寸是“7000”,经过“工具”→“测量”→“测量距离”,实际尺寸为“3500”,如图2.42所示。此时,可采用“建模”模块中“CAD操作”的“设置比例”,将实际尺寸调整成“7000”,与图示尺寸一致。调整之后,图中其他所有尺寸都随之修改,如图2.43所示。

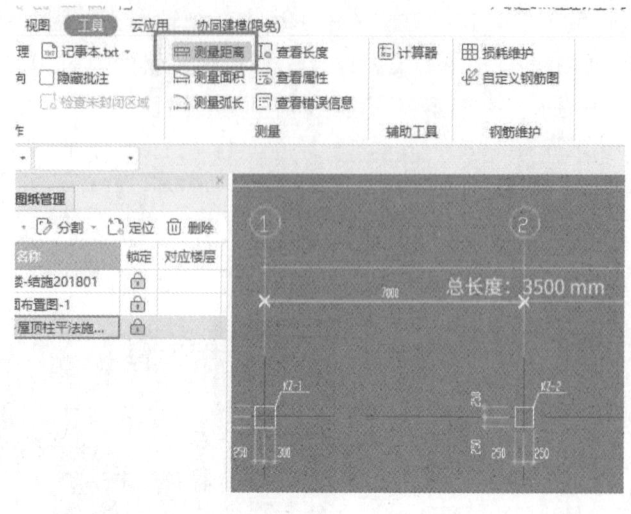

图 2.42

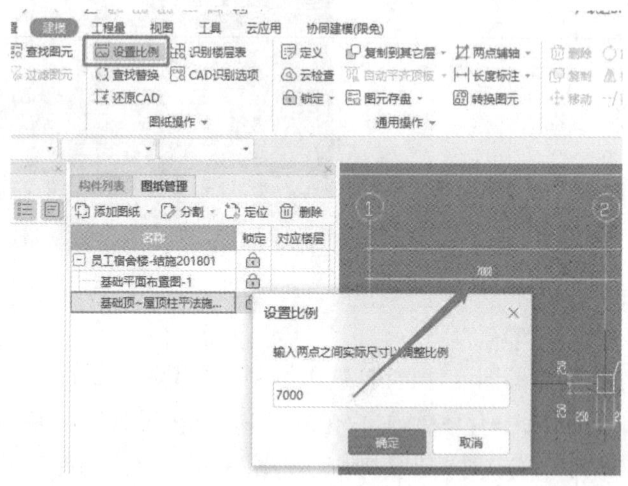

图 2.43

③图层管理。图层管理能显示或隐藏图纸，如图 2.44 所示，全部勾选就是显示 CAD 原始图层。

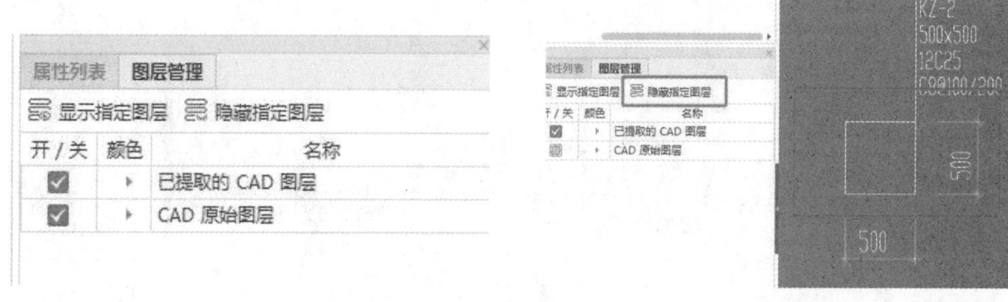

图 2.44　　　　图 2.45

已提取的 CAD 图层：识别构件时提取的柱边线、梁标注等。

CAD 原始图层：导入的原始图层。

显示图纸：当这两个选项都勾选时，图纸就能完整显示。

隐藏图纸：当这两个选项不勾选时，就不显示图纸。

显示/隐藏图层：如在图纸有柱填充或墙填充的色块时，虽然在看图时很清楚，但在画图时有色块遮挡，不能分辨出色块下是否已绘制构件。如果要隐藏这些色块图层，单击“隐藏指定图层”，选择要隐藏的内容，单击鼠标右键确定，如图2.45所示，KZ大样图中的钢筋线就被隐藏了。

显示图层也是同样的方法，绘制好的梁需要和图纸核对标注信息，就可以利用软件中的显示图层，只把梁的图纸信息显示出来。具体要显示的信息可根据使用场景选择。

④还原CAD。还原CAD是指恢复已经提取的图纸信息。提取标注信息时不小心提取多了，利用这个功能就可以把已经提取的信息变成没有提取的状态。

图2.46所示即是提取轴线时不小心提取了结构线导致轴网识别错误。修改方法是将原识别的图元和构件删除，在勾选“已提取的CAD图层”情况下单击建模模块通用操作中的“还原CAD”，将它还原成“CAD原始图层”重新识别，如图2.47所示。

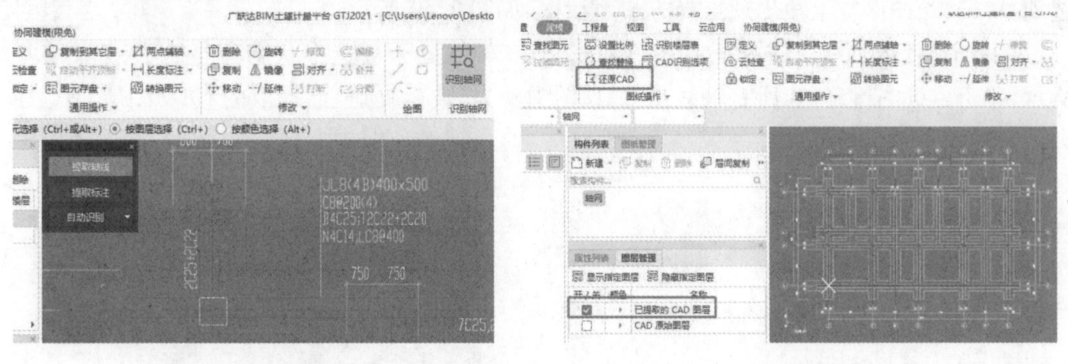

图2.46　　　　图2.47

注：还原CAD仅还原到没有识别提取的状态，如果修改了图纸或者删除了一些信息，只有重新导入才可以恢复。

2.2.2　技能点——识别轴网

CAD识别图元一般流程为：提取边线→提取标注→识别图元，有些需要提前识别构件，如图2.48所示；识别轴网的具体流程如图2.49所示。

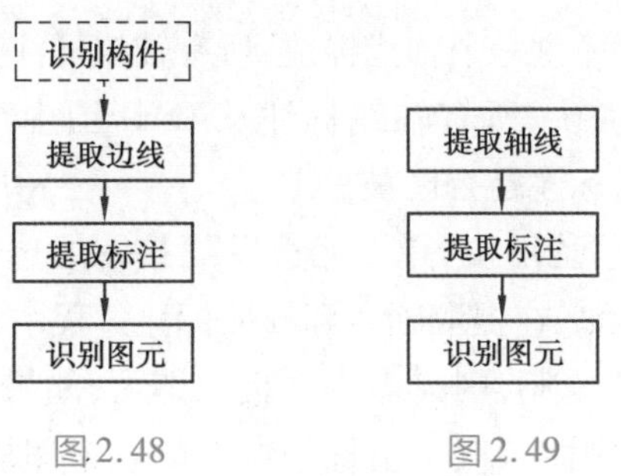

图2.48　　　　图2.49

1)轴网知识

轴网是建筑设计图纸中的定位轴线,即轴线是供定位用的,是建筑物的控制线。建筑各部分的距离以轴线为标准标注相互间的尺寸,建筑物的主要支承构件按照轴网定位排列,达到井然有序的目的。

轴网由定位轴线(建筑结构中的墙或柱的中心线)、标志尺寸(标注建筑物定位轴线之间的距离)和轴号组成。轴网按形状分为正交轴网、斜交轴网和圆弧轴网,按重要性分为轴网和辅助轴线。

2)提取轴线

①在"建模"模块下首先选择楼层为"首层",因考虑到梁和墙的定位,在"图纸管理"中的图纸文件列表下双击"标高 4.170 梁平法施工图",将其调入绘图工作区。

②单击模块导航栏中的"轴线"文件夹,点开选择"轴网"。在工具栏中找到"识别轴网"选项,单击,绘图区左上角出现选择方式对话框,如图 2.50 所示。

③单击"提取轴线",选择任意一条轴线,所有轴线处于被选中状态高亮显示,如图 2.51 所示,单击鼠标右键确认,所有轴线从 CAD 图中消失,被存放到"已提取的 CAD 图层"中。检查所有轴线是否已被提取。

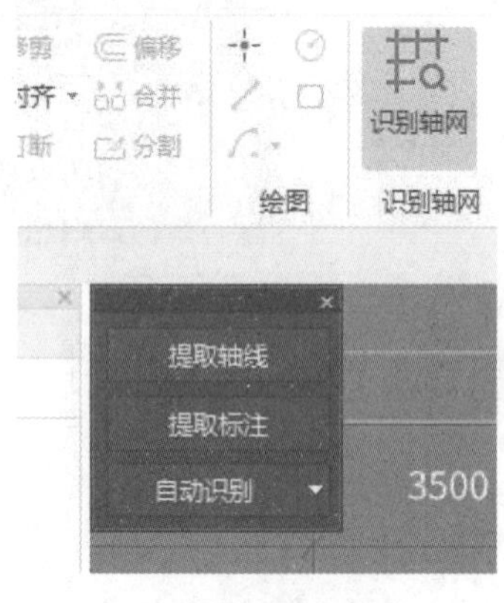

图 2.50

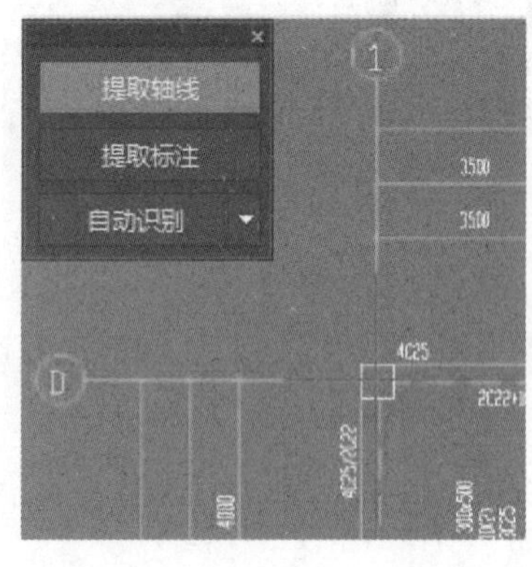

图 2.51

3)提取标注

①单击"提取标注",选择任意一个轴线标注,所有轴线标注处于被选中状态高亮显示,如图 2.52 所示,单击鼠标右键确认,所有轴线标注从 CAD 图中消失,并被存放到"已提取的 CAD 图层"中。检查所有轴线标注是否已被提取。

②"提取轴线""提取标注"均可按"单图元选择""按图层选择""按颜色选择",一般选择"按图层选择",如图 2.53 所示。在提取轴线和提取标注过程中,如果轴线的各个组成部分在同一个图层中或用同一种颜色绘制,则只需一次提取即可;如果轴线包括的部分不在一个图层中或未用同一种颜色绘制,则需依次单击标识所在的各个图层或各种颜色,直到将所有的轴线标识全部选中。

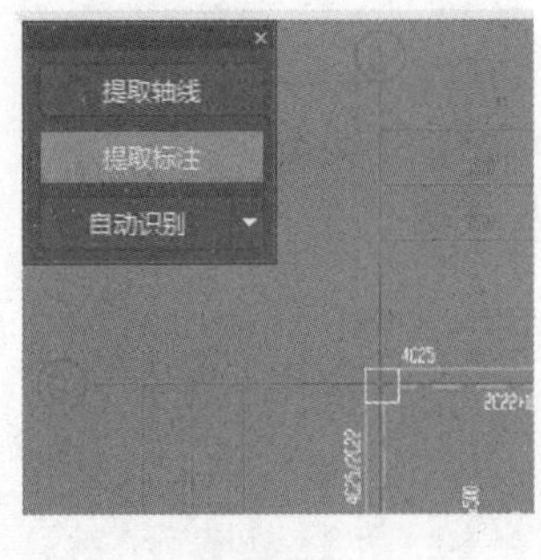

图 2.52

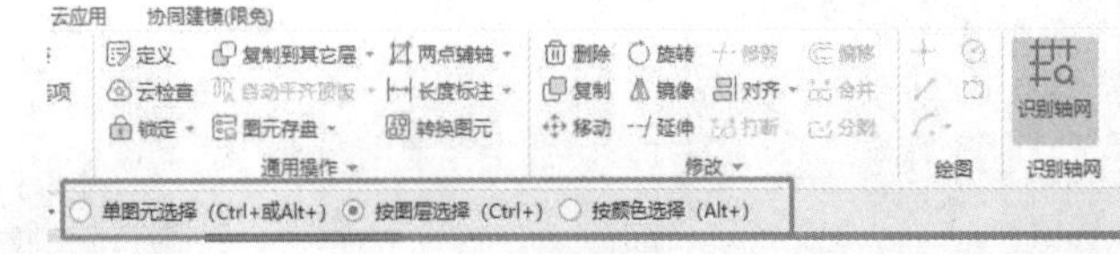

图 2.53

4) 识别轴网

单击按钮“自动识别”，弹出“自动识别”“选择识别”“识别辅轴”三个选项。

“自动识别”用于自动识别 CAD 图中的轴线，自动完成轴网的识别，一般工程选择这个选项即可。“选择识别”用于手动识别 CAD 图中的轴线，该功能可以将用户选定的轴线识别成主轴线。“识别辅轴”可以手动识别 CAD 图中的辅助轴线。轴网复杂的图纸可以应用“选择识别”和“识别辅轴”。本工程选用“自动识别”，识别结果单击“导航栏”→“轴线”→“轴网”查看，在绘图区显示，如图 2.54 所示。

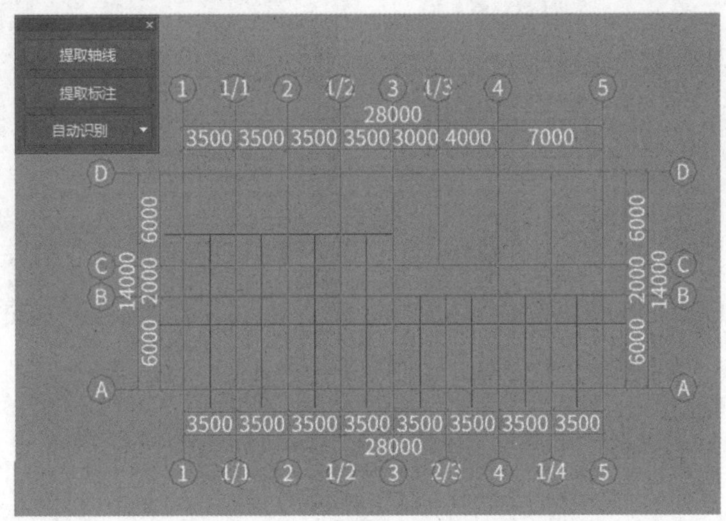

图 2.54

5) 轴网二次编辑

如果图形比较复杂，识别轴网有个别问题，可以通过“建模”→“轴网二次编辑”中有关命令修改。“修改轴距”如图 2.55 所示，“修改轴号”如图 2.56 所示。“修改轴号位置”如图 2.57所示，拉框选择轴线后单击命令，可以选择轴号是一端标注还是两端标注。“修剪轴线”如图 2.58 所示，点中轴线的位置出现“ ×”，单击想修剪掉的边。“恢复轴线”如图 2.59 所示，例如单击Ⓒ轴将缺失的轴线恢复。

至此已经完成了轴网的识别工作，下面可以识别各结构的构件和实体图元，进行工程算量。

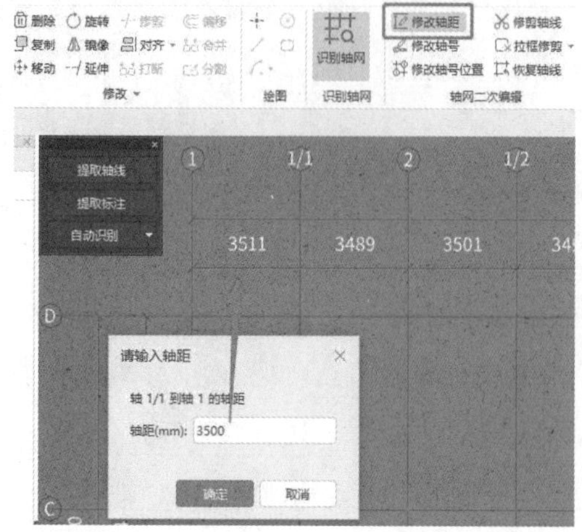

图 2.55

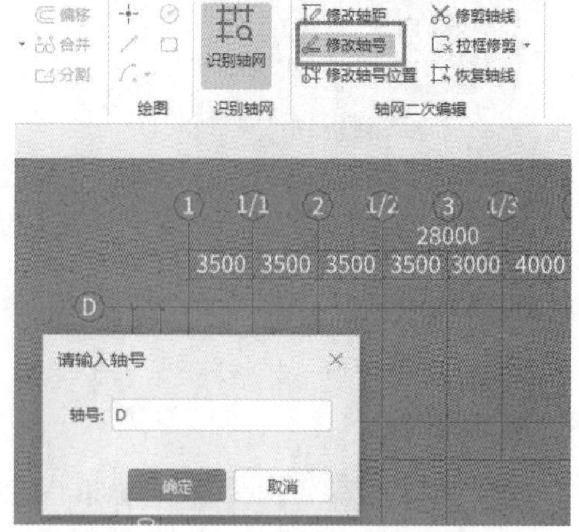

图 2.56

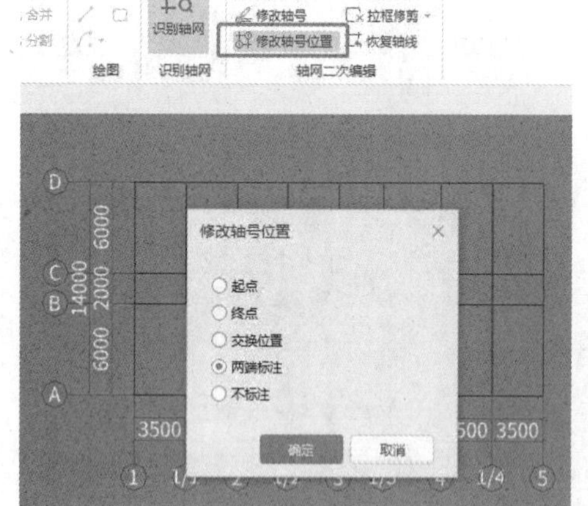

图 2.57

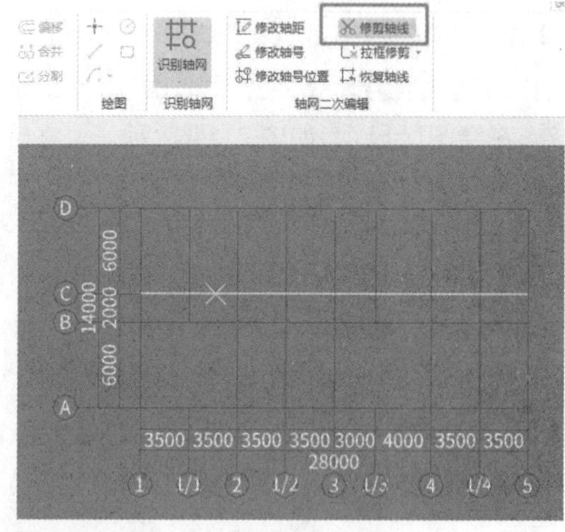

图 2.58

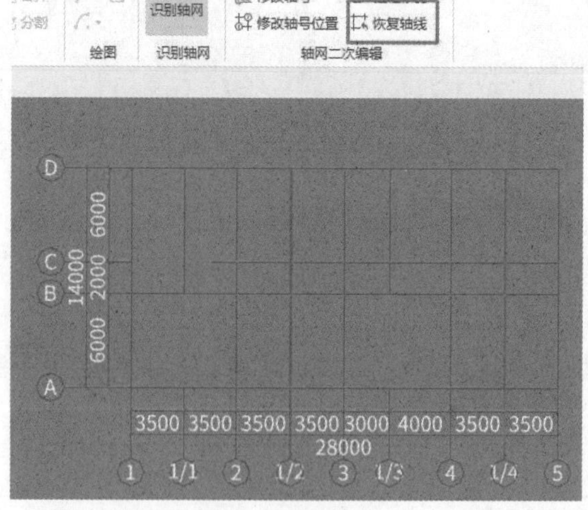

图 2.59

【测试】

1. 客观题(扫下方二维码,在线测试)

2. 主观题

(1)广联达 BIM 土建计量平台 GTJ 的界面包括哪几部分?

(2)轴网二次编辑有哪些命令?

【知识拓展】

序号	拓展内容	资源二维码
拓展1	轴网手工建模	
拓展2	多轴网拼接	

项目 3 主体结构工程量计量

【教学目标】

1. 知识目标

(1)掌握柱工程量计量。

(2)掌握剪力墙工程量计量。

(3)掌握梁工程量计量。

(4)掌握板工程量计量。

(5)掌握楼梯工程量计量。

2. 能力目标

能够正确计量柱、剪力墙、梁、板、楼梯等主体结构的工程量。

3. 素养目标

(1)培养学生认真钻研,有毅力,勤奋,勇于探究的科学精神。

(2)培养学生爱岗敬业、细心踏实、负责任、有担当的职业精神。

(3)发展认真钻研,有毅力,勤奋,勇于探究的科学精神(建议:学习柱、梁、板平法知识时,引入建筑设计工程典型案例,使学生感受勇于探究的科学精神)。

(4)培养爱岗敬业、细心踏实、责任担当的职业精神(建议:进行柱、梁、板等工程量分析时,结合工程造价典型案例,使学生认识职业精神的重要性)。

【教学载体】配套使用员工宿舍楼图纸和教材提供的数字资源。

【建议学时】16 学时

任务3.1　柱工程量计量

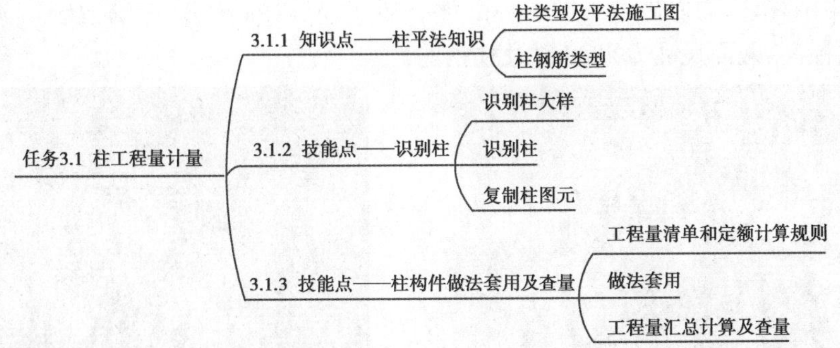

【知识与技能】

框架柱工程量计量的工作流程如图3.1所示。

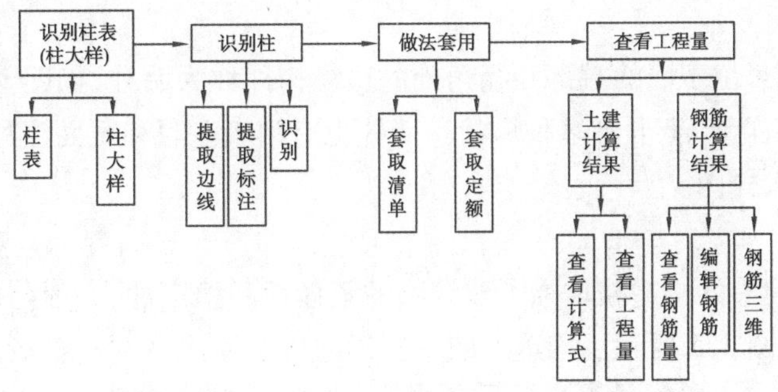

图3.1

3.1.1　知识点——柱平法知识

建筑结构中的构件分为竖向受压构件和横向受拉构件，如图3.2所示。基础处于最下层，最先施工。基础是柱和剪力墙的支座，柱是梁的支座，梁和剪力墙是板的支座。首先，我们先学习柱的工程量计算。

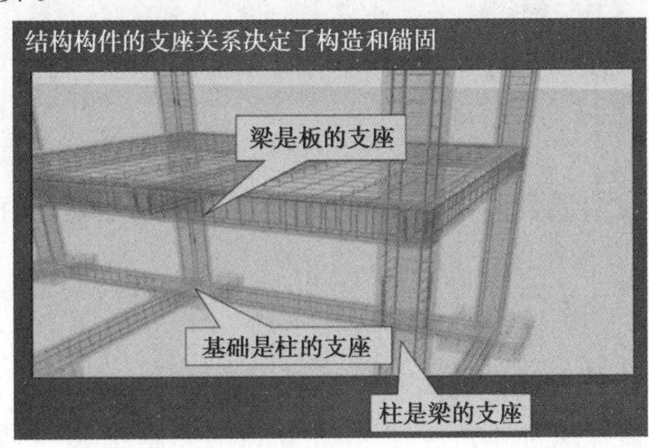

图3.2

1)柱类型及平法施工图

柱构件在不同的结构中有三种设计。

(1)框架柱

在框架结构中起主体承重作用的是框架柱 KZ,如图 3.3 所示,其平法标注方式有列表注写和截面注写两种,因为以矩形和圆形标准形状居多,故以列表注写方式为主。列表中分别标明了柱号、标高、截面尺寸 B 和 H 以及柱钢筋。

图 3.3

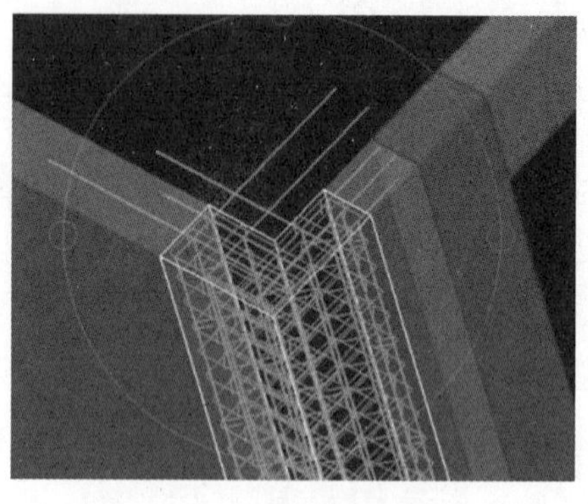

图 3.4

(2)墙柱

在剪力墙结构中,位于墙的端部和拐角处的边缘构件称为墙柱,如图 3.4 所示,也称为暗柱或端柱,有一字形、L 形、T 形等多种形状。墙柱也有列表注写和截面注写两种方式,但都需要有形状和配筋的大样图。

(3)构造柱

存在于砌体结构中的构造柱增强了建筑物的整体性和稳定性,一般与砌体结构契合的立面做成马牙槎状,如图 3.5 所示。构造柱的平法标注以截面注写方式居多。

图 3.5

在实际工程中,如果我们遇到的是异形柱,则会更多地采用截面注写的方式,以便显示得更加清晰明了。

2)柱钢筋类型

根据受力不同,柱钢筋分为承受轴向压力的纵向钢筋和起到定位以及与纵筋一起形成骨架的箍筋,如图 3.6 所示。在纵筋中处于转角位置的钢筋是角筋,一般直径更大。柱的每边除去角筋的纵筋叫边筋，例如图 3.7 中，B 边（宽度方向）中部边筋有 4 根，H 边（高度方向）中部边筋有 3 根。

（1）柱箍筋

抗震构件中箍筋又分为封闭箍筋和拉筋。箍筋的肢数如图 3.7 所示，竖向有 5 肢，横向有 4 肢，这组箍筋称为 5 ×4 肢箍。

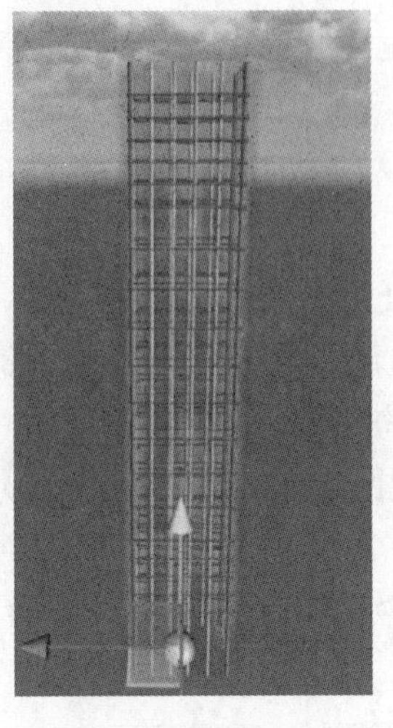

图3.6

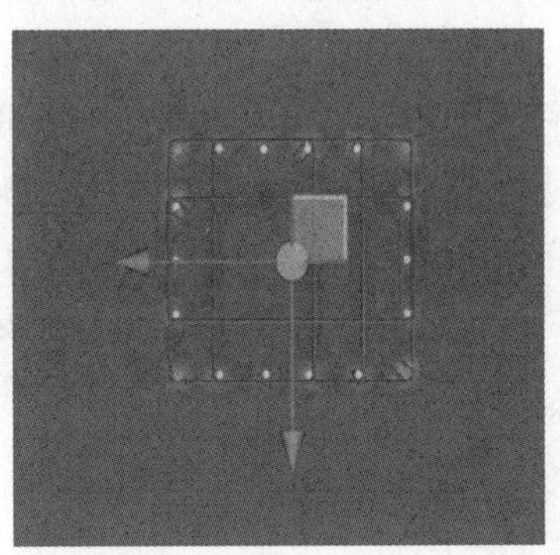

图3.7

（2）柱纵筋

柱的纵筋长度根据所处楼层的不同也分为三种情况，如图 3.8 所示。与基础连接的楼层，柱筋要伸入基础锚固，需要满足锚固条件，称为基础插筋。中间各层纵筋要满足上下层之间的连接条件，所以要考虑下层伸入本层的预留长度和本层伸入上一层的预留长度。

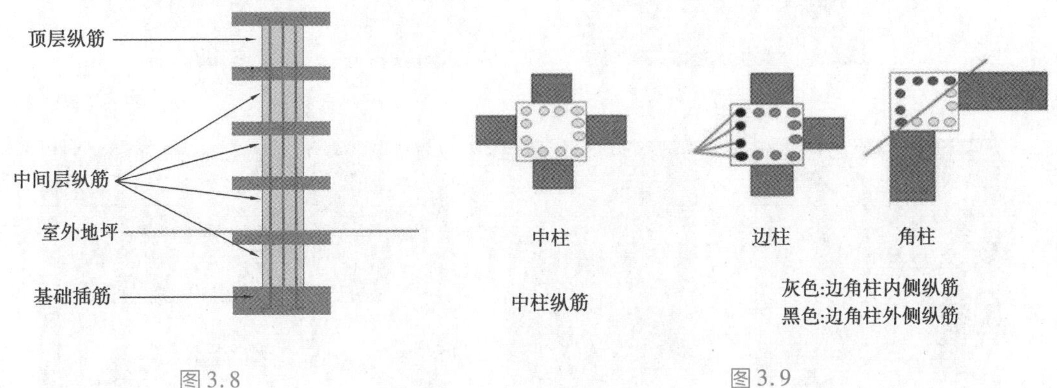

图3.8　　图3.9

（3）柱顶层纵筋

当计算到顶层纵筋时有一个特殊情况，即顶层纵筋不再向上延伸，因此要考虑到顶怎样进行弯折锚固。根据柱所在的位置要区分为中柱、边柱和角柱，如图 3.9 所示。中柱的纵筋直接锚固到梁和板里，边柱、角柱的纵筋锚固有特殊要求，详见《混凝土结构施工图平面整体表示方法制图规则和构造详图（现浇混凝土框架、剪力墙、梁、板）》（16G101—1）第 67 至 69页。

3.1.2 技能点——识别柱

识别柱包括识别柱表(柱大样)和识别柱两个步骤,本案例中出现的是柱大样。

1)识别柱大样

①选择楼层为“首层”,在导航栏中点开柱文件夹,单击“柱(Z)”,这里可以定义框架柱KZ。在“图纸管理”中的图纸文件列表下,双击“基础顶～屋顶柱平法施工图”,将其调入绘图工作区。

②选择工具栏“识别柱”中的“识别柱大样”,绘图区左上角出现选择方式对话框,如图3.10所示。

③找到柱大样图,单击对话框中的“提取边线”,选择任意一条柱大样的边线,所有边线处于被选中状态高亮显示,如图3.11所示,单击鼠标右键确认,边线从CAD图中消失,被存放到“已提取的CAD图层”中。检查所有柱大样边线是否已被提取。

④单击“提取标注”,选择任意一个框架柱标注,标注内容应该包括柱名称、尺寸、纵筋、箍筋,还要注意将柱大样的尺寸标注也选上,处于被选中状态高亮显示,如图3.12所示,单击鼠标右键确认,所有标注从CAD图中消失,被存放到“已提取的CAD图层”中。检查所有柱大样标注是否已被提取。

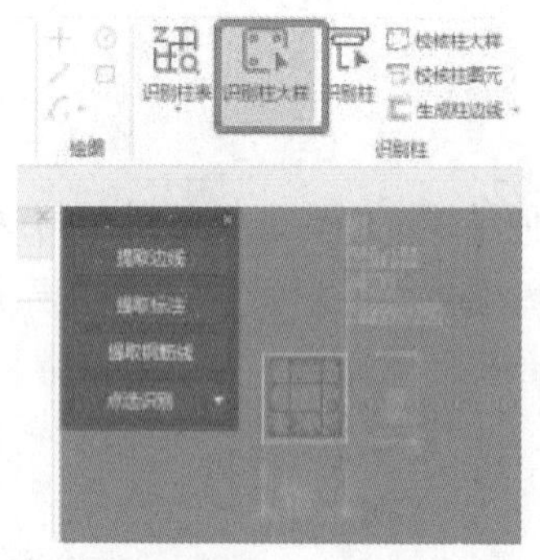

图3.10

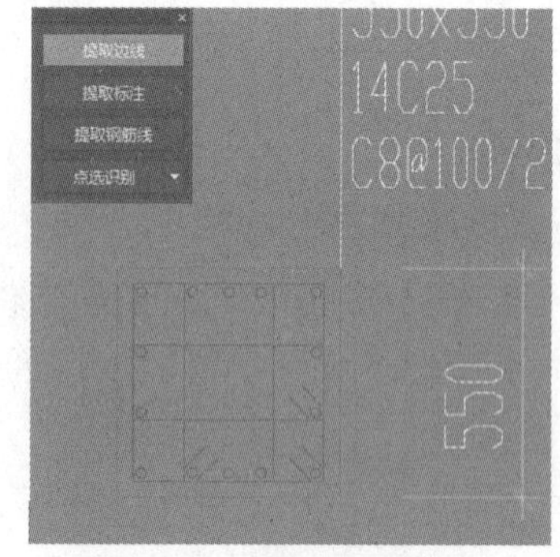

图3.11

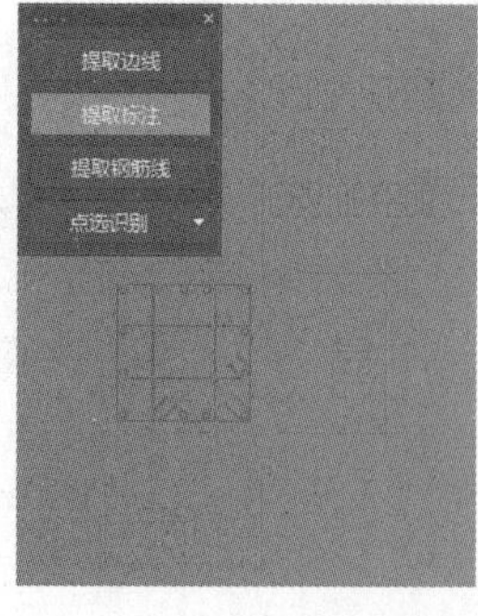

图3.12

图3.13

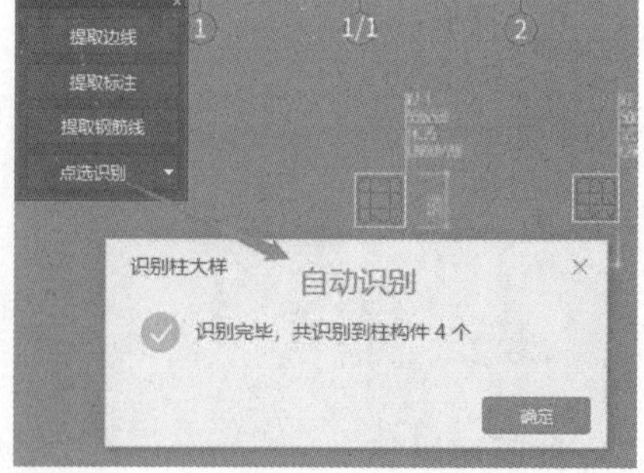

图3.14

⑤单击“提取钢筋线”,将纵筋和箍筋都选上,处于被选中状态高亮显示,如图3.13所示,单击鼠标右键确认,所有钢筋线从CAD图中消失,被存放到“已提取的CAD图层”中。检查所有柱大样钢筋线是否已被提取。

⑥单击“点选识别”旁的下拉列表,选择“自动识别”,识别完毕如图3.14所示。单击“确

定”之后，有时会弹出“校核柱大样”，如图3.15所示，原因是柱平面图中框架柱的名称未被使用。由于还未开始识别柱，因此无须理会，单击右上角的“×”即可。“构件列表”中已识别出4个柱构件，如图3.16所示，各构件属性如图3.17所示。

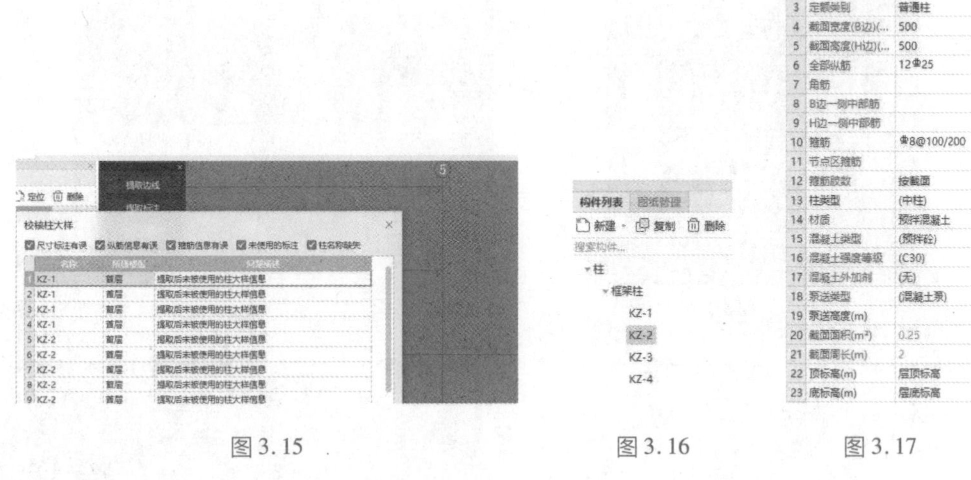

图3.15　　　　图3.16　　　　图3.17

2）识别柱

①选择工具栏“识别柱”中的“识别柱”，绘图区左上角出现选择方式对话框，如图3.18所示。

②找到柱平面布置图，若此时柱边线和柱标注已被提取，在图纸中不显示，则将“图层管理”中“已提取的CAD图层”和“CAD原始图层”都打“√”，如图3.19所示。单击对话框中“提取边线”，选择任意一条柱边线，所有边线处于被选中状态高亮显示，如图3.20所示，单击鼠标右键确认，边线从CAD图中消失，被存放到“已提取的CAD图层”中。检查所有柱边线是否已被提取。

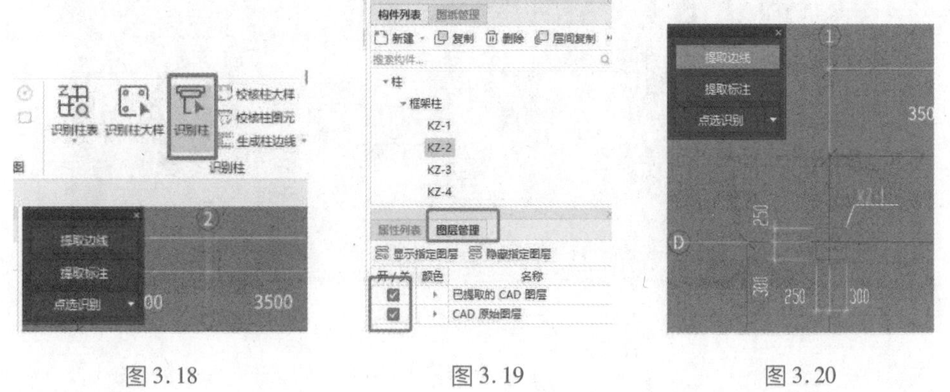

图3.18　　　　图3.19　　　　图3.20

③单击“提取标注”，选择任意一个框架柱标注，标注内容应该包括柱名称和尺寸标注，处于被选中状态高亮显示，如图3.21所示，单击鼠标右键确认，所有标注从CAD图中消失，被存放到“已提取的CAD图层”中。检查所有柱标注是否已被提取。

④在“点选识别”旁的下拉列表中选择“自动识别”，识别完毕如图3.22所示，单击“确

定”，弹出“校核柱图元”，如图 3.23 所示，原来这又是未使用的图线和标识，无须理会。观察在绘图区已经出现了柱图元。若将柱大样也作为柱识别了，如图 3.24 所示，将这几根多余柱选中删除，最后完成柱图元，如图 3.25 所示。

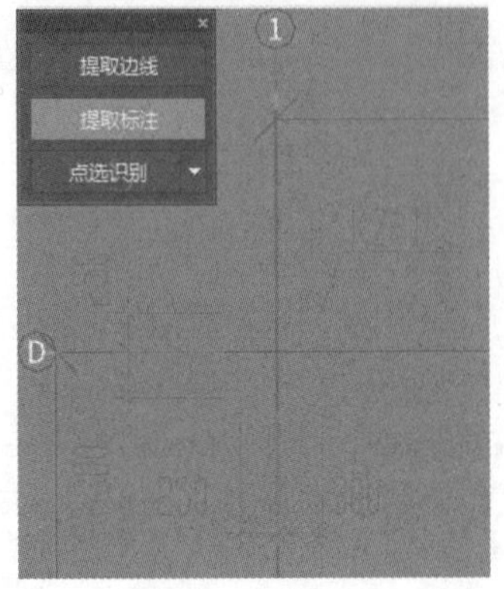

图 3.21

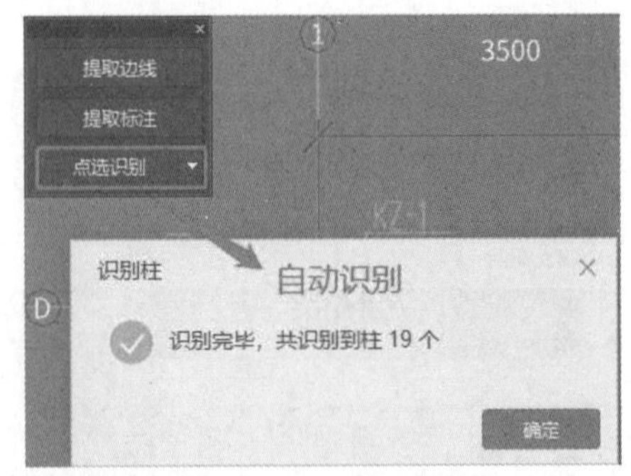

图 3.22

校核柱图元

☑尺寸不匹配 ☑未使用的边线 ☑未使用的标识 ☑名称缺失

名称	楼层	问题描述
柱边线1	首层	未使用的柱边线
KZ-2	首层	未使用的柱标识
KZ-2	首层	未使用的柱标识

图 3.23

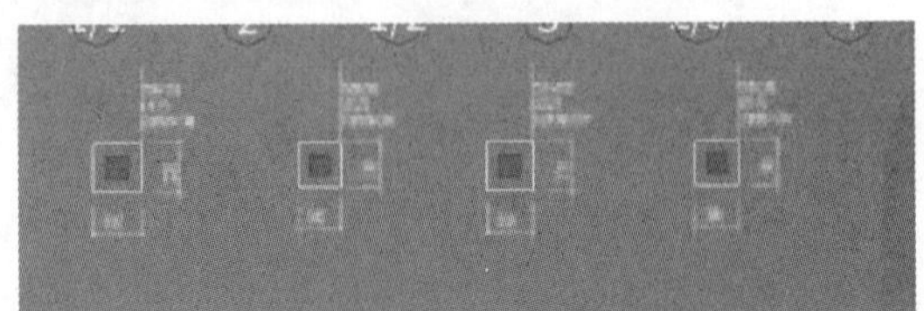

图 3.24

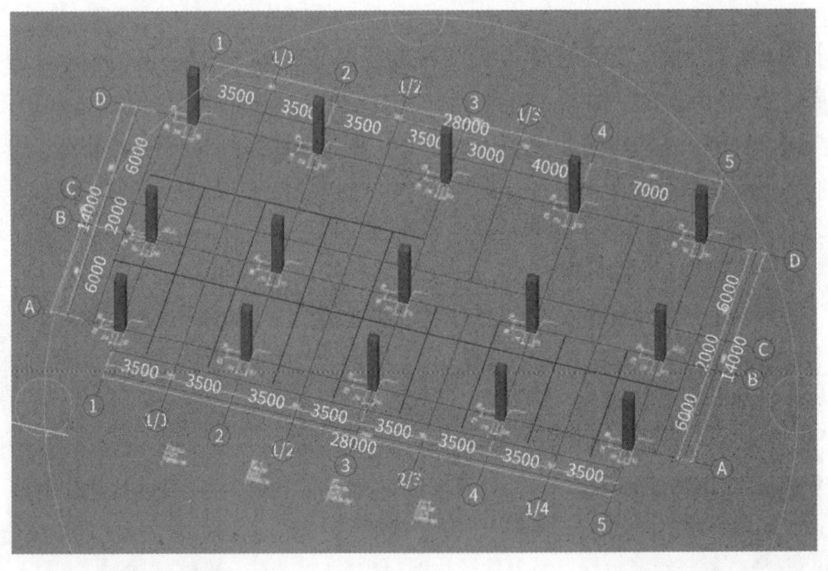

图 3.25

3）复制柱图元

选择首层的所有柱图元，单击通用操作工具栏中的“ 复制到其他层 ▾ ”，在下拉列表中选择“复制到其他层”，出现如图 3.26 所示的对话框。勾选全部楼层前的复选框，单击“确定”按钮，显示图元复制成功。到各楼层观察柱构件和图元都已经存在了。但是本案例建筑施工图中的正立面图和侧立面图，屋面层是斜屋顶，柱顶高度与斜板板顶高度平齐，因此这个高度还需绘制完屋面斜板之后再确定。最后根据图纸建施图挑檐高度等综合考虑，确定屋面层四周 KZ1、KZ2、KZ4 柱顶高度同挑檐高度为 12.87 m，中间 3 根 KZ3 顶标高选“顶板顶标高”，顶板顶标高不应是 16.17 m，应等斜屋顶绘制之后自动修正，如图 3.27 所示。

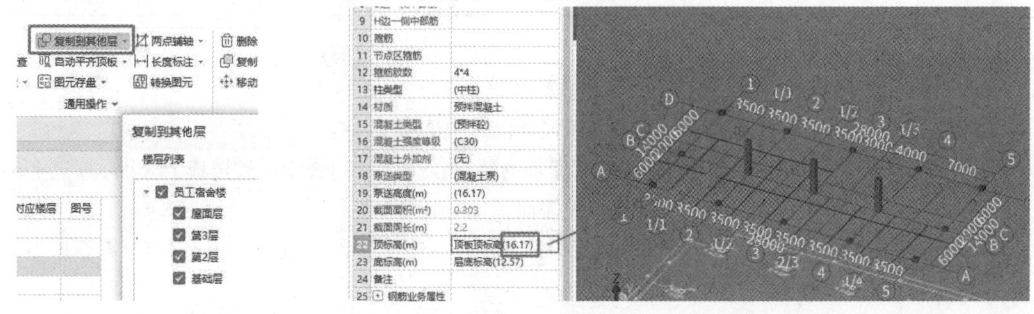

图 3.26　　　　　　　　　　　　　　图 3.27

如果在通用操作工具栏“复制到其他层”的下拉列表中选择“从其他层复制”，就可以将除本楼层（屋面层）之外的其他任意楼层作为源楼层，选取任意图元复制到希望的目标楼层，如图 3.28 所示。

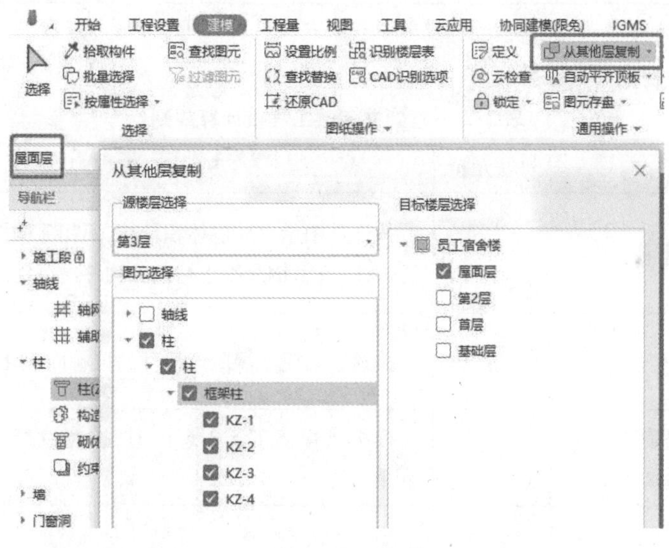

图 3.28

3.1.3　技能点——柱构件做法套用及查量

做法套用是指构件按照计算规则计算汇总出做法工程量，方便进行同类项汇总，同时与计价软件数据接口。本案例清单和定额规则均采用《房屋建筑与装饰工程工程量计算规范》（GB 50854—2013）和《北京市建设工程计价依据——预算定额 房屋建筑与装饰工程预算定额》（2012 版）。

1)工程量清单和定额计算规则

(1)清单计算规则(表3.1)

表3.1 框架柱清单工程量计算规则

项目编码	项目名称	计量单位	计算规则
010502001	矩形柱	m^3	按图示尺寸以体积计算,柱高: (1)有梁板的柱高,应自柱基上表面(或楼板上表面)算至上一层楼板上表面; (2)无梁板的柱高应自柱基上表面(或楼板上表面)算至柱帽下表面; (3)框架柱的柱高,应自柱基上表面算至柱顶; (4)构造柱按全高计算,嵌入墙体部分(马牙槎)并入柱身体积; (5)依附于柱上的牛腿和升板的柱帽,并入柱身体积计算
011702002	矩形柱	m^2	按模板与现浇混凝土构件的接触面积计算

(2)定额计算规则(表3.2)

表3.2 框架柱定额工程量计算规则

编号	名称	计量单位	计算规则
5-7	矩形柱	m^3	按设计图示尺寸以体积计算,不扣除构件内钢筋、预埋铁件所占体积;型钢混凝土柱扣除构件内型钢所占体积
17-58	矩形柱 复合模板	m^2	按模板与现浇混凝土构件的接触面积计算
17-71	柱支撑高度3.6 m以上每增1 m	m^2	模板支撑高度>3.6 m时,按超过部分全部面积计算工程量

2)做法套用

(1)做法套用

在首层构件列表中选择KZ-1并双击进入柱定义界面,在绘图区从“截面编辑”切换到“构件做法”,这里选定清单和定额。软件中有三种查询清单和定额的方式,分别是“查询匹配清单”“查询匹配定额”和“查询外部清单”,前两种是从软件自动根据结构类别配置的可能清单和定额中选择;“查询外部清单”是从导入的Excel文件和GBQ文件中选择。如果对清单和定额的项目比较熟悉,可以使用“查询清单库”和“查询定额库”,直接从软件配置的清单和定额规则中选择相应的项目。

每种构件都需要选择实体工程清单和模板清单,输入项目特征,然后选择与之匹配的定额。KZ1的做法套用如图3.29所示。

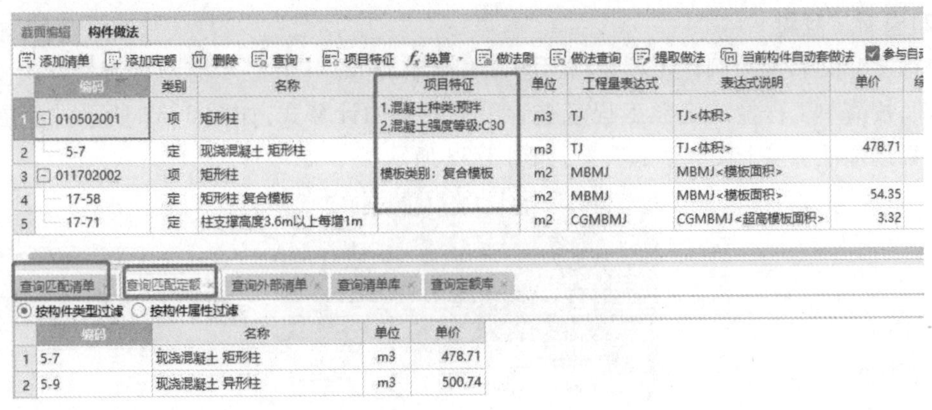

图 3.29

(2)做法刷

将 KZ1 的清单项目及定额子目套用好之后，可使用“做法刷”功能将其复制到其他构件。

首先，将 KZ1 的清单和定额项目全部选中，单击“构件做法”工具栏中的“做法刷”，弹出“做法刷”提示框，界面左端出现可供选择的构件名称，如图 3.30 所示，单击确定，将其他框架柱都套用相同做法。

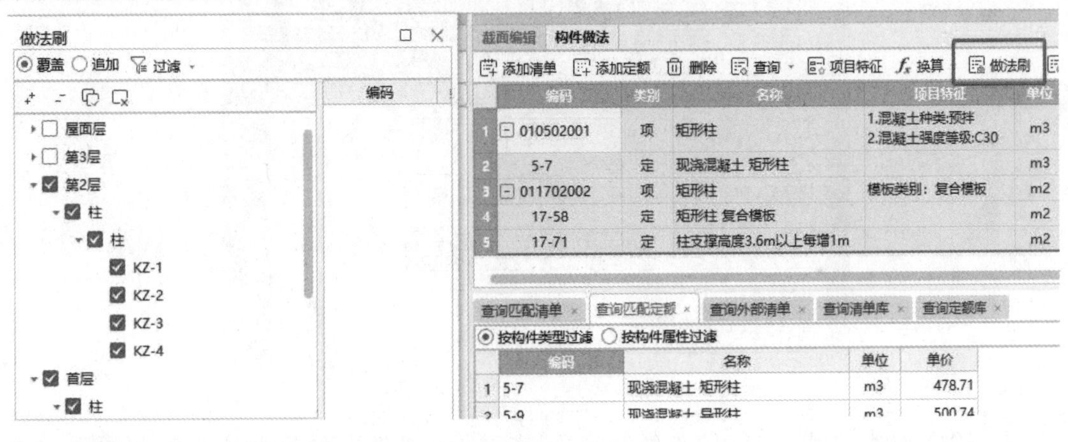

图 3.30

3)工程量汇总计算及查量

(1)工程量汇总计算

工程量汇总计算方法很多，如图 3.31 所示，单击标题栏中的“Σ”图标，或者选择“工程量”模块“汇总”工具栏中的“汇总计算”图标，都可以根据需要选择汇总的楼层和构件；“汇总选中图元”是要在绘图区选中图元再汇总。

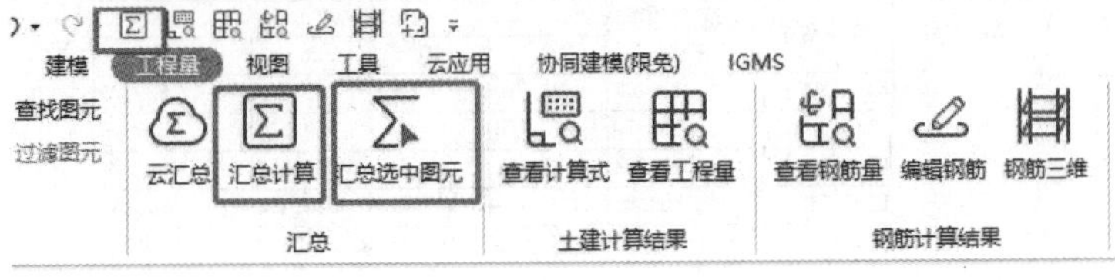

图 3.31

(2)查看工程量

以首层 1 根 KZ1 为例,“工程量”模块“土建计算结果”工具栏中有两种查量方式,“查看计算式”,按清单工程量或定额工程量查看单个图元的计算式,如图 3.32 所示;“查看工程量”,可以选择任意多个图元一起查看,如图 3.33 所示。

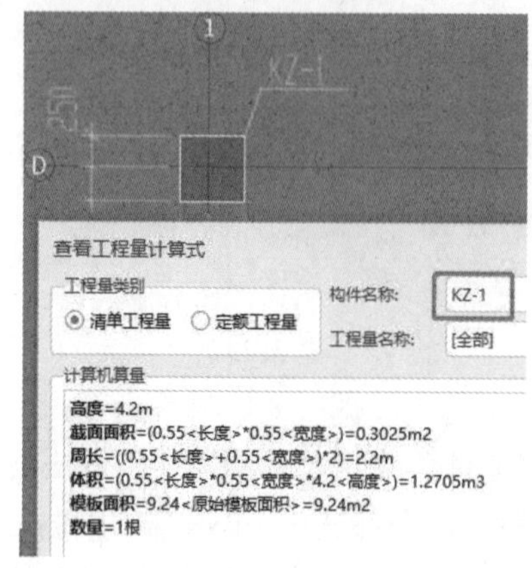

图 3.32

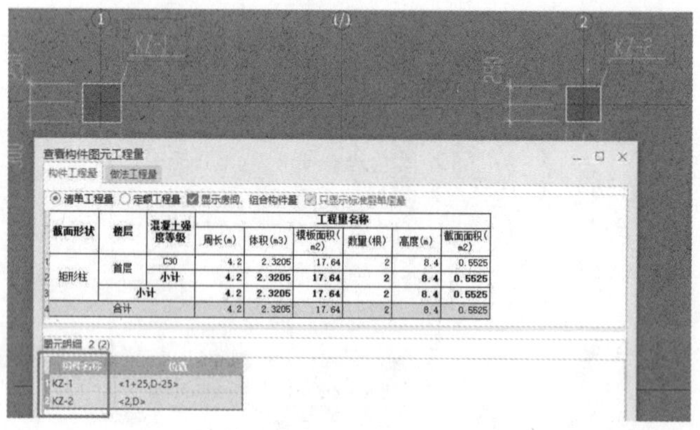

图 3.33

对于钢筋计算结果,可通过“查看钢筋量”查看所有被选中图元的钢筋量,如图 3.34 所示;通过“钢筋三维”查看任意被选中图元的钢筋三维,通过“编辑钢筋”只能查看一个图元的具体数据。但是,把“钢筋三维”和“编辑钢筋”结合使用,如图 3.35 所示,可以对图元的钢筋三维布置与图形、计算公式、公式描述、长度、根数等一起分析,有效检查绘制正确性。

查看钢筋量

导出到Excel

钢筋总重量(Kg):1575.654

	楼层名称	构件名称	钢筋总重量(kg)	HRB400			
				8	10	25	合计
1	首层	KZ-2[309]	339.79	97.216		242.574	339.79
2		KZ-2[313]	339.79	97.216		242.574	339.79
3		KZ-1[308]	392.224	109.221		283.003	392.224
4		KZ-3[314]	503.85		180.418	323.432	503.85
5		合计:	1575.654	303.653	180.418	1091.583	1575.654

图 3.34

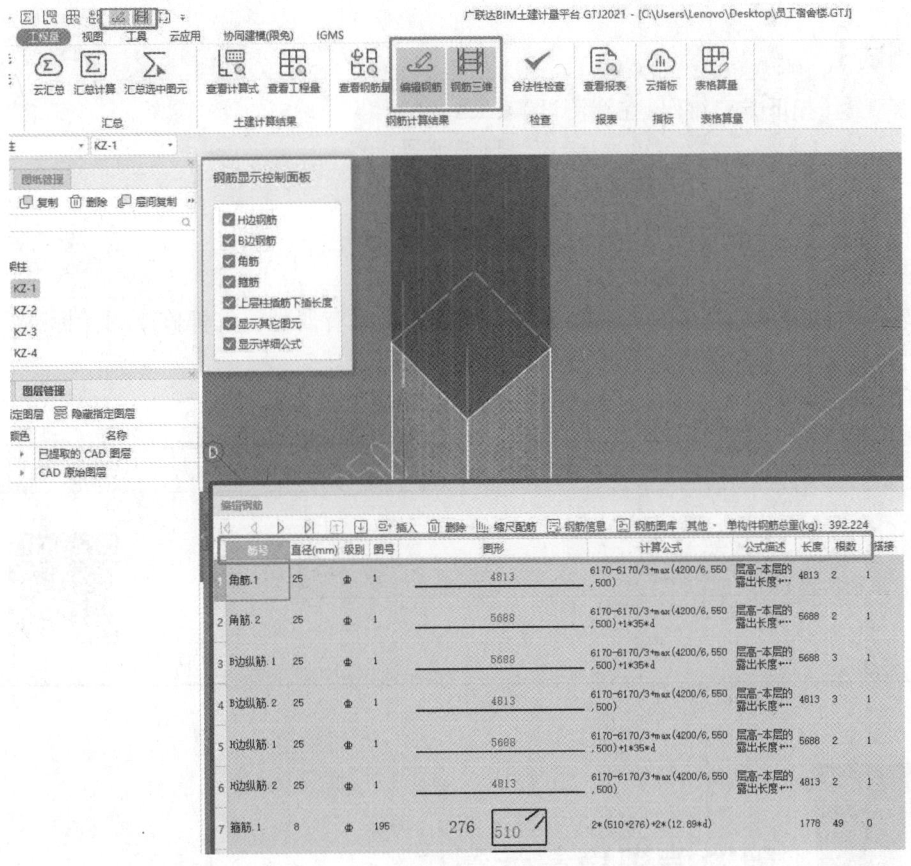

图 3.35

首层所有柱绘制完毕如图 3.36 所示。

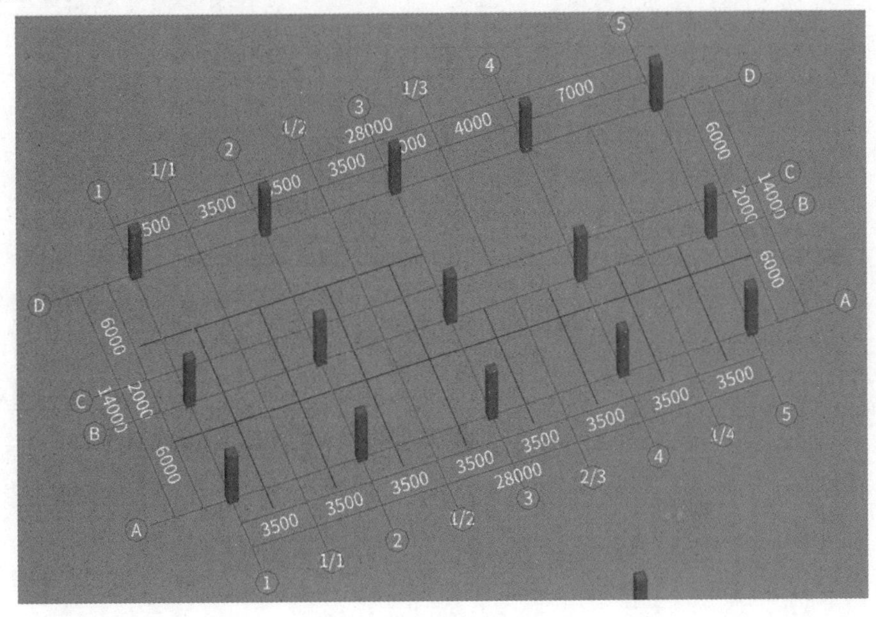

图 3.36

【测试】

1. 客观题(扫下方二维码,在线测试)

2. 主观题

在软件中柱的顶标高和底标高属于公有属性还是私有属性？怎样修改图元标高？

【知识拓展】

序号	拓展内容	资源二维码
拓展	识别柱表 PPT	

任务 3.2 剪力墙工程量计量

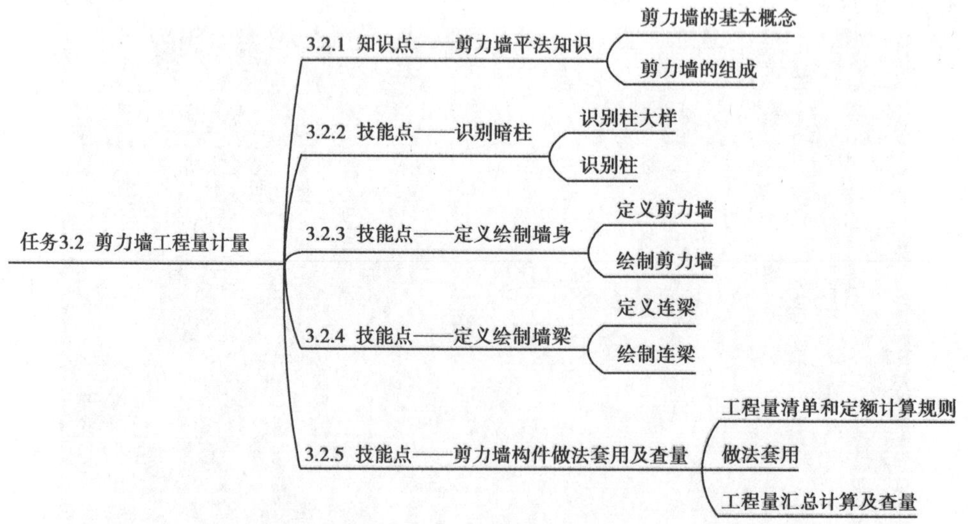

【知识与技能】

本案例中并无剪力墙结构,但此种结构在中高层建筑中普遍采用,故本书特做补充。

剪力墙工程量计量的工作流程如图 3.37 所示。

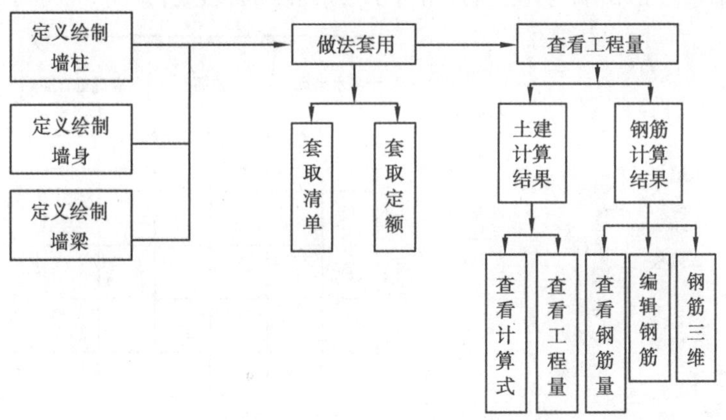

图3.37

3.2.1 知识点——剪力墙平法知识

1)剪力墙的基本概念

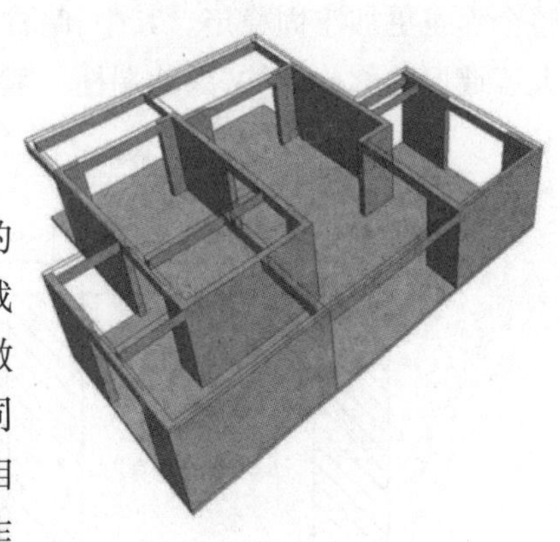

图3.38

剪力墙又称抗震墙或结构墙,是高层建筑中最重要的竖向构件之一,它承担房屋的竖向荷载(重力)和水平荷载(如风载、地震等),防止结构剪切破坏,用钢筋混凝土做成,如图3.38所示。那么,什么是剪切破坏呢?作用于同一物体上的两个距离很近(但不为零),大小相等、方向相反的平行力称为剪力。剪力使材料的横截面沿该外力作用方向发生相对错动,造成建筑物破坏,称为剪切破坏。可见,这是一种建筑结构需要避免的破坏。剪力墙结构与框架结构谁的承载能力更大?从图3.39可以看出,剪力墙结构比框架结构能承受更多的水平荷载。

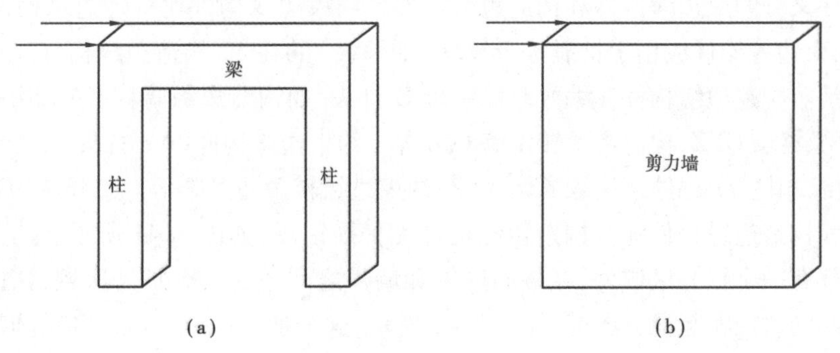

图3.39

2)剪力墙的组成

16G101-1平法图集规定,剪力墙可视为由剪力墙身、剪力墙柱和剪力墙梁三类构件构成,如图3.40所示,三类构件分别编号,剪力墙的主体是墙身。墙身钢筋相对于墙梁、墙柱来说并没有特殊的加强处理,由墙身垂直筋、墙身水平筋和拉筋组成,如图 3.41 所示。

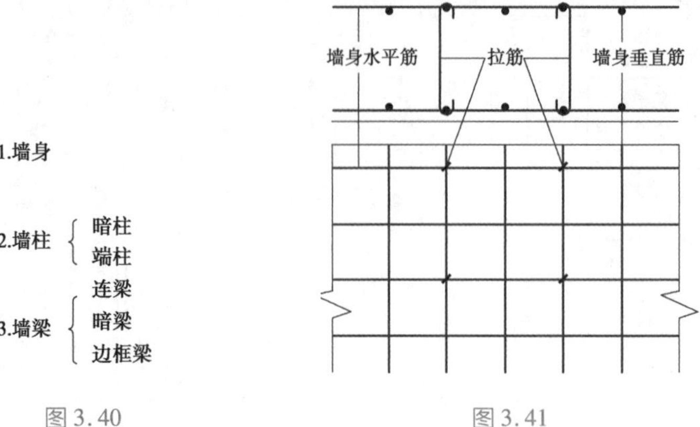

图 3.40　　图 3.41

剪力墙柱是剪力墙的加强部位,一般位于墙肢平面的端部,可改善剪力墙的受力性能,让整个建筑更加牢固稳定。其中,暗柱一般和墙身相平,隐藏在墙身中,如图 3.42 所示。宽度大于墙厚的称为端柱,因此端柱一般都突出墙身,如图 3.43 所示。

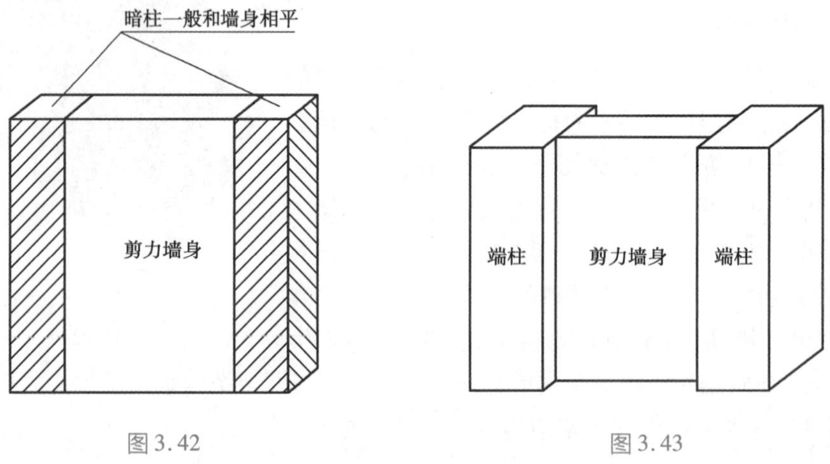

图 3.42　　图 3.43

边缘构件又分约束边缘构件和构造边缘构件。约束边缘构件比构造边缘构件要“强”一些。因此,约束边缘构件应用于抗震等级较高(如一级)的建筑,构造边缘构件应用于抗震等级较低的建筑。构造边缘构件在编号时以字母 G 打头,如构造边缘暗柱 GAZ、构造边缘端柱 GDZ、构造边缘翼墙 GYZ、构造边缘转角墙 GJZ 等。约束边缘构件以 Y 打头,如约束边缘暗柱 YAZ、约束边缘端柱 YDZ、约束边缘翼墙 YYZ、约束边缘转角墙 YJZ 等。怎样从构造上区分约束边缘构件和构造边缘构件呢?构造边缘构件无扩展区域,如图 3.44 所示。约束边缘构件除端部或角部有一个核心区域外,在核心区域和墙身之间还有一个扩展区域,该区域的特点是加密拉筋或同时加密竖向分布筋,如图 3.45 所示,这个加强区就是暗柱和剪力墙中间段的一个结构强度的缓存区。

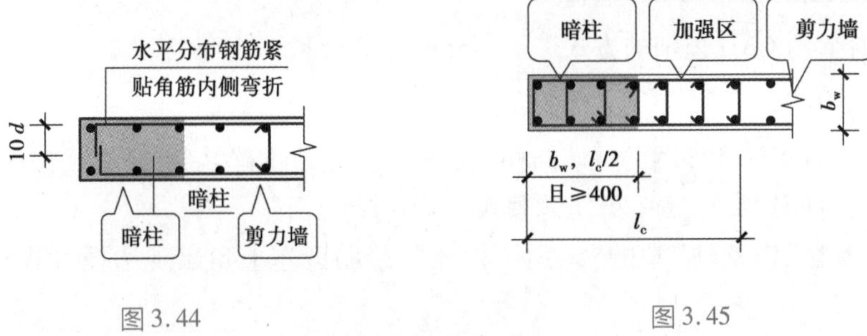

图3.44　　　　图3.45

剪力墙梁存在于剪力墙结构或框剪结构中，包括连梁、暗梁、边框梁。墙梁中的暗梁一般和墙身相平，完全隐藏在板类构件或者混凝土墙类构件中，一方面强化墙体与顶板的节点构造，另一方面为横向受力的墙体提供边缘约束，如图3.46所示。边框梁是指在剪力墙中部或顶部布置的、比剪力墙的厚度还大的"连梁"或"暗梁"，如图3.47所示。边框梁一般都突出墙身。连梁一般出现在剪力墙洞口处，梁顶面或梁底面是剪力墙洞口。连梁是连接墙肢与墙肢，两端与剪力墙在平面内相连的梁，连梁一般具有跨度小、截面大等特点，如图3.48所示。

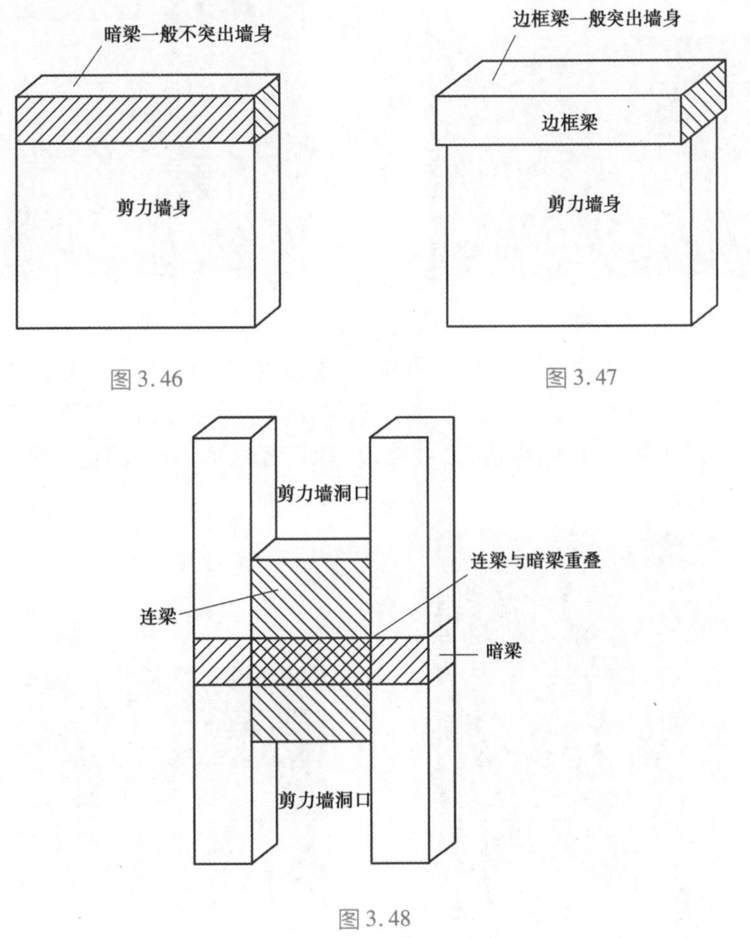

图3.46　　　　图3.47

图3.48

3.2.2　技能点——识别暗柱

以暗柱为例，用 CAD 识别的方式进行墙柱的定义绘制。

1）识别柱大样

①导入一张有暗柱大样图的柱墙结构平面图纸。定位准确之后选择楼层为“首层”，在导航栏中点开柱文件夹，单击“柱(Z)”，这里可以识别暗柱。

②选择工具栏“识别柱”中的“识别柱大样”，绘图区左上角出现选择方式对话框，如图3.49所示。

2）识别柱

①找到暗柱大样图，单击对话框中“提取边线”，选择任意一条柱大样的边线，所有边线处于被选中状态高亮显示，如图 3.50 所示，单击鼠标右键确认，边线从 CAD 图中消失，被存放到“已提取的 CAD 图层”中。检查所有柱大样边线是否已被提取。

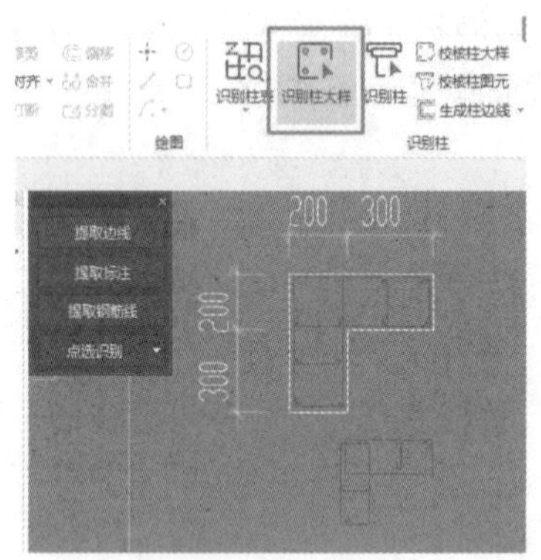

图 3.49

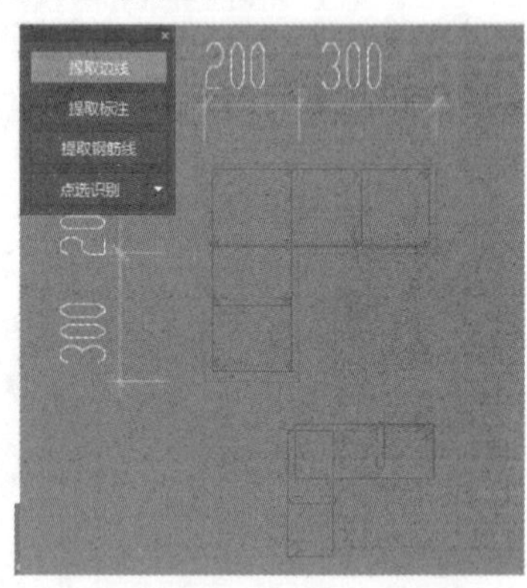

图 3.50

②单击“提取标注”，选择任意一个暗柱标注，标注内容应该包括柱名称、尺寸、纵筋、箍筋，还要注意将柱大样的尺寸标注也选上，处于被选中状态高亮显示，如图 3.51 所示，单击鼠标右键确认，所有标注从 CAD 图中消失，被存放到“已提取的 CAD 图层”中。检查所有柱大样标注是否已被提取。

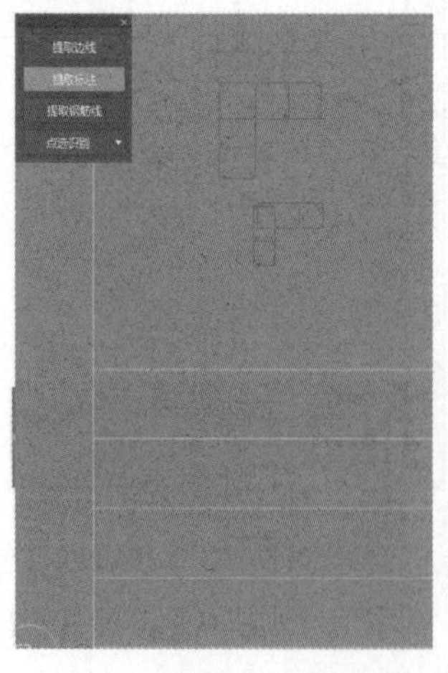

图 3.51

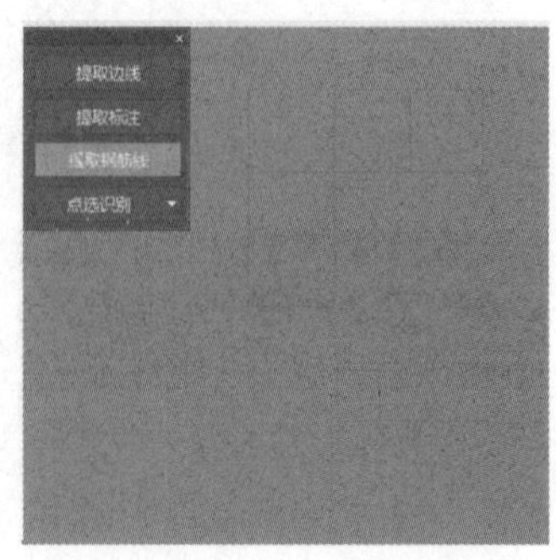

图 3.52

③单击“提取钢筋线”，将纵筋和箍筋都选上，处于被选中状态高亮显示，如图 3.52 所示，单击鼠标右键确认，所有钢筋线从 CAD 图中消失，被存放到“已提取的 CAD 图层”中。检查所有柱大样钢筋线是否已被提取。

④在“点选识别”旁的下拉列表中选择“自动识别”，识别完毕如图 3.53 所示，单击“确定”之后，有时会弹出“校核柱大样”，如图 3.54 所示。我们发现由于图纸的原因识别并不准确，从暗柱大样图可见，YBZ1 和 YBZ2 的适用高度是基础～11.05，首层适用；GBZ1 和 GBZ2 的适用高度是 11.05～15.90，应从 4 层及往上采用。因此，可以在属性列表中手动修改，箍筋信息在截面编辑中修改，如图 3.55 所示，将所有暗柱构件修改完毕。

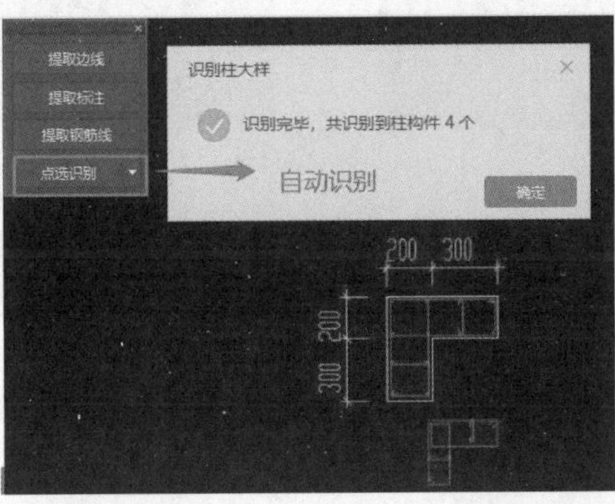

图 3.53

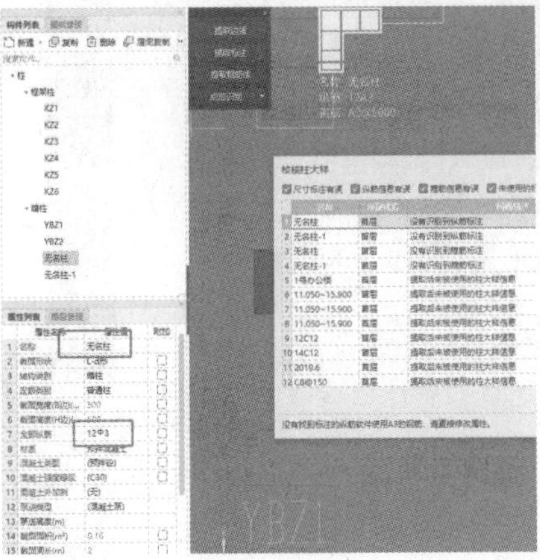

图 3.54

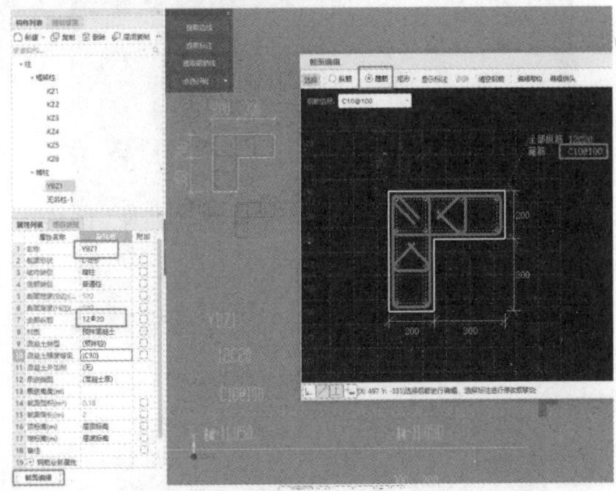

图 3.55

⑤选择工具栏“识别柱”中的“识别柱”，绘图区左上角出现选择方式对话框，如图 3.56 所示。

⑥找到柱墙平面布置图，若此时暗柱边线和标注已被提取，在图纸中不显示，将“图层管理”中“已提取的 CAD 图层”和“CAD 原始图层”都打“√”，信息出现。单击对话框中“提取边线”，选择任意一条暗柱边线，所有边线处于被选中状态高亮显示，如图 3.57 所示，单击鼠标右键确认，边线从 CAD 图中消失，被存放到“已提取的 CAD 图层”中。检查所有暗柱边线是否已被提取。

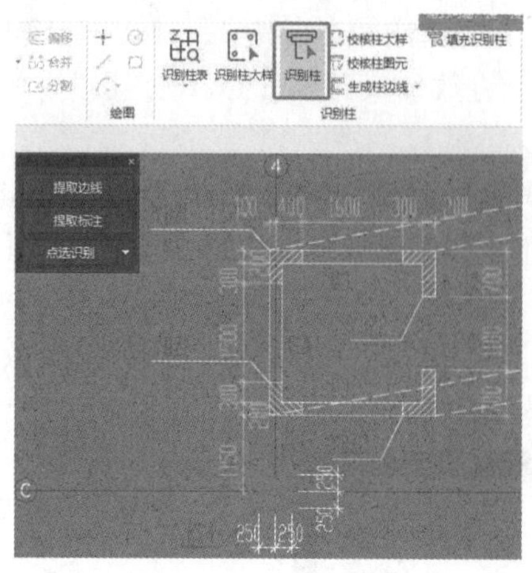

图 3.56

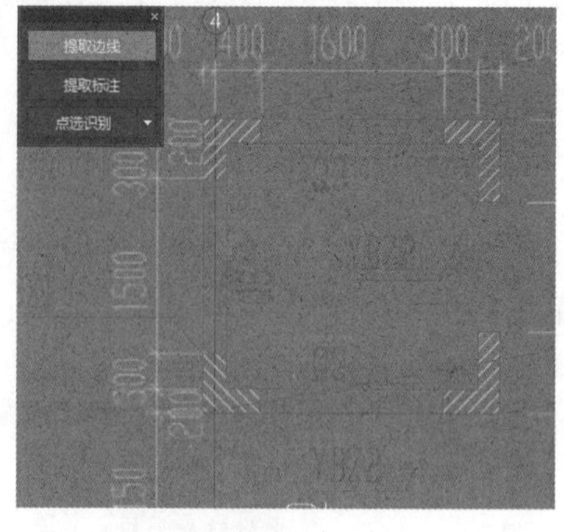

图 3.57

⑦单击“提取标注”，选择任意一个暗柱标注，标注内容应该包括柱名称和尺寸标注，处于被选中状态高亮显示，如图 3.58 所示，单击鼠标右键确认，所有标注从 CAD 图中消失，被存放到“已提取的 CAD 图层”中。检查所有柱标注是否已被提取。

⑧在“点选识别”旁的下拉列表中选择“自动识别”，识别完毕单击“确定”，又会弹出“校核柱图元”，如图 3.59 所示。发现有很多错误图元，选择修改删除。最后完成的暗柱图元如图 3.60 所示。

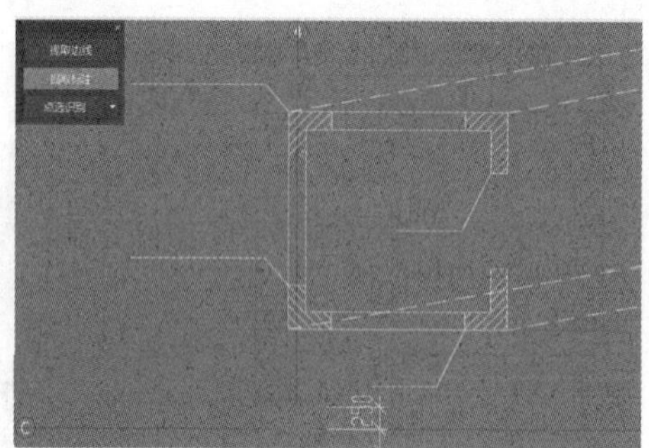

图 3.58

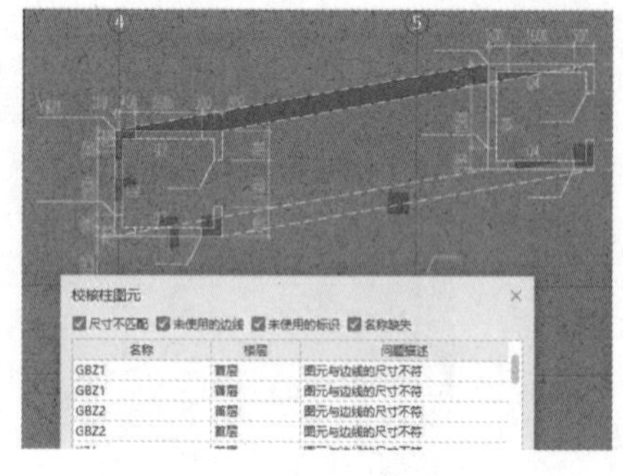

图 3.59

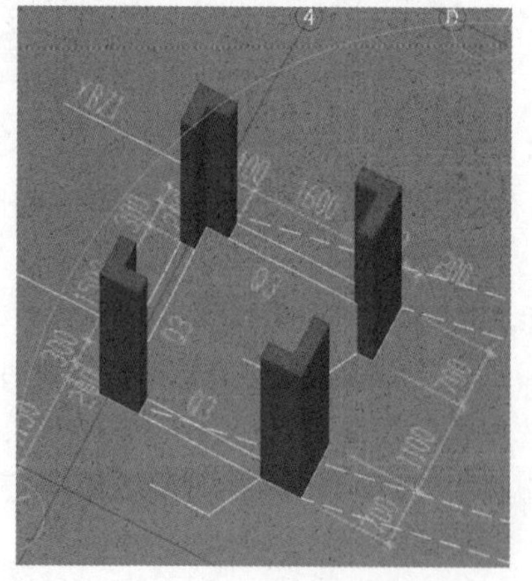

图 3.60

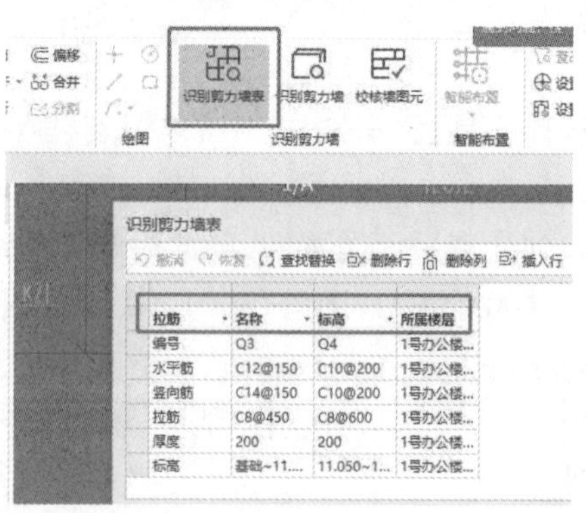

图 3.61

3.2.3　技能点——定义绘制墙身

如果选择工具栏中的“识别剪力墙表”，会发现案例工程的剪力墙表排列与软件默认项目并不对应，如图3.61所示，因此需采用手动定义绘制。

1）定义剪力墙

看剪力墙表，Q3的适用标高是基础～11.05，因此首层采用Q3。在构件列表中新建内墙，按剪力墙表在属性列表中将名称、厚度、水平和垂直分布钢筋、拉筋修改完毕，如图3.62所示。因Q4的适用标高是11.05～15.90，因此在首层并不建立。

2）绘制剪力墙

用绘图工具栏中的“直线”绘制。注意暗柱是剪力墙的一部分，因此在绘制墙身时务必将暗柱包上。绘制完毕可在英文大写状态下选择“Z”，将柱隐藏，剪力墙身全貌如图3.63所示。

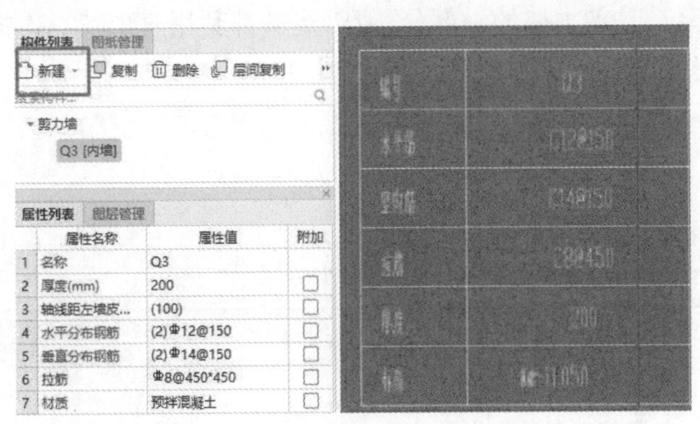

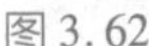
图3.62

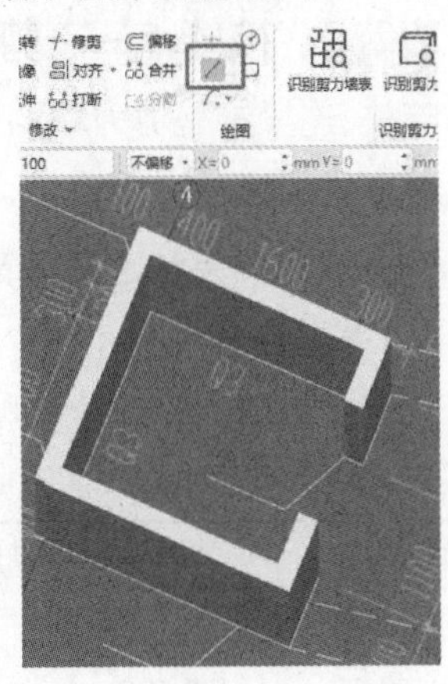

图3.63

3.2.4　技能点——定义绘制墙梁

本案例中剪力墙梁为电梯井门口的连梁LL，见“一—三层顶梁配筋图”，采用手动定义绘制。

1）定义连梁

在首层切换图纸为“一—三层顶梁配筋图”，导航栏梁文件夹中找到“连梁”，在构件列表中“新建矩形连梁”，属性列表中按图修改信息。注意：软件中默认连梁的起点和终点顶标高为“洞口顶标高加连梁高度”，图纸说明中表示“图中未注明梁顶标高同板顶标高”即层顶标高，需将起点和终点标高都修改为“层顶标高”，如图3.64所示。

2）绘制连梁

用绘图工具栏中“直线”绘制连梁。连梁画到剪力墙边和与墙长一样均可，软件能自动扣减。剪力墙、暗柱、连梁全貌如图3.65所示。

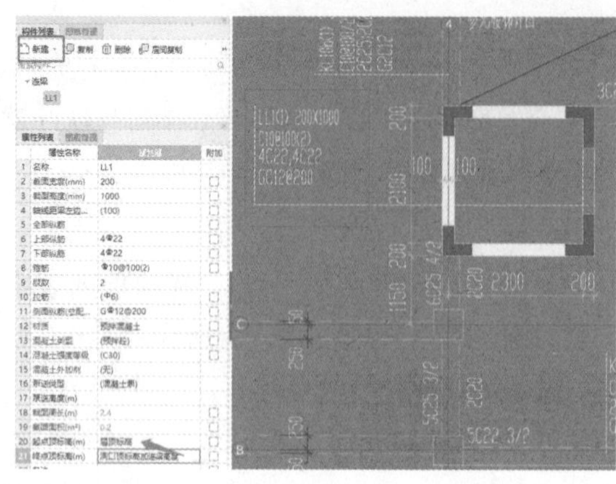

图 3.64

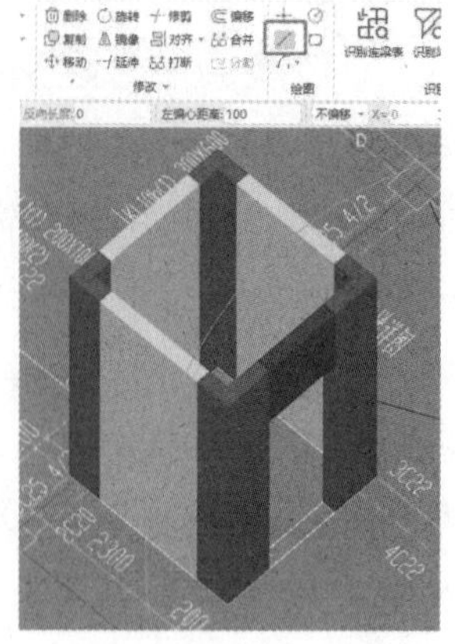

图 3.65

3.2.5 技能点——剪力墙构件做法套用及查量

暗柱、连梁都是剪力墙的加强部位,是剪力墙的一部分,清单定额都套用直形墙。本案例讲授剪力墙清单和定额项目,不考虑是否为电梯井壁墙。

1)工程量清单和定额计算规则

(1)清单计算规则

剪力墙清单工程量计算规则如表 3.3 所示。

表 3.3 剪力墙清单工程量计算规则

项目编码	项目名称	计量单位	计算规则
010504001	直形墙	m^3	按设计图示尺寸以体积计算: 扣除门窗洞口及单个面积 >0.3 m^2 的孔洞所占体积,墙垛及突出墙面部分并入墙体体积计算
011702011	直形墙	m^2	(1)按模板与现浇混凝土构件的接触面积计算; (2)现浇框架分别按梁、板、柱有关规定计算;附墙柱、暗梁、暗柱并入墙内工程量内计算

(2)定额计算规则

剪力墙定额工程量计算规则如表 3.4 所示。

表 3.4 剪力墙定额工程量计算规则

编号	名称	计量单位	计算规则
5-18	直形墙	m^3	按设计图示尺寸以体积计算,不扣除构件内钢筋、预埋铁件所占体积,扣除门窗洞口及单个面积 >0.3 m^2 的孔洞所占体积,墙垛及突出墙面部分并入墙体体积计算
17-93	直形墙 复合模板	m^2	(1)按模板与现浇混凝土构件的接触面积计算; (2)暗梁、暗柱模板不单独计算
17-109	墙支撑高度 3.6 m 以上每增 1 m	m^2	模板支撑高度 >3.6 m 时,按超过部分全部面积计算工程量

2)做法套用

剪力墙身、暗柱、连梁,每种构件都需要选择实体工程清单和模板清单,输入项目特征,然后选择与之匹配的定额。剪力墙 Q3,暗柱 YBZ1、YBZ2,连梁 LL1 的做法套用如图 3.66 所示。

	编码	类别	名称	项目特征	单位	工程量表达式	表达式说明	单价	综合单价	措施项目	专业
1	⊟ 010504001	项	直形墙	1.混凝土种类:预拌 2.混凝土强度等级:C30	m3	JLQTJQD	JLQTJQD<剪力墙体积(清单)>			☐	建筑工程
2	5-18	定	现浇混凝土 直形墙		m3			458.19		☐	建筑
3	⊟ 011702011	项	直形墙	模板类别:复合模板	m2	JLQMBMJQD	JLQMBMJQD<剪力墙模板面积(清单)>			☑	建筑工程
4	17-93	定	直形墙 复合模板		m2			38.91		☑	建筑
5	17-109	定	墙支撑高度3.6m以上每增1m		m2			3.35		☑	建筑

图 3.66

3)工程量汇总计算及查量

工程量汇总计算之后,查看暗柱 YBZ1、YBZ2,钢筋工程量是有的,但是土建工程量体积均为"0",如图 3.67 所示。这是为什么呢? 查看工程量计算式可知,暗柱体积被剪力墙体积扣减了,也就是算作剪力墙体积了,如图 3.68 所示。

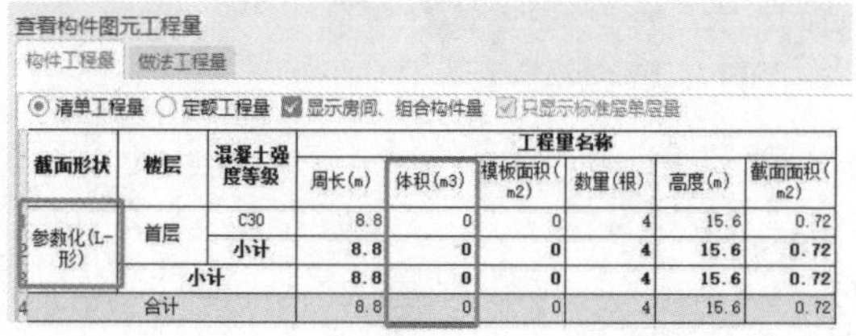
查看构件图元工程量

构件工程量　做法工程量

◉ 清单工程量　○ 定额工程量　☑ 显示房间、组合构件量　☑ 只显示标准层单层量

截面形状	楼层	混凝土强度等级	工程量名称 周长(m)	体积(m3)	模板面积(m2)	数量(根)	高度(m)	截面面积(m2)
参数化(L-形)	首层	C30	8.8	0	0	4	15.6	0.72
		小计	8.8	0	0	4	15.6	0.72
	小计		8.8	0	0	4	15.6	0.72
合计			8.8	0	0	4	15.6	0.72

图 3.67

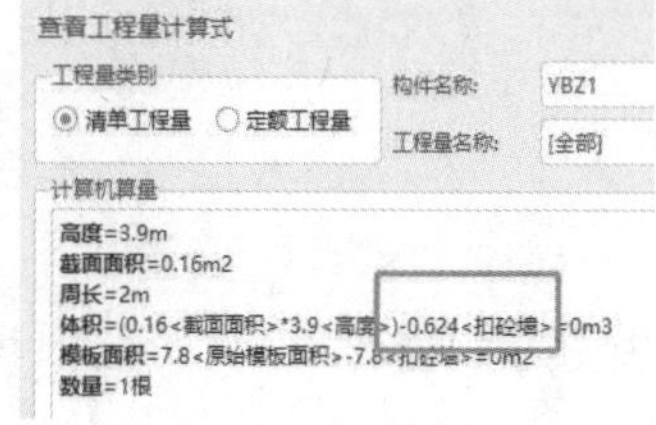

图 3.68

剪力墙 Q3 土建工程量如图 3.69 所示,连梁 LL1 土建工程量如图 3.70 所示。暗柱和剪力墙可查看钢筋三维,软件没有设置连梁三维的功能,不可查看。剪力墙各构件绘制完成如图 3.71 所示。

查看构件图元工程量

构件工程量　做法工程量

◉ 清单工程量　○ 定额工程量　☑ 显示房间、组合构件量　☑ 只显示标准层单层量

楼层	类别	混凝土强度等级	面积(m2)	体积(m3)	模板面积(m2)	大钢模板面积(m2)	内墙脚手架长度(m)	超高内墙脚手架长度(m)	内墙装饰脚手架面积(m2)	外墙内侧装饰脚手架面积(m2)	外墙外侧装饰脚手架面积(
首层	混凝土墙	C30	18.33	6.474	66.3	0	8.3	0	32.37	0	
		小计	18.33	6.474	66.3	0	8.3	0	32.37	0	
	小计		18.33	6.474	66.3	0	8.3	0	32.37	0	
合计			18.33	6.474	66.3	0	8.3	0	32.37	0	

图 3.69

查看构件图元工程量

构件工程量　做法工程量

◉ 清单工程量　○ 定额工程量　☑ 显示房间、组合构件量　☑ 只显示标准层单层量

楼层	混凝土强度等级	工程量名称 体积(m3)	模板面积(m2)	截面周长(m)	梁净长(m)	轴线长度(m)	截面面积(m2)	截面高度(m)
首层	C30	0.22	2.42	2.4	1.1	1.1	0.2	1
	小计	0.22	2.42	2.4	1.1	1.1	0.2	1
合计		0.22	2.42	2.4	1.1	1.1	0.2	1

图 3.70

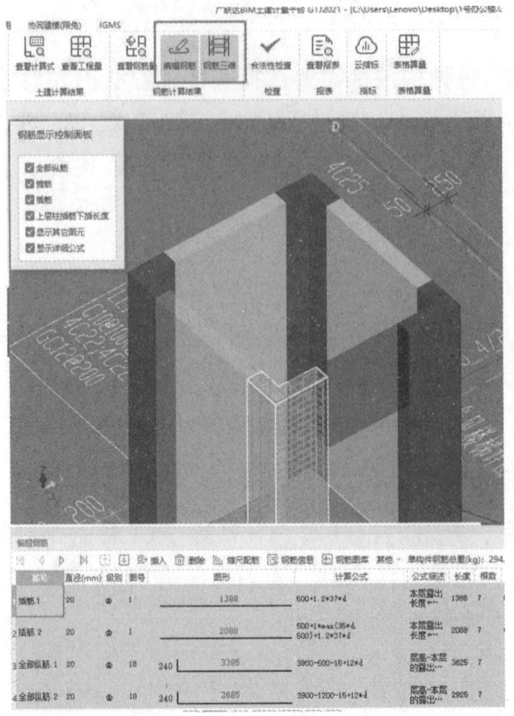

图 3.71

【测试】

1. 客观题(扫下方二维码,在线测试)

2. 主观题

试将 YBZ1 结构类别定义为框架柱,汇总计算后查看土建工程量和计算式。

【知识拓展】

序号	拓展内容	资源二维码
拓展	暗柱参数化和异形柱定义	

任务3.3 梁工程量计量

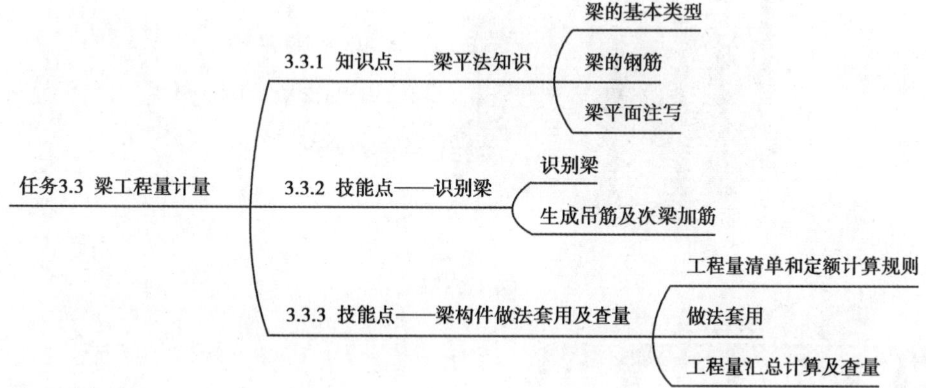

【知识与技能】

框架梁工程量计量的工作流程如图3.72所示。

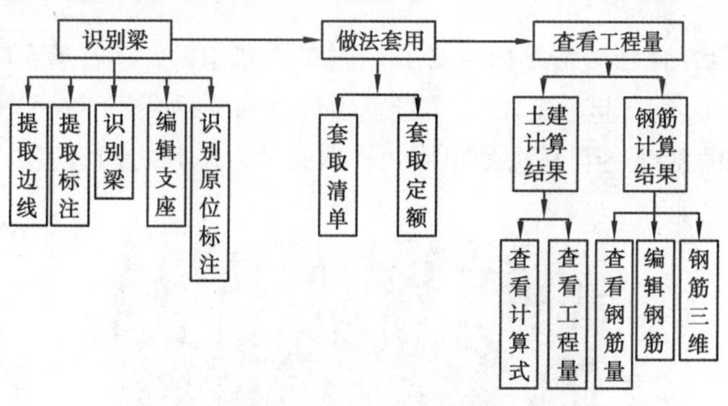

图3.72

3.3.1 知识点——梁平法知识

1)梁的基本类型

梁是建筑结构上部构架中最为重要的部分,它由柱和墙等支座支承,承受的外力以横向力和剪力为主,以弯曲为主要变形的构件。梁承托着建筑物上部构架中的构件及屋面的全部重量。依据梁的具体位置、详细形状、具体作用等,梁的基本类型主要有框架梁KL,即两端支撑在框架柱上或者剪力墙上跨高比不小于5的梁,如图3.73所示,包括屋面框架梁WKL、楼层框架梁KL、地下框架梁DKL;非框架梁,即在框架结构中,在框架梁之间设置的将楼板重量传给框架梁的其他梁,如图3.74所示。框架梁和非框架梁也可称为主梁和次梁,框架梁是主梁,起承重和传递荷载的作用,支承在框架柱或剪力墙上;非框架梁是次梁,主要起传递荷载的作用,支承在主梁上,如图3.75所示;剪力墙中的梁包括连梁LL、暗梁AL、边框梁BKL,我们曾在剪力墙结构中介绍过,这里不再详述。

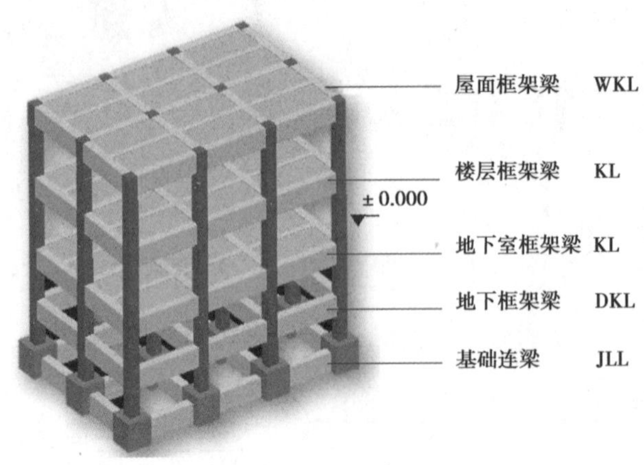

图 3.73

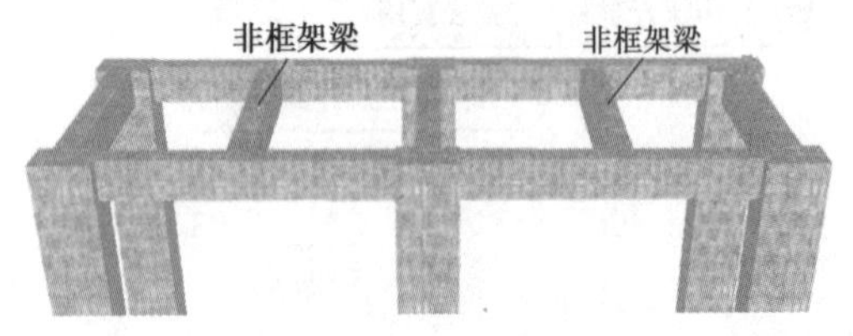

图 3.74

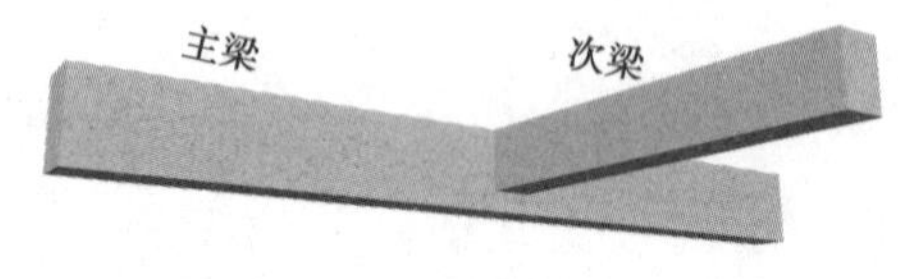

图 3.75

基础中的梁有基础梁(包括基础主梁 JZL、基础次梁 JCL),还有承台梁 CTL,框架柱落于基础梁或基础梁交叉点上,起承重作用,其配筋由计算确定,如图 3.76 所示;基础中还有不起承重只起连接作用的基础连梁 JLL,是在独立基础或承台基础之间设置的梁,属于梁,不属于基础,如图 3.73 所示。

图 3.76

其他一些辅助梁还有过梁 GL,即墙体上开设门窗洞口时,在门窗洞口上设置横梁支撑洞口上部砌体,如图 3.77 所示;悬挑梁 XL,即一端埋在支撑物上,另一端挑出支撑物的梁,如图 3.78 所示;梯梁 TL,即在楼梯段与平台相连处设置的梁,用以支承上下楼梯和平台板传来的荷载,如图 3.79 所示;圈梁 QL,即沿建筑物外墙四周及部分内横墙设置的连续封闭的梁,目的是增强建筑的整体刚度及墙身的稳定性,如图 3.80 所示。在房屋基础上部连续的钢筋混凝土梁称为基础圈梁,也称为地圈梁、地梁 DL。框支梁 KZL 是因为建筑功能要求而建的,下部大空间,上部部分竖向构件不能直接连续贯通落地,而通过水平转换结构与下部竖向构件连接，如图3.81所示。当布置的转换梁支撑上部的剪力墙时，转换梁又称框支梁，支撑框支梁的柱子就称为框支柱。井式梁是不分主次、高度相当的梁，同位相交呈井字形，如图3.82所示。

图3.77

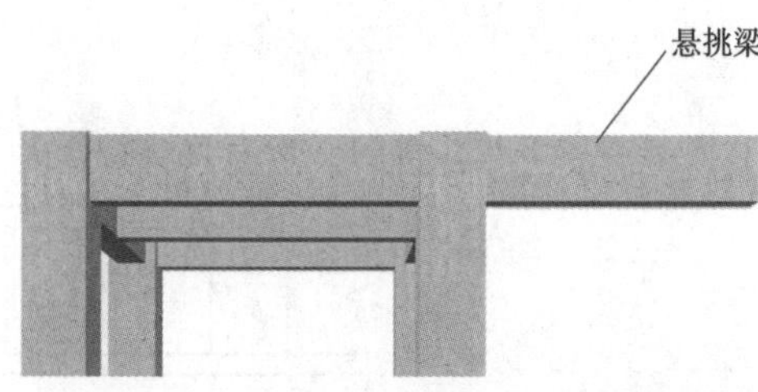

图3.78

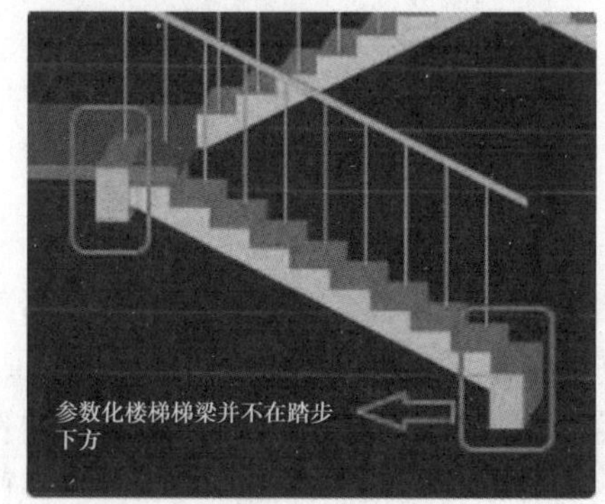

图3.79

图3.80

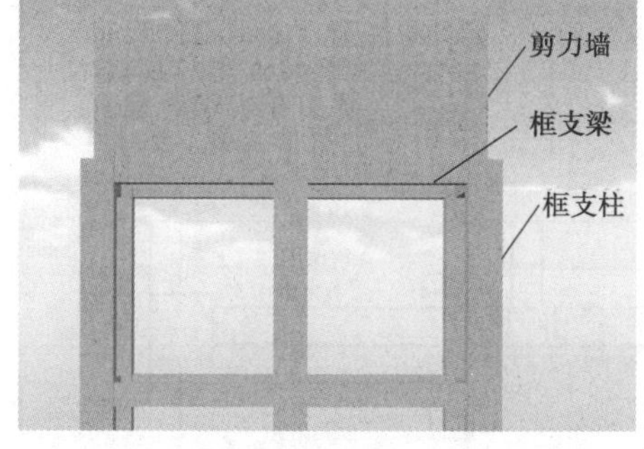

图3.81

图3.82

2）梁的钢筋

以框架梁KL为例来看梁的钢筋，如图3.83所示。纵向钢筋会有上部通长钢筋，侧面可能有构造筋或抗扭钢筋，下部钢筋可能是下部通长筋，也可能是下部非通长筋；另外，在每跨的支座上方可能有支座负筋，如果在端部支座处称为端支座负筋，在中间支座处称为中间支座负筋；左右支座负筋之间可能有架立筋或跨中钢筋。因此，除纵筋外，横向钢筋肯定是有箍筋的，当有侧面纵向钢筋时会有拉筋；如果有主次梁相交的情况，则会在相交处的主梁上增加吊筋和次梁加筋加强主梁，如图3.84所示，如果梁有托还要有加腋钢筋，等等。

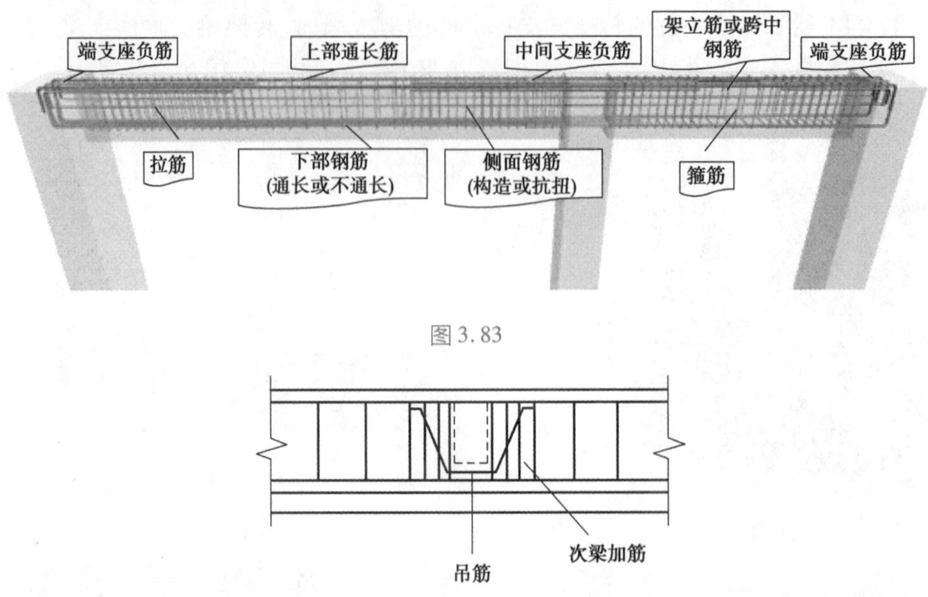

图 3.83

图 3.84

3)梁平面注写

梁的平法标注分为平面注写和截面注写,以平面注写居多。平面注写分为集中标注和原位标注,集中标注表达梁的通用数值,原位标注表达梁的特殊数值如图 3.85 所示。当集中标注中的某项数值不适用于梁的某部位时,则将该项数值原位标注,施工时原位标注取值优先。梁的集中标注是在梁平法施工图上,集中标注梁编号、梁截面尺寸、梁箍筋、梁上部通长筋或架立筋、梁侧面纵向构造钢筋或受扭钢筋,5 项必注内容以及梁顶面标高高差 1 项选注内容如图 3.86 所示。

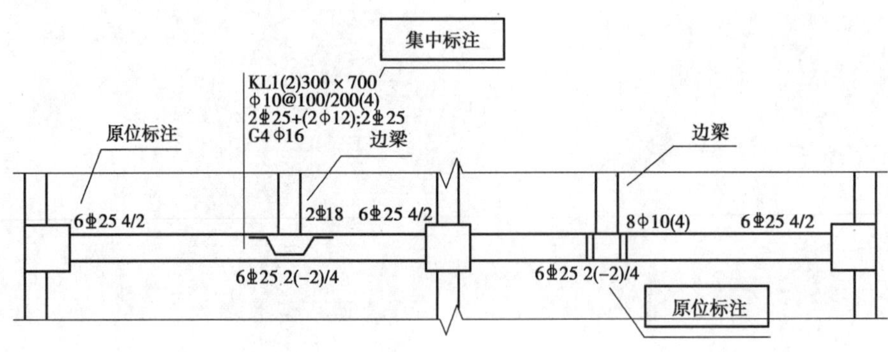

图 3.85

集中标注	
梁编号	必注内容
梁截面尺寸	必注内容
梁箍筋	必注内容
梁上部通长筋或架立筋	必注内容
梁侧面纵向构造钢筋或受扭钢筋	必注内容
梁顶面标高高差	选注内容

图 3.86

以一根楼层框架梁为例说明。

集中标注如图 3.87 所示。以图 3.85 为例,KL1 (2)300 × 700 表示 1 号框架梁、两跨,截面宽为 300 mm、截面高为 700 mm。Φ10@ 100/200 (4) 表示箍筋为直径 10 mm 的一级钢筋,加密区间距为 100 mm,非加密区间距为 200 mm,4 肢箍。在“2 ⏀25 + (2 Φ12);2 ⏀25”中,前面的 2 ⏀25 表示梁的上部通长筋为两根直径 25 mm 的三级钢筋,(2 Φ12)表示两跨的上部非负筋区布置两根直径 12 mm 一级架立筋,带( )表示不伸入支座。后面的 2 ⏀25 表示梁的下部通长筋为两根直径 25 mm 的三级钢筋。G4 Φ16 表示梁的侧面设置 4 根直径 16 mm 的一级构造纵筋,两侧各 2 根。

集中标注		
	KL1 (2)300 × 700	表示1号框架梁、两跨，截面宽为300 mm、截面高为700 mm
	Φ10@100/200 (4)	表示箍筋为直径10 mm的一级钢筋,加密区间距为100 mm,非加密区间距为200 mm,4肢箍
	2⏀25+ (2Φ12); 2⏀25	前面的2⏀25表示梁的上部通长筋为两根直径25 mm的三级钢筋,(2Φ12)表示两跨的上部非负筋区布置两根直径12 mm一级架立筋，带( )表示不伸入支座，后面的2⏀25表示梁的下部通长筋为两根直径25 mm的三级钢筋
	G4Φ16	表示梁的侧面设置4根直径为16 mm的一级构造纵筋，两侧各为2根

图 3.87

原位标注如图 3.88 所示。还以图 3.85 为例,梁端支座处 6 ⏀25 4/2 表示梁的端支座有 6 根直径 25 mm 的三级钢筋,分两排布置,其中上排为 4 根,下排为 2 根。因为上排有 2 根通长筋,所以上排另 2 根和下排 2 根直径 25 mm 的三级钢筋属于支座负筋。中间支座处 6 ⏀25 4/2 因为与梁端支座处一致这里不再详述。需要说明的是如果支座两边的负筋布置一致,中间支座只标注一边另一边不标注。梁下部 6 ⏀25 2(−2)/4 表示梁的下部有 6 根直径 25 mm 的三级钢筋,分两排布置,其中上排为 2 根,下排为 4 根;上排 2 根带( )说明不伸入支座,从集中标注可以看出,下部有 2 根通长筋,所以下排还有 2 根直径 25 mm 的三级钢筋是非贯通筋。

吊筋标注 2 ⏀18 表示主梁在次梁搭接处布置两根直径 18 mm 的三级钢筋作为吊筋。次梁加筋 8 Φ10(4) 表示主梁在次梁搭接处增加 8 根直径 10 mm 的 4 肢箍,每侧 4 根。

原位标注		
	梁端支座处6⏀25 4/2	表示梁的端支座有6根直径25 mm的三级钢筋，分两排布置，其中上排为4根，下排为2根。因为上排有2根通长筋，所以上排另2根和下排2根直径25 mm的三级钢筋属于支座负筋
	中间支座处6⏀25 4/2	表示梁的中间支座有6根直径25 mm的三级钢筋,分两排布置,其中上排为4根，下排为2根，因为上排有2根通长筋,所以上排另2根和下排2根直径25 mm的三级钢筋属于支座负筋。如果支座两边的负筋布置一致，中间支座只标注一边另一边不标注
	梁下部6⏀25 2(−2)/4	表示梁的下部有6根直径25 mm的三级钢筋,分两排布置，其中上排为2根，下排为4根;上排两根带( )说明不伸入支座，从集中标注可以看出，下部有2根通长筋,所以下排还有2根直径25 mm的三级钢筋是非贯通筋
	吊筋标注2⏀18	表示主梁在次梁搭接处布置2根直径18 mm的三级钢筋作为吊筋
	次梁加筋8Φ10(4)	表示主梁在次梁搭接处增加8根直径10 mm的4肢箍

图 3.88

3.3.2　技能点——识别梁

识别梁包括识别梁和生成吊筋及次梁加筋。

1）识别梁

①选择楼层为“首层”，在导航栏中点开梁文件夹，单击“梁（L）”，这里可以定义框架梁 KL。在“图纸管理”中的图纸文件列表下，双击“标高 4.170 梁平法施工图”，将其调入绘图工作区。

②选择工具栏“识别梁”中的“识别梁”，绘图区左上角出现选择方式对话框，如图 3.89 所示。

③单击对话框中“提取边线”，选择任意一条梁边线，所有边线处于被选中状态高亮显示，如图 3.90 所示，单击鼠标右键确认，边线从 CAD 图中消失，被存放到“已提取的 CAD 图层”中。检查所有梁边线是否已被提取。

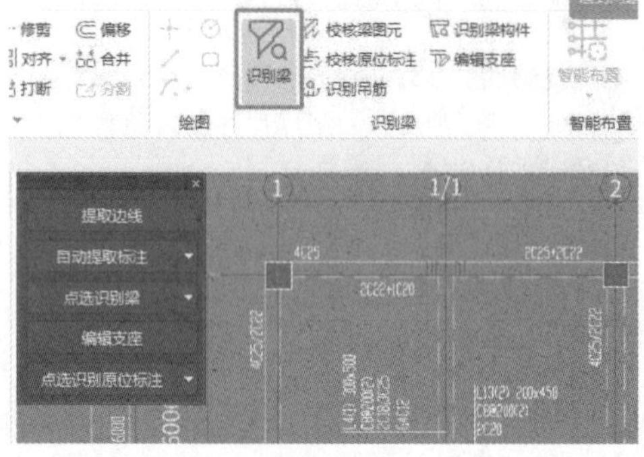

图 3.89

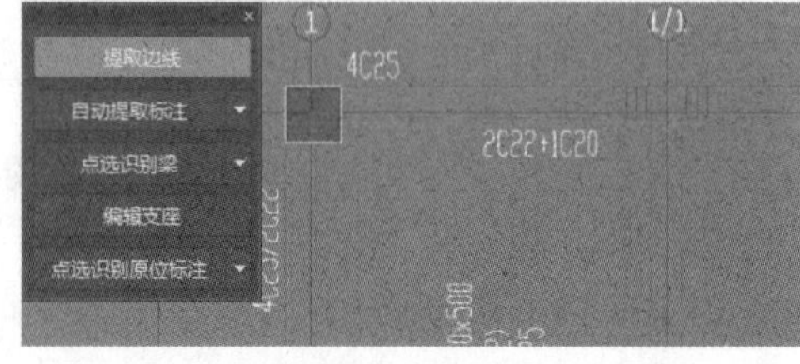

图 3.90

④单击“自动提取标注”，选择任意一个梁标注，标注内容应包括梁的集中标注和原位标注，以及梁相对轴线的位置，处于被选中状态则高亮显示，如图 3.91 所示，单击鼠标右键确认，所有标注从 CAD 图中消失，被存放到“已提取的 CAD 图层”中。检查所有梁标注是否已被提取。

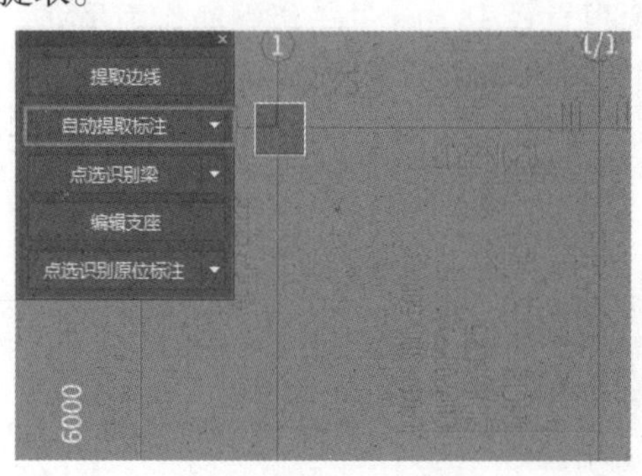

图 3.91

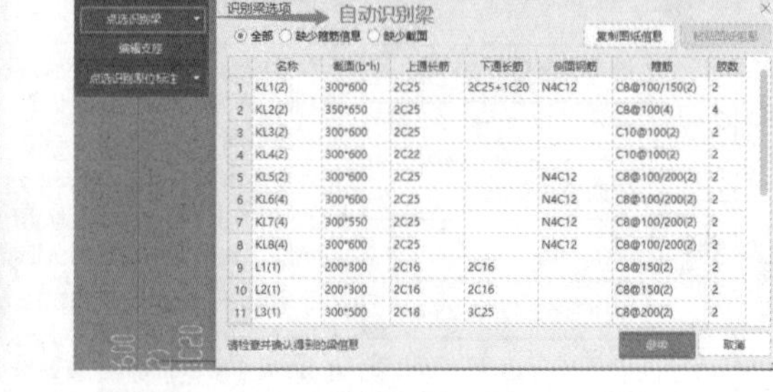

	名称	截面(b*h)	上通长筋	下通长筋	侧面钢筋	箍筋	肢数
1	KL1(2)	300*600	2C25	2C25+1C20	N4C12	C8@100/150(2)	2
2	KL2(2)	350*650	2C25			C8@100(4)	4
3	KL3(2)	300*600	2C25			C10@100(2)	2
4	KL4(2)	300*600	2C22			C10@100(2)	2
5	KL5(2)	300*600	2C25		N4C12	C8@100/200(2)	2
6	KL6(4)	300*600	2C25		N4C12	C8@100/200(2)	2
7	KL7(4)	300*550	2C25		N4C12	C8@100/200(2)	2
8	KL8(4)	300*600	2C25		N4C12	C8@100/200(2)	2
9	L1(1)	200*300	2C16	2C16		C8@150(2)	2
10	L2(1)	200*300	2C16	2C16		C8@150(2)	2
11	L3(1)	300*500	2C18	3C25		C8@200(2)	2

图 3.92

⑤单击“识别梁”中的“自动识别梁”，识别梁选项如图 3.92 所示，选择“继续”。识别完毕在构件列表栏出现梁构件，在绘图区出现粉色梁图元，如图 3.93 所示。

⑥“编辑支座”的功能是添加或删除支座。单击鼠标左键选择要编辑支座的梁，出现的黄色“△”为支座。用鼠标左键选择要删除的支座点或作为支座的图元即可操作，如图 3.94 所示。

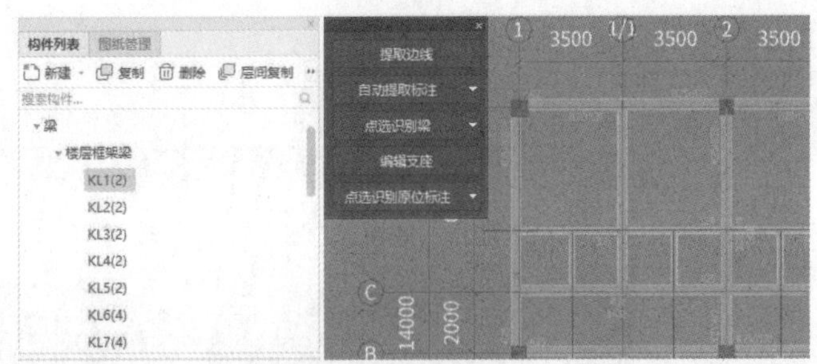

图3.93

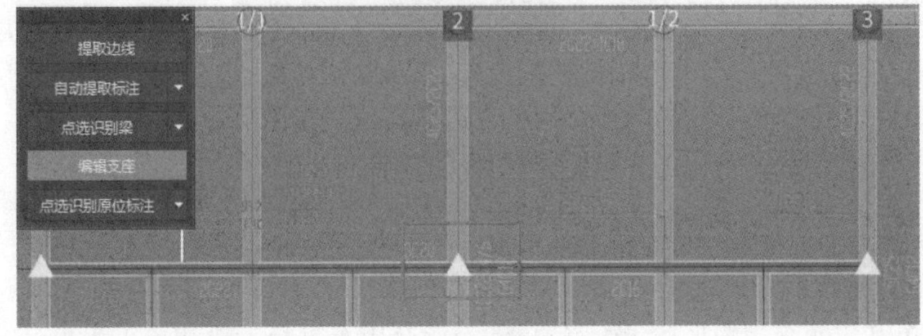

图3.94

⑦选择"识别原位标注"中的"自动识别原位标注",梁变为绿色即识别完毕,如图3.95所示。

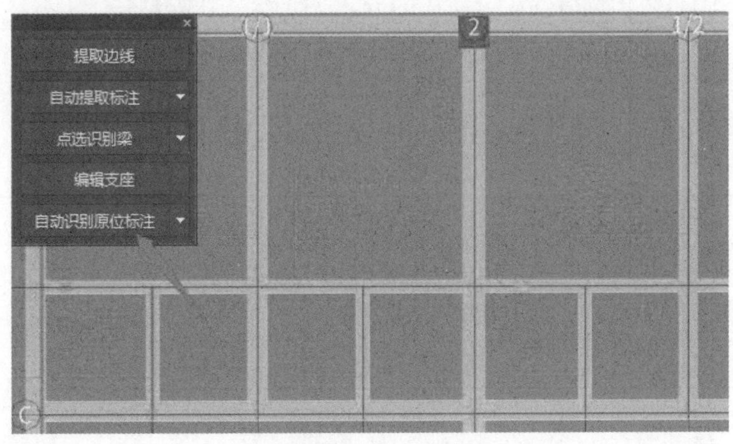

图3.95

2)生成吊筋及次梁加筋

图纸"标高4.170梁平法施工图"的设计说明中表述,主次梁相交时,除注明外次梁两侧各附加3根Φ8箍筋,级别及间距同主梁箍筋。可以利用工具栏"梁二次编辑"中"生成吊筋"。

①勾选对话框中"主梁与次梁相交,主梁上"和"同截面的次梁相交,均设置",图纸中未注明有吊筋,此项不选,次梁加筋数量应取次梁两侧之和,为6根,生成方式可以选择"生成图元",如图3.96所示,单击"确定"按钮。

②到绘图区拉框选择所有梁图元,单击鼠标右键确定之后,生成的次梁加筋如图3.97所示。

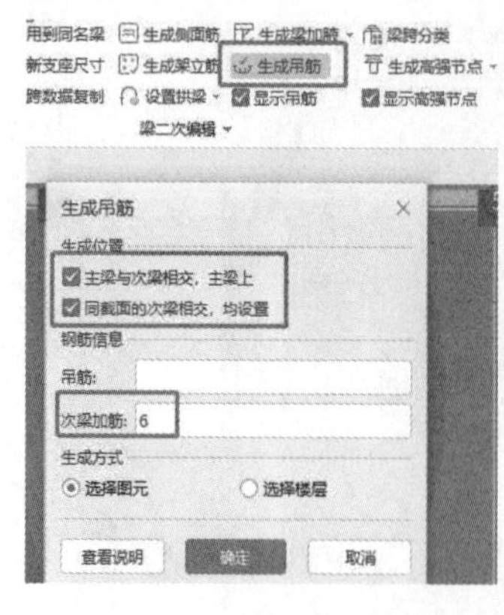

图 3.96

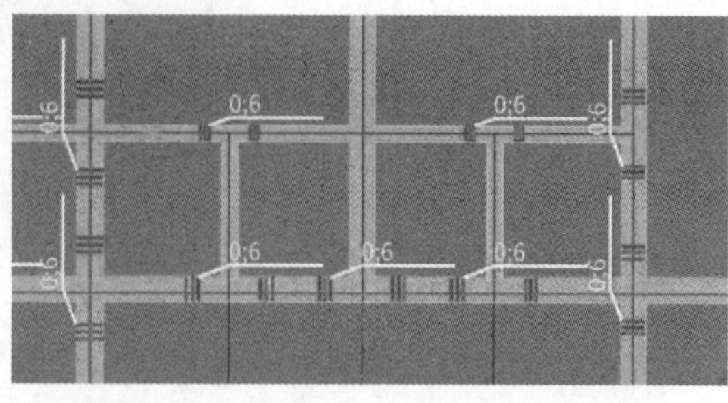

图 3.97

3.3.3 技能点—— 梁构件做法套用及查量

1) 工程量清单和定额计算规则

(1) 清单计算规则

主梁清单和定额套用矩形梁，次梁清单和定额套用有梁板。梁清单工程量计算规则如表 3.5 所示。

表 3.5 梁清单工程量计算规则

项目编码	项目名称	计量单位	计算规则
010503002	矩形梁	m^3	按设计图示尺寸以体积计算，伸入墙内的梁头、梁垫并入梁体积内。梁长： ①梁与柱连接时，梁长算至柱侧面； ②主梁与次梁连接时，次梁长算至主梁侧面
011702006	矩形梁	m^2	按模板与现浇混凝土构件的接触面积计算
010505001	有梁板	m^3	按设计图示尺寸以体积计算，有梁板（包括主、次梁与板）按梁、板体积之和计算
011702014	有梁板	m^2	按模板与现浇混凝土构件的接触面积计算

(2) 定额计算规则

梁定额工程量计算规则如表 3.6 所示。

表 3.6 梁定额工程量计算规则

编号	名称	计量单位	计算规则
5-13	现浇混凝土 矩形梁	m^3	按设计图示尺寸以体积计算，不扣除构件内钢筋、预埋铁件所占体积，伸入墙内的梁头、梁垫并入梁体积内
17-74	矩形梁 复合模板	m^2	梁模板及支架按展开面积计算，不扣除梁与梁连接重叠部分的面积；梁侧的出沿按展开面积并入梁模板工程量中

续表

编号	名称	计量单位	计算规则
17-91	梁支撑高度3.6 m以上每增1 m	m^2	模板支撑高度>3.6 m时,按超过部分全部面积计算工程量
5-22	现浇混凝土 有梁板	m^3	按设计图示尺寸以体积计算,不扣除构件内钢筋、预埋铁件所占体积,伸入墙内的梁头、梁垫并入梁体积内
17-112	有梁板 复合模板	m^2	梁模板及支架按展开面积计算,不扣除梁与梁连接重叠部分的面积;梁侧的出沿按展开面积并入梁模板工程量中
17-130	板支撑高度3.6 m以上每增1m	m^2	模板支撑高度>3.6 m时,按超过部分全部面积计算工程量

2)做法套用

本案例选择一种工程中常用的做法:框架梁按照单梁套用矩形梁,非框架梁按照有梁板进行做法套用。"1+X"工程造价数字化应用职业技能等级(初级和中级)考试中如果没有特别说明,一律将梁当成有梁板套用,见后面查询外部清单的讲解。

(1)定额类别修订

在软件中将框架梁的定额类别确定为"单梁",如图3.98所示;非框架梁的定额类别确定为"有梁板",如图3.99所示。

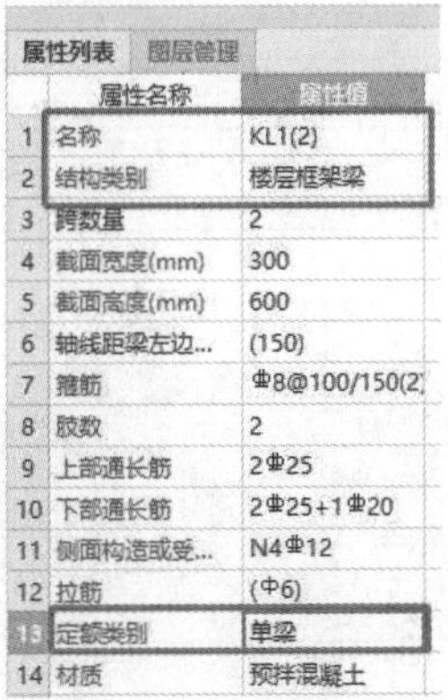

	属性名称	属性值
1	名称	KL1(2)
2	结构类别	楼层框架梁
3	跨数量	2
4	截面宽度(mm)	300
5	截面高度(mm)	600
6	轴线距梁左边...	(150)
7	箍筋	⌀8@100/150(2)
8	肢数	2
9	上部通长筋	2⌀25
10	下部通长筋	2⌀25+1⌀20
11	侧面构造或受...	N4⌀12
12	拉筋	(⌀6)
13	定额类别	单梁
14	材质	预拌混凝土

图3.98

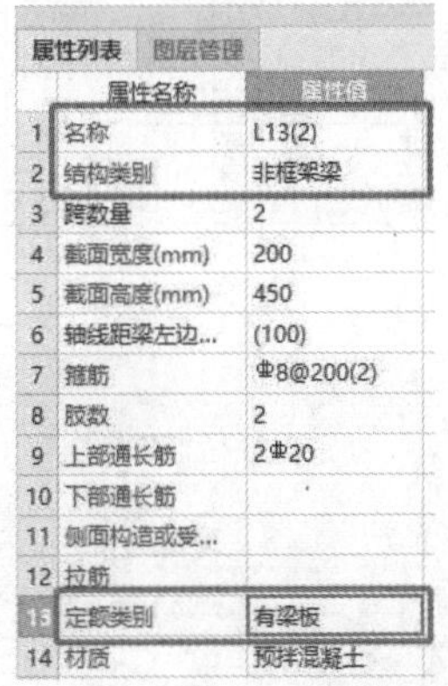

	属性名称	属性值
1	名称	L13(2)
2	结构类别	非框架梁
3	跨数量	2
4	截面宽度(mm)	200
5	截面高度(mm)	450
6	轴线距梁左边...	(100)
7	箍筋	⌀8@200(2)
8	肢数	2
9	上部通长筋	2⌀20
10	下部通长筋	
11	侧面构造或受...	
12	拉筋	
13	定额类别	有梁板
14	材质	预拌混凝土

图3.99

(2)做法套用

框架梁清单和定额套用矩形梁,如图3.100所示;非框架梁清单和定额套用有梁板,如图3.101所示。

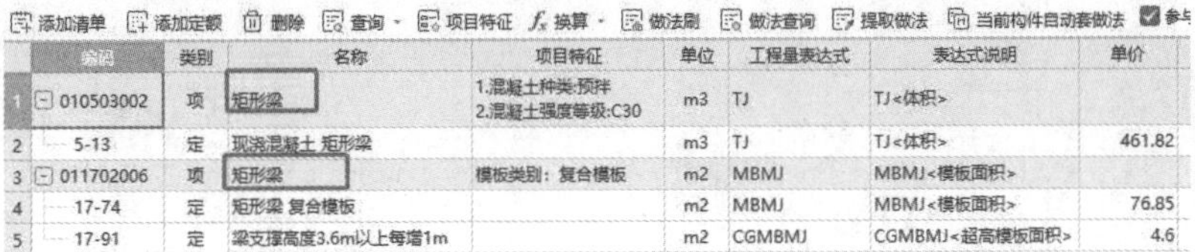

	编码	类别	名称	项目特征	单位	工程量表达式	表达式说明	单价
1	010503002	项	矩形梁	1.混凝土种类:预拌 2.混凝土强度等级:C30	m3	TJ	TJ<体积>	
2	5-13	定	现浇混凝土 矩形梁		m3	TJ	TJ<体积>	461.82
3	011702006	项	矩形梁	模板类别:复合模板	m2	MBMJ	MBMJ<模板面积>	
4	17-74	定	矩形梁 复合模板		m2	MBMJ	MBMJ<模板面积>	76.85
5	17-91	定	梁支撑高度3.6m以上每增1m		m2	CGMBMJ	CGMBMJ<超高模板面积>	4.6

图3.100

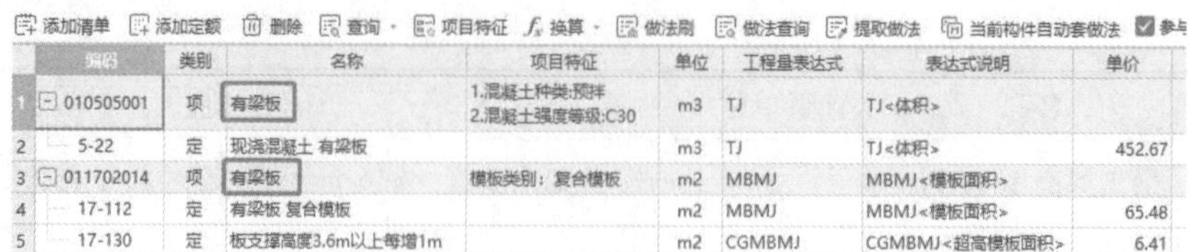

	编码	类别	名称	项目特征	单位	工程量表达式	表达式说明	单价
1	010505001	项	有梁板	1.混凝土种类:预拌 2.混凝土强度等级:C30	m3	TJ	TJ<体积>	
2	5-22	定	现浇混凝土 有梁板		m3	TJ	TJ<体积>	452.67
3	011702014	项	有梁板	模板类别:复合模板	m2	MBMJ	MBMJ<模板面积>	
4	17-112	定	有梁板 复合模板		m2	MBMJ	MBMJ<模板面积>	65.48
5	17-130	定	板支撑高度3.6m以上每增1m		m2	CGMBMJ	CGMBMJ<超高模板面积>	6.41

图 3.101

3)工程量汇总计算及查量

工程量汇总计算之后,查看首层框架梁工程量(图 3.102)和非框架梁工程量(图 3.103)。KL7 钢筋三维和编辑钢筋如图 3.104 所示,首层所有梁绘制完毕如图 3.105 所示。

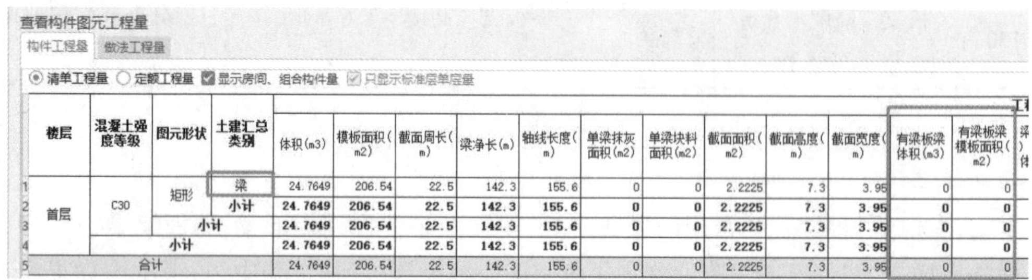

查看构件图元工程量

	楼层	混凝土强度等级	图元形状	土建汇总类别	体积(m3)	模板面积(m2)	截面周长(m)	梁净长(m)	轴线长度(m)	单梁抹灰面积(m2)	单梁块料面积(m2)	截面面积(m2)	截面高度(m)	截面宽度(m)	有梁板梁体积(m3)	有梁板梁模板面积(m2)
1	首层	C30	矩形	梁	24.7649	206.54	22.5	142.3	155.6	0	0	2.2225	7.3	3.95	0	0
2				小计	24.7649	206.54	22.5	142.3	155.6	0	0	2.2225	7.3	3.95	0	0
3			小计		24.7649	206.54	22.5	142.3	155.6	0	0	2.2225	7.3	3.95	0	0
4		小计			24.7649	206.54	22.5	142.3	155.6	0	0	2.2225	7.3	3.95	0	0
5	合计				24.7649	206.54	22.5	142.3	155.6	0	0	2.2225	7.3	3.95	0	0

图 3.102

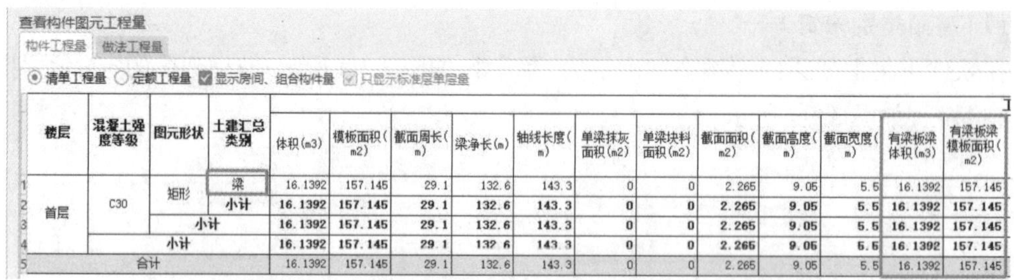

查看构件图元工程量

	楼层	混凝土强度等级	图元形状	土建汇总类别	体积(m3)	模板面积(m2)	截面周长(m)	梁净长(m)	轴线长度(m)	单梁抹灰面积(m2)	单梁块料面积(m2)	截面面积(m2)	截面高度(m)	截面宽度(m)	有梁板梁体积(m3)	有梁板梁模板面积(m2)
1	首层	C30	矩形	梁	16.1392	157.145	29.1	132.6	143.3	0	0	2.265	9.05	5.5	16.1392	157.145
2				小计	16.1392	157.145	29.1	132.6	143.3	0	0	2.265	9.05	5.5	16.1392	157.145
3			小计		16.1392	157.145	29.1	132.6	143.3	0	0	2.265	9.05	5.5	16.1392	157.145
4		小计			16.1392	157.145	29.1	132.6	143.3	0	0	2.265	9.05	5.5	16.1392	157.145
5	合计				16.1392	157.145	29.1	132.6	143.3	0	0	2.265	9.05	5.5	16.1392	157.145

图 3.103

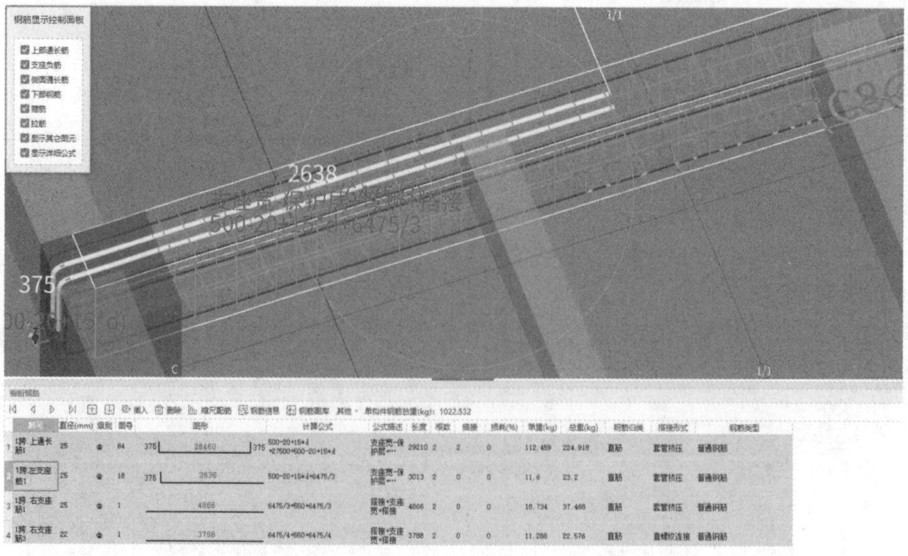

	筋号	直径(mm)	级别	图号	图形	计算公式	公式描述	长度	根数	搭接	损耗(%)	单重(kg)	总重(kg)	钢筋归类	搭接形式	钢筋类型
1	1跨.上通长筋1	25	⌀	64	375 28460 375	500-20+15*d+27500+500-20+15*d	支座宽-保护层…	29210	2	2	0	112.459	224.918	直筋	套管挤压	普通钢筋
2	1跨.左支座筋1	25	⌀	18	375 2638	500-20+15*d+6475/3	支座宽-保护层…	3013	2	0	0	11.6	23.2	直筋	套管挤压	普通钢筋
3	1跨.右支座筋1	25	⌀	1	4866	6475/3+650+6475/3	搭接+支座宽+搭接	4866	2	0	0	18.734	37.468	直筋	套管挤压	普通钢筋
4	1跨.右支座筋3	22	⌀	1	3788	6475/4+650+6475/4	搭接+支座宽+搭接	3788	2	0	0	11.288	22.576	直筋	直螺纹连接	普通钢筋

图 3.104

图 3.105

【测试】

1. 客观题(扫右边二维码,在线测试)

2. 主观题

分别将非框架梁定额类别定义为单梁,清单和定额套用有梁板,将非框架梁定额类别定义为单梁,清单和定额套用矩形梁,汇总计算后查看土建工程量和报表。

【知识拓展】

序号	拓展内容	资源二维码
拓展	单梁和有梁板	

任务 3.4　板工程量计量

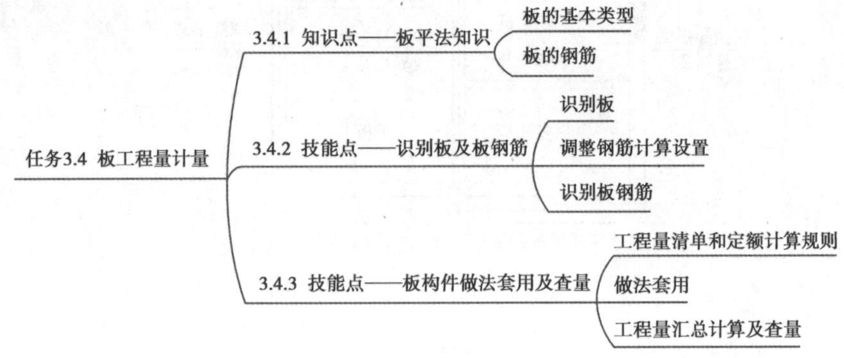

【知识与技能】

板工程量计量的工作流程如图 3.106 所示。

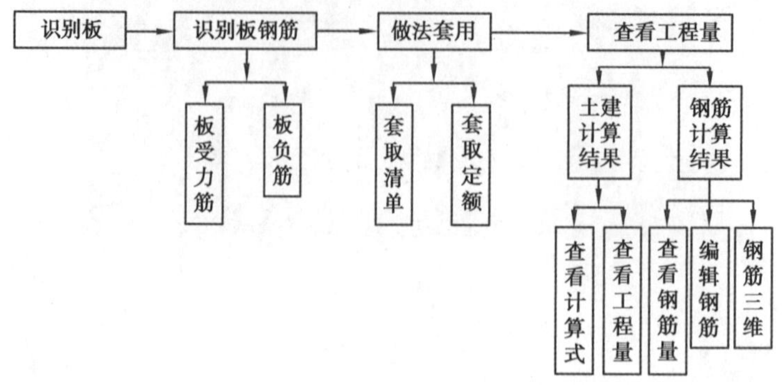

图 3.106

3.4.1 知识点——板平法知识

1) 板的基本类型

板的分类中比较重要的是有梁板、无梁板和平板。清单规则只说有梁板怎么算，并没有说什么是有梁板，其规则原文如下：有梁板（包括主、次梁与板）按梁、板体积之和计算，无梁板按板和柱帽体积之和计算，各类板伸入墙内的板头并入板体积内，薄壳板的肋、基梁并入薄壳体积内计算。

《房屋建筑与装饰工程消耗量定额》（TY 01-31—2015）中对有梁板的解释如图 3.107 所示，三维图示如图 3.108 所示。

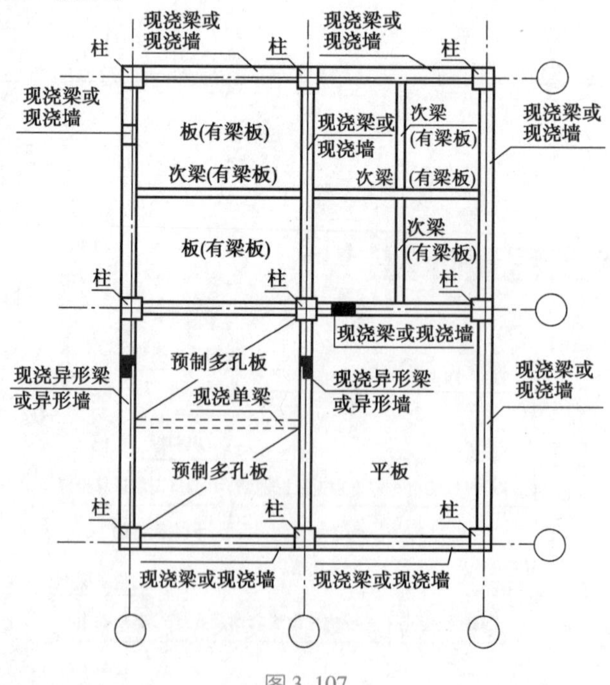

图 3.107

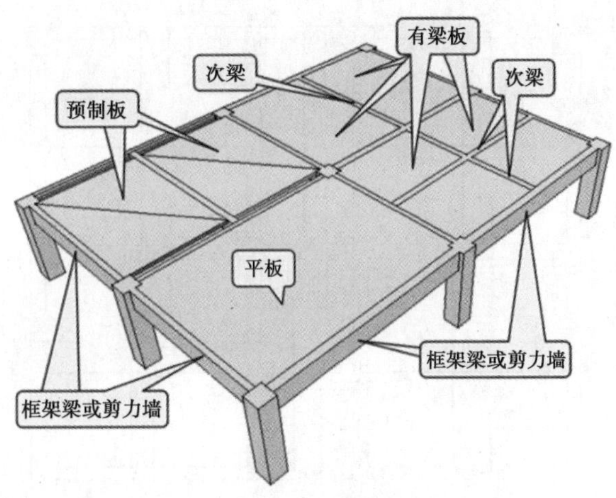

图 3.108

由此得到，板的计算如图 3.109 所示，梁的计算如图 3.110 所示。

板
- 有梁板：有次梁的板
  有梁板体积 = 板的体积 + 次梁体积 + 周边框架梁的体积
- 平板：只由框架梁和现浇板组成的板
- 无梁板：凡是由柱子承担板荷载的板，都属于无梁板；这种情况往往伴随柱帽的出现，
  在规则的归类里，柱帽往往算在板里

图 3.109

梁
- 单梁：与平板连接的框架梁，清单定额套用矩形梁或异形梁
- 在有梁板周围的次梁和框架梁，体积计入有梁板内

图 3.110

就是说，板周没有梁就是无梁板，只由框架梁和现浇板组成的板叫平板，凡是有次梁的现浇板就是有梁板。

2) 板的钢筋

(1) 板底筋和负筋

一块连续的板，板下部中间和上部支座受到拉力，我们给受拉力的地方配上钢筋，如图 3.111所示。

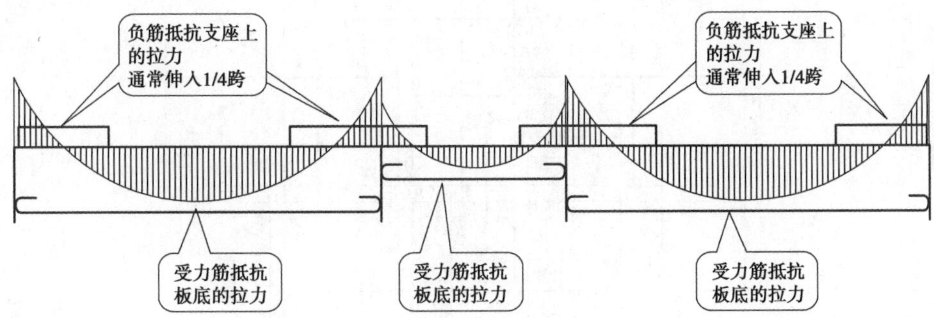

图 3.111

从图 3.111 可以看出，板的上部配置负筋，主要承担支座处板的拉力，因此负筋也称面筋，在图纸上图示是 90°弯钩。同时，板的下部配置底部受力筋，也称底筋，在图纸上图示是 180°弯钩。上述板的配筋在平面上的表示如图 3.112 所示。

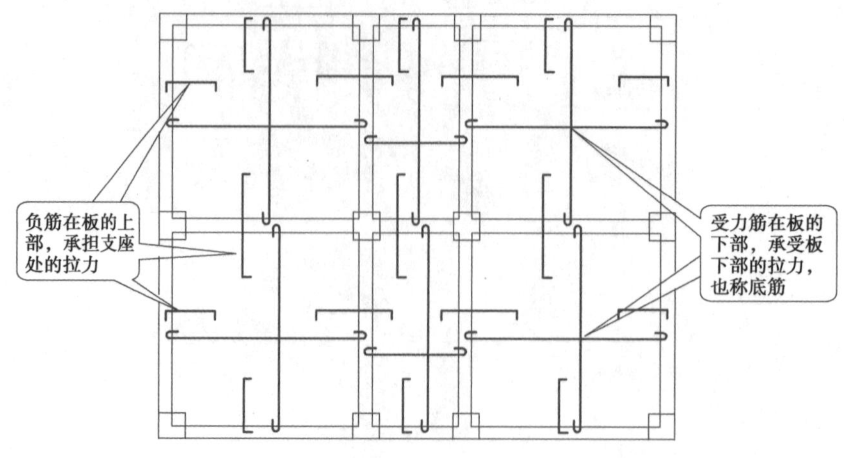

图 3.112

(2)跨板受力筋

如果某一跨很小,相邻两个负筋离得很近,就合并成一根负筋,称为跨板受力筋,如图 3.113所示,其平面布置变成如图 3.114 所示的配筋图。

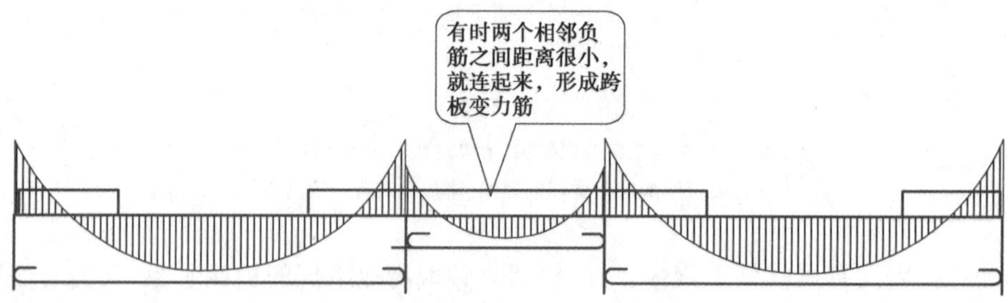

图 3.113

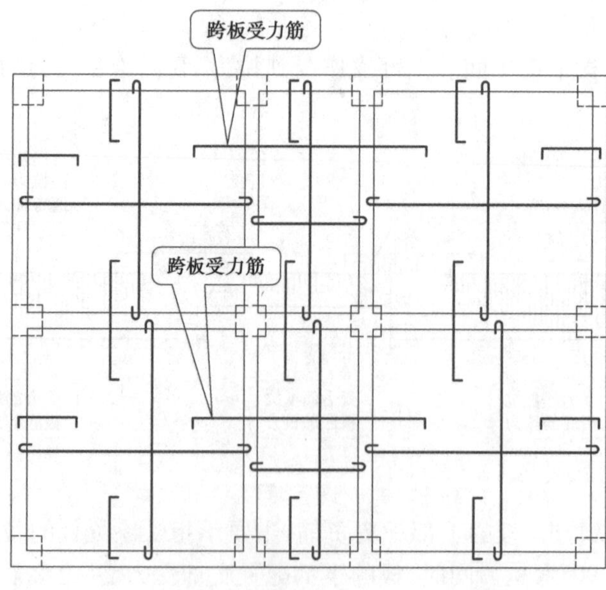

图 3.114

(3)分布钢筋和马凳筋

板的底筋可以自动形成网片,如图 3.115 所示。

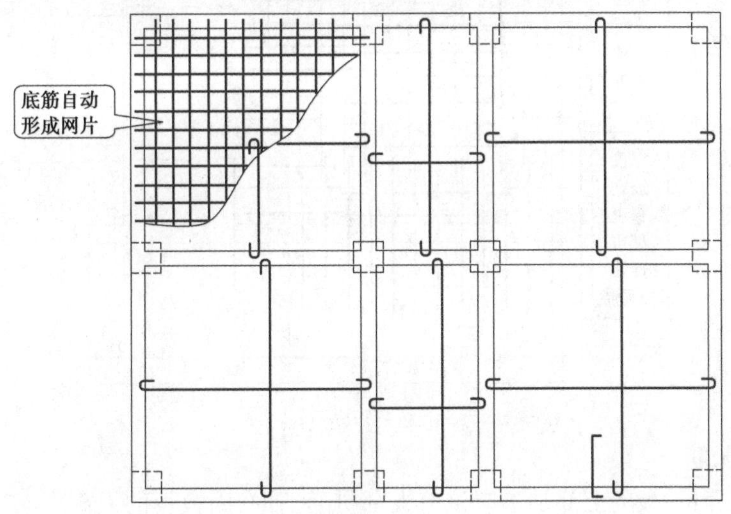

图 3.115

而负筋除两个方向相交处自动形成网片外,单向负筋处不能形成网片,在这种情况下,就需要通过增加分布筋来形成网片了。但是,还有另外一个问题,形成网片的负筋还搁在板底,需要有东西把它支撑起来,离开板底,这就是马凳筋,如图 3.116 所示。

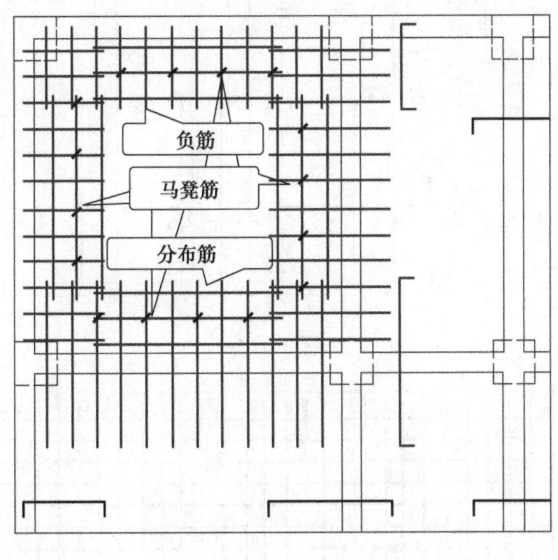

图 3.116

(4)温度筋

板的上部负筋排满后,只剩下板上部中间部分没有钢筋网片,底部和上部四周都形成了钢筋网片。板超过一定厚度或为屋面板时,如果遇到热胀冷缩,上部中间部分很容易产生裂缝,这时就需要在板上部配置温度筋,如图 3.117 所示。

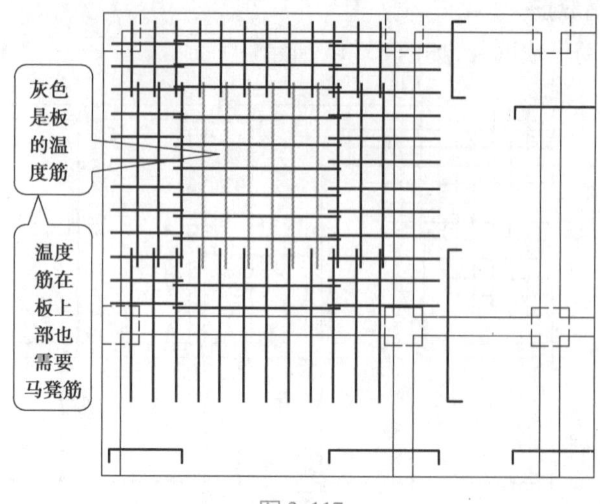

图 3.117

(5)上部通长筋

从受力角度分析,板的上部是不应该有上部贯通筋的,因为板的上部中间段不会受到拉力,但是如果板的上部有温度筋,负筋网片和温度筋网片在板的上部就形成了整体网片。负筋和温度筋拉通设置就叫上部通长筋,如图 3.118 所示,在板中的具体分布如图 3.119 所示。

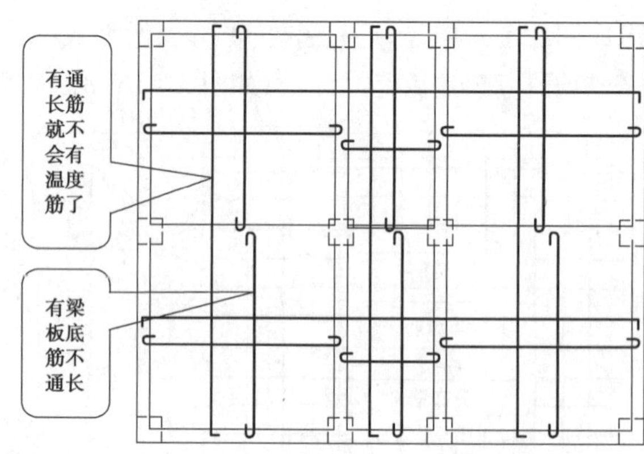

图 3.118

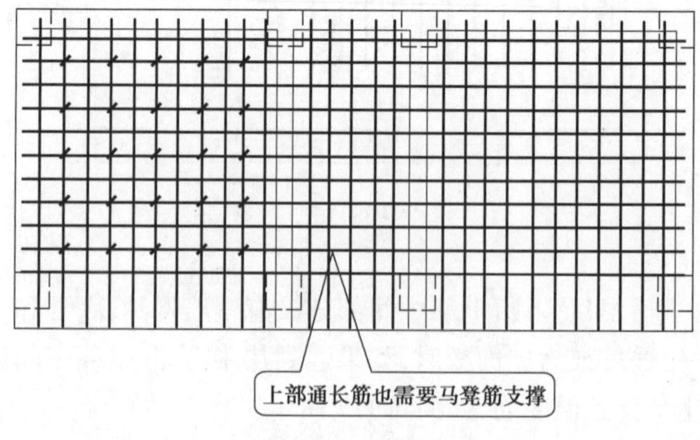

图 3.119

3.4.2　技能点——识别板及板钢筋

1)识别板

①选择楼层为“首层”，在导航栏中点开板文件夹，单击“现浇板(B)”，这里可以识别现浇板 B。

②在“图纸管理”中的图纸文件列表下双击“标高 4.170 板配筋图”，将其调入绘图工作区。

③选择工具栏“识别现浇板”中的“识别板”，绘图区左上角出现选择方式对话框，如图 3.120所示。

④单击对话框中“提取板标识”，如果图纸中有 $h=120$ 等标识即可被识别，本案例中无此内容，如图 3.121 所示。

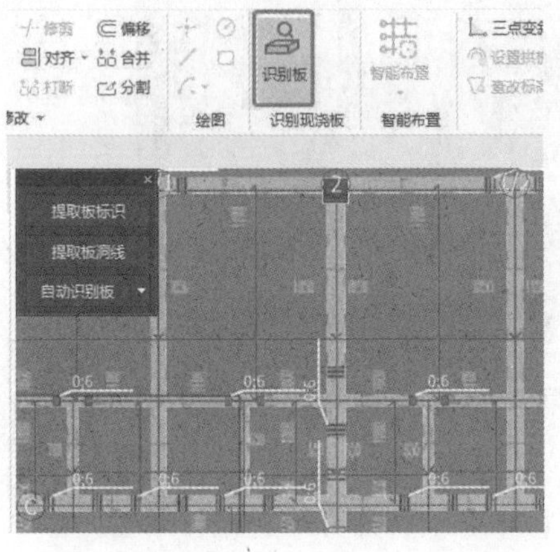

图 3.120

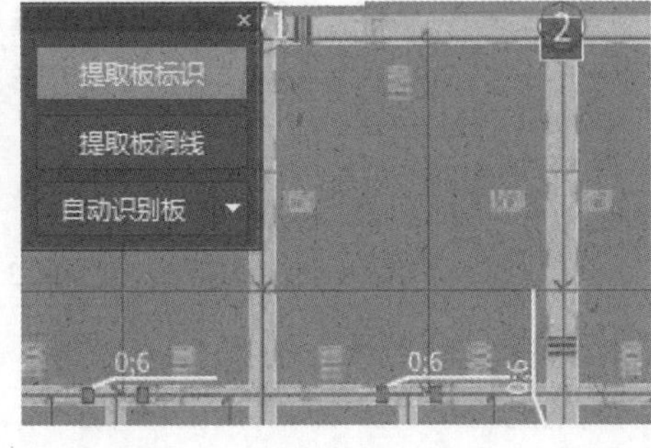

图 3.121

⑤单击“提取板洞线”，将楼梯间、挑空等处板洞线选中，高亮显示，如图 3.122 所示，单击鼠标右键确认，从 CAD 图中消失，被存放到“已提取的 CAD 图层”中，检查所有板洞线是否已被提取。

⑥单击“识别板”中的“自动识别板”，识别板选项如图 3.123 所示，将剪力墙、预制墙、主梁、次梁确定为板的支座，但砌体墙不算，单击“确定”按钮，识别板选项中出现被识别的板信息。根据本张图纸说明，将“无标注板”更名为“B-100”，厚度“120”更改为“100”，如图 3.124 所示。

图 3.122

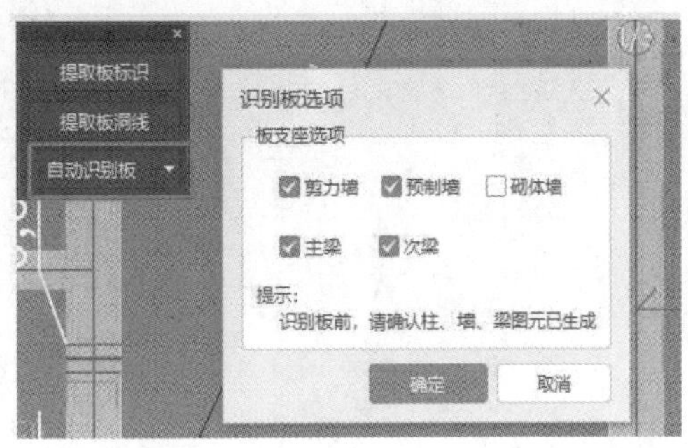

图 3.123

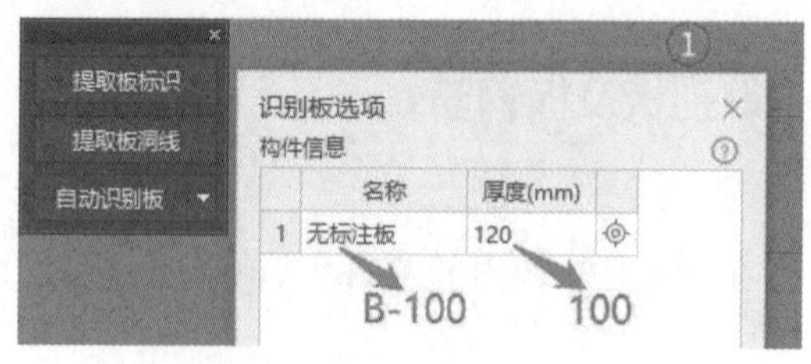

图 3.124

⑦单击确定之后在构件列表中出现名称为“B-100”的现浇板，厚度“100”；在绘图区板都被识别出来了，楼梯处未布置板，如图 3.125 所示。

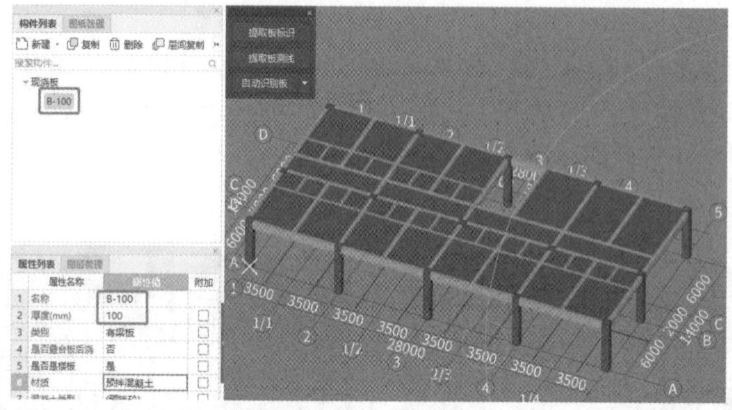

图 3.125

2）调整钢筋计算设置

识别板钢筋之前，为减少后面的修改工作，可将相应钢筋计算设置先行调整。

①“工程设置”模块中，选择钢筋设置的“计算设置”，在“计算规则”中找到“板/坡道”，在“公共设置项”中找到“分布钢筋配置”，可以直接修改；也可以到“...”中按“所有的分布筋相同”或“同一板厚的分布筋相同”，并按“结构设计总说明”中图纸注明输入分布钢筋配置“C8@250”，如图 3.126 所示。

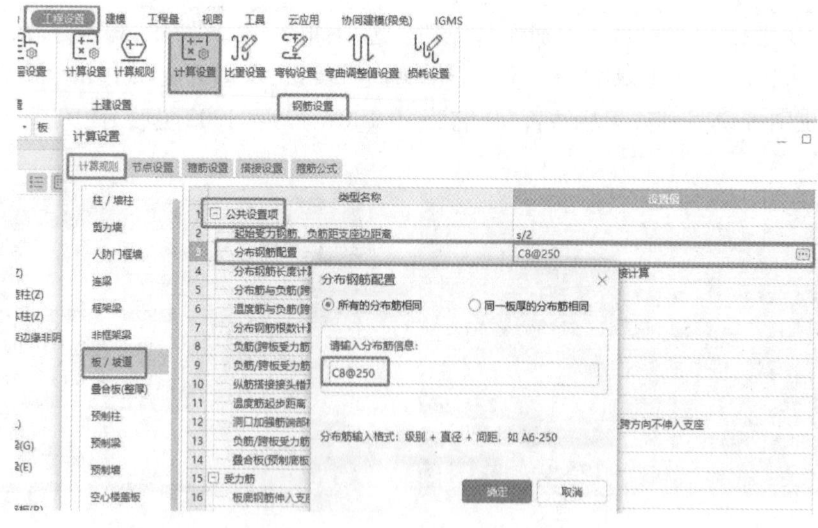

图 3.126

②本案例中板钢筋只有面筋，没有跨板受力筋不需要调整，如调整如图3.127所示。

15	⊟ 受力筋	
16	板底钢筋伸入支座的长度	max(ha/2,5*d)
17	板受力筋/板带钢筋按平均长度计算	否
18	面筋(单标注跨板受力筋)伸入支座的锚固长度	能直锚就直锚,否则按公式计算:ha-bhc+15*d
19	受力筋根数计算方式	向上取整+1
20	受力筋遇洞口或端部无支座时的弯折长度	板厚-2*保护层
21	柱上板带/板带暗梁下部受力筋伸入支座的长度	ha-bhc+15*d
22	柱上板带/板带暗梁上部受力筋伸入支座的长度	0.6*Lab+15*d
23	跨中板带下部受力筋伸入支座的长度	max(ha/2,12*d)
24	跨中板带上部受力筋伸入支座的长度	0.6*Lab+15*d
25	柱上板带受力筋根数计算方式	向上取整+1
26	跨中板带受力筋根数计算方式	向上取整+1
27	柱上板带/板带暗梁的箍筋起始位置	距柱边50mm
28	柱上板带/板带暗梁的箍筋加密长度	3*h
29	跨板受力筋标注长度位置	支座外边线
30	柱上板带暗梁部位是否扣除平行板带筋	是

图3.127

③板负筋根据“结构设计总说明”中图示将“板中间支座负筋标注是否含支座”设置为“否”，将“单边标注支座负筋标注长度位置”设置为“支座内边线”，如图3.128所示。

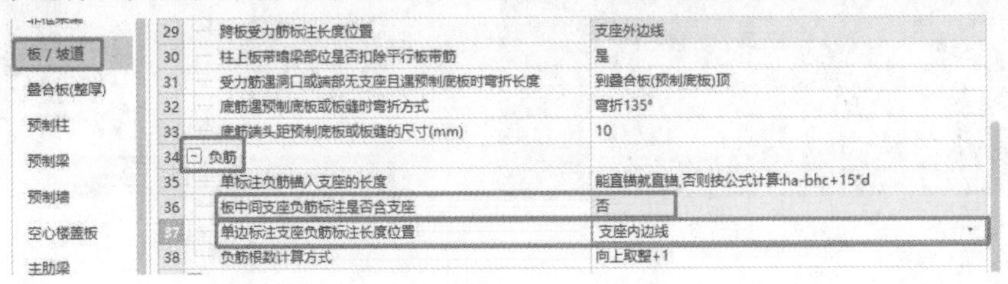

29	跨板受力筋标注长度位置	支座外边线
30	柱上板带暗梁部位是否扣除平行板带筋	是
31	受力筋遇洞口或端部无支座且遇预制底板时弯折长度	到叠合板(预制底板)顶
32	底筋遇预制底板或板缝时弯折方式	弯折135°
33	底筋端头距预制底板或板缝的尺寸(mm)	10
34	⊟ 负筋	
35	单标注负筋锚入支座的长度	能直锚就直锚,否则按公式计算:ha-bhc+15*d
36	板中间支座负筋标注是否含支座	否
37	单边标注支座负筋标注长度位置	支座内边线
38	负筋根数计算方式	向上取整+1

图3.128

3）识别板钢筋

①在导航栏中点开板文件夹，单击“板受力筋(S)”或“板负筋(F)”，可以识别板受力筋(S)或板负筋(F)。在“图纸管理”的图纸文件列表下，“标高4.170板配筋图”已被提取过一次，内容在绘图区不显示，可将“图层管理”中“已提取的CAD图层”和“CAD原始图层”都勾选上，图纸即可显现在绘图区。

②选择工具栏“识别板受力筋”中的“识别受力筋”，绘图区左上角出现选择方式对话框，如图3.129所示。

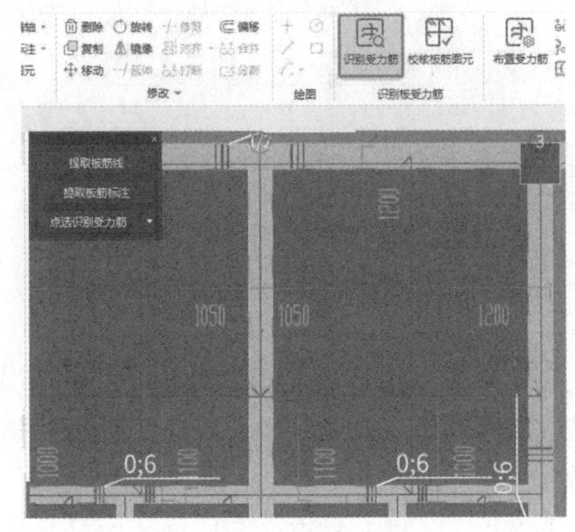

图3.129

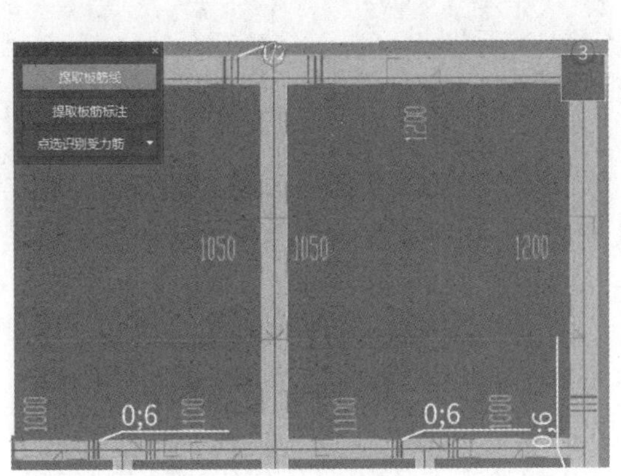

图3.130

③单击对话框中“提取板筋线”，选择任意一条板钢筋线，所有钢筋线处于被选中状态高亮显示，如图 3.130 所示，单击鼠标右键确认，钢筋线从 CAD 图中消失，被存放到“已提取的 CAD 图层”中。检查所有板钢筋线是否已被提取。

④单击“提取板筋标注”，选择任意一个板筋标注，标注内容应包括板筋级别、直径及间距，负筋和跨板受力筋还应包括长度，处于被选中状态高亮显示，如图 3.131 所示，单击鼠标右键确认，所有标注从 CAD 图中消失，被存放到“已提取的 CAD 图层”中。检查所有板筋标注是否已被提取。

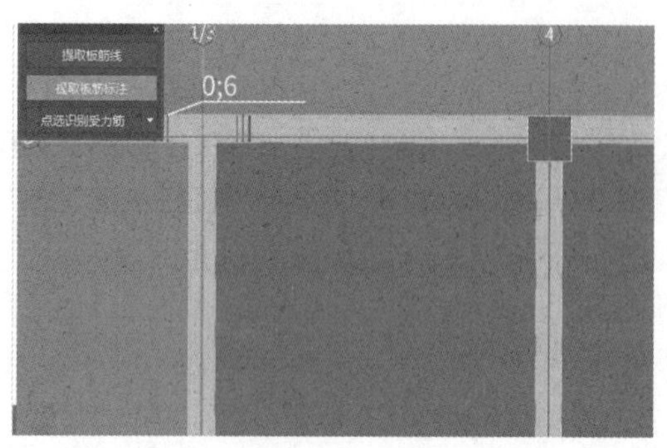

图 3.131

图 3.132

⑤单击“识别板钢筋”中的“自动识别板筋”，识别板筋选项如图 3.132 所示。本图说明中，未标注的板钢筋均为 C8@200，因此规定“无标注的负筋信息”“无标注的板受力筋信息”“无标注的跨板受力筋信息”均为 C8@200。由于案例中负筋和跨板受力筋均已标注伸出长度，“无标注负筋伸出长度”和“无标注跨板受力筋伸出长度”无用，因此按默认无须修改。单击“确定”按钮，自动识别板筋中出现已识别的钢筋类型，表中“靶心”标志指向的是图纸中的这种钢筋，如图 3.133 所示。再单击“确定”按钮，识别所有板筋，包括负筋、底筋和面筋，并包括“布筋重叠”“未标注钢筋信息”和“未标注伸出长度”的检查，如图 3.134 所示。

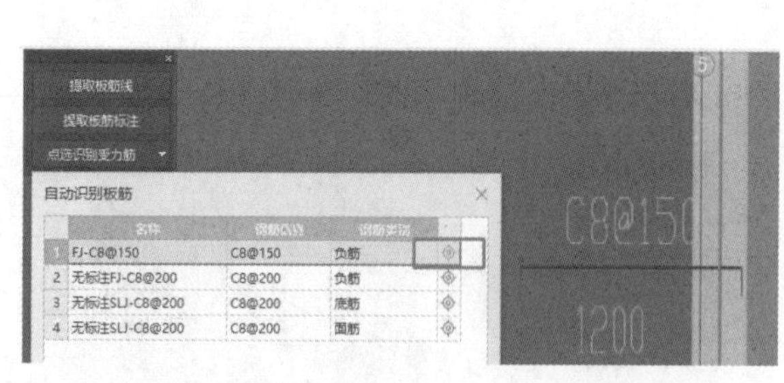

图 3.133

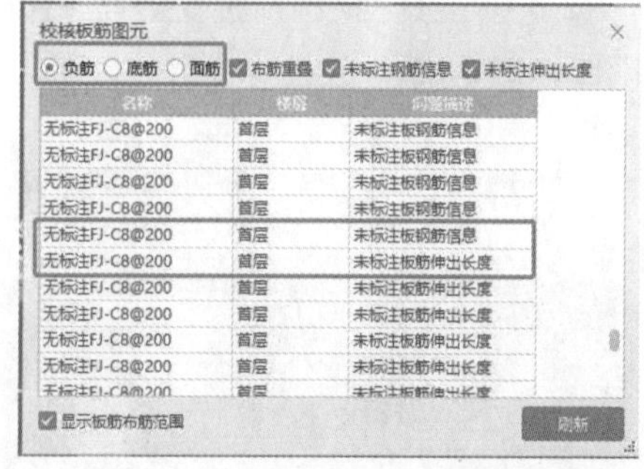

图 3.134

由于本案例图纸中所有底筋、跨板受力筋和大多数负筋均未标注钢筋信息，因此识别出来有“未标注板钢筋信息”是合理的，无须理会。计算结果虽然也提示了有“未标注板筋伸出长度”，但检查识别结果，长度也是正确的，无须修改。

⑥修改构件名称。修改构件列表中“无标注”钢筋的名称，将板受力筋中底筋和面筋分别定义，如图 3.135 所示。此时将绘图区中所有粉色的“跨板受力筋”全部选中，单击鼠标右键

选择“转换图元”，将这些图元性质从“底筋”修改为“面筋”，单击确定，如图 3.136 所示。

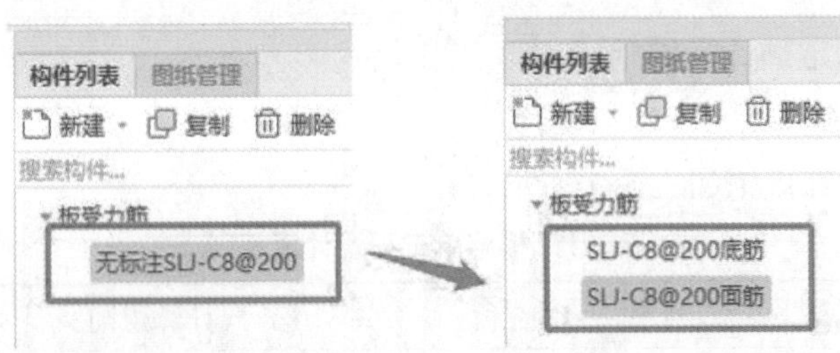

图 3.135

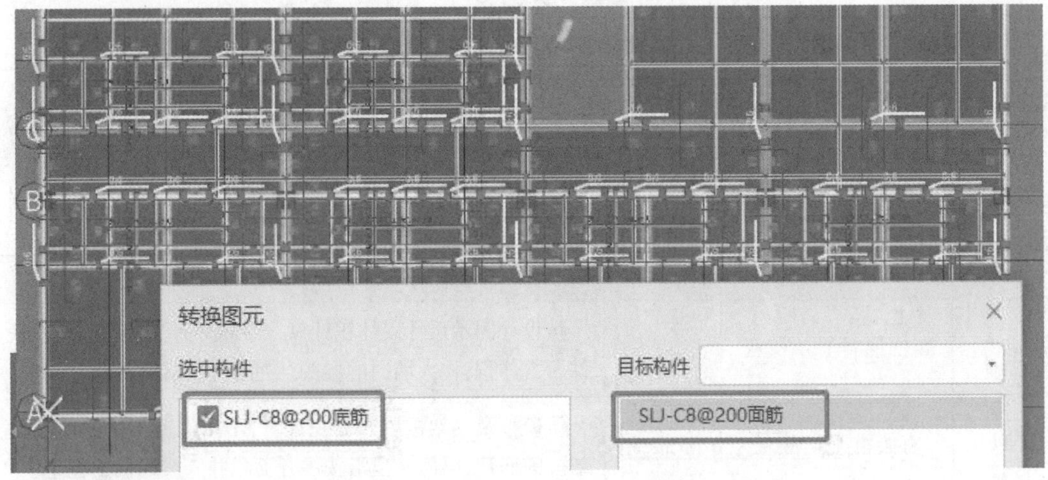

图 3.136

⑦修改布筋范围。观察一根竖向面筋的布筋范围，只分布在一块板中，而另一块板中没有竖向面筋，如图 3.137 所示，很明显这是不合理的。选中布筋范围周围的“□”，并将其拖动到另一块板的边缘是合理的，如图 3.138 所示。修改所有竖向面筋布筋范围。

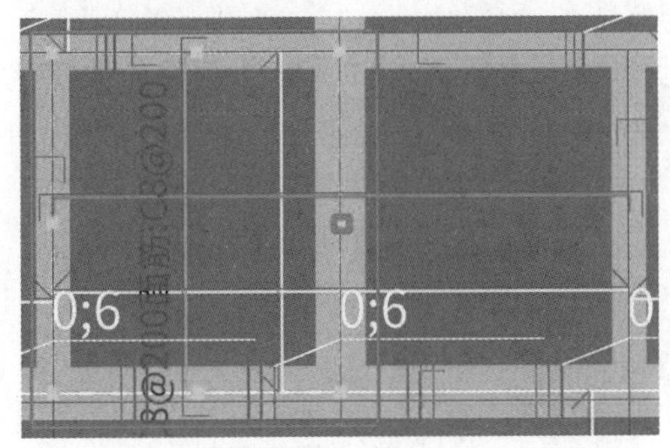

图 3.137

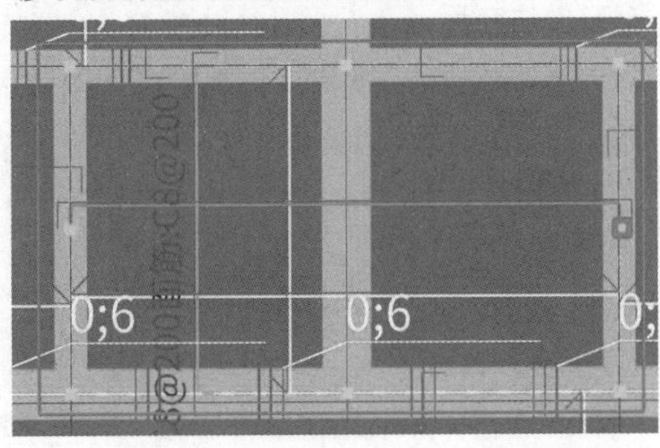

图 3.138

3.4.3 技能点——板构件做法套用及查量

1）工程量清单和定额计算规则

(1)清单计算规则

板清单工程量计算规则如表 3.7 所示。

表 3.7 板清单工程量计算规则

项目编码	项目名称	计量单位	计算规则
010505001	有梁板	m^3	按设计图示尺寸以体积计算，有梁板（包括主梁、次梁与板）按梁、板体积之和计算
011702014	有梁板	m^2	按模板与现浇混凝土构件的接触面积计算

(2)定额计算规则

板定额工程量计算规则如表 3.8 所示。

表 3.8 板定额工程量计算规则

编号	名称	计量单位	计算规则
5-22	现浇混凝土 有梁板	m^3	按设计图示尺寸以体积计算，不扣除构件内钢筋、预埋铁件所占体积，伸入墙内的梁头、梁垫并入梁体积内
17-112	有梁板 复合模板	m^2	梁模板及支架按展开面积计算，不扣除梁与梁连接重叠部分的面积；梁侧的出沿按展开面积并入梁模板工程量中
17-130	板支撑高度 3.6 m 以上每增 1 m	m^2	模板支撑高度 >3.6 m 时，按超过部分全部面积计算工程量

2）做法套用

周围有梁的板分为有梁板和平板，应用起来比较麻烦，本案例与“1 + X”工程造价数字化应用职业技能等级（初级和中级）考试中没有特别说明时同类，将板一律当成有梁板套用，如图 3.139 所示。

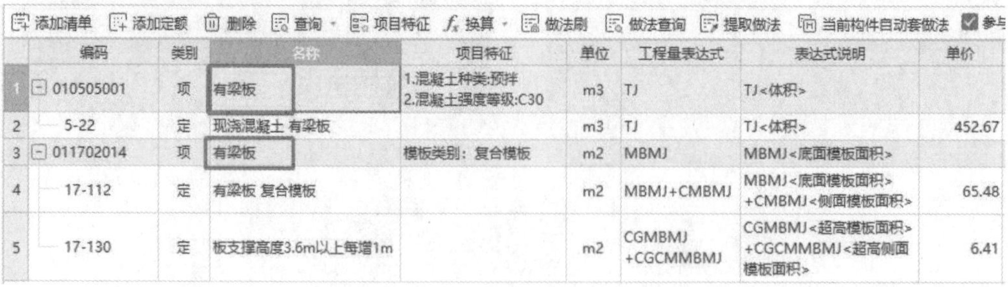

添加清单 添加定额 删除 查询 项目特征 换算 做法刷 做法查询 提取做法 当前构件自动套做法 参与

	编码	类别	名称	项目特征	单位	工程量表达式	表达式说明	单价
1	010505001	项	有梁板	1.混凝土种类:预拌 2.混凝土强度等级:C30	m3	TJ	TJ<体积>	
2	5-22	定	现浇混凝土 有梁板		m3	TJ	TJ<体积>	452.67
3	011702014	项	有梁板	模板类别：复合模板	m2	MBMJ	MBMJ<底面模板面积>	
4	17-112	定	有梁板 复合模板		m2	MBMJ+CMBMJ	MBMJ<底面模板面积>+CMBMJ<侧面模板面积>	65.48
5	17-130	定	板支撑高度3.6m以上每增1m		m2	CGMBMJ+CGCMMBMJ	CGMBMJ<超高模板面积>+CGCMMBMJ<超高侧面模板面积>	6.41

图 3.139

3）工程量汇总计算及查量

工程量汇总计算之后，查看板的土建工程量，如图 3.140 所示；分别查看底筋的钢筋三维，如图3.141所示；面筋的钢筋三维，如图3.142所示；负筋的钢筋三维和编辑钢筋，如图3.143所示。

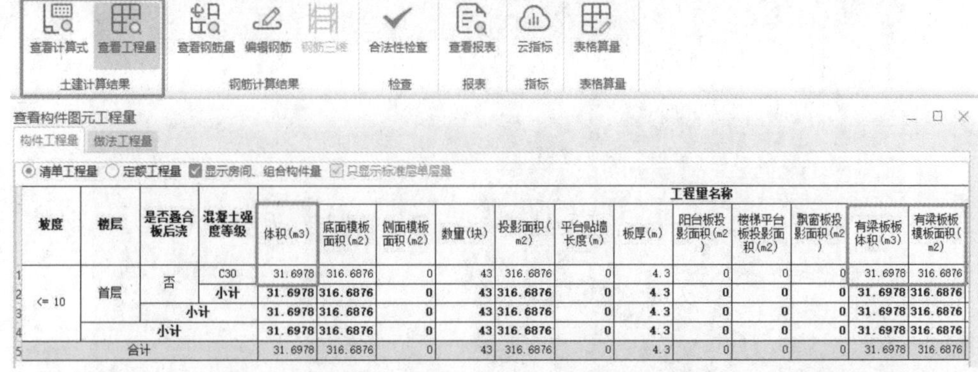

	坡度	楼层	是否叠合板后浇	混凝土强度等级	体积(m3)	底面模板面积(m2)	侧面模板面积(m2)	数量(块)	投影面积(m2)	平台贴墙长度(m)	板厚(m)	阳台板投影面积(m2)	楼梯平台板投影面积(m2)	飘窗板投影面积(m2)	有梁板板体积(m3)	有梁板板模板面积(m2)
1	<= 10	首层	否	C30	31.6978	316.6876	0	43	316.6876	0	4.3	0	0	0	31.6978	316.6876
2				小计	31.6978	316.6876	0	43	316.6876	0	4.3	0	0	0	31.6978	316.6876
3			小计		31.6978	316.6876	0	43	316.6876	0	4.3	0	0	0	31.6978	316.6876
4		小计			31.6978	316.6876	0	43	316.6876	0	4.3	0	0	0	31.6978	316.6876
5	合计				31.6978	316.6876	0	43	316.6876	0	4.3	0	0	0	31.6978	316.6876

图3.140

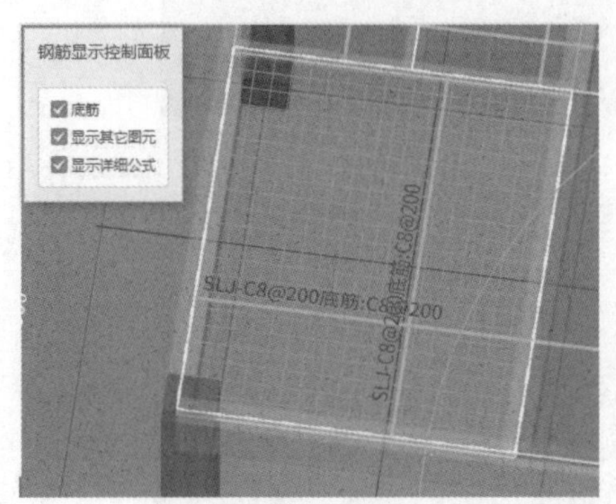

图3.141

图3.142

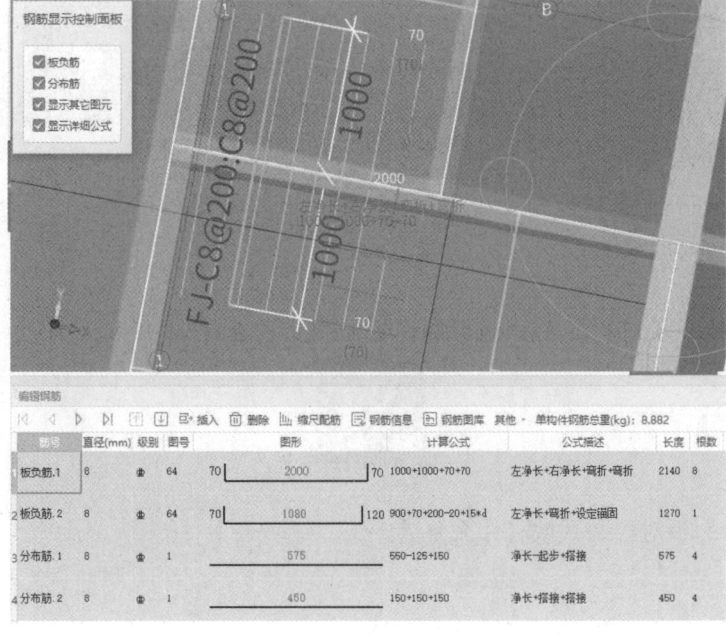

	筋号	直径(mm)	级别	图号	图形	计算公式	公式描述	长度	根数
1	板负筋.1	8	⌀	64	70 2000 70	1000+1000+70+70	左净长+右净长+弯折+弯折	2140	8
2	板负筋.2	8	⌀	64	70 1080 120	900+70+200-20+15*d	左净长+弯折+设定锚固	1270	1
3	分布筋.1	8	⌀	1	575	550-125+150	净长-起步+搭接	575	4
4	分布筋.2	8	⌀	1	450	150+150+150	净长+搭接+搭接	450	4

图3.143

板底筋和面筋全貌如图 3.144 所示，板负筋全貌如图 3.145 所示。

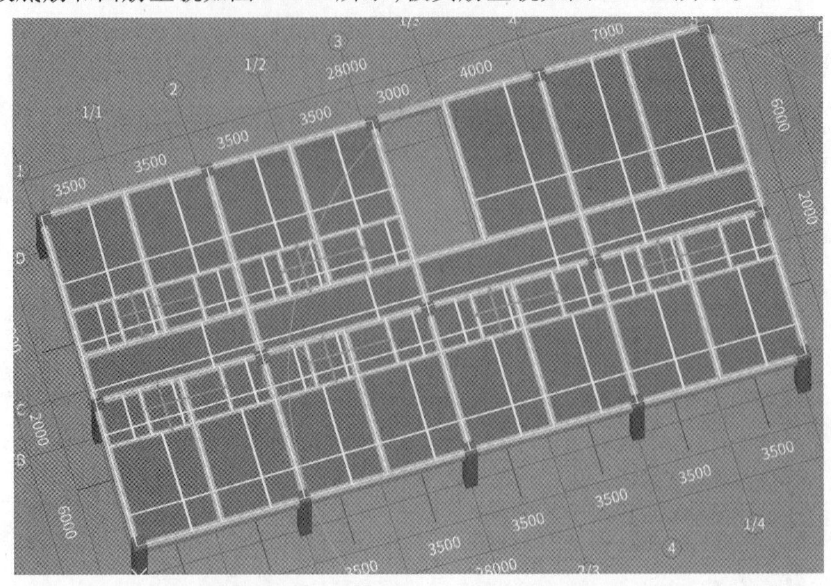

图 3.144

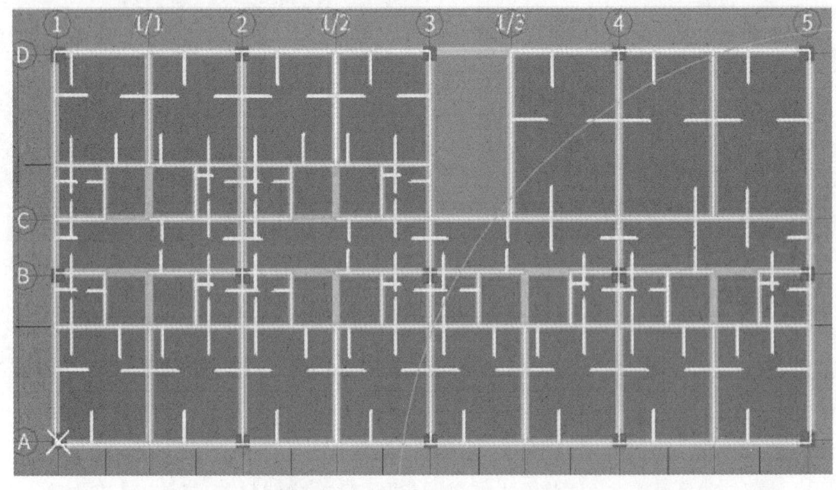

图 3.145

【测试】

1. 客观题(扫下方二维码，在线进行测试)

2. 主观题

用点画法绘制板对绘制区域有什么要求？

【知识拓展】

序号	拓展内容	资源二维码
拓展	设置斜板	

任务3.5　楼梯工程量计量

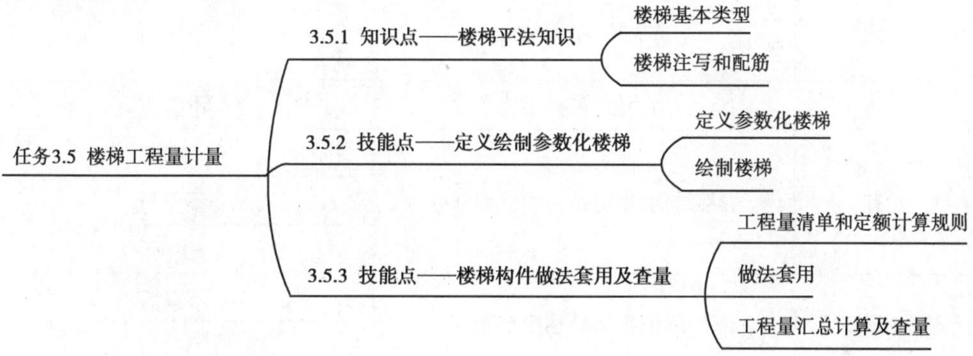

【知识与技能】

楼梯工程量计量的工作流程如图3.146所示。

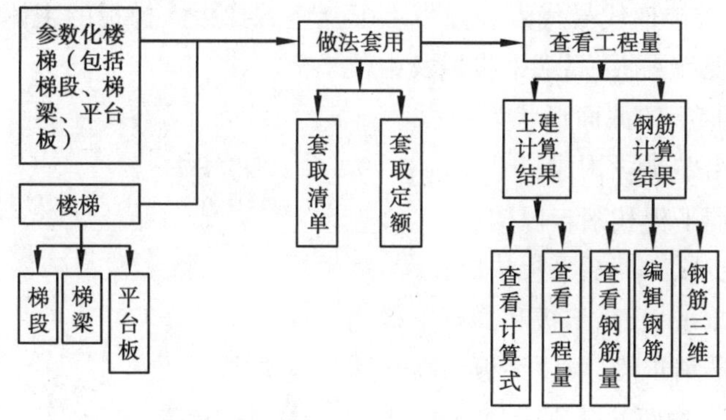

图3.146

3.5.1　知识点——楼梯平法知识

1）楼梯基本类型

《混凝土结构施工图平面整体表示方法制图规则和构造详图（现浇混凝土板式楼梯）》（16G101—2）中包含 12 种楼梯类型，如表 3.9 所示。

表 3.9　楼梯类型

梯板代号	适用范围		是否参与结构整体抗震计算
	抗震构造措施	适用结构	
AT	无	剪力墙、砌体结构	不参与
BT			
CT	无	剪力墙、砌体结构	不参与
DT			
ET	无	剪力墙、砌体结构	不参与
FT			
GT	无	剪力墙、砌体结构	不参与
ATa	有	框架结构、框剪结构中框架部分	不参与
ATb			不参与
ATc			参与
CTa	有	框架结构、框剪结构中框架部分	不参与
CTb			不参与

注：ATa、CTa 低端设滑动支座支承在梯梁上；ATb、CTb 低端设滑动支座支承在挑板上。

AT～ET 型板式楼梯具备以下特征：

①AT～ET 型板式楼梯代号代表一段带上下支座的梯板。梯板的主体为踏步段，除踏步段之外，梯板可包括低端平板、高端平板以及中位平板。

②AT～ET 各型梯板的截面形状为：

AT 型梯板全部由踏步段构成；

BT 型梯板由低端平板和踏步段构成；

CT 型梯板由踏步段和高端平板构成；

DT 型梯板由低端平板、踏步板和高端平板构成；

ET 型梯板由低端踏步段、中位平板和高端踏步段构成。

③AT～ET 型梯板的两端分别以（低端和高端）梯梁为支座。

④AT～ET 型梯板的型号、板厚、上下部纵向钢筋及分布钢筋等内容由设计者在平法施工图中注明。梯板上部纵向钢筋向跨内伸出的水平投影长度见相应的标准构造详图，设计不注，但设计者应予以校核；当标准构造详图规定的水平投影长度不满足具体工程要求时，应由设计者另行注明。

2)楼梯注写和配筋

以AT型楼梯为例,楼梯截面形状与支座位置示意图如图3.147所示,平面注写方式如图3.148所示,剖面注写方式如图3.149所示,梯段(梯板)配筋构造如图3.150所示,配筋三维图示如图3.151所示。

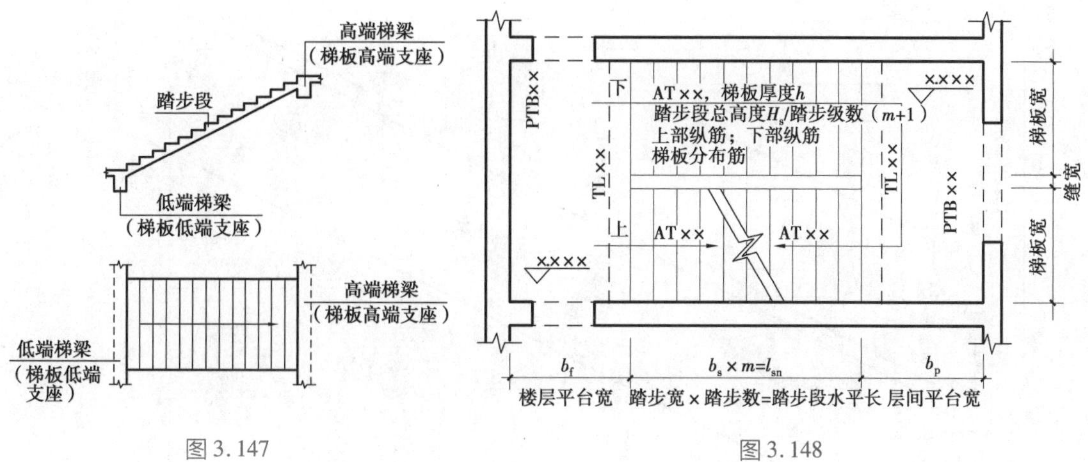

图3.147　　　图3.148

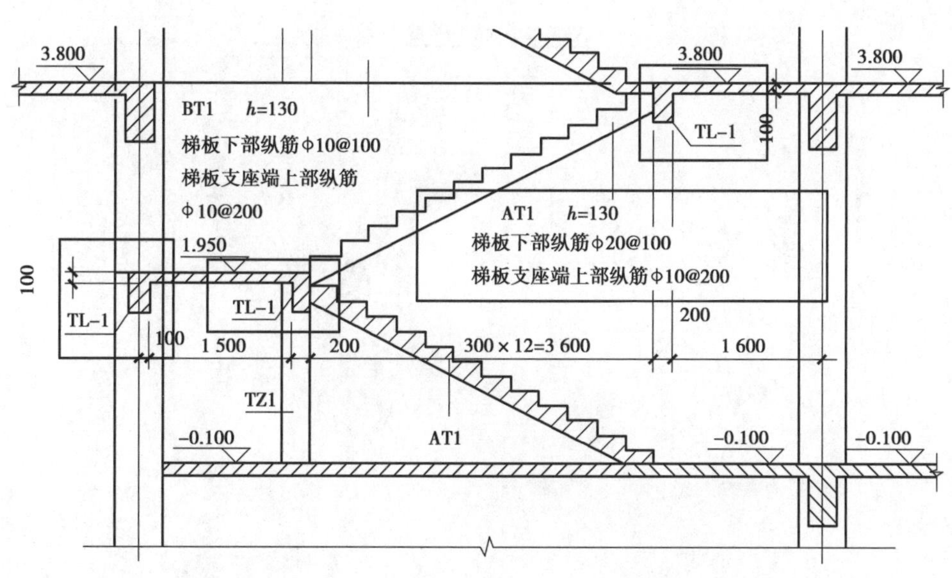

图3.149

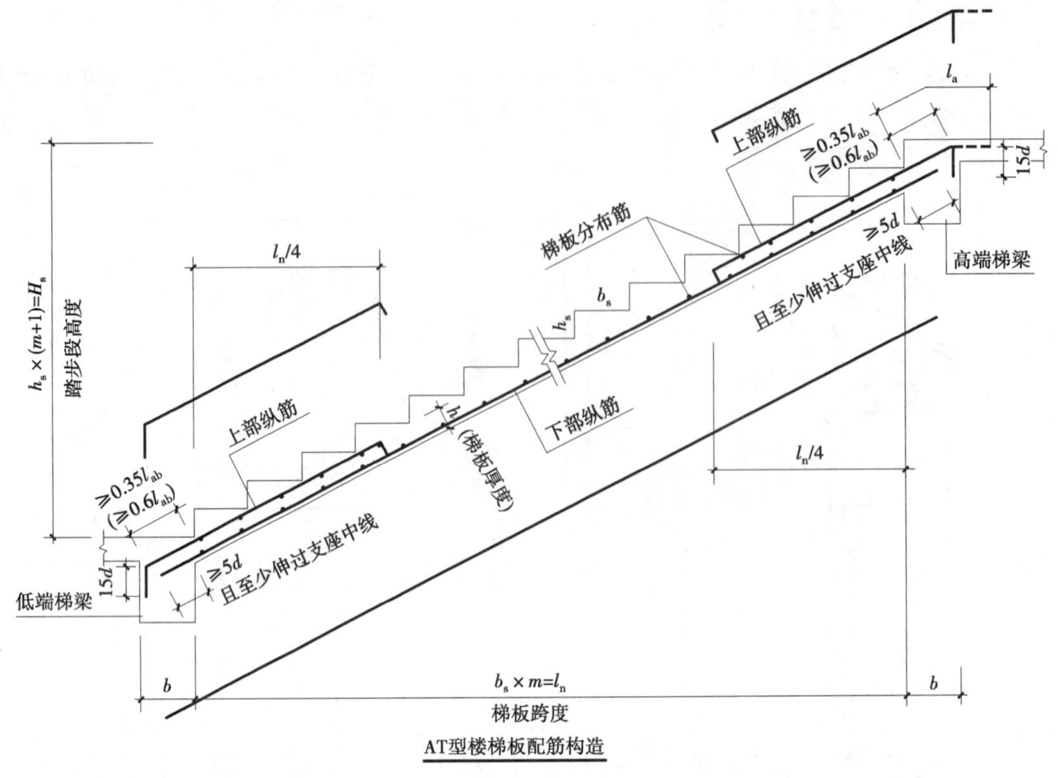

图 3.150

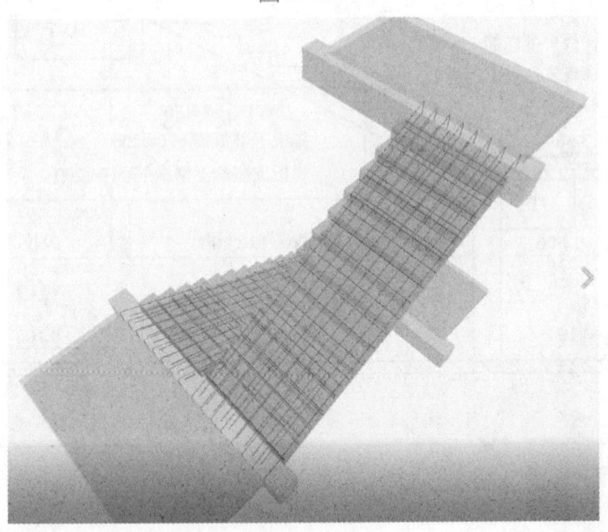

图 3.151

3.5.2 技能点——定义绘制参数化楼梯

1) 定义参数化楼梯

①选择楼层为“首层”,在导航栏中点开楼梯文件夹,选择“楼梯(R)”,在构件列表中选择“新建参数化楼梯”。

②双击新建的楼梯名称即可进入楼梯的“参数图”界面。

③依照案例工程结施中的楼梯详图编辑各参数。先选择参数化截面类型为“标准双跑楼梯”。

④编辑属性包括梯井宽度、踢脚线高度、平台板厚度、板搁置长度和梁搁置长度，如图3.152所示。各梯梁TL和平台梁PTL的参数可以在梯梁表格中输入(图3.153)，也可以选择“梯梁快速输入”。

标准双跑楼梯

属性名称	梯井宽度	踢脚线高度	平台板厚度	板搁置长度	梁搁置长度
属性值	100	150	100	100	100

	TL1	TL2	TL3	PTL1	PTL2
截面宽度	200	200	200	200	200
截面高度	350	350	350	300	300
上部钢筋	3C16	3C16	3C16	3C14	3C14
下部钢筋	3C16	3C16	3C16	2C14	2C14
箍筋	C8@100/200(2)	C8@100/200(2)	C8@100/200(2)	C8@100(2)	C8@100(2)
侧面钢筋	CMGJ	CMGJ	CMGJ	CMGJ	CMGJ
拉筋	LJ	LJ	LJ	LJ	LJ

梯梁快速输入

图3.152

梯梁表格

	TL1	TL2	TL3	PTL1	PTL2
截面宽度	200	200	200	200	200
截面高度	350	350	350	300	300
上部钢筋	3C16	3C16	3C16	3C14	3C14
下部钢筋	3C16	3C16	3C16	2C14	2C14
箍筋	C8@100/200(2)	C8@100/200(2)	C8@100/200(2)	C8@100(2)	C8@100(2)
侧面钢筋					
拉筋					

确定　取消

图3.153

⑤修改楼梯的平面注写信息，包括上跑和下跑踏步宽、踏步数，平台长、梯板各自宽度，如图3.154所示。平台板的配筋形式也是可以选择的，如图3.155所示。

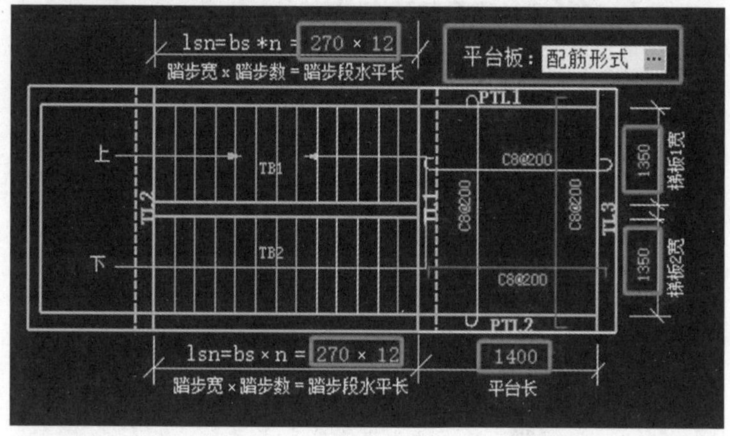

图3.154

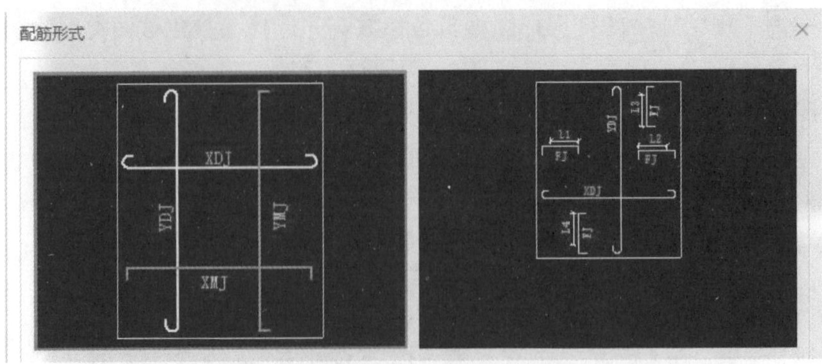

图 3.155

⑥修改梯段配筋。根据图纸示意应先编辑下跑楼梯，即参数图中的 TB2。梯段 TB 类型要先选择 AT 型，还要选择“非贯通筋 1”的形式，如图 3.156 所示。再修改梯板厚度、踏步高度及梯板钢筋，如图 3.157 所示。梯板厚度的计算是踏步段总高度 2 100 ÷ 踏步级数 13 ≈ 161.54mm。

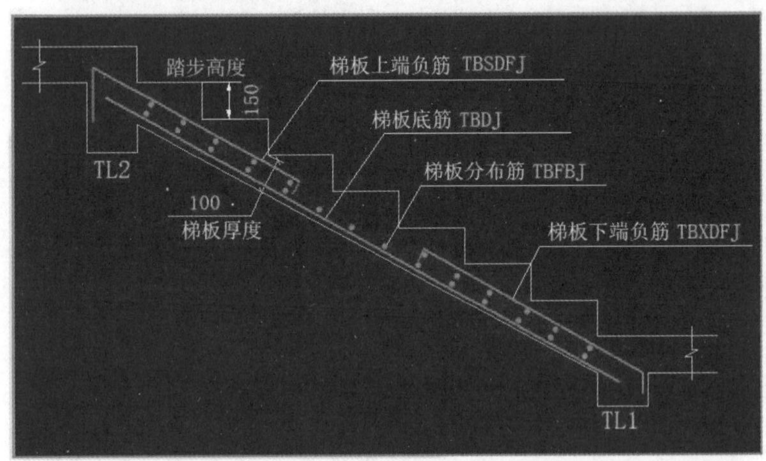

图 3.156

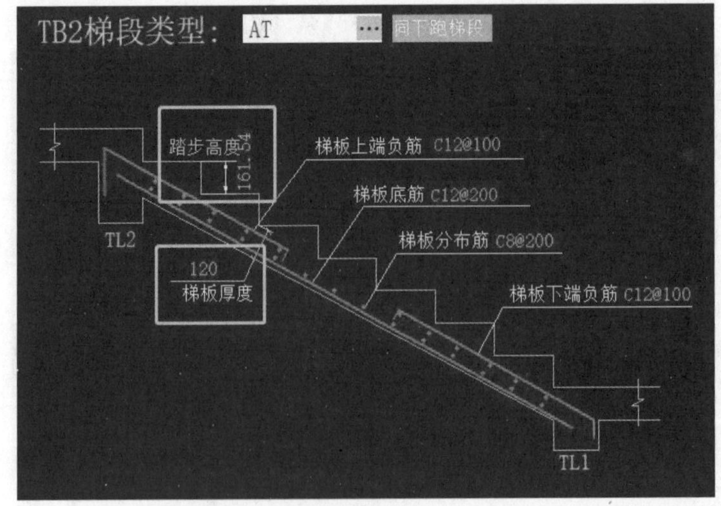

图 3.157

2）绘制楼梯

①绘制楼梯用"点"绘，如果切换插入点用"F4"键，绘制好后如果要与图纸中上下跑位置一样可以用镜像功能。

②定义绘制梯柱 TZ 和楼梯与其他板连接处的 PTB2，根据学习过的柱板知识绘制，注意梯柱的顶标高取层底标高 +2.1。绘制完成的楼梯如图 3.158 所示。

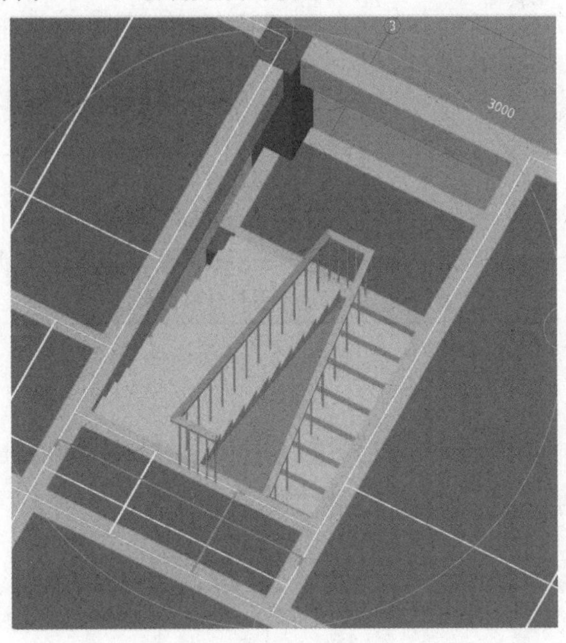

图 3.158

3.5.3 技能点——楼梯构件做法套用及查量

1）工程量清单和定额计算规则

（1）清单计算规则

楼梯清单工程量计算规则如表 3.10 所示。

表 3.10 楼梯清单工程量计算规则

项目编码	项目名称	计量单位	计算规则
010506001	直形楼梯	m^2	楼梯（包括休息平台、平台梁、斜梁及楼梯的连接梁），按设计图示尺寸以水平投影面积计算，不扣除宽度≤500 mm 的楼梯井，伸入墙内部分亦不增加
011702024	楼梯	m^2	楼梯按（包括休息平台、平台梁、斜梁和楼层板的连接梁）的水平投影面积计算，不扣除宽度≤500 mm 的楼梯井所占面积，楼梯踏步、踏步板、平台梁等侧面模板不另行计算，伸入墙内部分亦不增加

(2)定额计算规则

楼梯定额工程量计算规则如表 3.11 所示。

表 3.11　楼梯定额工程量计算规则

编号	名称	计量单位	工程量计算规则
5-40	现浇混凝土直形楼梯	m^2	楼梯(包括休息平台、平台梁、斜梁及楼梯的连接梁),按设计图示尺寸以水平投影面积计算,不扣除宽度≤500 mm 的楼梯井,伸入墙内部分亦不增加
5-42	现浇混凝土 楼梯 梯段厚度每增加 10 mm	m^2	
17-137	现浇混凝土模板 楼梯 直形	m^2	楼梯按(包括休息平台、平台梁、斜梁和楼层板的连接梁)水平投影面积计算,不扣除宽度≤500 mm 的楼梯井所占面积,楼梯踏步、踏步板、平台梁等侧面模板不另行计算,伸入墙内部分亦不增加

2)做法套用

楼梯的清单和定额套用如图 3.159 所示。定额中楼梯踏步及梯段厚度是按 200 mm 编制的,设计厚度不同时,按梯段部分的水平投影面积执行每增减 10 mm 定额子目,图示梯板厚度是 120mm,因此将此项“*-8”。

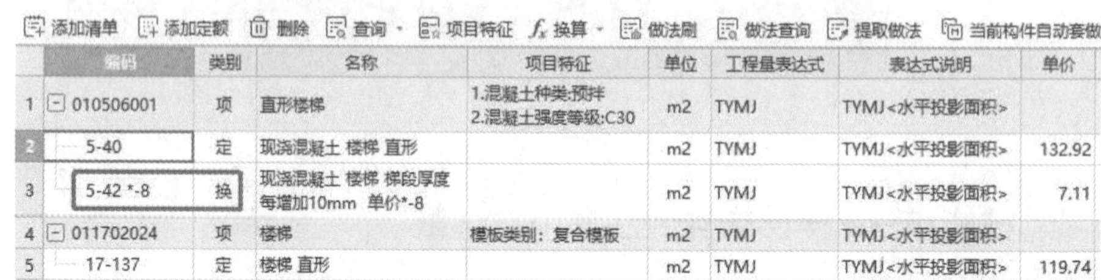

	编码	类别	名称	项目特征	单位	工程量表达式	表达式说明	单价
1	010506001	项	直形楼梯	1.混凝土种类:预拌 2.混凝土强度等级:C30	m2	TYMJ	TYMJ<水平投影面积>	
2	5-40	定	现浇混凝土 楼梯 直形		m2	TYMJ	TYMJ<水平投影面积>	132.92
3	5-42 *-8	换	现浇混凝土 楼梯 梯段厚度每增加10mm 单价*-8		m2	TYMJ	TYMJ<水平投影面积>	7.11
4	011702024	项	楼梯	模板类别:复合模板	m2	TYMJ	TYMJ<水平投影面积>	
5	17-137	定	楼梯 直形		m2	TYMJ	TYMJ<水平投影面积>	119.74

图 3.159

3)工程量汇总计算及查量

工程量汇总计算之后,查看楼梯的土建工程量,如图 3.160 所示;查看钢筋三维和编辑钢筋,如图 3.161 所示。

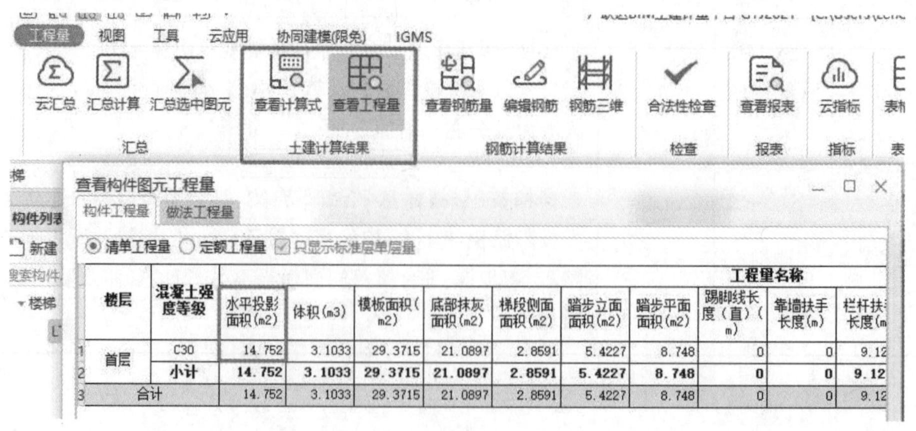

图 3.160

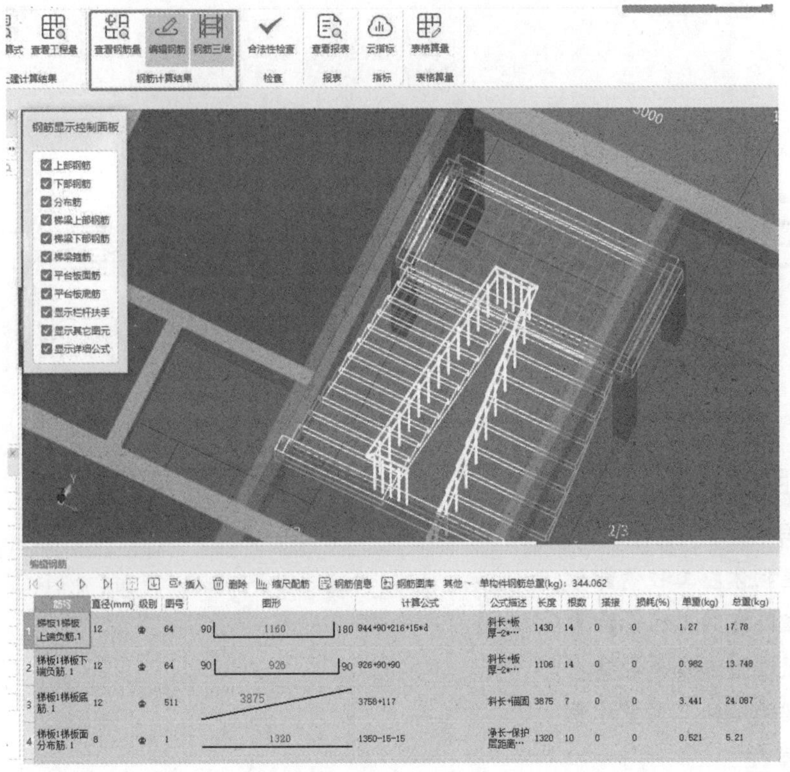

	筋号	直径(mm)	级别	图号	图形	计算公式	公式描述	长度	根数	搭接	损耗(%)	单重(kg)	总重(kg)
1	梯板1梯板上端负筋.1	12	Φ	64	90 1160 180	944+90+216+15*d	斜长+板厚-2*…	1430	14	0	0	1.27	17.78
2	梯板1梯板下端负筋.1	12	Φ	64	90 926 90	926+90+90	斜长+板厚-2*…	1106	14	0	0	0.982	13.748
3	梯板1梯板底筋.1	12	Φ	511	3875	3758+117	斜长+锚固	3875	7	0	0	3.441	24.087
4	梯板1梯板面分布筋.1	8	Φ	1	1320	1350-15-15	净长-保护层距离…	1320	10	0	0	0.521	5.21

图3.161

【测试】

1. 客观题（扫下方二维码，在线测试）

2. 主观题

整体楼梯的工程量中是否包含梯柱TZ?

【知识拓展】

序号	拓展内容	资源二维码
拓展	直行梯段和钢筋表格算量	

项目 4　二次结构工程量计量

【教学目标】

1. 知识目标

(1)掌握砌体墙工程量计量。

(2)掌握门窗洞工程量计量。

(3)掌握过梁工程量计量。

(4)掌握构造柱工程量计量。

2. 能力目标

能够正确计量砌体墙、门窗洞、过梁、构造柱等二次结构工程量。

3. 素养目标

(1)培养较强的信息收集、查阅、处理能力等信息素养。

(2)养成收集、查阅、处理信息的习惯(建议:讲解过梁截面和钢筋选择时,引导同学识读和分析图纸信息)。

【教学载体】配套使用员工宿舍楼图纸和教材提供的数字资源。

【建议学时】4 学时

任务 4.1　二次结构知识

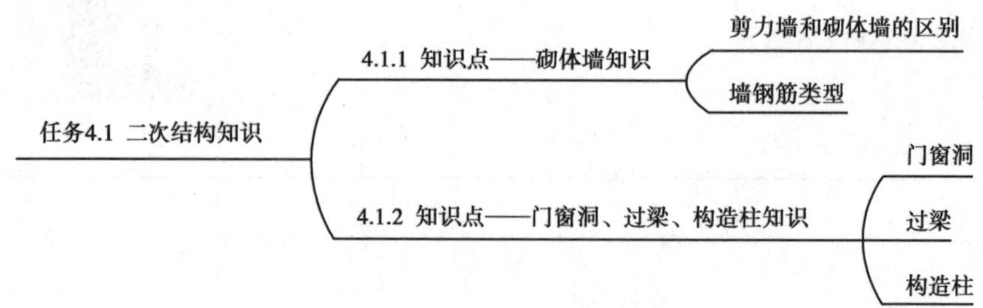

【知识与技能】

4.1.1　知识点——砌体墙知识

二次结构在一次结构(指主体结构的承重构件部分)施工完毕以后才施工,是相对于承重结构而言的,为非承重结构、围护结构,比如砌体墙、构造柱、过梁、止水反梁、女儿墙、压顶、台阶、散水等。

1)剪力墙和砌体墙的区别

(1)构成材质不同

剪力墙是指使用钢筋混凝土建造而成的墙体,而砌体墙是指使用块体和砂浆根据一定的砌筑方法建造而成的墙体,如图4.1所示。其中,块体主要包括空心砖、毛料石、实心砖等;砂浆主要包括混合砂浆、水泥砂浆。

(2)建筑图纸画法不同

在建筑图纸中,剪力墙和砌体墙的绘制和标注方法是不一样的。在建施平面图中,剪力墙图例是双线绘制实心填充,而砌体墙一般都没有进行填充;在结施平面图中,剪力墙一般是有代号编码,双线绘制无填充,不绘制剪力墙。

图4.1

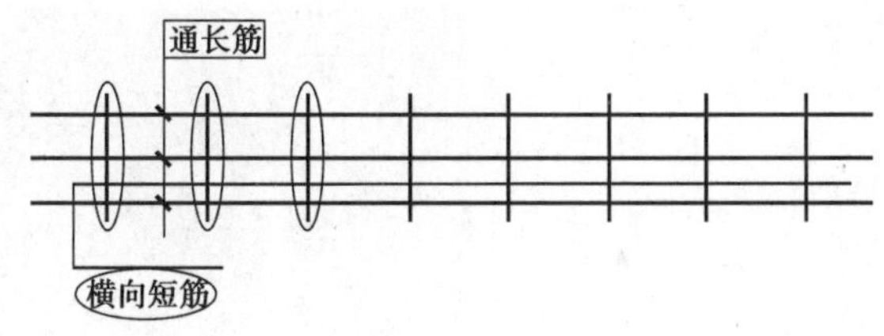

图4.2

2)墙钢筋类型

(1)砌体通长筋

砌体通长筋是为提高砌体墙整体性而设置的,属受力钢筋,故又称为带筋砌体墙,一般在墙内横向通长布置,如图4.2所示。

(2)横向短筋

与通长筋对应设置,一般会出现在图纸总说明中或者在涉及该部位的图纸上具体图示说明,如图4.2所示。

(3)砌体加筋

砌体加筋是根据抗震要求设置的,在墙体与柱子的连接处伸入砌体一定长度(一般1 000 mm)的砌体拉筋。根据部位不同,砌体加筋分为十字形、L形、T形、一字形等不同类型。T形砌体加筋如图4.3所示。

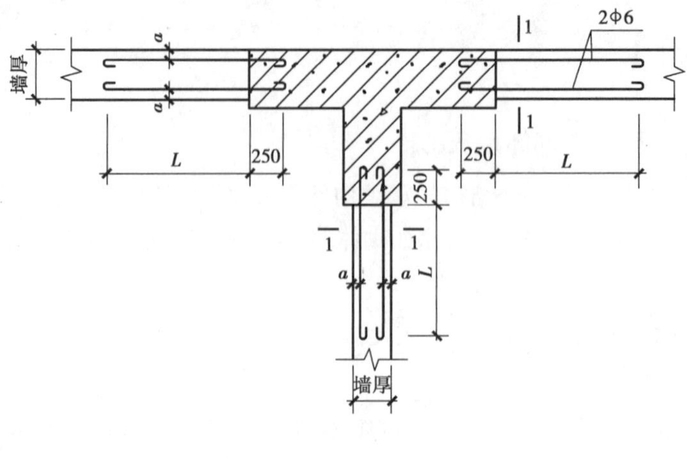

图 4.3

4.1.2 知识点——门窗洞、过梁、构造柱知识

1) 门窗洞

门窗洞是指在建筑施工图纸说明中表述的洞口尺寸信息，默认为砌体结构预留洞口的尺寸，不含装饰面层，如图 4.4 所示。对于砌筑墙的门窗洞而言，一般会在砌筑墙体时提前预留门窗洞的尺寸。

图 4.4

2) 过梁

(1) 过梁定义

在墙体上开设门窗洞口，且墙体洞口大于 300 mm 时，为了支撑洞口上部砌体传来的各种荷载，并将这些荷载传给门窗等洞口两边的墙，而在门窗洞口上设置的横梁称为过梁，如图 4.4所示。

(2) 过梁的分类

常见的过梁形式有钢筋砖过梁、砌砖平拱和砖砌弧拱、钢筋混凝土过梁等。

钢筋砖过梁：顾名思义，即正常砌筑砖墙时中间夹钢筋，但对有较大振动荷载或可能产生不均匀沉降的房屋，不应采用砖砌过梁，而应采用钢筋混凝土过梁。

砌砖平拱和砌砖弧拱：多为平拱、弧拱，用于洞口宽度小于 1 m 的门窗洞口。

钢筋混凝土过梁：常用的过梁构件，多为预制构件，有矩形、L 形等，宽度同墙厚，高度及配筋根据结构计算确定，两端伸进墙内不小于 250 mm，如图 4.4 所示。

(3)什么时候不设置过梁

过梁布置在门窗洞口的上方,注意只布置在砌块墙上,剪力墙的洞口不用布置过梁。当洞口顶有框架梁时,有框架梁的支撑就不需要画过梁,如图4.5所示。

图4.5

3)构造柱

(1)构造柱

为了增强建筑物的整体性和稳定性,多层砖混结构建筑的墙体中还应设置钢筋混凝土构造柱,并与各层圈梁相连接,形成能够抗弯抗剪的空间框架。框架结构和剪力墙结构中砌体墙超过一定长度也应设置构造柱。构造柱的设置部位在外墙四角、错层部位横墙与外纵墙交接处、较大洞口两侧、大房间内外墙交接处等,如图4.4所示。当按组合墙考虑构造柱受力时,或考虑构造柱提高墙体的稳定性时,其间距不宜大于4 m。

图4.6

(2)马牙槎

马牙槎指构造柱上凸出的部分。构造柱比框架柱边上多出来的突出锯齿就是马牙槎,是砖墙留槎处的一种砌筑方法,以保持砌体的整体性与稳定性,如图4.4所示。

(3)抱框柱

抱框柱是构造柱的一种形式,是便于门窗固定而设置的,通常柱高到门窗顶结束,而构造柱一般到层顶或梁下,如图4.6所示。

【测试】

1. 客观题(扫下方二维码,在线进行测试)

2. 主观题

框架结构、剪力墙结构、砌体结构一般采用哪种柱,起什么作用?

【知识拓展】

序号	拓展内容	资源二维码
拓展1	免支模构造柱及圈梁	

任务 4.2 二次结构工程量计量

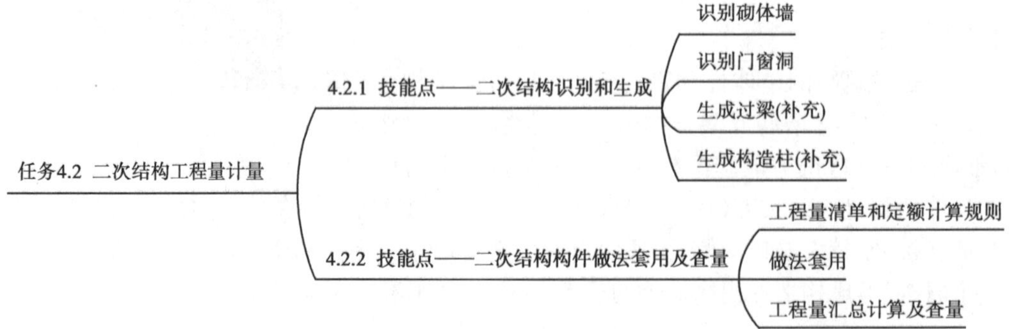

【知识与技能】

二次结构工程量计量的工作流程如图 4.7 所示。

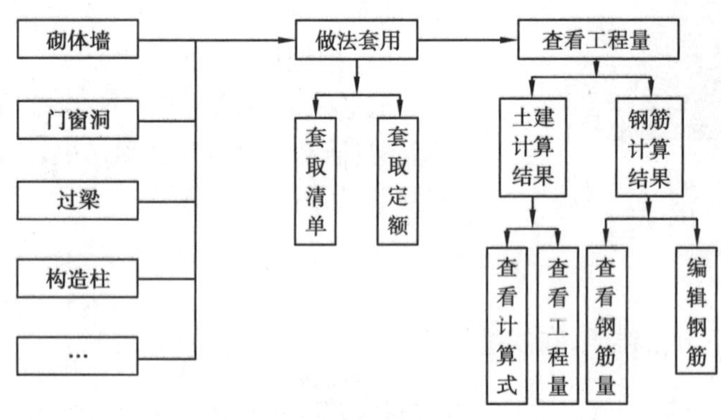

图 4.7

4.2.1 技能点——二次结构识别和生成

1) 识别砌体墙

①选择楼层为“首层”，在导航栏中点开墙文件夹，单击“砌体墙(Q)”，这里可以识别砌体墙。在“图纸管理”中的图纸文件列表下，双击“一层平面图”，将其调入绘图工作区。

②选择工具栏“识别砌体墙”中的“识别砌体墙”，绘图区左上角出现选择方式对话框，如图 4.8 所示。

③单击对话框中“提取砌体墙边线”，选择任意一条砌体墙的边线，所有边线处于被选中状态高亮显示，如图 4.9 所示，单击鼠标右键确认，边线从 CAD 图中消失，被存到“已提取的 CAD 图层”中。检查所有砌体墙边线是否已被提取。

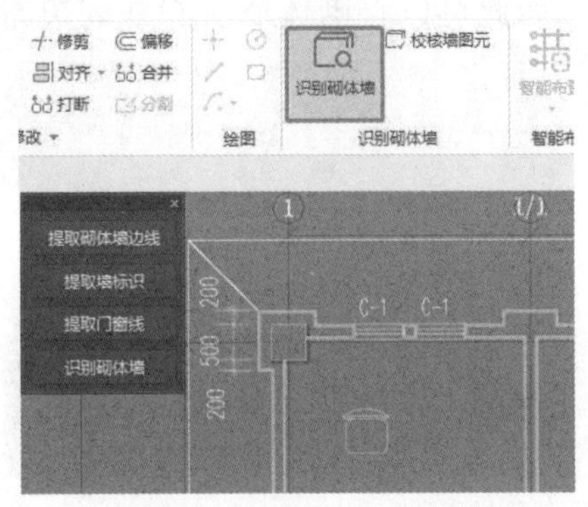

图4.8

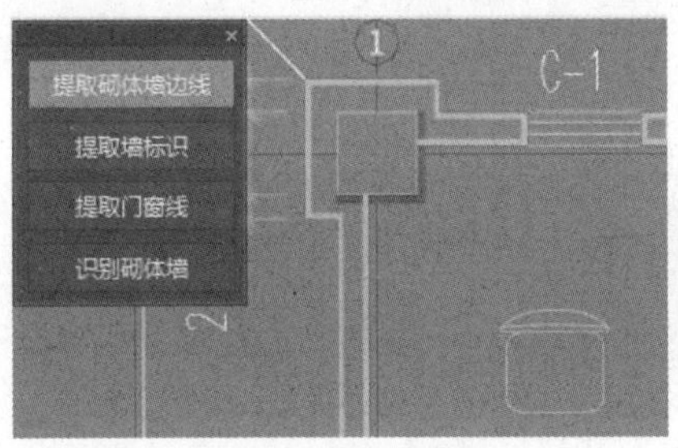

图4.9

④单击“提取墙标识”，若没有，则直接单击鼠标右键确定。

⑤单击“提取门窗线”，将门窗线都选上，处于被选中状态高亮显示，如图4.10所示，单击鼠标右键确认，所有门窗线从CAD图中消失，被存到“已提取的CAD图层”中。检查所有门窗线是否已被提取。

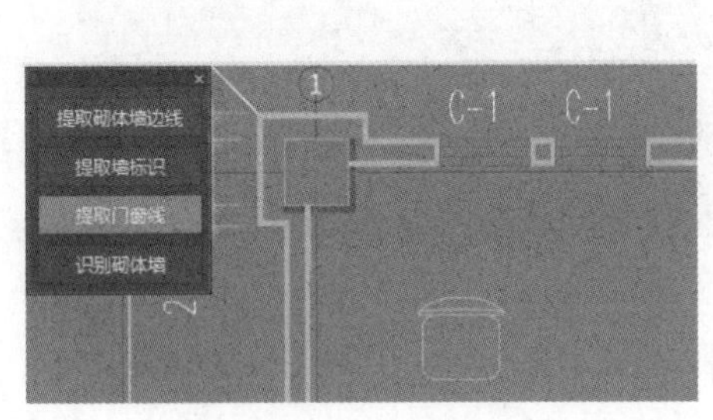

图4.10

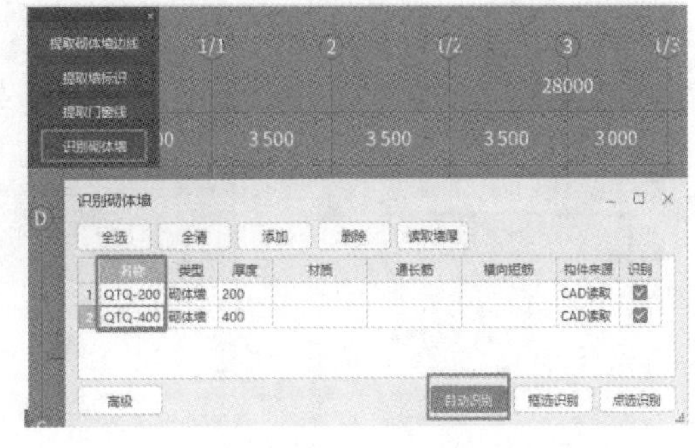

图4.11

⑥单击“识别砌体墙”，选择“自动识别”，可以修改墙名称，将厚度是400 mm的墙垛也识别上，如图4.11所示。墙体自动识别为内墙，还有未使用的墙边线，如图4.12所示。

⑦新建QTQ-200(外墙)和QTQ-400(外墙)，将外围墙体全部选中，修改属性列表中内/外墙标志为“外墙”，如图4.13所示。

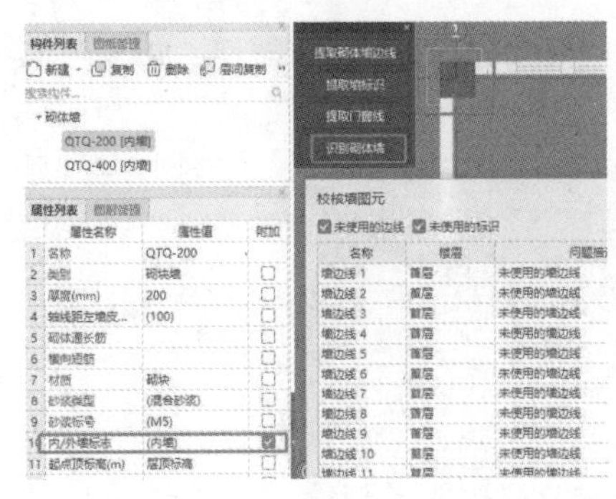

图4.12

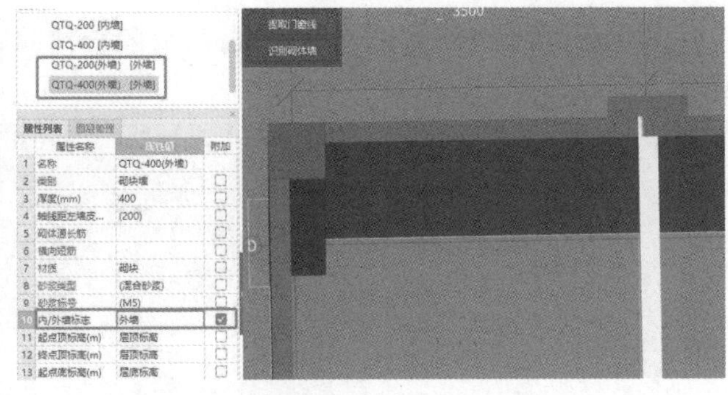

图4.13

⑧将未识别外墙补齐，且为外墙面装修需要，将相邻200 mm厚砌体墙合并且调整长度，如图4.14所示；将未识别外墙补绘QTQ-400，如图4.15所示；在墙体突出处以QTQ-200(外

墙)绘制短墙,再与原墙体对齐,如图 4.16 所示,如此可以将砌体墙所有外周边布置上外墙面。

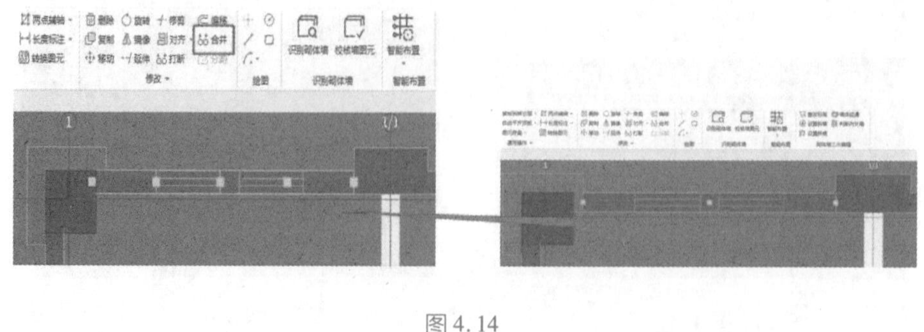

图 4.14

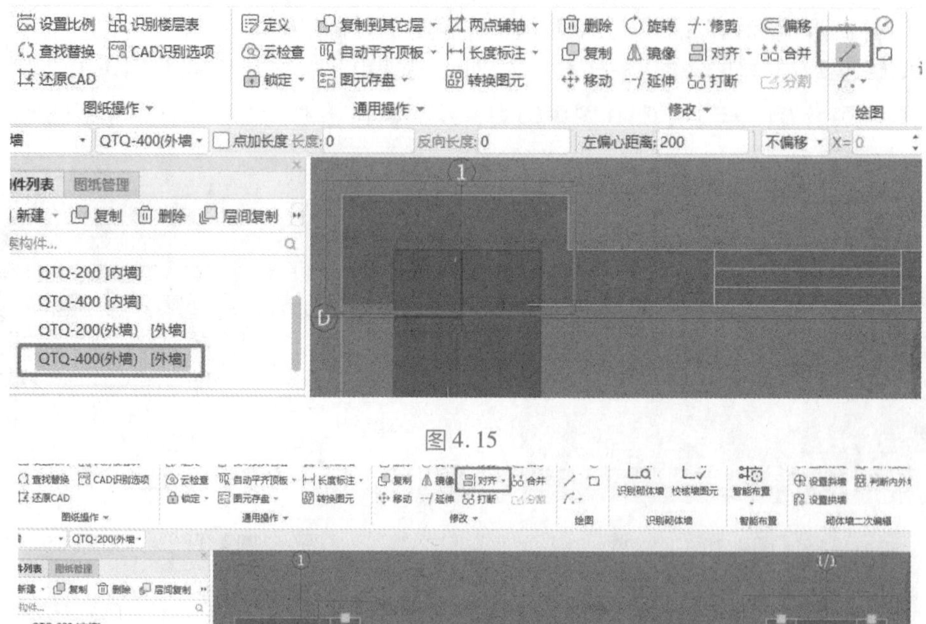

图 4.15

图 4.16

⑨将其他所有外墙如此修改完成,为分隔楼梯间和走廊,定义并绘制虚墙,如图 4.17 所示。

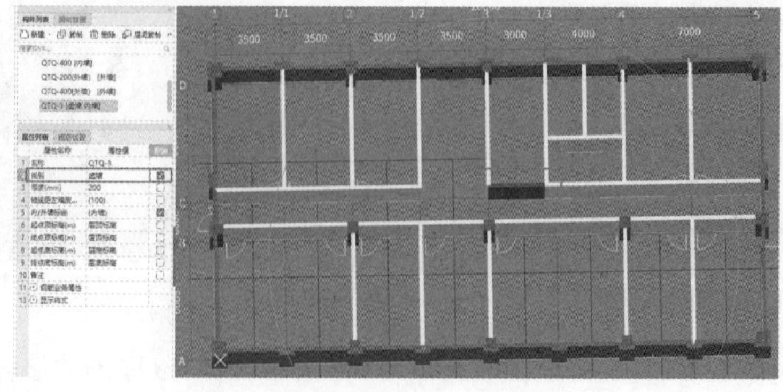

图 4.17

2）识别门窗洞

①在导航栏中点开门窗洞文件夹，单击“门”或者“窗”，这里可以识别门窗洞。在“图纸管理”中的图纸文件列表下，双击“员工宿舍楼-建施”，将其调入绘图工作区。

②选择工具栏“识别门”中的“识别门窗表”，拉框选择门窗表，如图4.18所示，单击鼠标右键确定。

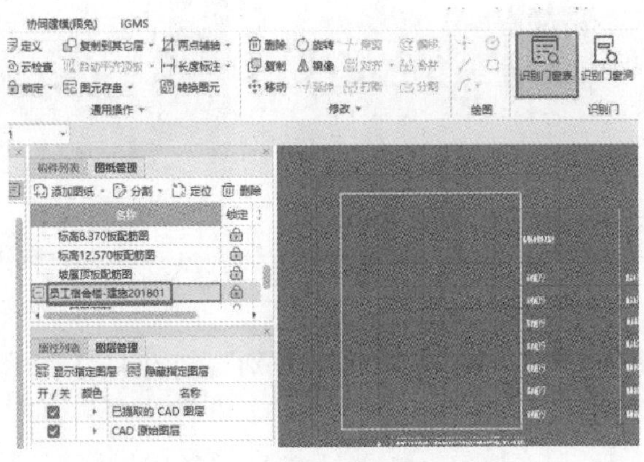

图4.18

③弹出“识别门窗表”，删除不需要的行列，修改项目，如图4.19所示。选择“离地高度”项目，指门窗底部到结构层底距离，门的离地高度取“0”，窗的离地高度根据立面图取“930”，单击识别构件，列表中出现门窗构件。

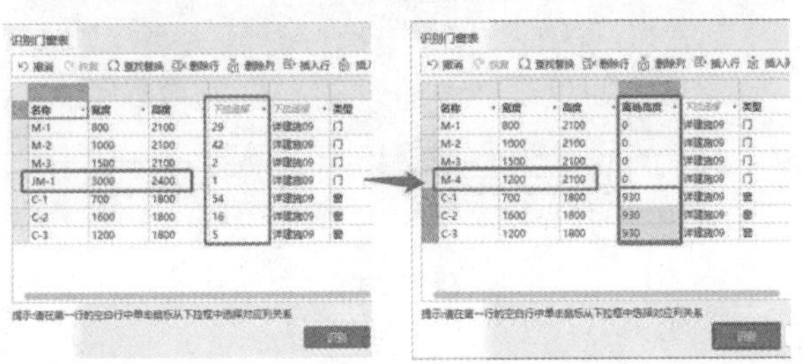

图4.19

④切换回“一层平面图”，单击“识别门窗洞”，绘图区左上角出现选择方式对话框，如图4.20所示。

⑤单击“提取门窗线”，选择任意一条门窗线，处于被选中状态高亮显示，如图4.21所示，

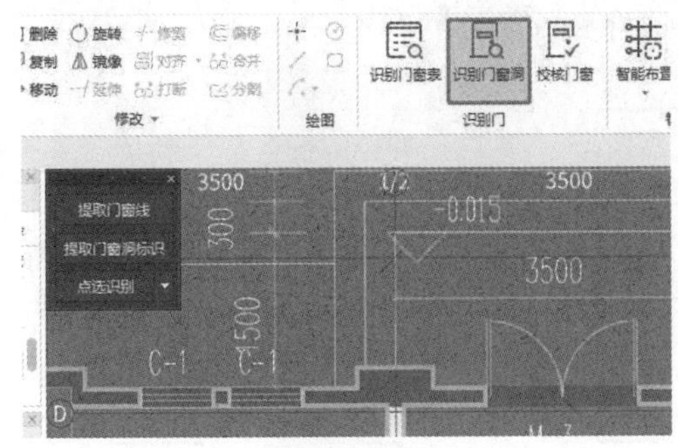

图4.20

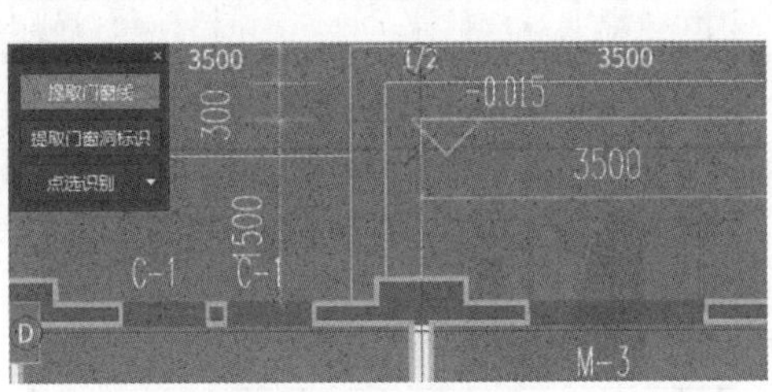

图4.21

单击鼠标右键确认,所有门窗线从 CAD 图中消失,被存放到“已提取的 CAD 图层”中。检查所有门窗线是否已被提取。

⑥单击“提取门窗洞标识”,选择任意一个门或窗的标识,处于被选中状态则高亮显示,如图 4.22 所示,单击鼠标右键确认,所有标注从 CAD 图中消失,被存放到“已提取的 CAD 图层”中。检查所有门窗洞标识是否已被提取。

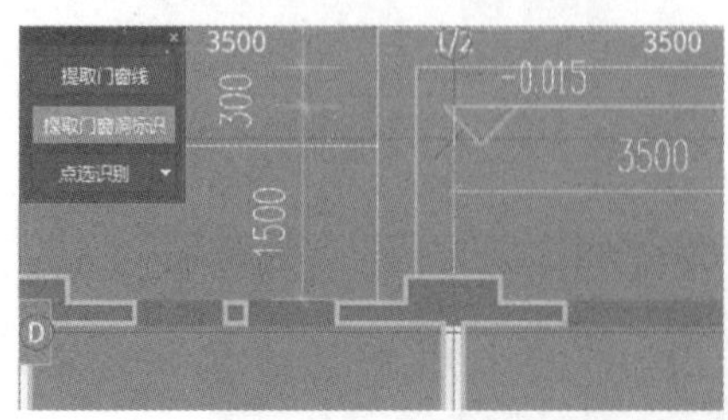

图 4.22

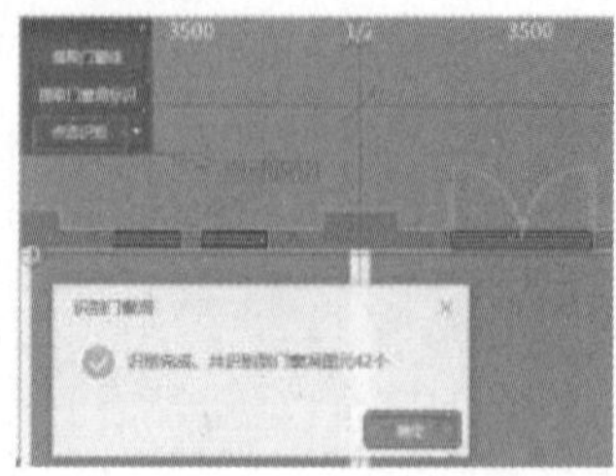

图 4.23

⑦在“点选识别”旁的下拉列表中选择“自动识别”,如图 4.23 所示,单击“确定”按钮,识别出门窗洞,如图 4.24 所示。

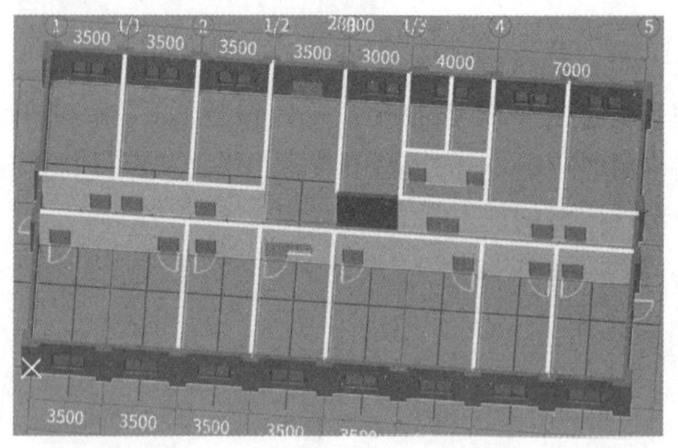

图 4.24

3)生成过梁(补充)

过梁是砌体结构中门窗洞顶部常用的支撑构件,本工程中虽未提及,但在本案例中补充学习。

①在导航栏门窗洞文件夹中单击“过梁”,这里可以生成过梁。过梁尺寸及配筋参照图 4.25。

在柱(墙)内预留,相应插筋见图十二a。其余现浇过梁断面及配筋详图十二b过梁尺寸及配筋表(过梁混凝土强度等级为C25):

过梁尺寸及配筋表

门窗洞口宽度	≤1 200		>1 200且≤2 400		>2 400且≤4 000		>4 000且≤5 000	
断面 $b\times h$	$b\times120$		$b\times180$		$b\times300$		$b\times400$	
配筋 / 墙厚	①	②	①	②	①	②	①	②
$b\leqslant90$	2Φ10	2⌀14	2⌀12	2⌀16	2⌀14	2⌀18	2⌀16	2⌀20
$90<b<240$	2Φ10	3⌀12	2⌀12	3⌀14	2⌀14	3⌀16	2⌀16	3⌀20
$b\geqslant240$	2Φ10	4⌀12	2⌀12	4⌀14	2⌀14	4⌀16	2⌀16	4⌀20

梁宽
直径同梁主筋
l_a
250
图十二a

h
①
Φ6@150
②
$b\geqslant300$
图十二b

图 4.25

②选择工具栏“过梁二次编辑”中的“生成过梁”，在对话框中选择布置位置并输入布置条件，如图 4.26 所示，选择生成方式为“选择图元”，单击“确定”按钮。

③拉框选择本层所有门窗洞，单击鼠标右键确定，生成过梁，如图 4.27 所示。

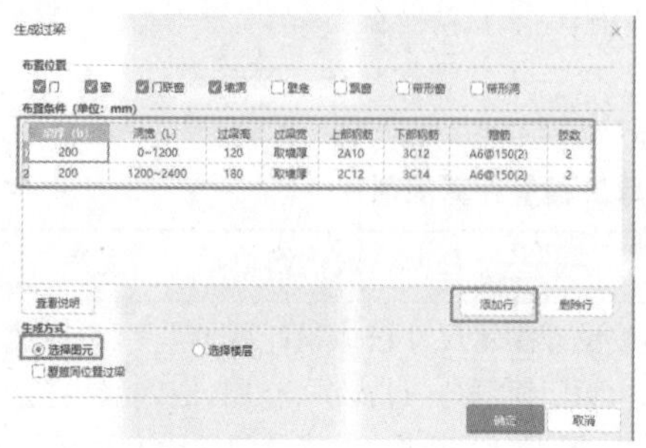

图 4.26

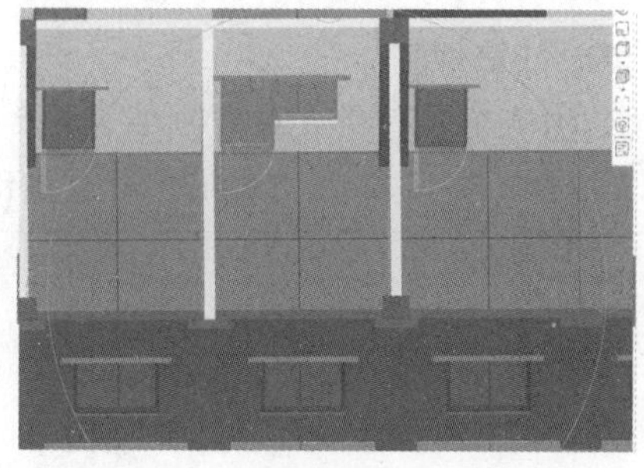

图 4.27

4）生成构造柱

构造柱是砌体结构墙体和门窗洞两侧常用的支撑构件，本工程中虽未提及，但在本案例中补充学习。

①在导航栏柱文件夹中单击“构造柱”，这里可以生成构造柱。如果勾选“门窗洞两侧生成抱框柱”，则会生成抱框柱。布置位置可以选择“砌体墙上”，按相关图纸的要求选择“墙交点”“孤墙端头”“门窗洞两侧”，洞口宽度可选；洞两侧柱的顶标高可以选择为“层顶标高”，还可以选择为“构造柱间距”。

构造柱尺寸及配筋采用软件默认值，按照“选择图元”，单击“确定”按钮，如图 4.28 所示。

②拉框选择本层所有门窗洞，单击鼠标右键确定，生成构造柱，删除错误位置柱，将柱整合，最后如图 4.29 所示。

图 4.28

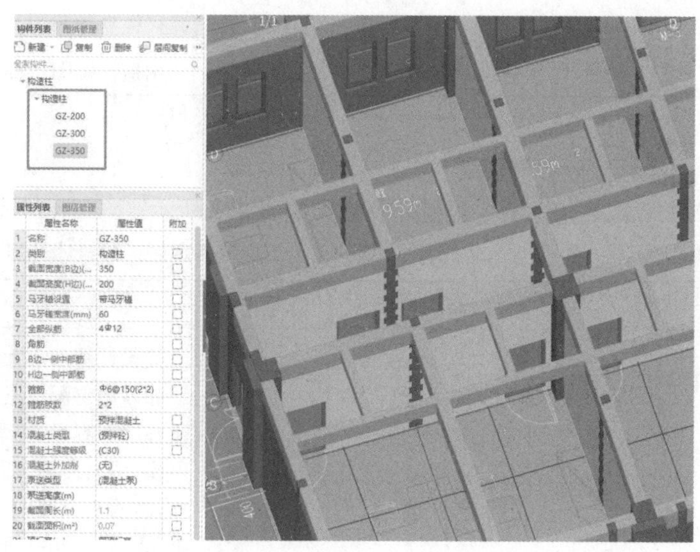

图 4.29

4.2.2 技能点——二次结构构件做法套用及查量

1)工程量清单和定额计算规则

(1)清单计算规则

二次结构清单工程量计算规则如表 4.1 所示。

表 4.1 二次结构清单工程量计算规则

项目编码	项目名称	计量单位	计算规则
010402001	砌块墙	m^3	按设计图示尺寸以体积计算 扣除门窗洞口、过人洞、空圈、嵌入墙内的钢筋混凝土柱、梁、圈梁、挑梁、过梁及凹进墙内的壁龛、管槽、暖气槽、消火栓箱所占体积,不扣除梁头、板头、檩头、垫木、木楞头、沿缘木、木砖、门窗走头、砌块墙内加固钢筋、木筋、铁件、钢管及单个面积≤0.3 m^2 的孔洞所占体积。凸出墙面的腰线、挑檐、压顶、窗台线、虎头砖、门窗套的体积亦不增加 凸出墙面的砖垛并入墙体体积内计算
010801001	木质门	m^2	①以樘计量,按设计图示数量计算; ②以平方米计量,按设计图示洞口尺寸以面积计算
010807001	金属(塑钢、断桥)窗	m^2	
010503005	过梁	m^3	按设计图示尺寸以体积计算,伸入墙内的梁头、梁垫并入梁体积内
010503005	过梁	m^2	按模板与现浇混凝土构件的接触面积计算
010502002	构造柱	m^3	按设计图示尺寸以体积计算 柱高:构造柱按全高计算,嵌接墙体部分(马牙槎)并入柱身体积
011702003	构造柱	m^2	构造柱按图示外露部分计算模板面积

(2)定额计算规则

二次结构定额工程量计算规则如表 4.2 所示。

表 4.2 二次结构定额工程量计算规则

编号	名称	计量单位	计算规则
4-31	砌加气块墙	m^3	按设计图示尺寸以体积计算 扣除门窗洞口、过人洞、空圈、嵌入墙内的钢筋混凝土柱、梁、圈梁、挑梁、过梁及凹进墙内的壁龛、管槽、暖气槽、消火栓箱所占体积,不扣除梁头、板头、檩头、垫木、木楞头、沿缘木、木砖、门窗走头、砌块墙内加固钢筋、木筋、铁件、钢管及单个面积≤0.3 m^2 的孔洞所占体积。凸出墙面的腰线、挑檐、压顶、窗台线、虎头砖、门窗套的体积亦不增加 凸出墙面的砖垛并入墙体体积内计算

续表

编号	名称	计量单位	计算规则
8-4	木门 胶合板门	m^2	按设计图示洞口尺寸以面积计算
8-142	门窗后塞口 水泥砂浆	m^2	
8-75	断桥铝合金窗 平开	m^2	
8-143	门窗后塞口 填充剂	m^2	
5-16	现浇混凝土过梁	m^3	按设计图示尺寸以体积计算,伸入墙内的梁头、梁垫并入梁体积内
17-85	过梁 复合模板	m^2	过梁按图示面积计算
5-8	现浇混凝土 构造柱	m^3	按设计图示尺寸以体积计算 柱高:构造柱按全高计算,嵌接墙体部分(马牙槎)并入柱身体积
17-62	构造柱 复合模板	m^2	构造柱按图示外露部分的最大宽度乘以柱高以面积计算
17-71	柱支撑高度 3.6 m 以上每增 1 m	m^2	模板支撑高度 >3.6 m 时,按超过部分全部面积计算工程量

2)做法套用

(1)砌体墙

在首层构件列表中选择砌体墙 QTQ-200,双击进入砌体墙构件做法界面,这里选定清单和定额。QTQ-200 的做法套用如图 4.30 所示。

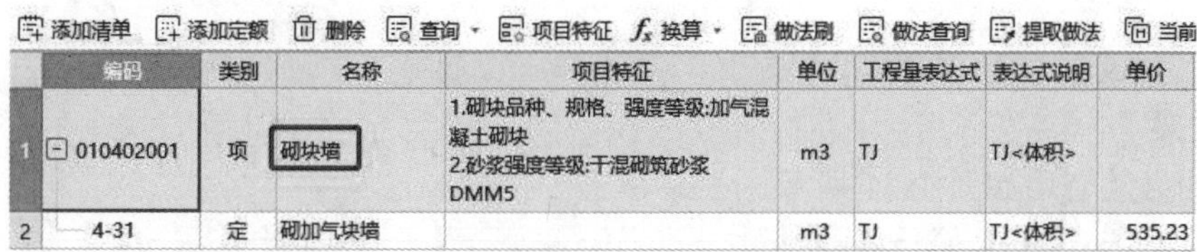

添加清单　添加定额　删除　查询　项目特征　换算　做法刷　做法查询　提取做法　当前

	编码	类别	名称	项目特征	单位	工程量表达式	表达式说明	单价
1	010402001	项	砌块墙	1.砌块品种、规格、强度等级:加气混凝土砌块 2.砂浆强度等级:干混砌筑砂浆DMM5	m3	TJ	TJ<体积>	
2	4-31	定	砌加气块墙		m3	TJ	TJ<体积>	535.23

图 4.30

(2)门

在首层构件列表中选择门 M-1,双击进入门构件做法界面,这里选定清单和定额。M-1 的做法套用如图 4.31 所示。

添加清单　添加定额　删除　查询　项目特征　换算　做法刷　做法查询　提取做法　当前

	编码	类别	名称	项目特征	单位	工程量表达式	表达式说明	单价
1	010801001	项	木质门	1.门代号及洞口尺寸:M-1, 成品木门1200mm×2100mm	m2	DKMJ	DKMJ<洞口面积>	
2	8-4	定	木门 胶合板门		m2	DKMJ	DKMJ<洞口面积>	234.41
3	8-142	定	门窗后塞口 水泥砂浆		m2	DKMJ	DKMJ<洞口面积>	8.18

图 4.31

(3)窗

在首层构件列表中选择窗 C-1,双击进入窗构件做法界面,这里选定清单和定额。C-1 的做法套用如图 4.32 所示。

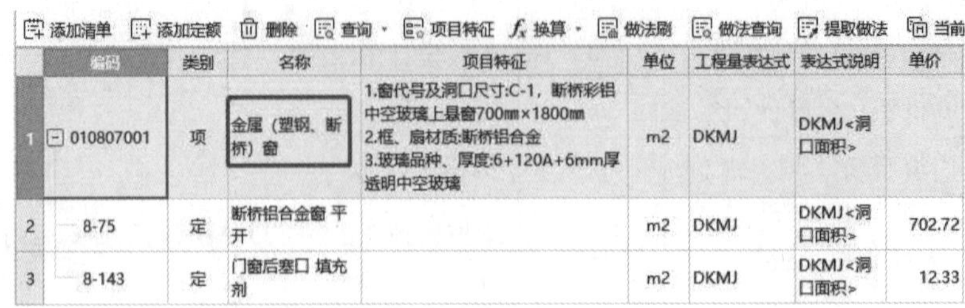

添加清单 添加定额 删除 查询 · 项目特征 fx 换算 · 做法刷 做法查询 提取做法 当前

	编码	类别	名称	项目特征	单位	工程量表达式	表达式说明	单价
1	010807001	项	金属(塑钢、断桥)窗	1.窗代号及洞口尺寸:C-1,断桥彩铝中空玻璃上悬窗700mm×1800mm 2.框、扇材质:断桥铝合金 3.玻璃品种、厚度:6+120A+6mm厚透明中空玻璃	m2	DKMJ	DKMJ<洞口面积>	
2	8-75	定	断桥铝合金窗 平开		m2	DKMJ	DKMJ<洞口面积>	702.72
3	8-143	定	门窗后塞口 填充剂		m2	DKMJ	DKMJ<洞口面积>	12.33

图 4.32

(4)门联窗

在首层构件列表中选择门联窗 MLC-1,双击进入门联窗构件做法界面,这里可以按照门洞口面积和窗洞口面积分别选定清单和定额。MLC-1 的做法套用如图 4.33 所示。

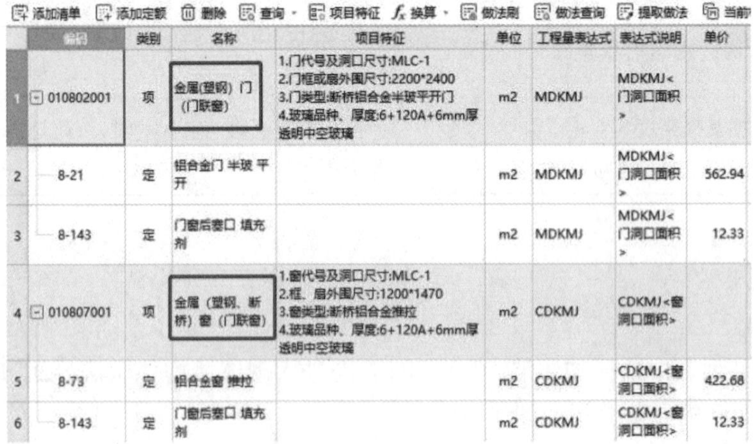

添加清单 添加定额 删除 查询 · 项目特征 fx 换算 · 做法刷 做法查询 提取做法 当前

	编码	类别	名称	项目特征	单位	工程量表达式	表达式说明	单价
1	010802001	项	金属(塑钢)门(门联窗)	1.门代号及洞口尺寸:MLC-1 2.门框或扇外围尺寸:2200*2400 3.门类型:断桥铝合金半玻平开门 4.玻璃品种、厚度:6+120A+6mm厚透明中空玻璃	m2	MDKMJ	MDKMJ<门洞口面积>	
2	8-21	定	铝合金门 半玻 平开		m2	MDKMJ	MDKMJ<门洞口面积>	562.94
3	8-143	定	门窗后塞口 填充剂		m2	MDKMJ	MDKMJ<门洞口面积>	12.33
4	010807001	项	金属(塑钢、断桥)窗(门联窗)	1.窗代号及洞口尺寸:MLC-1 2.框、扇外围尺寸:1200*1470 3.窗类型:断桥铝合金推拉 4.玻璃品种、厚度:6+120A+6mm厚透明中空玻璃	m2	CDKMJ	CDKMJ<窗洞口面积>	
5	8-73	定	铝合金窗 推拉		m2	CDKMJ	CDKMJ<窗洞口面积>	422.68
6	8-143	定	门窗后塞口 填充剂		m2	CDKMJ	CDKMJ<窗洞口面积>	12.33

图 4.33

(5)过梁

过梁的做法套用如图 4.34 所示。

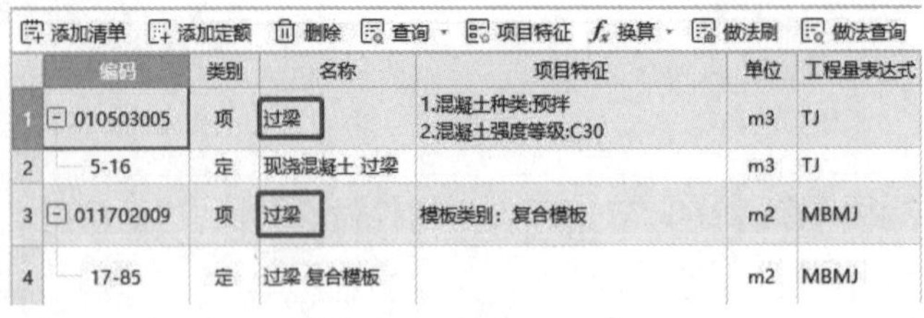

添加清单 添加定额 删除 查询 · 项目特征 fx 换算 · 做法刷 做法查询

	编码	类别	名称	项目特征	单位	工程量表达式
1	010503005	项	过梁	1.混凝土种类:预拌 2.混凝土强度等级:C30	m3	TJ
2	5-16	定	现浇混凝土 过梁		m3	TJ
3	011702009	项	过梁	模板类别:复合模板	m2	MBMJ
4	17-85	定	过梁 复合模板		m2	MBMJ

图 4.34

(6)构造柱

构造柱的做法套用如图 4.35 所示。

添加清单　添加定额　删除　查询 ·　项目特征　f_x 换算 ·　做法刷　做法查询　提取做法　当前

	编码	类别	名称	项目特征	单位	工程量表达式	表达式说明	单价
1	010502002	项	构造柱	1.混凝土种类:预拌 2.混凝土强度等级:C30	m3	TJ	TJ<体积>	
2	5-8	定	现浇混凝土 构造柱		m3	TJ	TJ<体积>	520.81
3	011702003	项	构造柱	模板类别：复合模板	m2	MBMJ	MBMJ<模板面积>	
4	17-62	定	构造柱 复合模板		m2	MBMJ	MBMJ<模板面积>	47.79
5	17-71	定	柱支撑高度3.6m以上每增1m		m2			3.32

图 4.35

3) 工程量汇总计算及查量

工程量汇总计算之后，查看首层二次结构工程量。

(1) 土建计算结果

①砌体墙。查看做法工程量，如图 4.36 所示。

查看构件图元工程量

构件工程量　做法工程量

	编码	项目名称	单位	工程量	单价	合价
1	010402001	砌块墙	m3	133.822		
2	4-31	砌加气块墙	m3	133.822	535.23	71625.5491

图 4.36

②门。查看构件工程量，如图 4.37 所示。

查看构件图元工程量

构件工程量　做法工程量

◉清单工程量　○定额工程量　☑显示房间、组合构件量　☑只显示标准层单层量

	楼层	名称	工程量名称						
			洞口面积(m2)	框外围面积(m2)	数量(樘)	洞口三面长度(m)	洞口宽度(m)	洞口高度(m)	洞口周长(m)
1	首层	M-1	3.36	3.36	2	10	1.6	4.2	11.6
2		M-2	27.3	27.3	13	67.6	13	27.3	80.6
3		M-3	6.3	6.3	2	11.4	3	4.2	14.4
4		M-4	2.52	2.52	1	5.4	1.2	2.1	6.6
5		小计	**39.48**	**39.48**	**18**	**94.4**	**18.8**	**37.8**	**113.2**
6	合计		39.48	39.48	18	94.4	18.8	37.8	113.2

图 4.37

③窗。查看窗工程量计算式，如图 4.38 所示。

查看工程量计算式

工程量类别：◉清单工程量　○定额工程量

构件名称：C-2

工程量名称：[全部]

计算机算量

洞口面积=(1.6<宽度>*1.8<高度>)=2.88m2

框外围面积=(1.6<宽度>*1.8<高度>)=2.88m2

数量=1樘

洞口三面长度=(1.6<宽度>+1.8<高度>*2)=5.2m

洞口宽度=1.6m

洞口高度=1.8m

洞口周长=((1.6<宽度>+1.8<高度>)*2)=6.8m

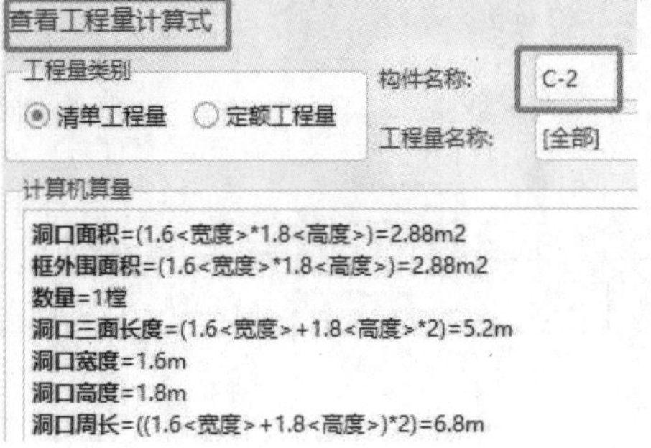

图 4.38

④门联窗。查看门联窗构件工程量,如图 4.39 所示。

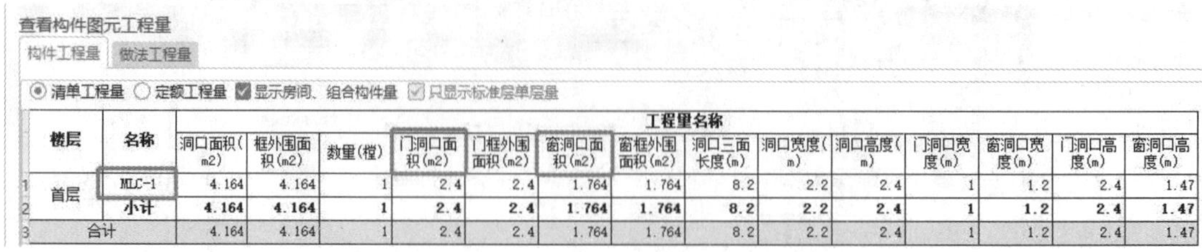

查看构件图元工程量

构件工程量 | 做法工程量

◉ 清单工程量 ○ 定额工程量 ☑ 显示房间、组合构件量 ☑ 只显示标准层单层量

	楼层	名称	工程量名称													
			洞口面积(m2)	框外围面积(m2)	数量(樘)	门洞口面积(m2)	门框外围面积(m2)	窗洞口面积(m2)	窗框外围面积(m2)	洞口三面长度(m)	洞口宽度(m)	洞口高度(m)	门洞口宽度(m)	窗洞口宽度(m)	门洞口高度(m)	窗洞口高度(m)
1	首层	MLC-1	4.164	4.164	1	2.4	2.4	1.764	1.764	8.2	2.2	2.4	1	1.2	2.4	1.47
2		小计	4.164	4.164	1	2.4	2.4	1.764	1.764	8.2	2.2	2.4	1	1.2	2.4	1.47
3	合计		4.164	4.164	1	2.4	2.4	1.764	1.764	8.2	2.2	2.4	1	1.2	2.4	1.47

图 4.39

⑤过梁。查看过梁工程量计算式,如图 4.40 所示。

⑥构造柱。查看构造柱工程量计算式,如图 4.41 所示。

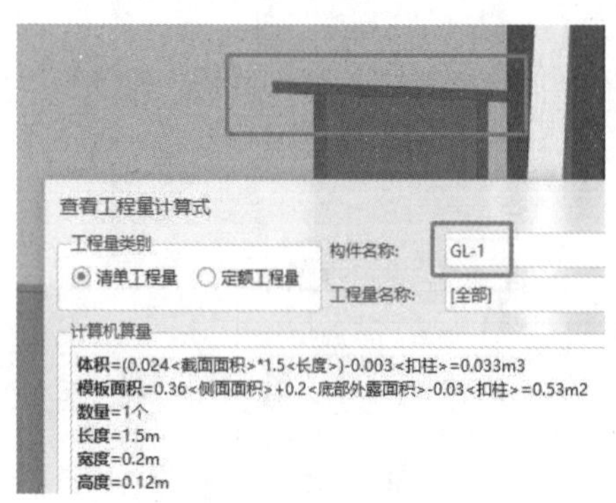

图 4.40

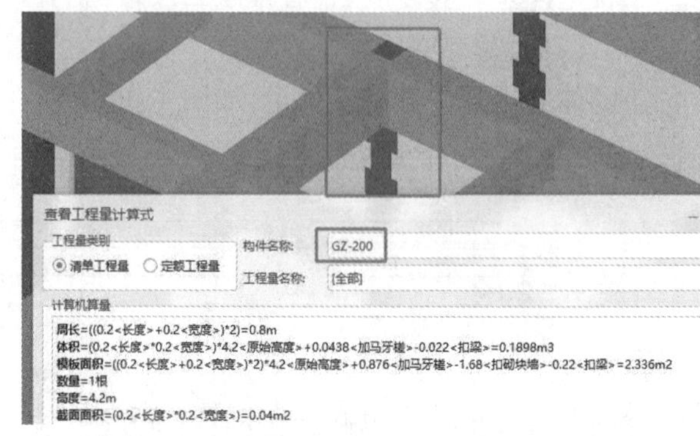

图 4.41

(2)钢筋计算结果

过梁、构造柱等二次结构都可以查看钢筋量和编辑钢筋,但是不能查看钢筋三维。过梁编辑钢筋如图 4.42 所示,构造柱查看钢筋量如图 4.43 所示。

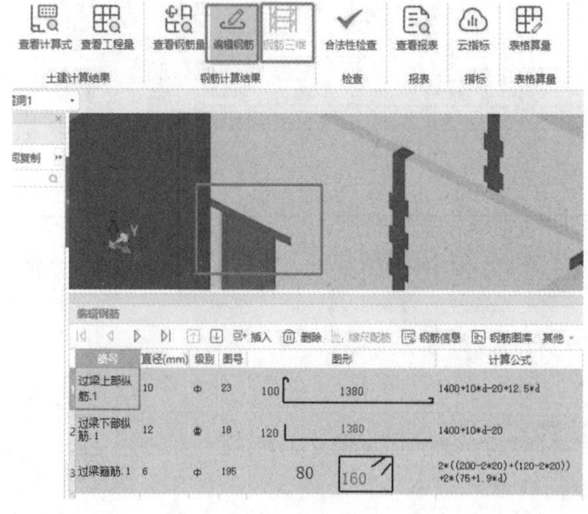

图 4.42

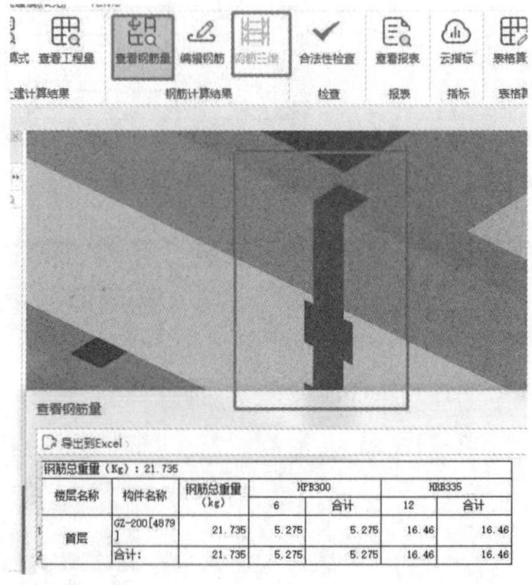

图 4.43

【测试】

1. 客观题(扫下方二维码,在线进行测试)

2. 主观题

在定义墙构件属性时为什么要区分内外墙的标志?

【知识拓展】

序号	拓展内容	资源二维码
拓展	台阶和散水	

项目 5 装修及其他工程量计量

【教学目标】

1. 知识目标

(1)掌握房间装修工程量计量。

(2)掌握其他(如建筑面积)工程量计量。

2. 能力目标

能够正确计量装修及其他工程量。

3. 素养目标

(1)培养学生善于反思、勤于反思的习惯。

(2)培养学生的信息素养。

(3)具有对自己的学习状态进行审视的意识和习惯(建议:将平整场地的概念和计算方法与大开挖土方做对比)。

(4)形成信息能力,能自觉、有效地获取、评估、鉴别、使用信息(建议:进行房间各构件装修做法套用时,通过互联网等搜寻装修材料、装修方法等信息)。

【教学载体】配套使用员工宿舍楼图纸和教材提供的数字资源。

【建议学时】4 学时

任务 5.1 装修工程量计量

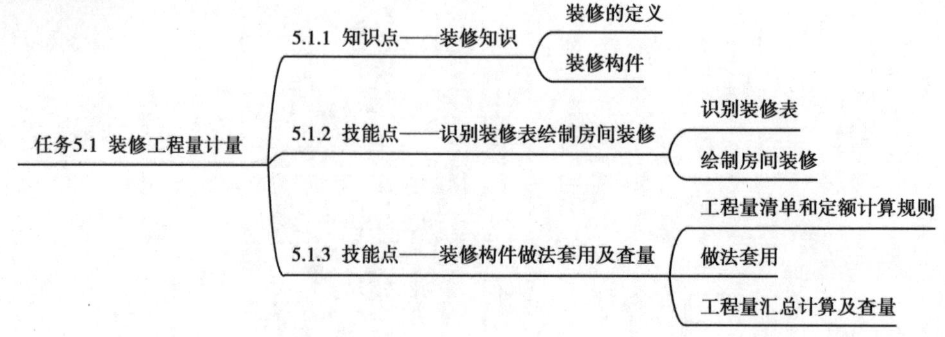

【知识与技能】

装修工程量计量的工作流程如图 5.1 所示：

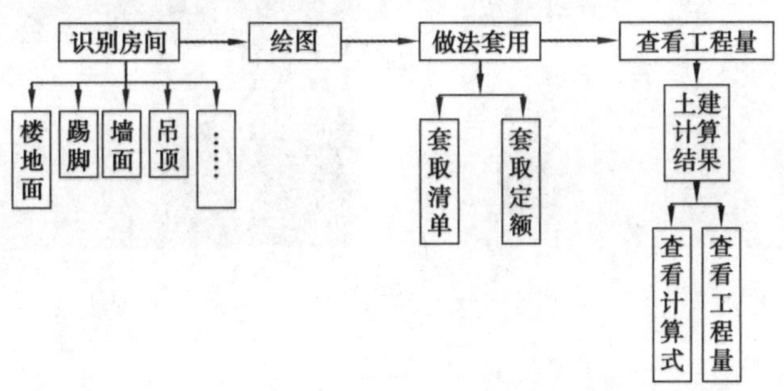

图 5.1

5.1.1　知识点——装修知识

1)装修的定义

主体结构施工结束验收合格后，着手室内外装修施工。土建结构的室内外装修工程包含如墙柱面抹灰、刮腻子，瓷砖等块料装饰，天棚吊顶，踢脚等装饰工程。室内外装修工程的施工顺序存在先后差异，原则上先内后外。室内装修施工按楼层分流水段，自下向上、逐层推进；室外装修按立面自上而下，分段施工。

(1)室内装饰工程顺序

建筑主体验收合格→内粉刷，门窗框安装→楼地面施工→细木制品及楼梯栏杆、扶手安装→室内涂料、油漆等。

(2)室外装饰工程顺序

外墙砌体验收合格→外墙抹灰基层→门窗框安装→外墙面层装饰→门窗扇安装。

2)装修构件

一般在土建专业中涉及的房间装修构件大致包括楼地面、踢脚、内外墙裙、内外墙面、天棚和吊顶等构件。对于不同装修构件，其做法、工艺、流程各不相同，这里以常见的几种装修构件为例，详述如下。

(1)地砖楼地面

地砖楼地面的施工，需在主体结构已封顶验收，主体内墙体及二次结构已完成，最好是墙面已装修结束时进行，如图 5.2 所示。

工艺流程：基层表面清理→测量放线、弹线、湿润→刷水泥素浆→水泥砂浆找平→铺设结合层→贴地砖→勾缝→贴踢脚线。

(2)地砖踢脚

踢脚(踢脚板、踢脚线)是外墙内侧和内墙两侧与室内地坪交接处的构造。踢脚的主要作用是防潮和保护墙脚，还有防止扫地时污染墙面的作用。踢脚材料一般和地面相同，高度一般在 120～150 mm，如图 5.3 所示。

图 5.2

图 5.3

(3)内外墙裙

墙裙是指墙面从地面向上一定高度内所做的装饰面层,如水泥砂浆墙裙、油漆墙裙、瓷砖墙裙等,因形似墙的裙子,故名墙裙。

内墙裙:类似于室内墙面,它跟内墙面的区别是内墙面到顶,内墙裙不到顶,如图 5.4 所示。

外墙裙:外墙裙是指外墙的外面墙裙,也称勒脚,如图 5.5 所示。

图 5.4

图 5.5

(4)墙面

墙身的外表饰面分为室内墙面和室外墙面。墙面按墙体类别属性区分,有内墙墙面和外墙墙面之分。若按构造、材料区分,常见的墙面有抹灰墙面、石材墙面、瓷砖墙面等,如图5.6、图 5.7 所示。

图 5.6

图 5.7

(5)天棚和吊顶

天棚指的是房屋棚面，是直接安装在建筑物顶部用来遮挡阳光、雨、雪等的覆盖物，材料有塑料、帆布、树脂和铝复合材料等，如图5.8所示。天棚一般用于装修要求不高的住宅或者办公楼等。吊顶是指房屋居住环境的顶部装修，就是指天花板的装修，是室内装饰的重要部分之一，如图5.9所示。吊顶具有保温、隔热、隔声、吸声的作用，也是电气、通风空调、通信和防火、报警管线设备等工程的隐蔽层。

图5.8

图5.9

5.1.2　技能点——识别装修表绘制房间装修

1)识别装修表

①选择楼层为“首层”，在导航栏中点开装修文件夹，单击“房间(F)”，这里可以识别房间及装修。在“图纸管理”中的图纸文件列表下，双击“员工宿舍楼—建施”，将其调入绘图工作区。

②选择工具栏“识别房间”中的“按房间识别装修表”，可以只拉框选择本楼层装修，单击鼠标右键确定。

③弹出“按房间识别装修表”对话框，可在第一行的空白格中从下拉框中选择对应列关系，按图纸补齐空白项，单击鼠标左键进行识别，如图5.10所示。

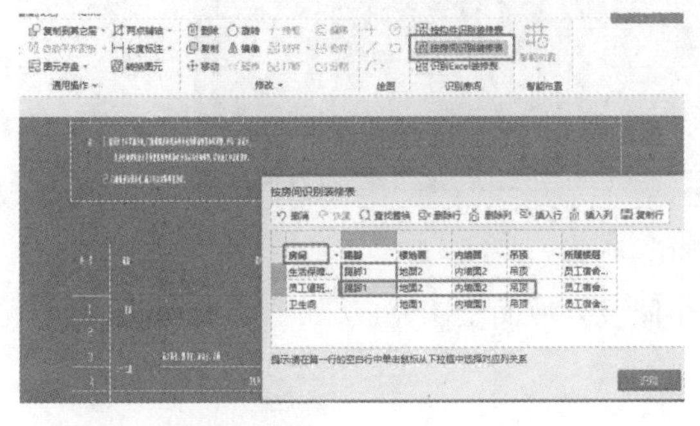

图5.10

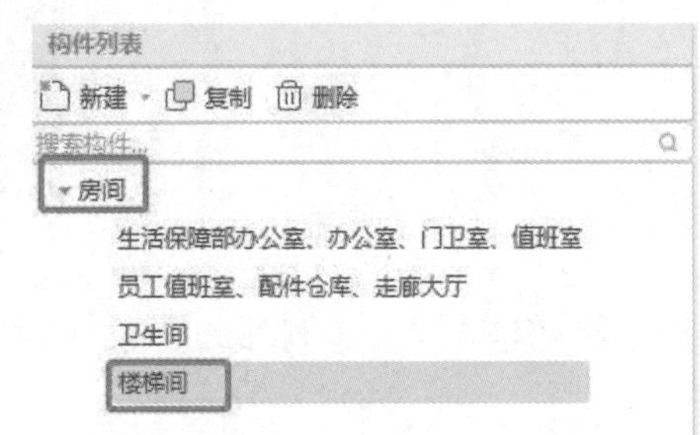

图5.11

④在房间和装修的构件列表中均出现构件，检查所有的房间名称和装修名称，补齐楼梯间及装修，所有房间名称如图5.11所示。补齐未识别的构件，例如吊顶(图5.12)；修改与图

纸不符的构件，例如吊顶高度。

⑤双击每个房间进入定义界面，检查装修构件与房间的对应情况，将未自动对应的构件在“依附构件类型”中选择“添加依附构件”，如图 5.13 所示。

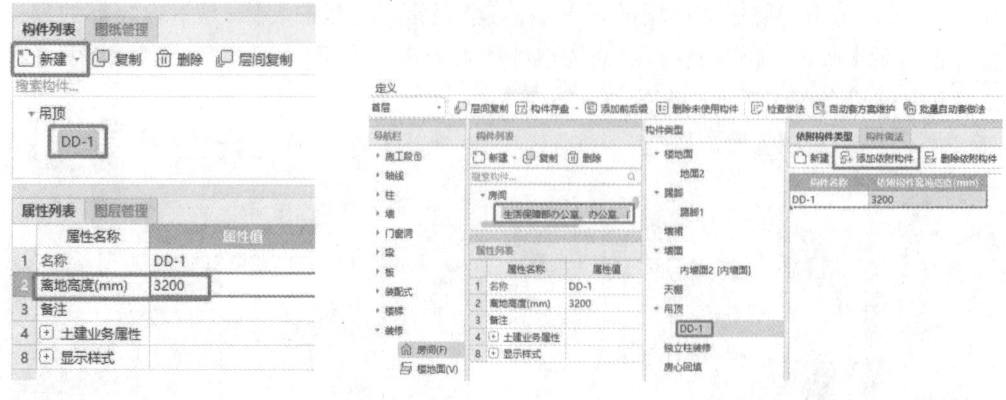

图 5.12　　　　图 5.13

此处只是识别和添加装修构件的名称，具体做法依据图纸到构件做法套用的定额中选择。

2）绘制房间装修

①在图纸管理中切换到“一层平面图”，在绘图工具栏中选择点绘房间，如图 5.14 所示，将所有房间绘制完成。

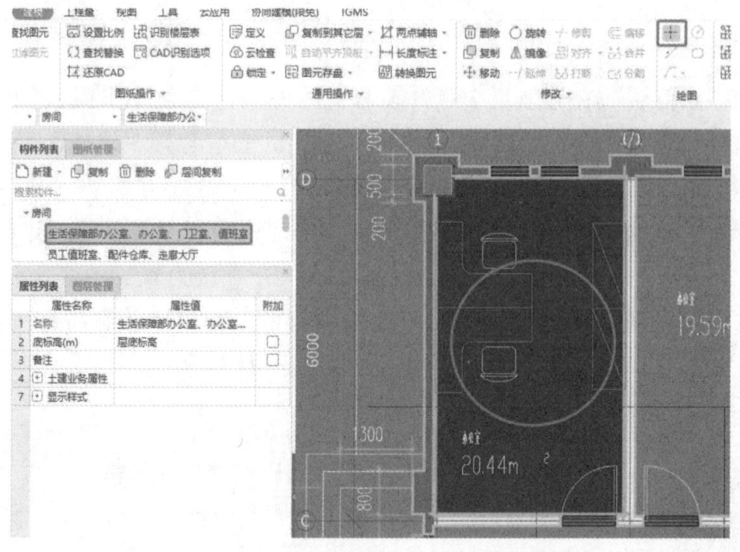

图 5.14

②依据图纸定义并绘制外墙面 1。所有房间及外墙面绘制完成，如图 5.15 所示。

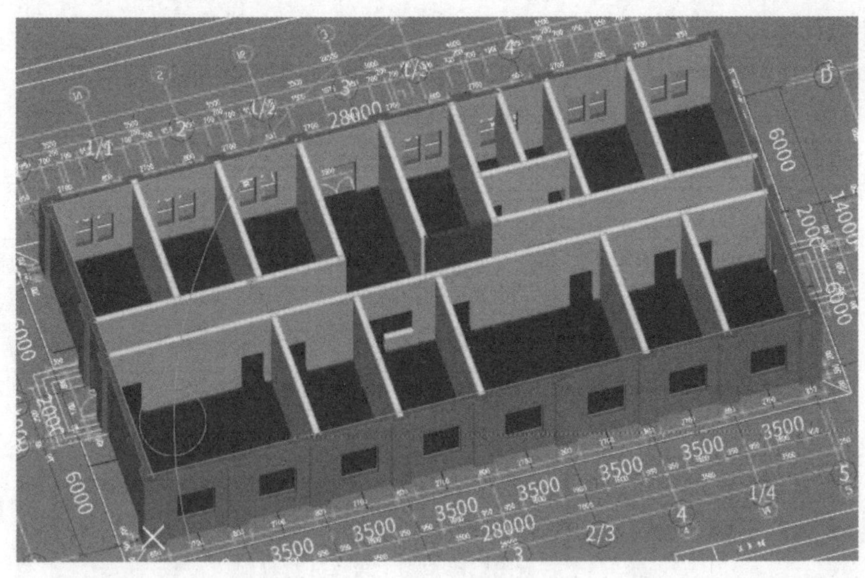

图5.15

5.1.3　技能点——装修构件做法套用及查量

1)工程量清单和定额计算规则

(1)清单计算规则

装修清单工程量计算规则如表5.1所示。

表5.1　装修清单工程量计算规则

项目编码	项目名称	计量单位	计算规则
011102003	块料楼地面	m^2	按设计图示尺寸以面积计算,门洞、空圈、暖气包槽、壁龛的开口部分并入相应的工程量内
011102001	石材楼地面	m^2	
011105002	石材踢脚线	m^2	①以平方米计量,按设计图示长度乘以高度以面积计算; ②以米计量,按延长米计算
011204003	块料墙面	m^2	按镶贴表面积计算
011201001	墙面一般抹灰	m^2	按设计图示尺寸以面积计算
011407001	墙面喷刷涂料	m^2	按设计图示尺寸以面积计算
011301001	天棚抹灰	m^2	按设计图示尺寸以水平投影面积计算
011407002	天棚喷刷涂料	m^2	按设计图示尺寸以面积计算
011302001	吊顶天棚	m^2	按设计图示尺寸以水平投影面积计算,天棚面中的灯槽及跌级、锯齿形、吊挂式、藻井式天棚面积不展开计算,不扣除间壁墙、检查口、附墙烟囱、柱垛和管道所占面积,扣除单个面积>0.3 m^2的孔洞、独立柱及与天棚相连的窗帘盒所占的面积
011701001	综合脚手架	m^2	按设计图示尺寸以水平投影面积计算

(2)定额计算规则

①楼地面(以石材楼地面为例)定额工程量计算规则如表5.2所示。

表5.2　石材楼地面定额工程量计算规则

编号	名称	计量单位	计算规则
4-72	垫层 3∶7灰土	m^3	按设计图示尺寸以体积计算
5-152	楼地面垫层 细石混凝土	m^3	按室内房间净面积乘以厚度以体积计算
11-29	楼地面找平层 细石混凝土厚度 30 mm	m^2	按设计图示尺寸以体积计算
11-39	楼地面镶贴 石材每块面积 0.25 m^2 以外	m^2	镶贴面层按设计图示尺寸以面积计算

②石材踢脚线定额工程量计算规则如表5.3所示。

表5.3　石材踢脚线定额工程量计算规则

编号	名称	计量单位	计算规则
12-16	底层抹灰(打底) 水泥砂浆 5 mm 现场搅拌砂浆	m^2	按设计图示尺寸以面积计算
12-17	底层抹灰(打底) 水泥砂浆 每增减 1 mm现场搅拌砂浆	m^2	按设计图示尺寸以面积计算
11-78	踢脚线 石材	m	按设计图示尺寸以长度计算

③内墙面(以墙面一般抹灰为例)定额工程量计算规则如表5.4所示。

表5.4　墙面一般抹灰定额工程量计算规则

编号	名称	计量单位	计算规则
12-7	墙面基层 甩毛 素水泥浆 现场搅拌砂浆	m^2	按设计图示尺寸以面积计算
12-16	底层抹灰(打底) 水泥砂浆 5 mm 现场搅拌砂浆	m^2	按设计图示尺寸以面积计算
12-17	底层抹灰(打底) 水泥砂浆 每增减 1 mm 现场搅拌砂浆	m^2	按设计图示尺寸以面积计算
12-32	面层抹灰(罩面或找平抹光) 水泥砂浆 5 mm 现场搅拌砂浆	m^2	按设计图示尺寸以面积计算
14-730	内墙涂料 耐擦洗涂料	m^2	按设计图示尺寸以面积计算

④吊顶天棚定额工程量计算规则如表5.5所示。

表5.5　吊顶天棚定额工程量计算规则

编号	名称	计量单位	计算规则
13-35	T形烤漆带凹槽轻钢龙骨单层龙骨吊挂式 面板规格0.4 m^2 以内	m^2	按设计图示尺寸以水平投影面积计算
13-73	天棚面层 矿棉吸音板 安装在T形龙骨上	m^2	按设计图示尺寸以水平投影面积计算
17-27	吊顶装修脚手架(3.6 m以上)层高4.5 m以内 搭拆	m^2	按吊顶部分水平投影面积以100 m^2 计算
17-28	吊顶装修脚手架(3.6 m以上)层高4.5 m以内 租赁	m^2	按吊顶部分水平投影面积以100 m^2 计算

2)做法套用

(1)块料楼地面

根据图纸,将首层装修楼地面构件列表中的地面1设置为块料楼地面,选定清单和定额,做法套用如图5.16所示。

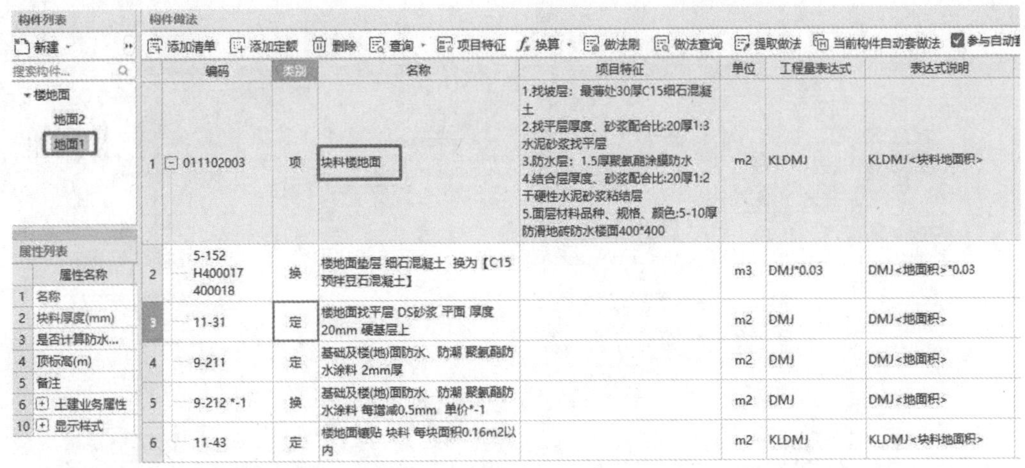

	编码	类别	名称	项目特征	单位	工程量表达式	表达式说明
1	011102003	项	块料楼地面	1.找坡层：最薄处30厚C15细石混凝土 2.找平层厚度、砂浆配合比:20厚1:3水泥砂浆找平层 3.防水层：1.5厚聚氨酯涂膜防水 4.结合层厚度、砂浆配合比:20厚1:2干硬性水泥砂浆粘结层 5.面层材料品种、规格、颜色:5-10厚防滑地砖防水楼面400*400	m2	KLDMJ	KLDMJ<块料地面积>
2	5-152 H400017 400018	换	楼地面垫层 细石混凝土 换为【C15预拌豆石混凝土】		m3	DMJ*0.03	DMJ<地面积>*0.03
3	11-31	定	楼地面找平层 DS砂浆 平面 厚度20mm 硬基层上		m2	DMJ	DMJ<地面积>
4	9-211	定	基础及楼(地)面防水、防潮 聚氨酯防水涂料 2mm厚		m2	DMJ	DMJ<地面积>
5	9-212 *-1	换	基础及楼(地)面防水、防潮 聚氨酯防水涂料 每增减0.5mm 单价*-1		m2	DMJ	DMJ<地面积>
6	11-43	定	楼地面镶贴 块料 每块面积0.16m2以内		m2	KLDMJ	KLDMJ<块料地面积>

图5.16

(2)石材楼地面

将地面2设置为石材楼地面,选定清单和定额,做法套用如图5.17所示。

(3)石材踢脚线

将踢脚1设置为石材踢脚线,选定清单和定额,做法套用如图5.18所示。

(4)块料墙面(内墙)

将内墙面1设置为块料墙面,选定清单和定额,做法套用如图5.19所示。

(5)抹灰墙面

将内墙面2设置为抹灰墙面,选定清单和定额,做法套用如图5.20所示。

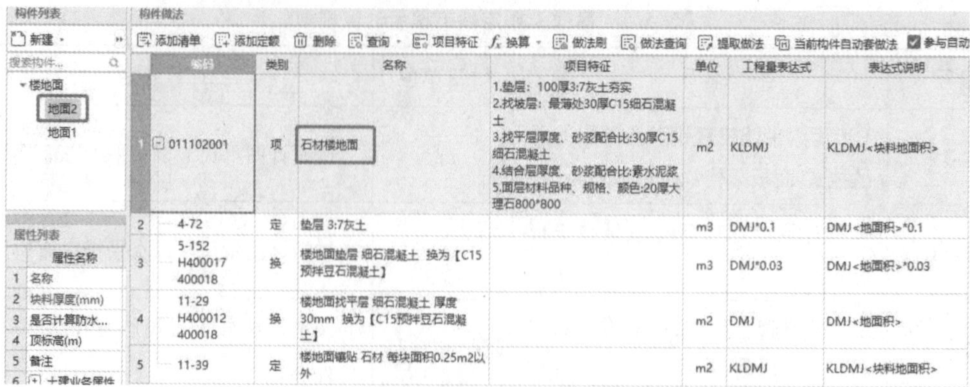

	编码	类别	名称	项目特征	单位	工程量表达式	表达式说明
1	011102001	项	石材楼地面	1.垫层：100厚3:7灰土夯实 2.找坡层：最薄处30厚C15细石混凝土 3.找平层厚度、砂浆配合比:30厚C15细石混凝土 4.结合层厚度、砂浆配合比:素水泥浆 5.面层材料品种、规格、颜色:20厚大理石800*800	m2	KLDMJ	KLDMJ<块料地面积>
2	4-72	定	垫层 3:7灰土		m3	DMJ*0.1	DMJ<地面积>*0.1
3	5-152 H400017 400018	换	楼地面垫层 细石混凝土 换为【C15预拌豆石混凝土】		m3	DMJ*0.03	DMJ<地面积>*0.03
4	11-29 H400012 400018	换	楼地面找平层 细石混凝土 厚度30mm 换为【C15预拌豆石混凝土】		m2	DMJ	DMJ<地面积>
5	11-39	定	楼地面镶贴 石材 每块面积0.25m2以外		m2	KLDMJ	KLDMJ<块料地面积>

图 5.17

	编码	类别	名称	项目特征	单位	工程量表达式	表达式说明
1	011105002	项	石材踢脚线	1.踢脚线高度:150mm 2.粘贴层厚度、材料种类:12厚1:2水泥砂浆（内掺建筑胶） 3.面层材料品种、规格、颜色:10-15厚大理石石材板	m2	TJKLMJ	TJKLMJ<踢脚块料面积>
2	12-16 + 12-17 * 7,H810006 810004	换	底层抹灰(打底) 水泥砂浆 5mm 现场搅拌砂浆 实际厚度(mm):12 换为【1:2水泥砂浆】		m2	TJMHMJ	TJMHMJ<踢脚抹灰面积>
3	11-78	定	踢脚线 石材		m	TJKLCD	TJKLCD<踢脚块料长度>

图 5.18

	编码	类别	名称	项目特征	单位	工程量表达式	表达式说明
1	011204003	项	块料墙面（内墙）	1.墙体类型:砌块墙 2.安装方式:粘贴 3.涂塑中碱玻璃纤维网格布一层 4.6厚1:2.5水泥砂浆打底 5.5厚1:2建筑水泥砂浆粘结层 6.面层材料品种、规格、颜色:5厚釉面砖200*300，白水泥擦缝	m2	QMKLMJ	QMKLMJ<墙面块料面积>
2	12-25	定	底层抹灰(打底) 贴玻纤网格布 现场搅拌砂浆		m2	QMMHMJ	QMMHMJ<墙面抹灰面积>
3	12-16	定	底层抹灰(打底) 水泥砂浆 5mm 现场搅拌砂浆		m2	QMMHMJ	QMMHMJ<墙面抹灰面积>
4	12-17	定	底层抹灰(打底) 水泥砂浆 每增减1mm 现场搅拌砂浆		m2	QMMHMJ	QMMHMJ<墙面抹灰面积>
5	12-160	定	块料内墙 DTA砂浆粘贴 薄型釉面砖 每块面积0.06m2以内 不勾缝		m2	QMKLMJ	QMKLMJ<墙面块料面积>

图 5.19

	编码	类别	名称	项目特征	单位	工程量表达式	表达式说明
1	011201001	项	墙面一般抹灰（内墙）	1.墙体类型:砌块墙 2.部位：内墙面 3.底层厚度、砂浆配合比:9mm 1:3水泥砂浆 4.找平层厚度、砂浆配合比:5mm 1:2.5水泥砂浆	m2	QKQMMHMJ	QKQMMHMJ<砌块墙面抹灰面积>
2	12-7	定	墙面基层 甩毛 素水泥浆 现场搅拌砂浆		m2	QKQMMHMJ	QKQMMHMJ<砌块墙面抹灰面积>
3	12-16	定	底层抹灰(打底) 水泥砂浆 5mm 现场搅拌砂浆		m2	QKQMMHMJ	QKQMMHMJ<砌块墙面抹灰面积>
4	12-17 *4	换	底层抹灰(打底) 水泥砂浆 每增减1mm 现场搅拌砂浆 单价*4		m2	QKQMMHMJ	QKQMMHMJ<砌块墙面抹灰面积>
5	12-32	定	面层抹灰(罩面或找平抹光) 水泥砂浆 5mm 现场搅拌砂浆		m2	QKQMMHMJ	QKQMMHMJ<砌块墙面抹灰面积>
6	011407001	项	墙面喷刷涂料（内墙）	1.装饰面材料种类:水性耐擦洗涂料	m2	QKQMMHMJ	QKQMMHMJ<砌块墙面抹灰面积>
7	14-730	定	内墙涂料 耐擦洗涂料		m2	QKQMMHMJ	QKQMMHMJ<砌块墙面抹灰面积>

图 5.20

(6)块料墙面(外墙)

将外墙面 1 设置为块料墙面,选定清单和定额,做法套用如图 5.21 所示。

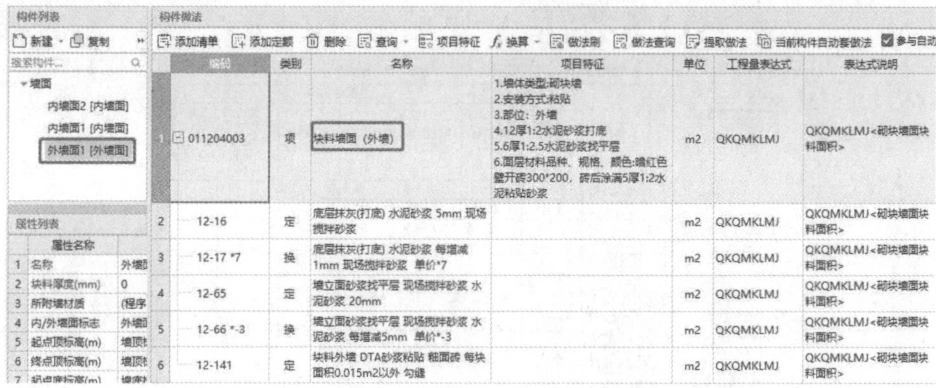

	编码	类别	名称	项目特征	单位	工程量表达式	表达式说明
1	011204003	项	块料墙面（外墙）	1.墙体类型:砌块墙 2.安装方式:粘贴 3.部位：外墙 4.12厚1:2水泥砂浆打底 5.6厚1:2.5水泥砂浆找平层 6.面层材料品种、规格、颜色:暗红色壁开砖300*200，砖后涂满5厚1:2水泥粘贴砂浆	m2	QKQMKLMJ	QKQMKLMJ<砌块墙面块料面积>
2	12-16	定	底层抹灰(打底) 水泥砂浆 5mm 现场搅拌砂浆		m2	QKQMKLMJ	QKQMKLMJ<砌块墙面块料面积>
3	12-17 *7	换	底层抹灰(打底) 水泥砂浆 每增减1mm 现场搅拌砂浆 单价*7		m2	QKQMKLMJ	QKQMKLMJ<砌块墙面块料面积>
4	12-65	定	墙立面砂浆找平层 现场搅拌砂浆 水泥砂浆 20mm		m2	QKQMKLMJ	QKQMKLMJ<砌块墙面块料面积>
5	12-66 *-3	换	墙立面砂浆找平层 现场搅拌砂浆 水泥砂浆 每增减5mm 单价*-3		m2	QKQMKLMJ	QKQMKLMJ<砌块墙面块料面积>
6	12-141	定	块料外墙 DTA砂浆粘贴 釉面砖 每块面积0.015m2以外 勾缝		m2	QKQMKLMJ	QKQMKLMJ<砌块墙面块料面积>

图5.21

(7)天棚抹灰

将天棚设置为天棚抹灰，选定清单和定额，做法套用如图5.22所示。

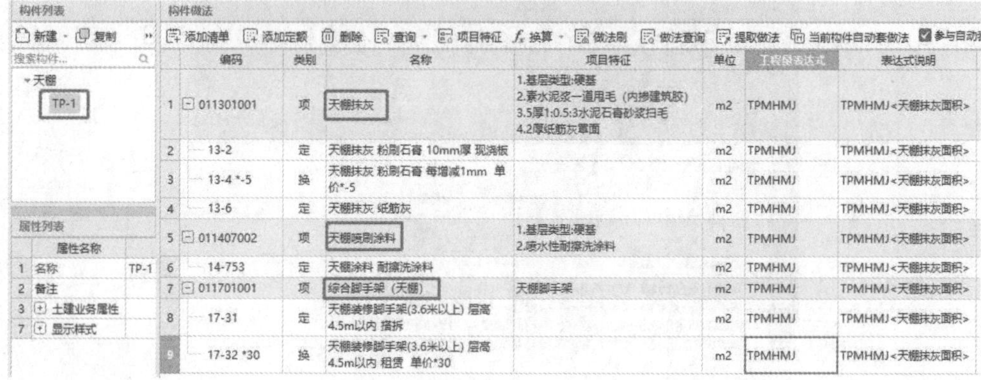

	编码	类别	名称	项目特征	单位	工程量表达式	表达式说明
1	011301001	项	天棚抹灰	1.基层类型:硬基 2.素水泥浆一道甩毛（内掺建筑胶） 3.5厚1:0.5:3水泥石膏砂浆扫毛 4.2厚纸筋灰罩面	m2	TPMHMJ	TPMHMJ<天棚抹灰面积>
2	13-2	定	天棚抹灰 粉刷石膏 10mm厚 现浇板		m2	TPMHMJ	TPMHMJ<天棚抹灰面积>
3	13-4 *-5	换	天棚抹灰 粉刷石膏 每增减1mm 单价*-5		m2	TPMHMJ	TPMHMJ<天棚抹灰面积>
4	13-6	定	天棚抹灰 纸筋灰		m2	TPMHMJ	TPMHMJ<天棚抹灰面积>
5	011407002	项	天棚喷刷涂料	1.基层类型:硬基 2.喷水性耐擦洗涂料	m2	TPMHMJ	TPMHMJ<天棚抹灰面积>
6	14-753	定	天棚涂料 耐擦洗涂料		m2	TPMHMJ	TPMHMJ<天棚抹灰面积>
7	011701001	项	综合脚手架（天棚）	天棚脚手架	m2	TPMHMJ	TPMHMJ<天棚抹灰面积>
8	17-31	定	天棚装修脚手架(3.6米以上) 层高4.5m以内 搭拆		m2	TPMHMJ	TPMHMJ<天棚抹灰面积>
9	17-32 *30	换	天棚装修脚手架(3.6米以上) 层高4.5m以内 租赁 单价*30		m2	TPMHMJ	TPMHMJ<天棚抹灰面积>

图5.22

(8)吊顶天棚

将吊顶设置为吊顶天棚，选定清单和定额，做法套用如图5.23所示。

	编码	类别	名称	项目特征	单位	工程量表达式	表达式说明
1	011302001	项	吊顶天棚	1.吊顶形式、吊杆规格、高度:双向龙骨，A8钢筋吊杆，双向中距≤1200 2.龙骨材料种类、规格、中距:T型轻钢次龙骨TB24*28,中距600；T型轻钢次龙骨TB24*38,中距600 3.基层材料种类、规格:硬基 4.面层材料品种、规格:12厚岩棉吸音板592*592	m2	DDMJ	DDMJ<吊顶面积>
2	13-35	定	T型烤漆带凹槽轻钢龙骨 单层龙骨 吊挂式 面板规格0.4m2以内		m2	DDMJ	DDMJ<吊顶面积>
3	13-73	定	天棚面层 矿棉吸音板 安装在 T形龙骨上		m2	DDMJ	DDMJ<吊顶面积>
4	011701001	项	综合脚手架（吊顶）	吊顶脚手架	m2	DDJSJMJ	DDJSJMJ<吊顶脚手架面积>
5	17-27	定	吊顶装修脚手架(3.6米以上) 层高4.5m以内 搭拆		m2	DDJSJMJ	DDJSJMJ<吊顶脚手架面积>
6	17-28 *30	换	吊顶装修脚手架(3.6米以上) 层高4.5m以内 租赁 单价*30		m2	DDJSJMJ	DDJSJMJ<吊顶脚手架面积>

图5.23

3)工程量汇总计算及查量

工程量汇总计算之后，查看首层房间装修工程量。

地面2构件工程量如图5.24所示。

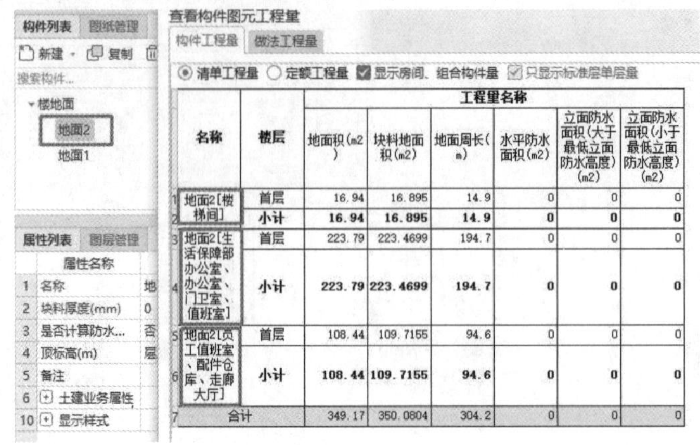

查看构件图元工程量

名称	楼层	地面积(m2)	块料地面积(m2)	地面周长(m)	水平防水面积(m2)	立面防水面积(大于最低立面防水高度)(m2)	立面防水面积(小于最低立面防水高度)(m2)
地面2[楼梯间]	首层	16.94	16.895	14.9	0	0	0
	小计	**16.94**	**16.895**	**14.9**	**0**	**0**	**0**
地面2[生活保障部办公室、办公室、门卫室、值班室]	首层	223.79	223.4699	194.7	0	0	0
	小计	**223.79**	**223.4699**	**194.7**	**0**	**0**	**0**
地面2[员工值班室、配件仓库、走廊大厅]	首层	108.44	109.7155	94.6	0	0	0
	小计	**108.44**	**109.7155**	**94.6**	**0**	**0**	**0**
合计		349.17	350.0804	304.2	0	0	0

图 5.24

踢脚 1 位于Ⓑ、Ⓒ轴与①轴相交点之间，其清单工程量计算式如图 5.25 所示。

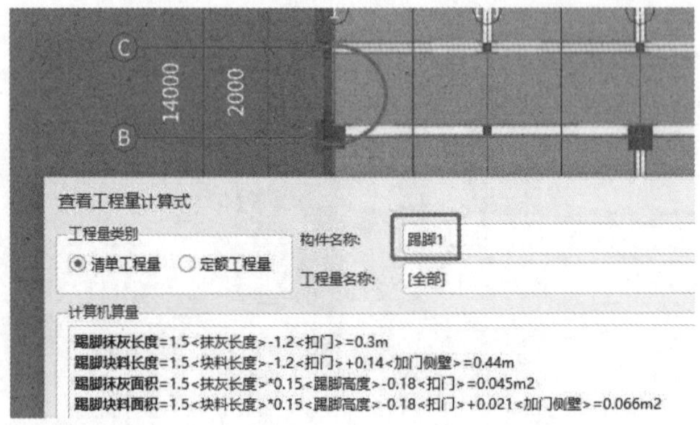

图 5.25

外墙面 1 做法工程量如图 5.26 所示。

查看构件图元工程量

	编码	项目名称	单位	工程量	单价	合价
1	011204003	块料墙面（外墙）	m2	364.539		
2	12-16	底层抹灰(打底) 水泥砂浆 5mm 现场搅拌砂浆	m2	364.539	7.62	2777.7872
3	12-17 *7	底层抹灰(打底) 水泥砂浆 每增减1mm 现场搅拌砂浆 单价*7	m2	364.539	0.6	218.7234
4	12-65	墙立面砂浆找平层 现场搅拌砂浆 水泥砂浆 20mm	m2	364.539	18.25	6652.8367
5	12-66 *-3	墙立面砂浆找平层 现场搅拌砂浆 水泥砂浆 每增减5mm 单价*-3	m2	364.539	4.59	1673.234
6	12-141	块料外墙 DTA砂浆粘贴 釉面砖 每块面积0.015m2以外 勾缝	m2	364.539	101.61	37040.8078

图 5.26

某房间吊顶工程量计算式如图 5.27 所示。

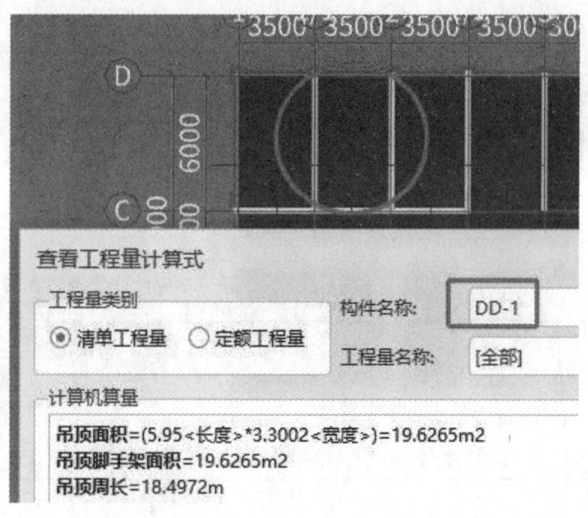

图 5.27

【测试】

1. 客观题(扫下方二维码,进行在线测试)

2. 主观题

按房间识别装修表和按装修构件识别装修表有什么区别?

【知识拓展】

序号	拓展内容	扫码阅读
拓展	建筑工程常用的四类防水材料	

任务 5.2 其他工程量计量

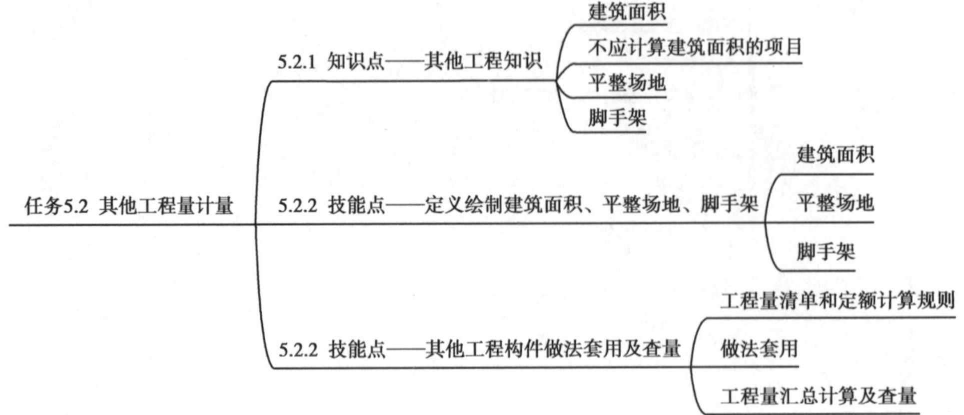

【知识与技能】

其他工程量计量的工作流程如图 5.28 所示。

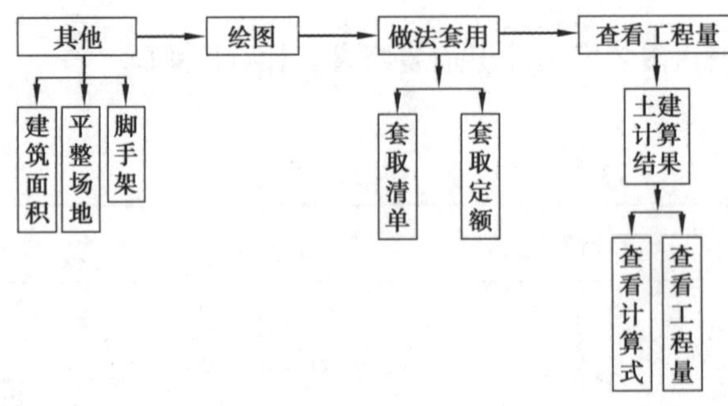

图 5.28

5.2.1 知识点——其他工程知识

其他工程量包括建筑面积、平整场地、脚手架等。

1) 建筑面积

①建筑物的建筑面积应按自然层外墙结构外围水平面积之和计算。结构层高在 2.20 m 及以上的，应计算全面积；结构层高在 2.20 m 以下的，应计算 1/2 面积。

②建筑物内设有局部楼层时，对于局部楼层的二层及以上楼层，有围护结构的应按其围护结构外围水平面积计算，无围护结构的应按其结构底板水平面积计算；结构层高在 2.20 m 及以上的，应计算全面积；结构层高在 2.20 m 以下的，应计算 1/2 面积。

③形成建筑空间的坡屋顶，结构净高在 2.10 m 及以上的部位应计算全面积；结构净高在 1.20 m 及以上至 2.10 m 以下的部位应计算 1/2 面积；结构净高在 1.20 m 以下的部位不应计算建筑面积。

④场馆看台下的建筑空间，结构净高在2.10 m及以上的部位应计算全面积；结构净高在1.20 m及以上至2.10 m以下的部位应计算1/2面积；结构净高在1.20 m以下的部位不应计算建筑面积。室内单独设置的有围护设施的悬挑看台，应按看台结构底板水平投影面积计算建筑面积。有顶盖无围护结构的场馆看台应按其顶盖水平投影面积的1/2计算面积。

⑤地下室、半地下室应按其结构外围水平面积计算。结构层高在2.20 m及以上的，应计算全面积；结构层高在2.20 m以下的，应计算1/2面积。

⑥出入口外墙外侧坡道有顶盖的部位，应按其外墙结构外围水平面积的1/2计算面积。

⑦建筑物架空层及坡地建筑物吊脚架空层，应按其顶板水平投影计算建筑面积。结构层高在2.20 m及以上的，应计算全面积；结构层高在2.20 m以下的，应计算1/2面积。

⑧建筑物的门厅、大厅应按一层计算建筑面积，门厅、大厅内设置的走廊应按走廊结构底板水平投影面积计算建筑面积。结构层高在2.20 m及以上的，应计算全面积；结构层高在2.20 m以下的，应计算1/2面积。

⑨建筑物间的架空走廊，有顶盖和围护设施的，应按其围护结构外围水平面积计算全面积；无围护结构、有围护设施的，应按其结构底板水平投影面积计算1/2面积。

⑩立体书库、立体仓库、立体车库，有围护结构的，应按其围护结构外围水平面积计算建筑面积；无围护结构、有围护设施的，应按其结构底板水平投影面积计算建筑面积。无结构层的应按一层计算，有结构层的应按其结构层面积分别计算。结构层高在2.20 m及以上的，应计算全面积；结构层高在2.20 m以下的，应计算1/2面积。

⑪有围护结构的舞台灯光控制室，应按其围护结构外围水平面积计算。结构层高在2.20 m及以上的，应计算全面积；结构层高在2.20 m以下的，应计算1/2面积。

⑫附属在建筑物外墙的落地橱窗，应按其围护结构外围水平面积计算。结构层高在2.20 m及以上的，应计算全面积；结构层高在2.20 m以下的，应计算1/2面积。

⑬窗台与室内楼地面高差在0.45 m以下且结构净高在2.10 m及以上的凸（飘）窗，应按其围护结构外围水平面积计算1/2面积。

⑭有围护设施的室外走廊（挑廊），应按其结构底板水平投影面积计算1/2面积；有围护设施（或柱）的檐廊，应按其围护设施（或柱）外围水平面积计算1/2面积。

⑮门斗应按其围护结构外围水平面积计算建筑面积，结构层高在2.20 m及以上的，应计算全面积；结构层高在2.20 m以下的，应计算1/2面积。

⑯门廊应按其顶板的水平投影面积的1/2计算建筑面积；有柱雨篷应按其结构板水平投影面积的1/2计算建筑面积；无柱雨篷的结构外边线至外墙结构外边线的宽度在2.10 m及以上的，应按雨篷结构板的水平投影面积的1/2计算建筑面积。

⑰设在建筑物顶部的、有围护结构的楼梯间、水箱间、电梯机房等，结构层高在2.20 m及以上的应计算全面积；结构层高在2.20 m以下的，应计算1/2面积。

⑱围护结构不垂直于水平面的楼层，应按其底板面的外墙外围水平面积计算。结构净高在2.10 m及以上的部位，应计算全面积；结构净高在1.20 m及以上至2.10 m以下的部位，应计算1/2面积；结构净高在1.20 m以下的部位，不应计算建筑面积。

⑲建筑物的室内楼梯、电梯井、提物井、管道井、通风排气竖井、烟道，应并入建筑物的自然层计算建筑面积。有顶盖的采光井应按一层计算面积，结构净高在2.10 m及以上的，应计算全面积；结构净高在2.10 m以下的，应计算1/2面积。

⑳室外楼梯应并入所依附建筑物自然层，并应按其水平投影面积的1/2计算建筑面积。

㉑在主体结构内的阳台,应按其结构外围水平面积计算全面积;在主体结构外的阳台,应按其结构底板水平投影面积计算 1/2 面积。

㉒有顶盖无围护结构的车棚、货棚、站台、加油站、收费站等,应按其顶盖水平投影面积的 1/2 计算建筑面积。

㉓以幕墙作为围护结构的建筑物,应按幕墙外边线计算建筑面积。

㉔建筑物的外墙外保温层,应按其保温材料的水平截面积计算,并计入自然层建筑面积。

㉕与室内相通的变形缝,应按其自然层合并在建筑物建筑面积内计算。对于高低联跨的建筑物,当高低跨内部连通时,其变形缝应计算在低跨面积内。

㉖对于建筑物内的设备层、管道层、避难层等有结构层的楼层,结构层高在 2.20 m 及以上的,应计算全面积;结构层高在 2.20 m 以下的,应计算 1/2 面积。

下列项目不应计算建筑面积:

①与建筑物内不连通的建筑部件。

②骑楼、过街楼底层的开放公共空间和建筑物通道。

③舞台及后台悬挂幕布和布景的天桥、挑台等。

④露台、露天游泳池、花架、屋顶的水箱及装饰性结构构件。

⑤建筑物内的操作平台、上料平台、安装箱和罐体的平台。

⑥勒脚、附墙柱、垛、台阶、墙面抹灰、装饰面、镶贴块料面层、装饰性幕墙,主体结构外的空调室外机搁板(箱)、构件、配件,挑出宽度在 2.10 m 以下的无柱雨篷和顶盖高度达到或超过两个楼层的无柱雨篷。

⑦窗台与室内地面高差在 0.45 m 以下且结构净高在 2.10 m 以下的凸(飘)窗,窗台与室内地面高差在 0.45 m 及以上的凸(飘)窗。

⑧室外爬梯、室外专用消防钢楼梯。

⑨无围护结构的观光电梯。

⑩建筑物以外的地下人防通道,独立的烟囱、烟道、地沟、油(水)罐、气柜、水塔、储油(水)池、储仓、栈桥等构筑物。

2)平整场地

(1)概念

平整场地指室外设计地坪与自然地坪平均厚度在 ±0.3 m 以内的就地挖、填、找平,如图 5.29 所示。平均厚度在 ±0.3 m 以外的执行土方相应定额项目。

图 5.29

(2)与三通一平的“平”的区别

三通一平中的“场地平整”,是指将天然地面改造成工程上所要求的平面。

场地平整有两个目的,一是使场地的自然标高达到设计要求的高度;二是在平整的过程中,建立必要的施工要求的供水、排水、供电、道路以及临时建筑等基础设施,即三通一平。这是基本建设项目开工的前提条件,一般由建设单位负责。

平整场地是指具体定额中规定的范围是首层的建筑面积,平整度也详细说明,由施工单位完成。

3)脚手架

(1)说明

①外墙装修脚手架子目为整体更新改造项目使用,新建工程的外墙装修脚手架已包括在建筑工程综合脚手架内,不得重复计取。

②室内装修脚手架,层高在3.6 m以上时,执行层高4.5 m以内脚手架,层高超过4.5 m时,超过的部分执行层高4.5 m以上每增1 m子目。

③吊顶脚手架如图5.30所示,层高在3.6 m以上时,执行层高4.5 m以内吊顶脚手架子目,层高超过4.5 m时,超过的部分执行层高4.5 m以上每增1 m子目。

图5.30

④本定额子目中的搭拆费,包括整个使用周期内脚手架的搭设、拆除、上下翻板子、挂密目网等全部工作内容的费用。

⑤本定额子目中的租赁费为每100 m^2 每日的租赁费,使用时根据不同使用部位脚手架的工程量乘以实际工期计算脚手架租赁费用。

(2)工程计算规则

①外墙脚手架按外墙垂直投影面积以平方米计算。

②内墙脚手架按内墙净长以米计算,如内墙装修墙面局部超高,按超高部分的内墙净长度计算。

③吊顶脚手架按吊顶部分水平投影面积以平方米计算。

④外墙电动吊篮,按外墙垂直投影面积以平方米计算。

5.2.2　技能点——定义绘制建筑面积、平整场地、脚手架

1)建筑面积

按照建筑面积计算的有关规定,建筑物的建筑面积应按自然层外墙结构外围水平面积之和计算,墙垛不应计算建筑面积,因此本工程沿200外墙外边线绘制建筑面积。

绘制建筑面积操作步骤:

①选择楼层为“首层”,在导航栏中点开其他文件夹,单击“建筑面积(U)”,在构件列表中新建建筑面积JZMJ-1。

②在“图纸管理”中的图纸文件列表下，双击“一层平面图”，将其调入绘图工作区。

③在绘图工具栏中选择直线沿 200 外墙外边线绘制建筑面积，如图 5.31 所示。

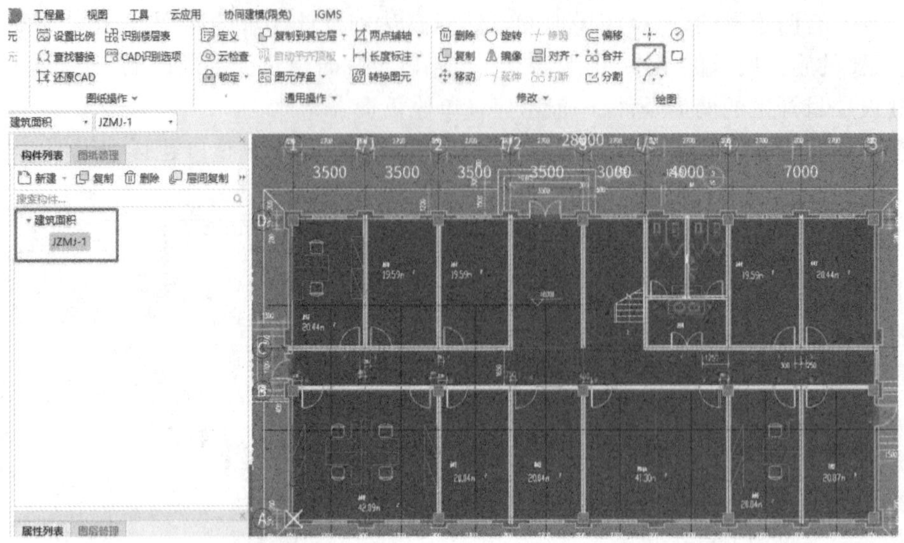

图 5.31

2）平整场地

平整场地是按设计图示尺寸以建筑物首层建筑面积计算。

绘制平整场地操作步骤：

①选择楼层为“首层”，在导航栏中点开其他文件夹，单击“平整场地(V)”，在构件列表中新建平整场地 PZCD-1。

②使用“一层平面图”。

③在绘图工具栏中选择直线沿 200 外墙外边线绘制平整场地，如图 5.32 所示。

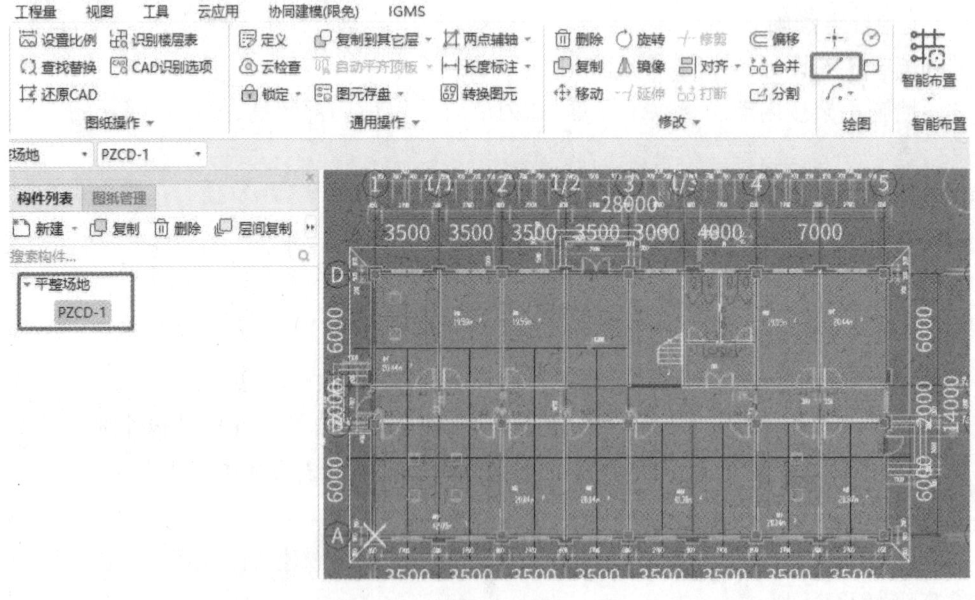

图 5.32

3)脚手架

综合脚手架是按设计图示尺寸以建筑物建筑面积计算。

绘制综合脚手架操作步骤：

①选择楼层为“首层”，在导航栏中点开其他文件夹，单击“脚手架(JS)”，在构件列表中新建平面脚手架 PMJSJ-1。

②使用“一层平面图”。

③在绘图工具栏中选择直线沿200外墙外边线绘制平面脚手架，如图5.33所示。

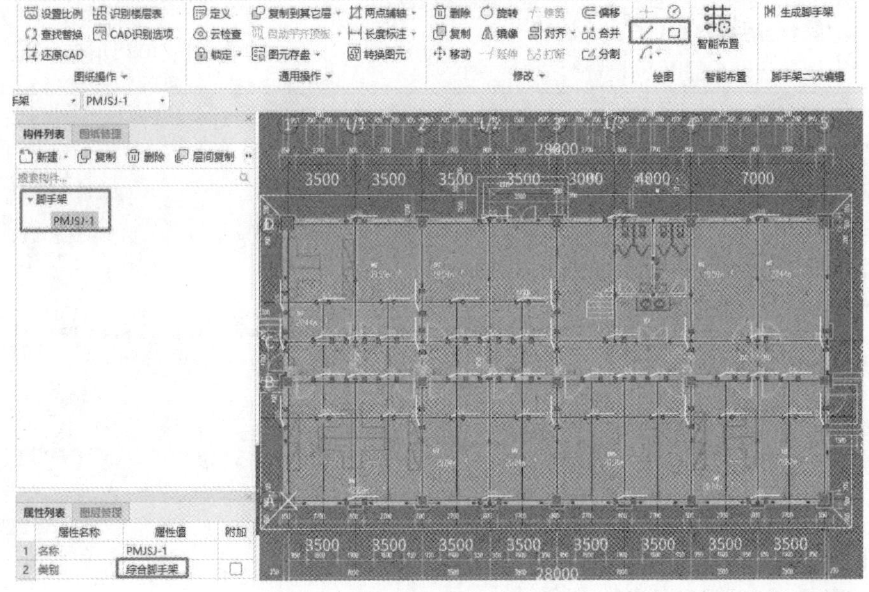

图5.33

5.2.3　技能点——其他工程构件做法套用及查量

1)工程量清单和定额计算规则

(1)清单计算规则

其他工程清单工程量计算规则如表5.6所示。

表5.6　其他工程清单工程量计算规则

编号	名称	计量单位	计算规则
011703001	垂直运输	m^2/天	①按建筑面积计算； ②按施工工期日历天数计算
010101001	平整场地	m^2	按设计图示尺寸以建筑物首层建筑面积计算
011701001	脚手架	m^2	按建筑面积计算

(2)定额计算规则

其他工程定额工程量计算规则如表5.7所示。

表 5.7　其他工程定额工程量计算规则

编号	名称	计量单位	计算规则
17-158	垂直运输 6 层以下 现浇框架结构 首层建筑面积 1 200 m^2 以内	m^2/天	①按建筑面积计算；②按施工工期日历天数计算
1-2	平整场地 机械	m^2	按设计图示尺寸以建筑物首层建筑面积计算
17-15	综合脚手架 ±0.000 以上工程 框架结构 6 层以下 搭拆	100 m^2	按建筑面积/100 计算
17-16	综合脚手架 ±0.000 以上工程 框架结构 6 层以下 租赁	100 m^2	按建筑面积/100 计算

2) 做法套用

(1) 建筑面积

选定清单和定额，做法套用如图 5.34 所示。

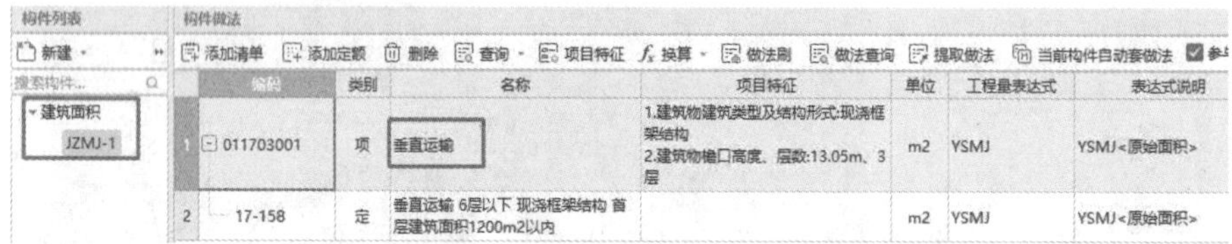

图 5.34

(2) 平整场地

选定清单和定额，做法套用如图 5.35 所示。

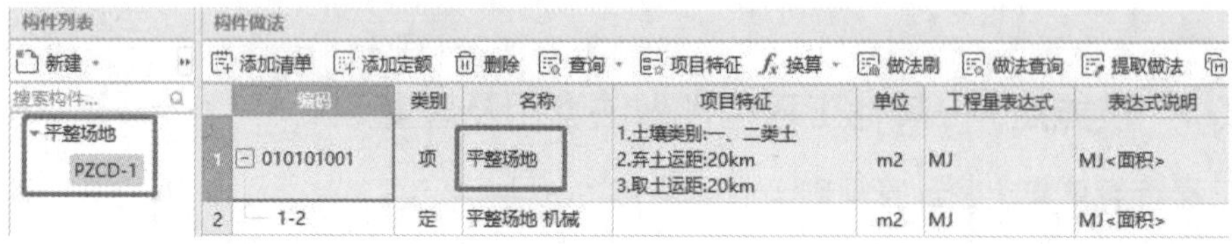

图 5.35

(3) 脚手架

选定清单和定额，做法套用如图 5.36 所示。

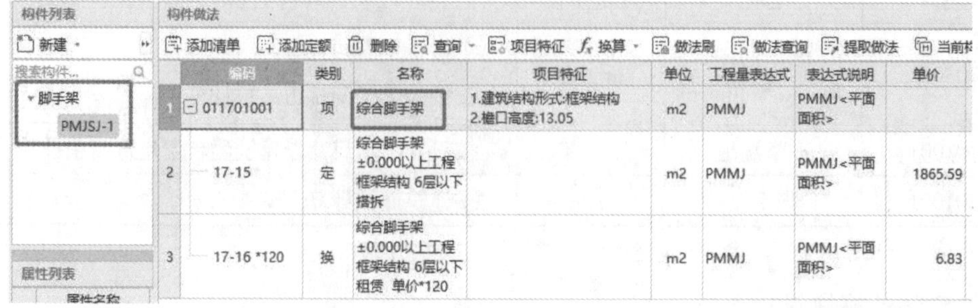

图 5.36

3)工程量汇总计算及查量

建筑面积做法工程量如图5.37所示。

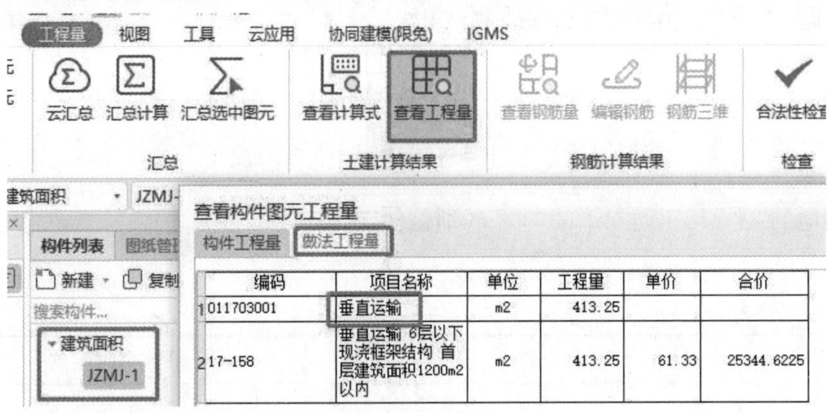

图5.37

平整场地构件工程量如图5.38所示。

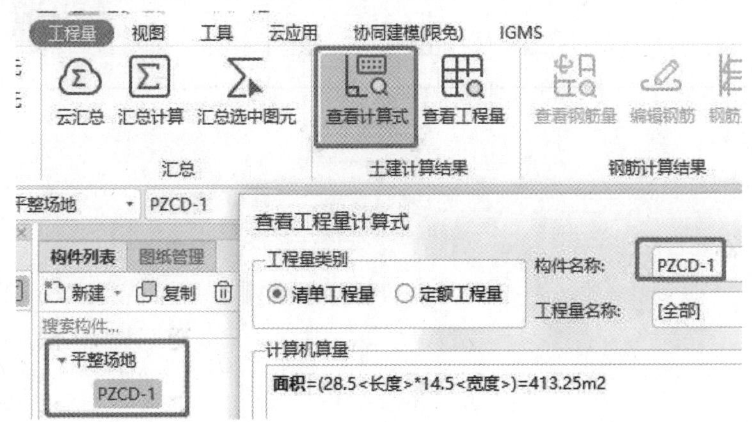

图5.38

脚手架构件工程量如图5.39所示。

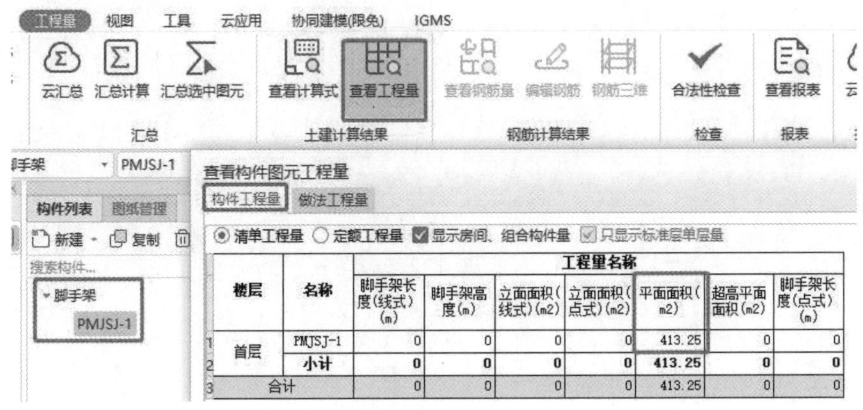

图5.39

【测试】

1. 客观题(扫下方二维码,进行在线测试)

2. 主观题

平整场地的“平”与三通一平的“平”区别是什么?

【知识拓展】

序号	拓展内容	扫码阅读
拓展	建筑“三缝”	

项目 6 基础及土方工程量计量

【教学目标】

1. 知识目标

(1)了解基础平法知识。

(2)掌握基础工程量计量。

(3)了解土方知识。

(4)掌握土方工程量计量。

2. 能力目标

(1)能够正确建立基础模型、套用做法和查量。

(2)能够正确建立土方模型、套用做法和查量。

3. 素养目标

(1)培养学生的家国情怀和责任担当,在处理国家、企业、个人利益时具备正确的情感态度。(建议:讲解土方知识时,结合因土方工程量计量问题给国家、企业带来损失的典型案例,讲解家国情怀和道德修养)。

(2)培养学生的安全意识。

(3)形成工程施工的安全意识(建议:讲解基础平法时,结合基础基坑典型安全事故,培养学生的施工安全意识)。

【教学载体】配套使用员工宿舍楼图纸和教材提供的数字资源。

【建议学时】4 学时

任务 6.1 基础工程量计量

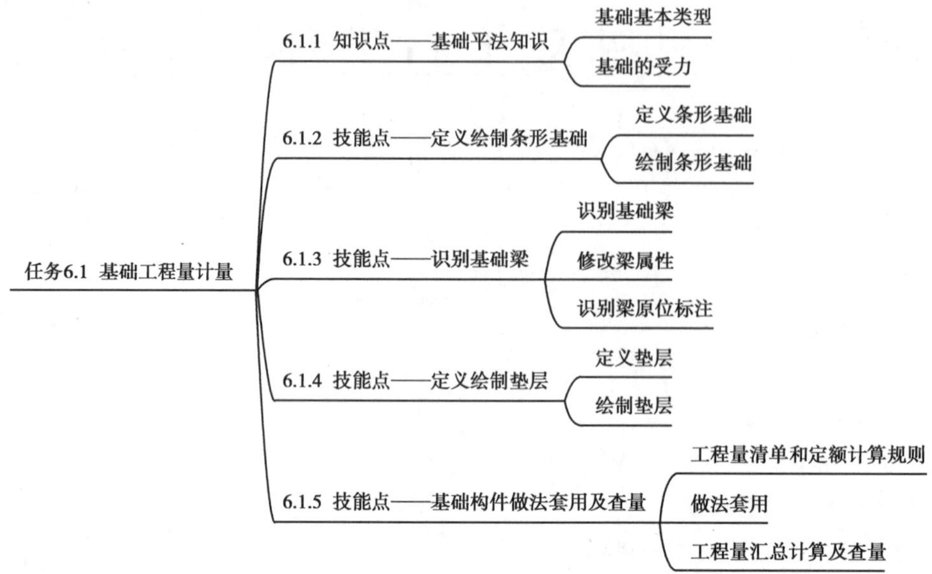

【知识与技能】

基础工程量计量的工作流程如图 6.1 所示。

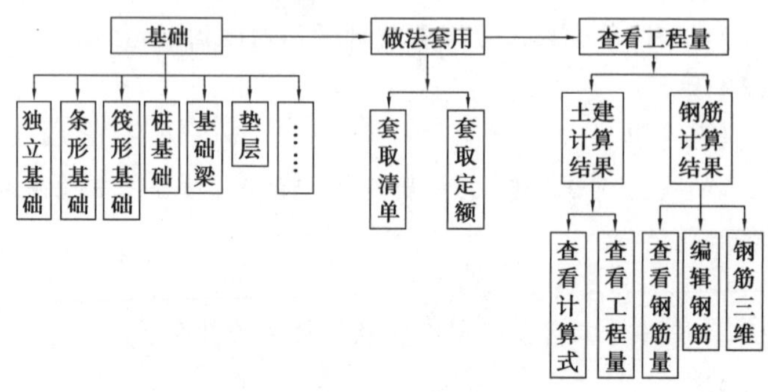

图 6.1

6.1.1 知识点——基础平法知识

1）基础基本类型

基础按照构造形式可以分为独立基础、条形基础、筏形基础和桩基础。当建筑物上部为框架结构或单独柱子时，下部常采用独立基础；独立基础按基础截面形式又分为阶形基础[图 6.2(a)]和坡形基础[图 6.2(b)]，当柱子为预制时，可将基础顶部下挖做成杯口形，称为杯口基础[图 6.2(c)]。

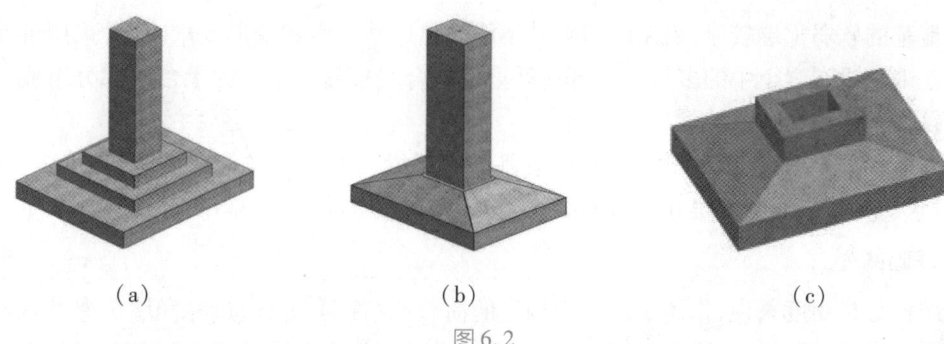

(a)　　(b)　　(c)

图6.2

条形基础是一种基础长度远远大于基础宽度的基础形式。按上部结构分为墙下条形基础和柱下条形基础;按受力特点分为梁板式条形基础(图6.3)和板式条形基础,下部板的截面形式也可分为阶梯形和坡形。

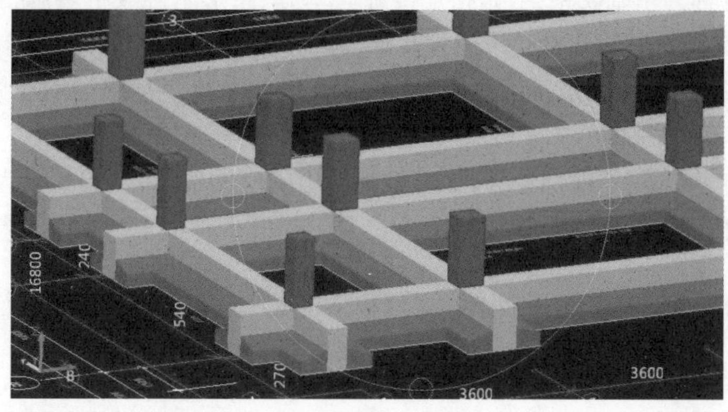

图6.3

当建筑物上部荷载较大而地基承载能力又比较弱时,用简单的独立基础或条形基础已经不能适应地基变形的需要,这时会将墙或柱下基础连成一片,使整个建筑物的荷载由一块整板承受,这种满铺式的板式基础被称为筏形基础。筏形基础可分为平板式筏形基础和梁板式筏形基础,经常带集水坑,如图6.4所示。

图6.4

图6.5

当地基的软弱土层较厚,采用浅埋基础不能满足地基强度和变形要求时,常采用桩基础。桩基础是由埋设在岩土中的多根桩和桩顶处把桩联合起来共同工作的承台两部分组成,如图6.5 所示。

基础层中如果有梁,则称梁为基础梁或基础联系梁。基础下经常有垫层,其主要作用是隔水、排水、防冻,以改善基层和土基的工作条件,其水稳定性要求较高。

2)基础的受力

从结构分析角度来说,作用于建筑结构上的荷载和结构自重,通过柱和墙传递到基础,基础又将其传递到地基土。基础对地基土产生了作用力,同时地基土对基础产生反作用力,这个反作用力称为地基反力。

凡是受到地基反力,起到承重作用的梁,均称为基础梁,分为基础主梁(JZL)和基础次梁(JCL)。还有一种称为基础联系梁,是指连接独立基础、条形基础或桩基承台的梁,不承担由柱传来的荷载。在计算时基础梁应该作为基础,而基础联系梁只作为普通的梁。

也可以认为框架柱(KZ)是基础梁的反向支座,因此在绘制基础梁前要先绘制好基础层的框架柱。

梁、条形基础、基础梁等线性构件,如有长度超出支座的部分,一端悬挑为 A,两端悬挑为B,例如 JL8(4B)代表 4 跨两端悬挑。

6.1.2 技能点——定义绘制条形基础

1)定义条形基础

①选择楼层为"基础层",在导航栏中点开基础文件夹,选择"条形基础(T)",在构件列表中选择"新建条形基础",并改名为"TJ-BP1",起点和终点底标高均为"层底标高",如图 6.6 所示。

②选中"TJ-BP1"的情况下选择"新建矩形条形基础单元",出现"TJ-BP1-1",在这里修改条基截面和钢筋信息,如图 6.7 所示。

③新建或复制修改 TJ-BP2 和 TJ-BP3。

属性列表　图层管理

	属性名称	属性值	附
1	名称	TJ-BP1	
2	结构类别	主条基	
3	宽度(mm)	1500	
4	高度(mm)	750	
5	轴线距左边线...	(750)	
6	起点底标高(m)	层底标高	
7	终点底标高(m)	层底标高	
8	备注		

图 6.6

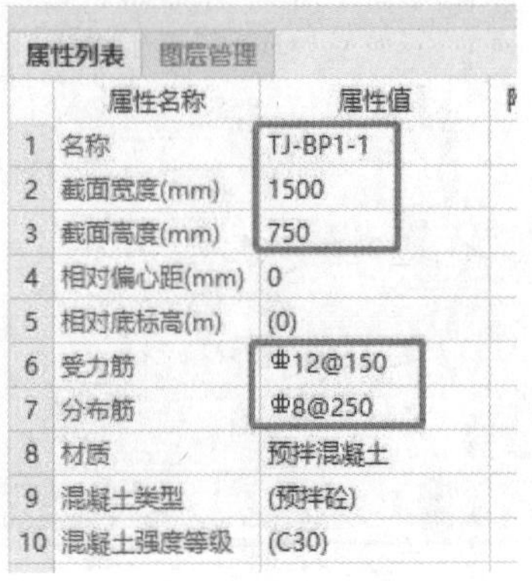

属性列表　图层管理

	属性名称	属性值	附
1	名称	TJ-BP1-1	
2	截面宽度(mm)	1500	
3	截面高度(mm)	750	
4	相对偏心距(mm)	0	
5	相对底标高(m)	(0)	
6	受力筋	⌀12@150	
7	分布筋	⌀8@250	
8	材质	预拌混凝土	
9	混凝土类型	(预拌砼)	
10	混凝土强度等级	(C30)	

图 6.7

2)绘制条形基础

①导入"基础平面布置图"。

②画线绘制条形基础，如图6.8所示。

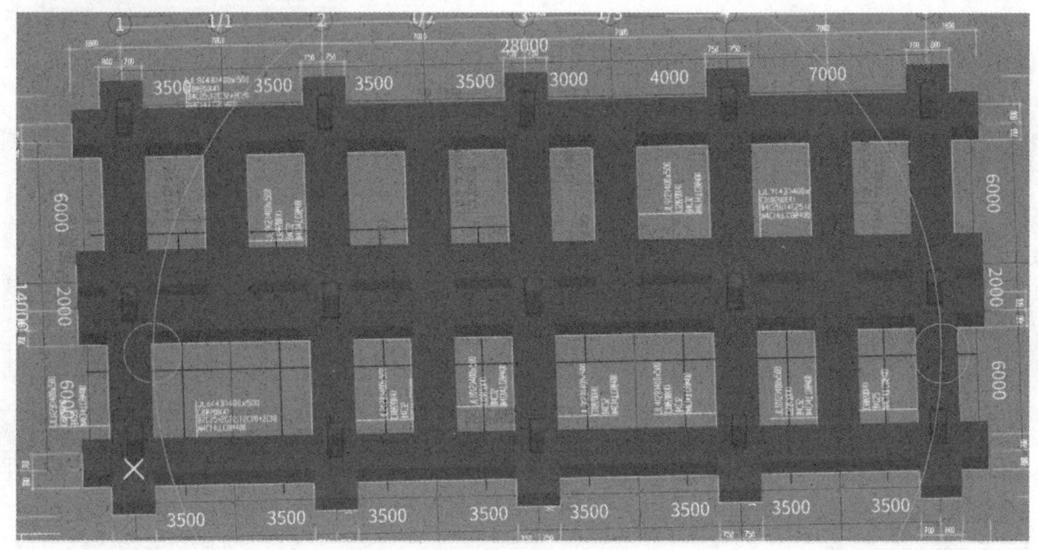

图6.8

6.1.3　技能点——识别基础梁

1)识别基础梁

基础梁可以像梁一样被识别。

①选择工具栏"识别基础梁"中的"识别梁"，绘图区左上角出现选择方式对话框，如图6.9所示。

②单击对话框中的"提取边线"，选择任意一条基础梁边线，所有被选中边线处高亮显示，如图6.10所示，单击鼠标右键确认，边线从CAD图中消失，被存放到"已提取的CAD图层"中。检查所有基础梁边线是否已被提取。

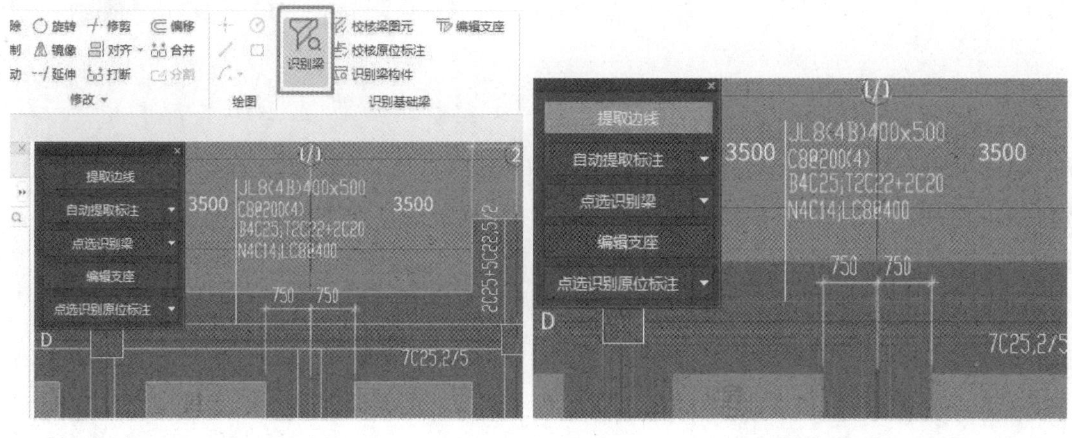

图6.9　　　　　　　　　　图6.10

③单击"自动提取标注"，选择任意一个基础梁标注，标注内容应该包括梁的集中标注和

原位标注，以及梁相对轴线的位置，处于被选中状态高亮显示如图 6.11 所示，单击鼠标右键确认，所有标注从 CAD 图中消失，被存放到“已提取的 CAD 图层”中。检查所有基础梁标注是否已被提取。

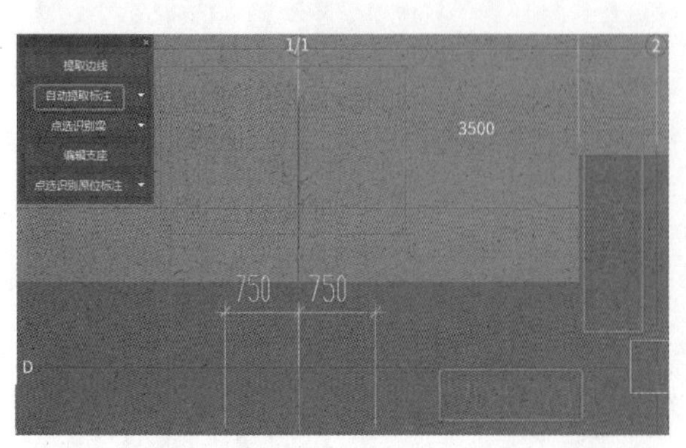

图 6.11

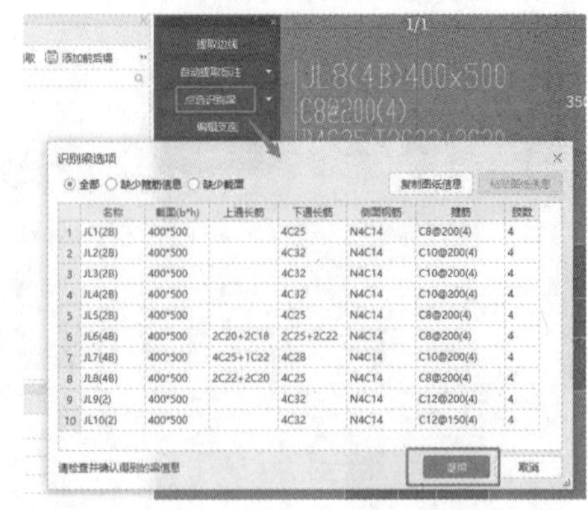

图 6.12

④单击“识别梁”中的“自动识别梁”，识别梁选项如图 6.12 所示，选择“继续”。在绘图区出现粉色梁图元，未识别的梁边线无须理会。识别完毕，在构件列表栏中却没出现基础梁构件，如图 6.13 所示。

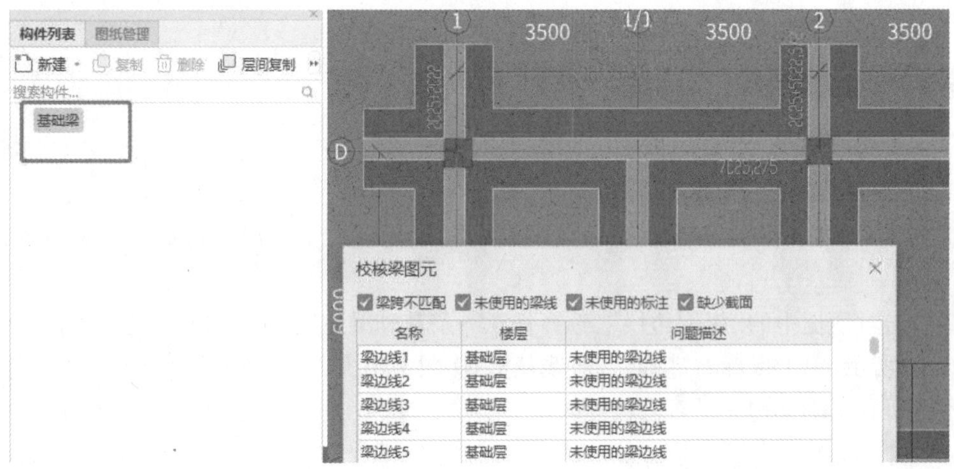

图 6.13

2）修改梁属性

梁识别完毕后，为什么构件列表中没有出现基础梁构件？原来是基础梁构件已被自动识别到梁构件中了。此时可以利用“选择”工具栏中的“批量选择”，将绘图区所有已识别的 JL 选中，如图 6.14 所示，单击鼠标右键选择“构件转换”，可以将选中图元转换为“基础主梁”，如图 6.15 所示。现在所有梁都是基础主梁了，如图 6.16 所示。

3）识别梁原位标注

①看是否需要“编辑支座”。

②选择“识别原位标注”中的“自动识别原位标注”，梁变为绿色，如图 6.17 所示。

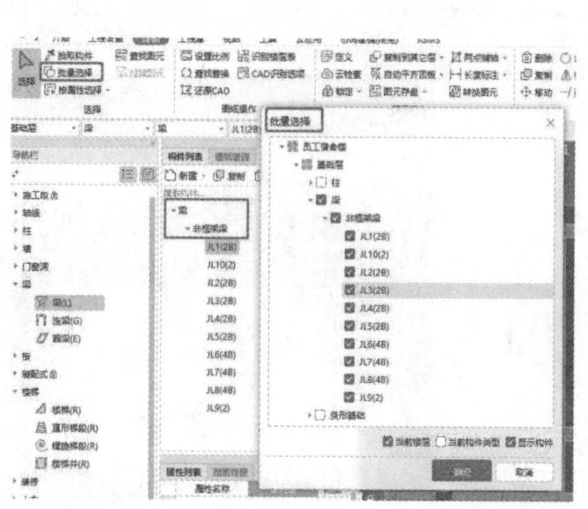

图 6.14

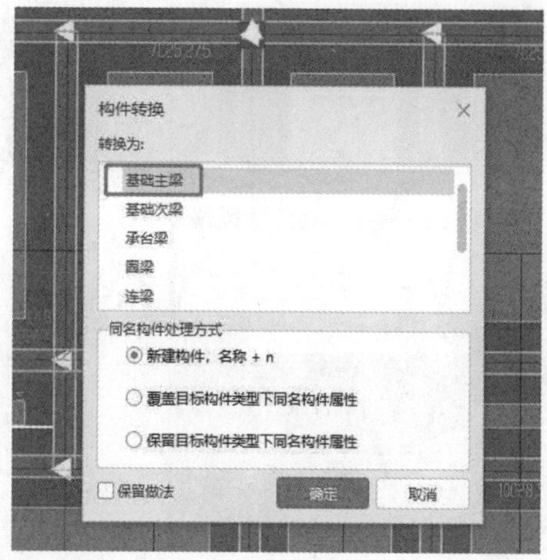

图 6.15

▾基础梁
▾基础主梁
JL1(2B)
JL10(2)
JL2(2B)
JL3(2B)
JL4(2B)
JL5(2B)
JL6(4B)
JL7(4B)
JL8(4B)
JL9(2)

图 6.16

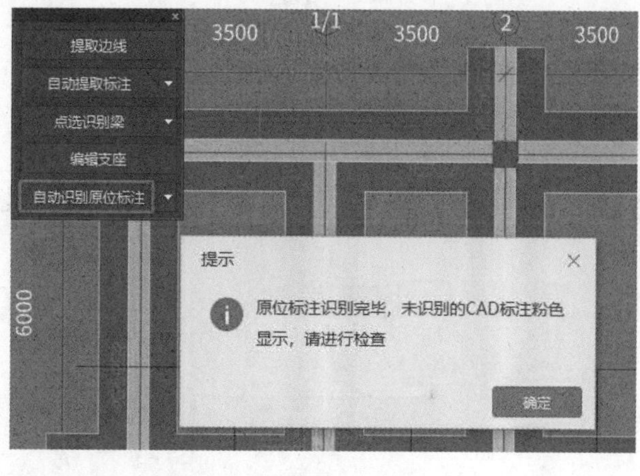

图 6.17

③有未识别的原位标注，在“校核原位标注”中选择“手动识别”，按绘图区下方提示框内要求，左键点选梁图元→左键选择梁原位标注→单击鼠标右键确认。不能识别是因为“10C32,5/5”的格式非法，如图 6.18 所示。此时可利用“图纸操作”工具栏的“查找替换”功能，左键选取“查找内容”，在“替换为”输入“10C32,5/5”，选择“全部替换”，如图 6.19 所示。替换完毕之后重新选择“识别基础梁”工具栏中的“校核原位标注”，在弹出的对话框中选择“手动识别”，识别完毕，如图 6.20 所示。

④观察基础梁位置不在条形基础上，是因为软件自动默认梁起点和终点顶标高为“层顶标高”，如图 6.21 所示。根据图纸，基础梁顶标高为 -0.75 m，将属性列表中梁的起点和终点顶标高都改为“ -0.75”，然后利用“批量选择”，选中所有基础梁图元，统一修改起点终点顶标高为“ -0.75”，绘制完毕如图 6.22 所示。

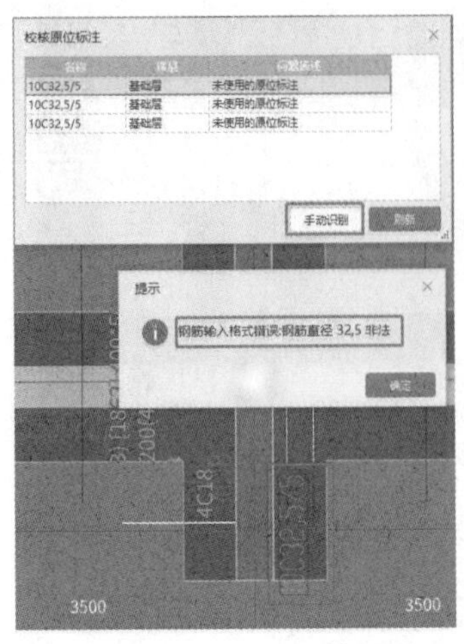

图 6.18

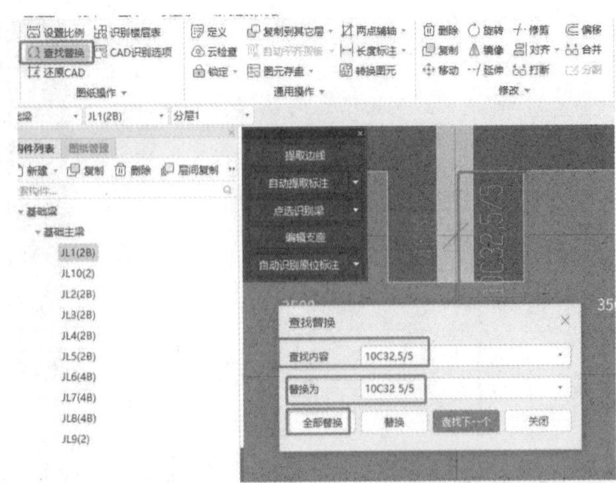

图 6.19

图 6.20

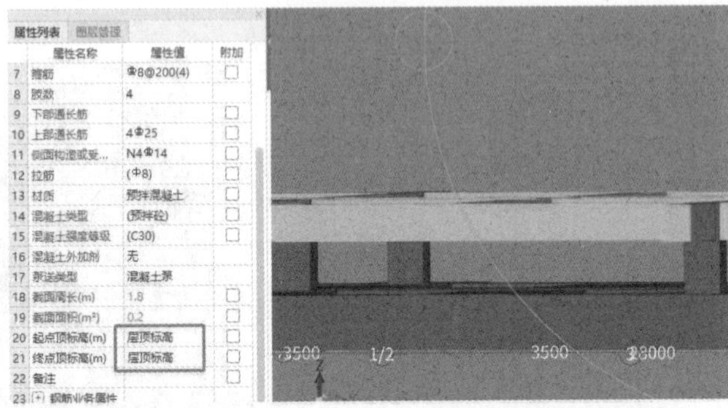

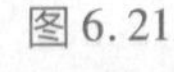

图 6.21

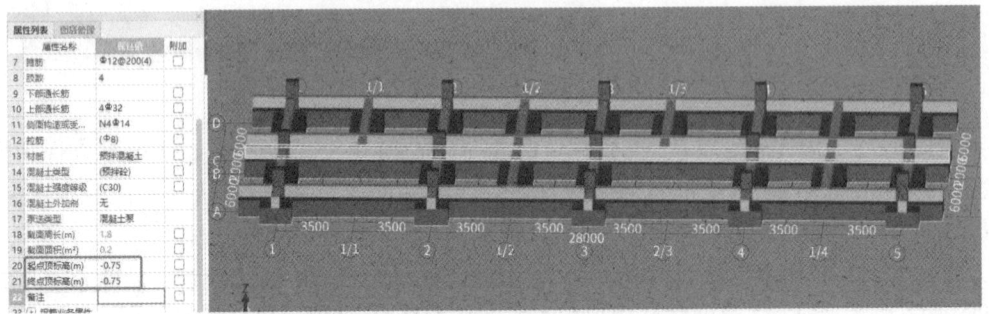

图 6.22

6.1.4 技能点——定义绘制垫层

1）定义垫层

选择楼层为“基础层”，在导航栏中点开基础文件夹，选择“垫层（X）”，在构件列表中选择“新建线式矩形垫层”，根据图纸垫层厚度取“100”，起点和终点顶标高均为“基础底标高”，如图 6.23 所示。

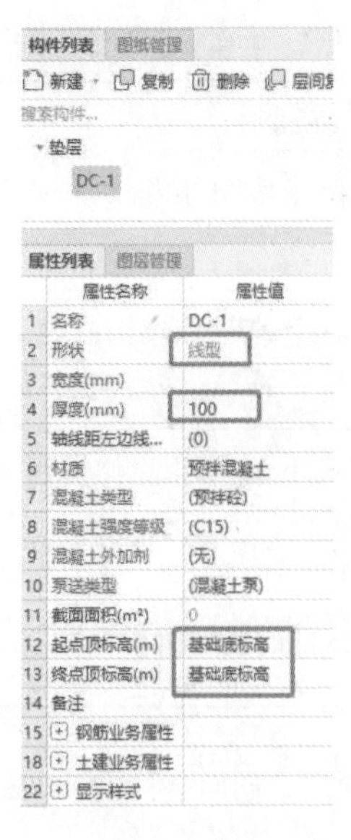

图 6.23

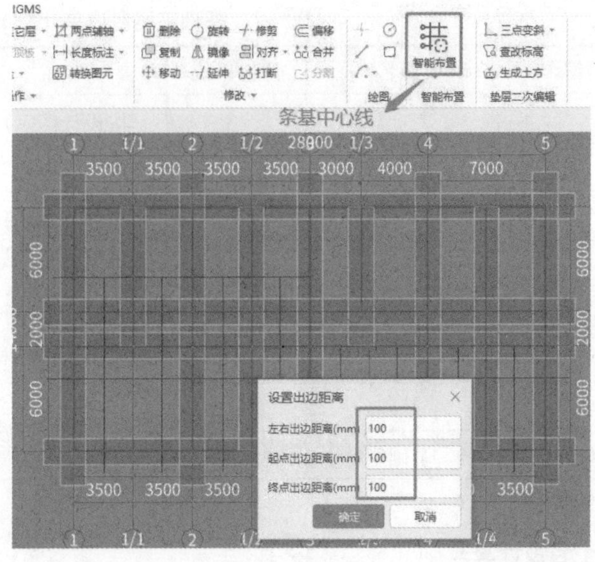

图 6.24

2)绘制垫层

①选择“智能布置”工具栏中的“条基中心线”，框选全部条形基础，单击鼠标右键，出现“设置出边距离”提示框，左右、起点和终点出边距离均为“100”，单击“确定”按钮，如图6.24所示。

②设置完毕的条形基础、基础梁、垫层全貌如图 6.25 所示。

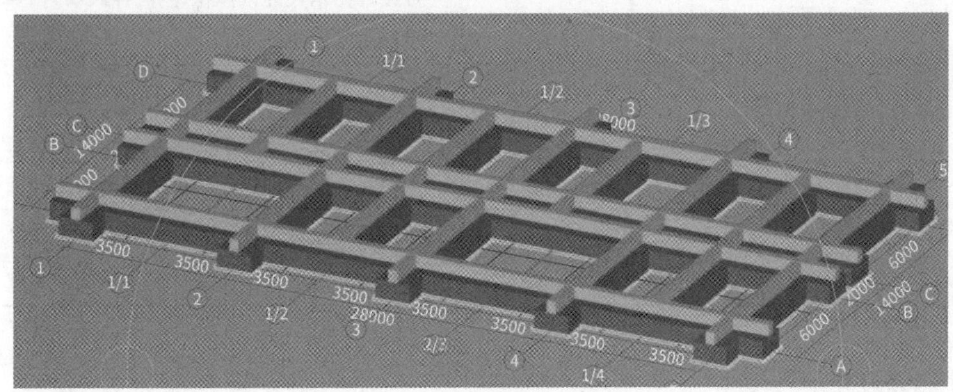

图 6.25

6.1.5　技能点——基础构件做法套用及查量

1)工程量清单和定额计算规则

(1)清单计算规则

基础工程量清单计算规则如表 6.1 所示。

表 6.1　基础工程量清单计算规则

项目编码	项目名称	计量单位	计算规则
010501002	带形基础	m^3	按设计图示尺寸以体积计算，不扣除伸入承台基础的桩头所占体积
010503001	基础梁	m^3	按设计图示尺寸以体积计算，伸入墙内的梁头、梁垫并入梁体积内
010501001	垫层	m^3	按设计图示尺寸以体积计算，不扣除伸入承台基础的桩头所占体积
011702001	基础	m^2	按模板与现浇混凝土构件的接触面积计算
011702005	基础梁	m^2	

(2)定额计算规则

基础工程量定额计算规则如表 6.2 所示。

表 6.2　基础工程量定额计算规则

编号	名称	计量单位	计算规则
5-1	现浇混凝土 带形基础	m^3	按设计图示尺寸以体积计算，不扣除伸入承台基础的桩头所占体积
5-12	现浇混凝土 基础梁	m^3	按设计图示尺寸以体积计算，伸入墙内的梁头、梁垫并入梁体积内
5-150	混凝土垫层	m^3	按设计图示尺寸以体积计算，不扣除伸入承台基础的桩头所占体积
17-45	带形基础 有梁式	m^2	按模板与现浇混凝土构件的接触面积计算
17-72	基础梁 复合模板	m^2	按模板与现浇混凝土构件的接触面积计算
17-44	垫层	m^2	按模板与现浇混凝土构件的接触面积计算

2)做法套用

条形基础的清单和定额套用如图 6.26 所示。由于基础是多单元的构件，材质不一定是一样的，因此要套在基础单元内。

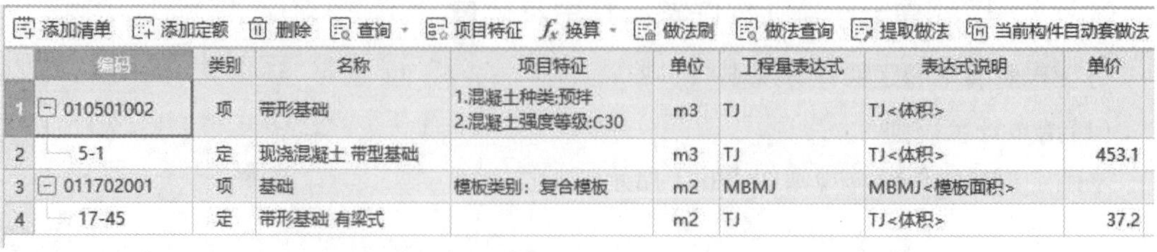

添加清单　添加定额　删除　查询　项目特征　换算　做法刷　做法查询　提取做法　当前构件自动套做法

	编码	类别	名称	项目特征	单位	工程量表达式	表达式说明	单价
1	010501002	项	带形基础	1.混凝土种类:预拌 2.混凝土强度等级:C30	m3	TJ	TJ<体积>	
2	5-1	定	现浇混凝土 带型基础		m3	TJ	TJ<体积>	453.1
3	011702001	项	基础	模板类别：复合模板	m2	MBMJ	MBMJ<模板面积>	
4	17-45	定	带形基础 有梁式		m2	TJ	TJ<体积>	37.2

图 6.26

基础梁的清单和定额套用如图 6.27 所示。

添加清单　添加定额　删除　查询　项目特征　换算　做法刷　做法查询　提取做法　当前构件自动套做法

	编码	类别	名称	项目特征	单位	工程量表达式	表达式说明	单价
1	010503001	项	基础梁	1.混凝土种类:预拌 2.混凝土强度等级:C30	m3	TJ	TJ<体积>	
2	5-12	定	现浇混凝土 基础梁		m3	TJ	TJ<体积>	461.83
3	011702005	项	基础梁	模板类别：复合模板	m2	MBMJ	MBMJ<模板面积>	
4	17-72	定	基础梁 复合模板		m2	TJ	TJ<体积>	59.72

图 6.27

垫层的清单和定额套用如图 6.28 所示。

添加清单　添加定额　删除　查询　项目特征　换算　做法刷　做法查询　提取做法　当前构件自动套做

	编码	类别	名称	项目特征	单位	工程量表达式	表达式说明	单价
1	010501001	项	垫层	1.混凝土种类:预拌 2.混凝土强度等级:C15	m3	TJ	TJ<体积>	
2	5-150	定	混凝土垫层		m3	TJ	TJ<体积>	392.56
3	011702001	项	基础	模板类别：复合模板	m2	MBMJ	MBMJ<模板面积>	
4	17-44	定	垫层		m2	MBMJ	MBMJ<模板面积>	15.47

图 6.28

3) 工程量汇总计算及查量

工程量汇总计算之后，可以查看条形基础的土建工程量，查看钢筋三维和编辑钢筋，如图 6.29 所示；查看基础梁，如图 6.30 所示；垫层是没有钢筋的，只能查看土建计算结果，如图 6.31所示。

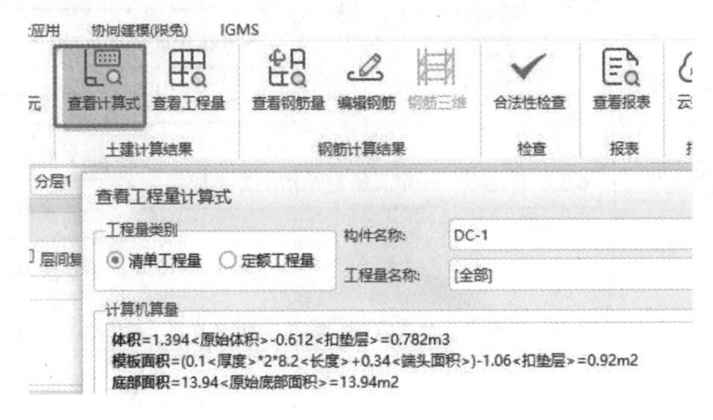

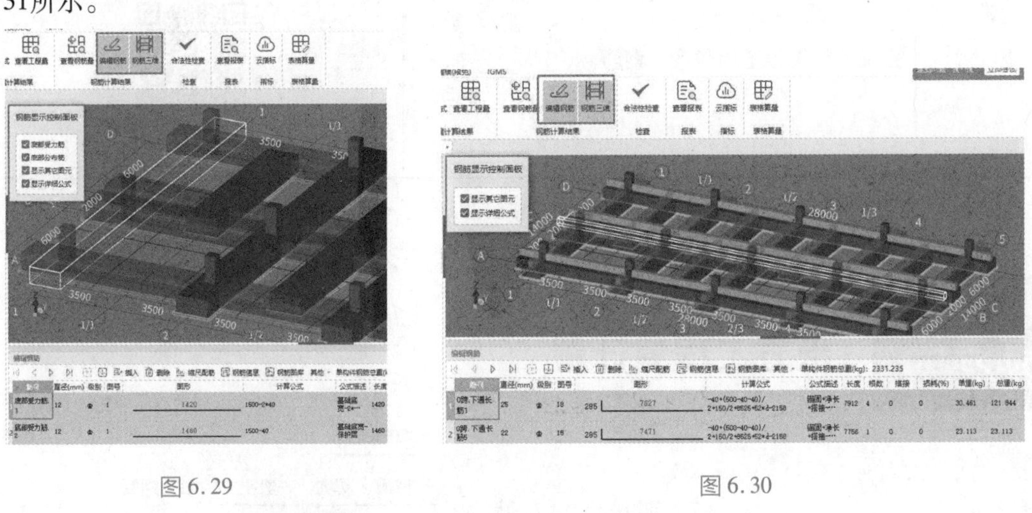

图 6.29　　　　图 6.30

应用　协同建模(限免)　IGMS

查看计算式　查看工程量　查看钢筋量　编辑钢筋　钢筋三维　合法性检查　查看报表

土建计算结果　钢筋计算结果　检查　报表

查看工程量计算式

工程量类别：清单工程量　定额工程量

构件名称：DC-1

工程量名称：[全部]

计算机算量

体积=1.394<原始体积>-0.612<扣垫层>=0.782m3

模板面积=(0.1<厚度>*2*8.2<长度>+0.34<端头面积>)-1.06<扣垫层>=0.92m2

底部面积=13.94<原始底部面积>=13.94m2

图 6.31

【测试】

1. 客观题(扫下方二维码,进行在线测试)

2. 主观题

位于基础层中的梁都是基础梁吗？在受力上有何不同？

【知识拓展】

序号	拓展内容	扫码阅读
拓展 1	识别独立基础	
拓展 2	定义绘制筏板基础和筏板钢筋	

任务 6.2 土方工程量计量

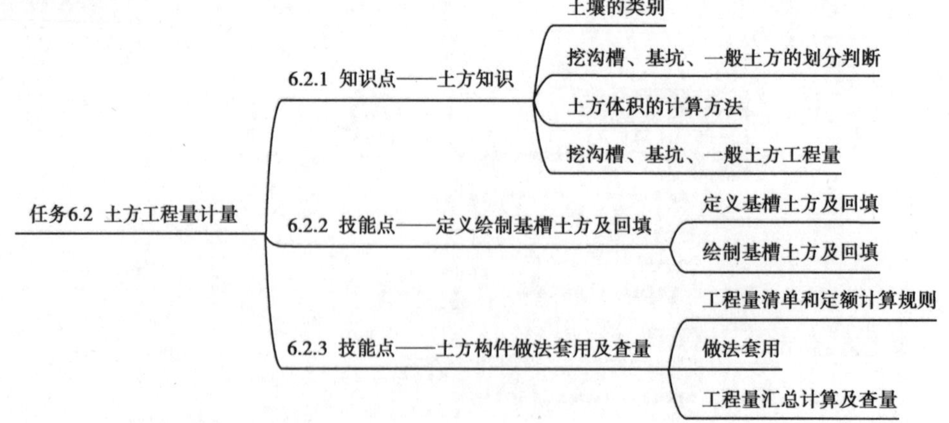

【知识与技能】

土方工程量计量的工作流程如图6.32所示。

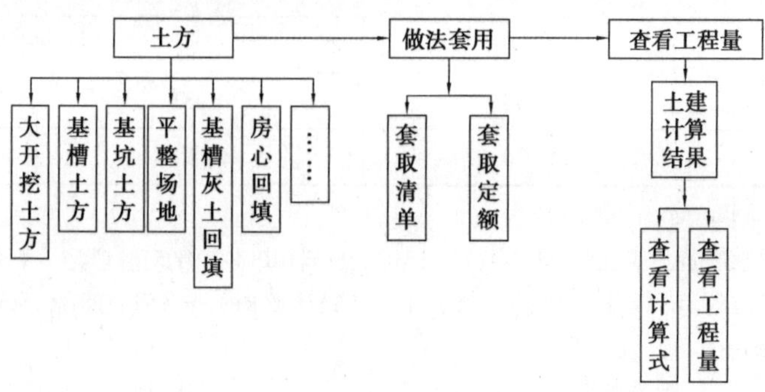

图6.32

6.2.1　知识点——土方知识

1）土壤的类别

根据2013版清单计价规范规定：在清单里面描述各类土质，如土壤类别不能准确划分时，招标人可注明为综合，由投标人根据地勘报告决定报价。土壤分类见表6.3。

表6.3　土壤分类

土壤分类	土壤名称	开挖方法
一、二类土	粉土、砂土（粉砂、细砂、中砂、粗砂、砾砂）、粉质黏土、弱中盐渍土、软土（淤泥质土、泥炭、泥炭质土）、软塑红黏土、冲填土	用锹，少许用镐、条锄开挖。机械能全部直接铲挖满载者
三类土	黏土、碎石土（圆砾、角砾）混合土、可塑红黏土、硬塑红黏土、强盐渍土、素填土、压实填土	主要用镐、条锄、少许用锹开挖。机械需部分刨松方能铲挖满载者或可直接铲挖但不能满载者
四类土	碎石土（卵石、碎石、漂石、块石）、坚硬红黏土、超盐渍土、杂填土	全部用镐、条锄挖掘，少许用撬棍挖掘。机械须普遍刨松方能铲挖满载者

注：本表土的名称及其含义按国家标准《岩土工程勘察规范（2009年版）》（GB 50021—2001）定义。

2）挖沟槽、基坑、一般土方的划分判断

①沟槽：底宽≤7 m，底长>3倍底宽。

②基坑：底长≤3倍底宽、底面积≤150 m^2。

③一般土方：超出上述范围则为一般土方。

3）土方体积的计算方法

土方体积应按挖掘前的天然密实度体积计算。非天然密实土方应按表6.4折算。

表 6.4　土方体积折算系数

天然密实度体积	虚方体积	夯实后体积	松填体积
0.77	1.00	0.67	0.83
1.00	1.30	0.87	1.08
1.15	1.50	1.00	1.25
0.92	1.20	0.80	1.00

注:①虚方指未经碾压、堆积时间≤1 年的土壤。

②本表按《全国统一建筑工程预算工程量计算规则(土建工程)》(GJDGZ-101-95)整理。

③设计密实度超过规定的,填方体积按工程设计要求执行;无设计要求的,按各省、自治区、直辖市或行业建设行政主管部门规定的系数执行。

4)挖沟槽、基坑、一般土方工程量

因工作面和放坡增加的工程量(管沟工作面增加的工程量)是否并入各土方工程量中,应按各省、自治区、直辖市或行业建设主管部门的规定实施。如并入各土方工程量中,办理工程结算时,按经发包人认可的施工组织设计规定计算,编制工程量清单时,可按表 6.5—表 6.7 的规定计算。

表 6.5　放坡系数表

土类别	放坡起点/m	人工挖土	机械挖土		
			在坑内作业	在坑上作业	顺沟槽在坑上作业
一、二类土	1.20	1:0.5	1:0.33	1:0.75	1:0.5
三类土	1.50	1:0.33	1:0.25	1:0.67	1:0.33
四类土	2.00	1:0.25	1:0.10	1:0.33	1:0.25

注:①沟槽、基坑中土类别不同时,分别按其放坡起点、放坡系数,依不同土类别厚度加权平均计算。

②计算放坡时,在交接处的重复工程量不予扣除,原槽、坑作基础垫层时,放坡自垫层上表面开始计算。

表 6.6　基础施工所需工作面宽度计算表

基础材料	每边各增加工作面宽度/mm
砖基础	200
浆砌毛石、条石基础	150
混凝土基础垫层支模板	300
混凝土基础支模板	300
基础垂直面做防水层	1 000(防水层面)

注:本表按《全国统一建筑工程预算工程量计算规则(土建工程)》(GJDGZ-101-95)整理。

表6.7　管沟施工每侧所需工作面宽度计算表

管沟材料	管道结构宽/mm			
	≤500	≤1 000	≤2 500	>2 500
混凝土及钢筋混凝土管道/mm	400	500	600	700
其他材质管道/mm	300	400	500	600

注:①本表按《全国统一建筑工程预算工程量计算规则(土建工程)》(GJDGZ-101-95)整理。

②管道结构宽:有管座的按基础外缘计算,无管座的按管道外径计算。

6.2.2　技能点——定义绘制基槽土方及回填

1)定义基槽土方及回填

基槽土方及回填可以在垫层中生成。

选择楼层为“基础层”,在导航栏中点开基础文件夹,选择“垫层(X)”,在“垫层二次编辑”工具栏中选择“生成土方”,土方类型为“基槽土方”,生成范围可以包括“基槽土方”和“灰土回填”,工作面宽度选“300”,灰土回填选项如图6.33所示。

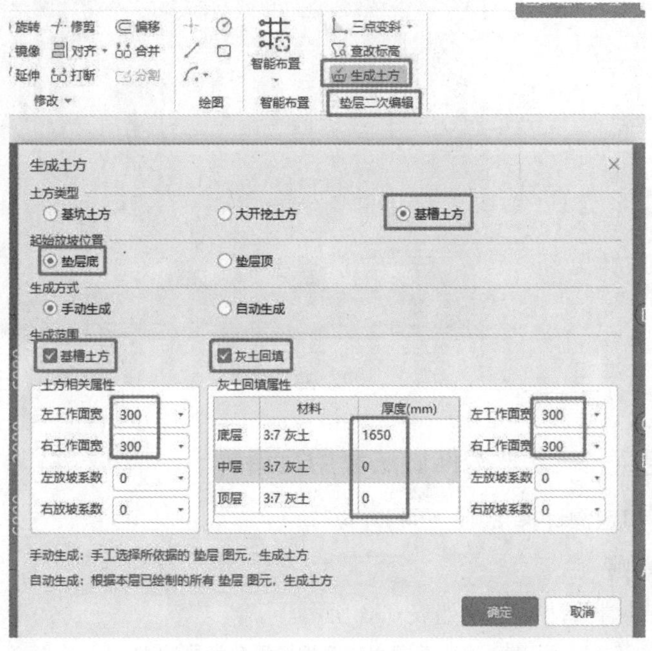

图6.33

2)绘制基槽土方及回填

框选已绘制的所有垫层图元,生成基槽土方,如图6.34所示;生成基槽灰土回填,如图6.35所示,将材质修改成3∶7灰土。

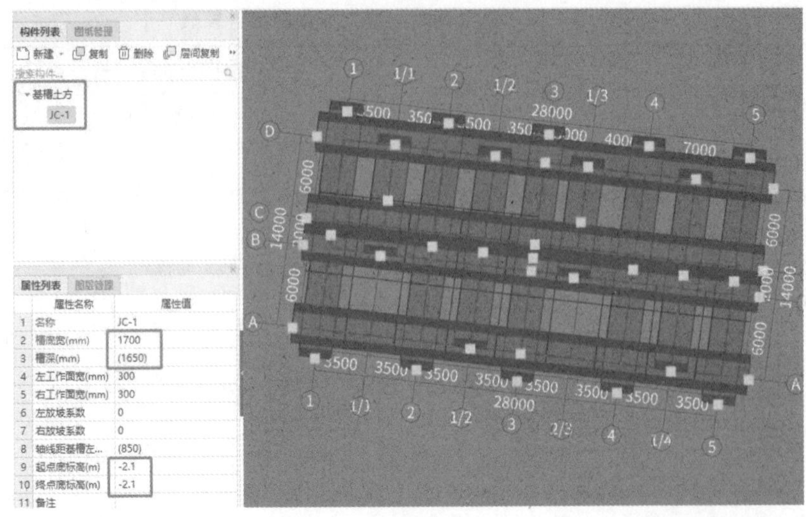

图 6.34

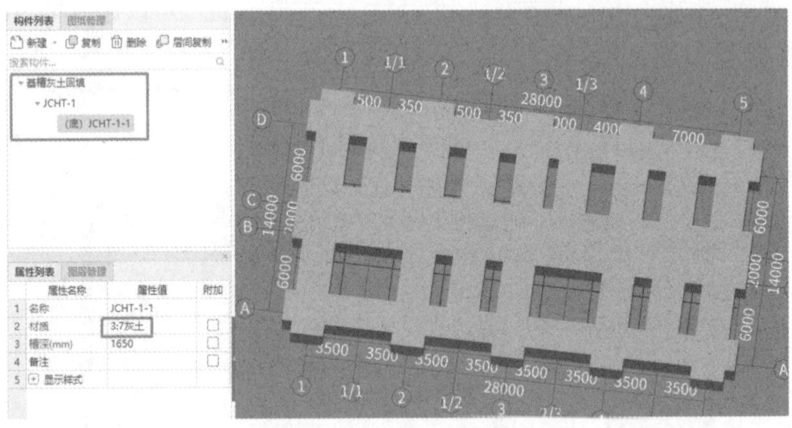

图 6.35

6.2.3 技能点——土方构件做法套用及查量

1)工程量清单和定额计算规则

(1)清单计算规则

基槽土方工程量清单计算规则如表 6.8 所示。

表 6.8 基槽土方工程量清单计算规则

项目编码	项目名称	计量单位	计算规则
010101003	挖沟槽土方	m^3	按设计图示尺寸以基础垫层底面积乘以挖土深度计算
010103001	回填方	m^3	按设计图示尺寸以体积计算: ①场地回填:回填面积乘平均回填厚度; ②室内回填:主墙间面积乘回填厚度,不扣除间隔墙; ③基础回填:按挖方清单项目工程量减去自然地坪以下埋设的基础体积(包括基础垫层及其他构筑物)

(2)定额计算规则

基槽土方工程量定额计算规则如表6.9所示。

表6.9　基槽土方工程量定额计算规则

编号	名称	计量单位	计算规则
1-58	机挖沟槽	m^3	按挖土底面积乘以挖土深度以体积计算。挖土深度超过放坡起点1.5 m时,另计算放坡土方增量
1-5	打钎拍底	m^2	按设计图示基础垫层水平投影面积计算
1-60	土方场外运输运距15 km以内	m^3	按挖土底面积乘以挖土深度以体积计算。挖土深度超过放坡起点1.5 m时,另计算放坡土方增量
1-42	土方运距每增减5 km	m^3	
1-32	基础回填 灰土3:7	m^3	按挖土体积减去室外设计地坪以下埋设的基础体积、建筑物、构筑物、垫层所占的体积,以体积计算

2)做法套用

基槽土方的清单和定额套用如图6.36所示。

添加清单　添加定额　删除　查询　项目特征　换算　做法刷　做法查询　提取做法　当前构件

	编码	类别	名称	项目特征	单位	工程量表达式	表达式说明
1	010101003	项	挖沟槽土方	1.挖土深度:2m 内 2.弃土运距:20km	m3	TFTJ	TFTJ<土方体积>
2	1-58	定	机挖沟槽		m3	TFTJ	TFTJ<土方体积>
3	1-5	定	打钎拍底		m2	JCTFDMMJ	JCTFDMMJ<基槽土方底面面积>
4	1-60 + 1-42	换	土方场外运输运距15km以内 实际运距(km):20		m3	TFTJ	TFTJ<土方体积>

图6.36

基槽灰土回填的清单和定额要在灰土回填单元中套用,如图6.37所示。

添加清单　添加定额　删除　查询　项目特征　换算　做法刷　做法查询　提取做法　当前构件

	编码	类别	名称	项目特征	单位	工程量表达式	表达式说明
1	010103001	项	回填方	1.填方材料品种:3:7灰土 2.填方来源、运距:20km	m3	HTHTTJ	HTHTTJ<基槽灰土回填体积>
2	1-32	定	基础回填 灰土 3:7		m3	HTHTTJ	HTHTTJ<基槽灰土回填体积>
3	1-60 + 1-42	换	土方场外运输运距15km以内 实际运距(km):20		m3		

图6.37

3)工程量汇总计算及查量

工程量汇总计算之后,可以查看基槽土方的土建工程量,如图6.38所示;基槽灰土回填的土建计算式,如图6.39所示。

查看构件图元工程量

构件工程量 做法工程量

◉ 清单工程量 ○ 定额工程量 ☑ 显示房间、组合构件量 ☑ 只显示标准层单层量

	名称	工程量名称					
		土方体积(m3)	挡土板面积(m2)	基槽土方侧面面积(m2)	基槽土方底面面积(m2)	基槽长度(m)	素土回填体积(m3)
1	JC-1	842.8024	384.156	384.156	440.9876	263.0001	115.1729
2	合计	842.8024	384.156	384.156	440.9876	263.0001	115.1729

图 6.38

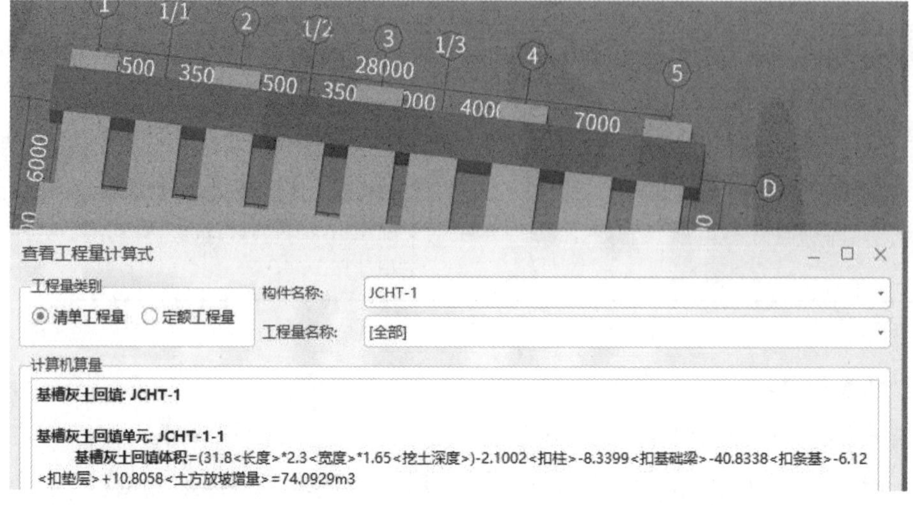

图 6.39

【测试】

1. 客观题(扫下方二维码,进行在线测试)

2. 主观题

基础回填土的体积是用挖土体积减去哪些体积?

【知识拓展】

序号	拓展内容	扫码阅读
拓展	室外地坪	

项目 7 查看报表及云应用

【教学目标】

1. 知识目标

(1)掌握报表查看。

(2)掌握云检查、云指标等云应用。

2. 能力目标

(1)能够熟练查看报表。

(2)能够应用云检查、云指标分析改正计量文件。

3. 素养目标

(1)培养较强的信息收集、查阅、处理能力等信息素养(建议:讲解云检查、云指标分析时体会)。

(2)培养准确高效工作的能力,具备过硬的业务能力,践行爱国情怀。

(3)具备高效准确工作的能力,实现家国情怀(建议:进行检查、云指标分析时体会)。

【教学载体】配套使用员工宿舍楼图纸和教材提供的数字资源。

【建议学时】2 学时

任务 7.1 查看报表

【知识与技能】

任务7.1 查看报表

- 7.1.1 技能点——查看报表功能
- 7.1.2 技能点——查看钢筋报表量
- 7.1.3 技能点——查看土建报表量

工程量汇总计算之后的报表，包括工程钢筋报表量、土建报表量和装配式报表量，可以展示工程数量并对工程量进行不同范围、不同类型的分类，方便对工程量的了解和分析。查看报表可以按楼层、按构件、按部位进行各类查看，还可以进行报表反查，直接定位到图元，十分方便。

7.1.1　技能点—— 查看报表功能

全楼汇总计算之后，可以在工程量模块栏→报表标题栏中查看报表，包括整个工程钢筋报表量、土建报表量和装配式报表量（如有权限）。报表查看可以设置报表范围，如图 7.1 所示；导出 Excel 文件，如图 7.2 所示。

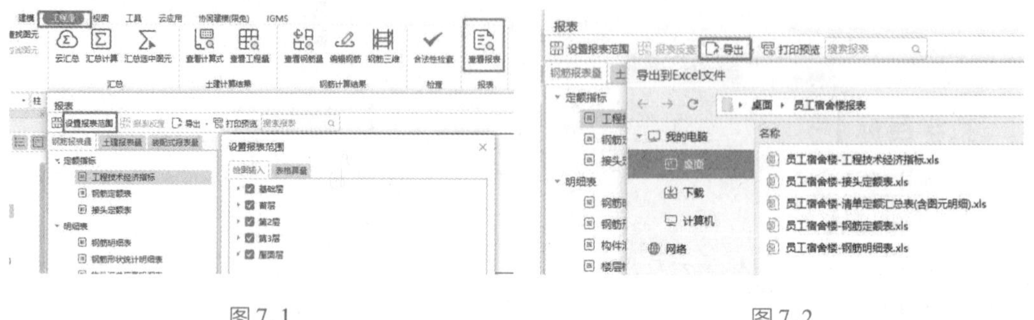

图 7.1　　　　图 7.2

可以进行打印预览和打印，如图 7.3 所示；进行报表反查，在报表中选中某项内容，如图 7.4 所示；双击鼠标左键，结果如图 7.5 所示。

定额号	定额项目	单位	钢筋量
5-294	现浇构件圆钢筋直径为6.5	t	
5-295	现浇构件圆钢筋直径为8	t	
5-296	现浇构件圆钢筋直径为10	t	0.246
5-297	现浇构件圆钢筋直径为12	t	

图 7.3

图 7.4

7.1.2　技能点—— 查看钢筋报表量

包括查看定额指标、明细表和汇总表，如图 7.6 所示。定额指标中工程技术经济指标如图 7.7 所示；钢筋定额表示例如图 7.8 所示；明细表中钢筋明细表示例如图 7.9 所示；构件汇总信息明细表示例如图 7.10 所示;汇总表中楼层构件类型级别直径汇总表示例如图 7.11 所示。

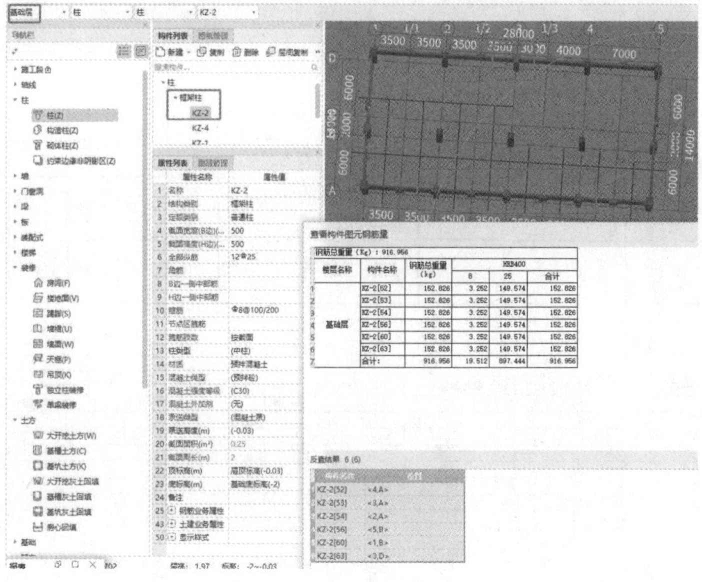

图 7.5

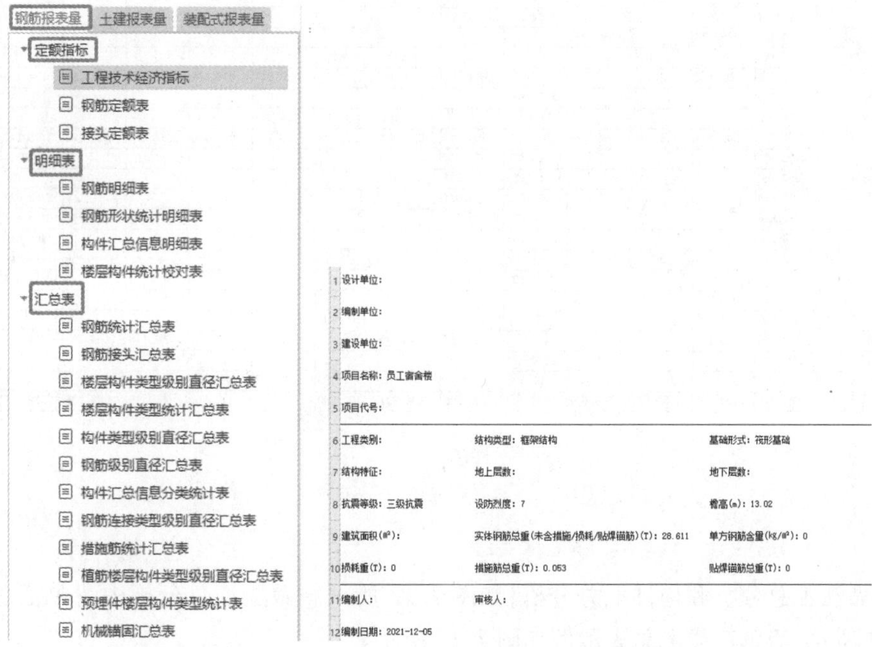

图 7.6　　　　图 7.7

	定额号	定额项目	单位	钢筋量
1	5-294	现浇构件圆钢筋直径为6.5	t	
2	5-295	现浇构件圆钢筋直径为8	t	
3	5-296	现浇构件圆钢筋直径为10	t	0.057
4	5-297	现浇构件圆钢筋直径为12	t	
5	5-298	现浇构件圆钢筋直径为14	t	

图 7.8

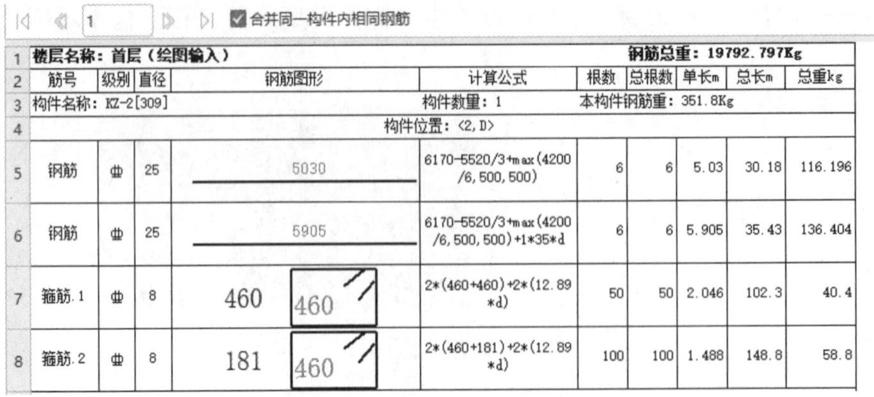

☑合并同一构件内相同钢筋

	筋号	级别	直径	钢筋图形	计算公式	根数	总根数	单长m	总长m	总重kg
1	楼层名称：首层（绘图输入）				钢筋总重：19792.797Kg					
3	构件名称：KZ-2[309]				构件数量：1	本构件钢筋重：351.8Kg				
4	构件位置：<2, D>									
5	钢筋	ф	25	5030	6170-5520/3+max(4200/6,500,500)	6	6	5.03	30.18	116.196
6	钢筋	ф	25	5905	6170-5520/3+max(4200/6,500,500)+1*35*d	6	6	5.905	35.43	136.404
7	箍筋.1	ф	8	460 460	2*(460+460)+2*(12.89*d)	50	50	2.046	102.3	40.4
8	箍筋.2	ф	8	181 460	2*(460+181)+2*(12.89*d)	100	100	1.488	148.8	58.8

图 7.9

	汇总信息	汇总信息钢筋总重kg	构件名称	构件数量	HPB300	HRB335	HRB400	RRB400
1	楼层名称：首层（绘图输入）				566.081	985.896	18191.86	48.96
2	板负筋	1199.341	FJ-C8@150	1			172.97	
3			FJ-C8@200	1			1026.371	
4			合计				1199.341	
5			h-100[754]	1			13.689	
6			h-100[733]	1			81.868	
7			h-100[737]	1			56.983	
8			h-100[731]	1			78.347	

图 7.10

	楼层名称	构件类型	钢筋总重kg	HPB300		HRB335	HRB400									RRB400
				6	10	12	8	10	12	14	16	18	20	22	25	14
1	首层	柱	6087.94				1287.946	552.3							4198.734	48.96
2		构造柱	1314.433	328.537		985.896										
3		过梁	403.146	72.756	56.676				166.722	106.992						
4		梁	8872.545	108.112			1177.13	414.387	602.08		230.044	409.474	652.115	2004.765	3274.438	
5		现浇板	2770.671				2770.671									
6		楼梯	344.062				98.702		116.102	25.89	103.368					
7		合计	19792.797	509.405	56.676	985.896	5334.449	966.687	884.904	132.882	333.412	409.474	652.115	2004.765	7473.172	48.96
8	第2层	柱	4273.186				718.852	320.334							3234	
9		合计	4273.186				718.852	320.334							3234	
10	第3层	柱	3752.878				718.852	320.334							2713.692	
11		合计	3752.878				718.852	320.334							2713.692	
12	屋面层	柱	845.15				99.152	276.15							469.848	
13		合计	845.15				99.152	276.15							469.848	
14	全部层汇总	柱	14959.154				2824.802	1469.118							10616.274	48.96
15		构造柱	1314.433	328.537		985.896										
16		过梁	403.146	72.756	56.676				166.722	106.992						
17		梁	8872.545	108.112			1177.13	414.387	602.08		230.044	409.474	652.115	2004.765	3274.438	
18		现浇板	2770.671				2770.671									
19		楼梯	344.062				98.702		116.102	25.89	103.368					
20		合计	28664.011	509.405	56.676	985.896	6871.305	1883.505	884.904	132.882	333.412	409.474	652.115	2004.765	13890.712	48.96

图 7.11

7.1.3 技能点——查看土建报表量

包括做法汇总分析和构件汇总分析，如图 7.12 所示。做法汇总分析中清单汇总表示例如图 7.13 所示，清单定额汇总表示例如图 7.14 所示。

构件汇总分析中绘图输入工程量汇总表示例如图 7.15 所示，绘图输入构件工程量结算书示例如图 7.16 所示，此两项可以设置批量导出，如图 7.17 所示。

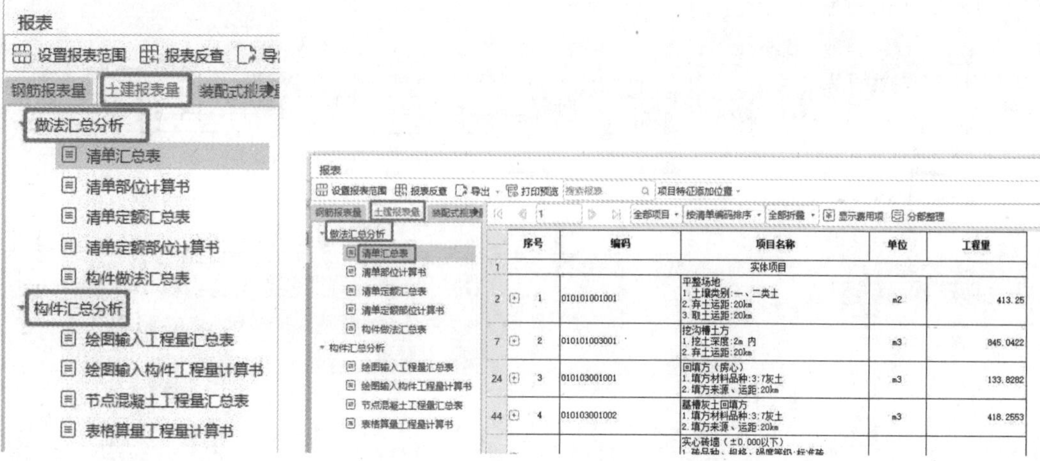

图 7.12

	序号	编码	项目名称	单位	工程量
1			实体项目		
2	1	010101001001	平整场地 1.土壤类别:一、二类土 2.弃土运距:20km 3.取土运距:20km	m2	413.25
7	2	010101003001	挖沟槽土方 1.挖土深度:2m 内 2.弃土运距:20km	m3	845.0422
24	3	010103001001	回填方（房心） 1.填方材料品种:3:7灰土 2.填方来源、运距:20km	m3	133.8282
44	4	010103001002	基槽灰土回填方 1.填方材料品种:3:7灰土 2.填方来源、运距:20km	m3	418.2553
			实心砖墙（±0.000以下）		

图 7.13

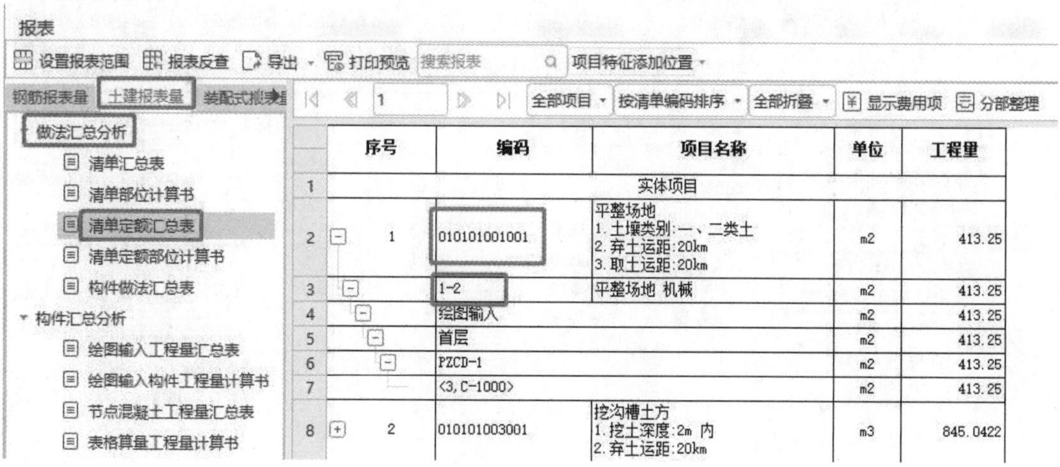

报表
设置报表范围　报表反查　导出　打印预览　搜索报表　项目特征添加位置
钢筋报表量　土建报表量　装配式报表量
做法汇总分析
清单汇总表
清单部位计算书
清单定额汇总表
清单定额部位计算书
构件做法汇总表
构件汇总分析
绘图输入工程量汇总表
绘图输入构件工程量计算书
节点混凝土工程量汇总表
表格算量工程量计算书
1　全部项目　按清单编码排序　全部折叠　显示费用项　分部整理

	序号	编码	项目名称	单位	工程量
1			实体项目		
2	1	010101001001	平整场地 1.土壤类别:一、二类土 2.弃土运距:20km 3.取土运距:20km	m2	413.25
3		1-2	平整场地 机械	m2	413.25
4		绘图输入		m2	413.25
5		首层		m2	413.25
6		PZCD-1		m2	413.25
7		<3,C-1000>		m2	413.25
8	2	010101003001	挖沟槽土方 1.挖土深度:2m 内 2.弃土运距:20km	m3	845.0422

图 7.14

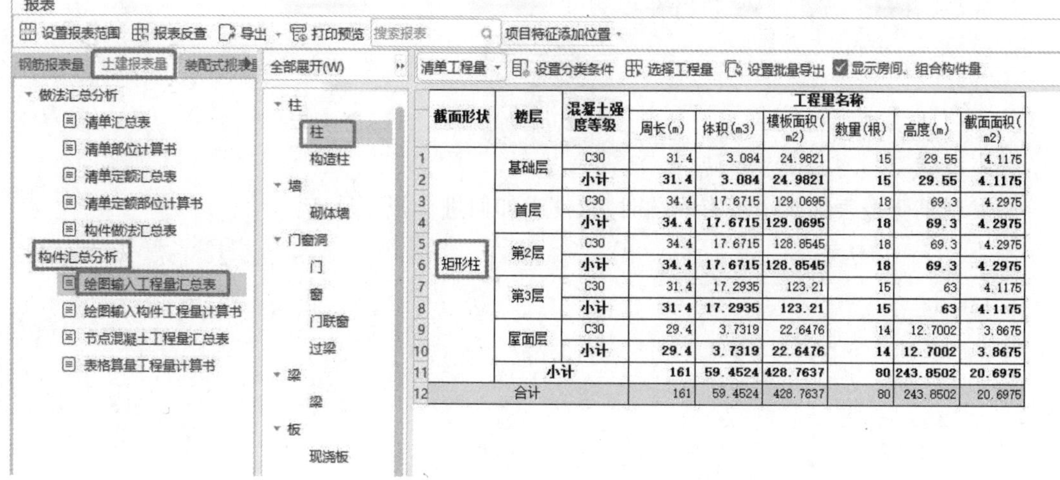

	截面形状	楼层	混凝土强度等级	周长(m)	体积(m3)	模板面积(m2)	数量(根)	高度(m)	截面面积(m2)
1	矩形柱	基础层	C30	31.4	3.084	24.9821	15	29.55	4.1175
2			小计	31.4	3.084	24.9821	15	29.55	4.1175
3		首层	C30	34.4	17.6715	129.0695	18	69.3	4.2975
4			小计	34.4	17.6715	129.0695	18	69.3	4.2975
5		第2层	C30	34.4	17.6715	128.8545	18	69.3	4.2975
6			小计	34.4	17.6715	128.8545	18	69.3	4.2975
7		第3层	C30	31.4	17.2935	123.21	15	63	4.1175
8			小计	31.4	17.2935	123.21	15	63	4.1175
9		屋面层	C30	29.4	3.7319	22.6476	14	12.7002	3.8675
10			小计	29.4	3.7319	22.6476	14	12.7002	3.8675
11		小计		161	59.4524	428.7637	80	243.8502	20.6975
12	合计			161	59.4524	428.7637	80	243.8502	20.6975

图 7.15

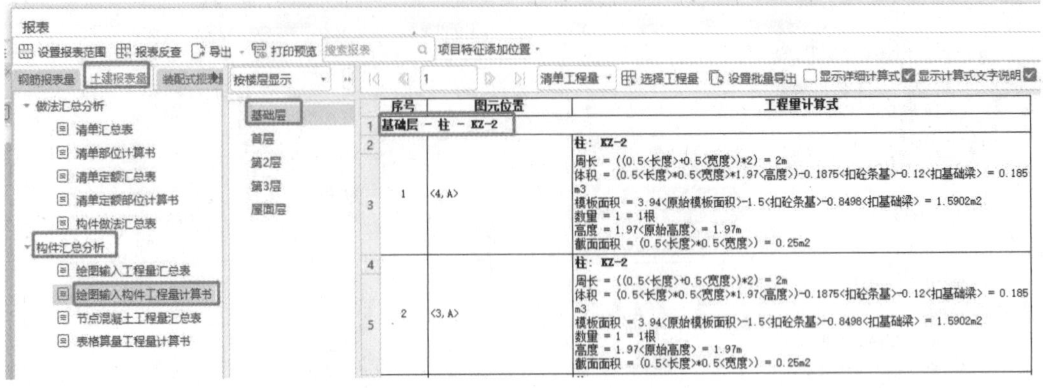

图 7.16

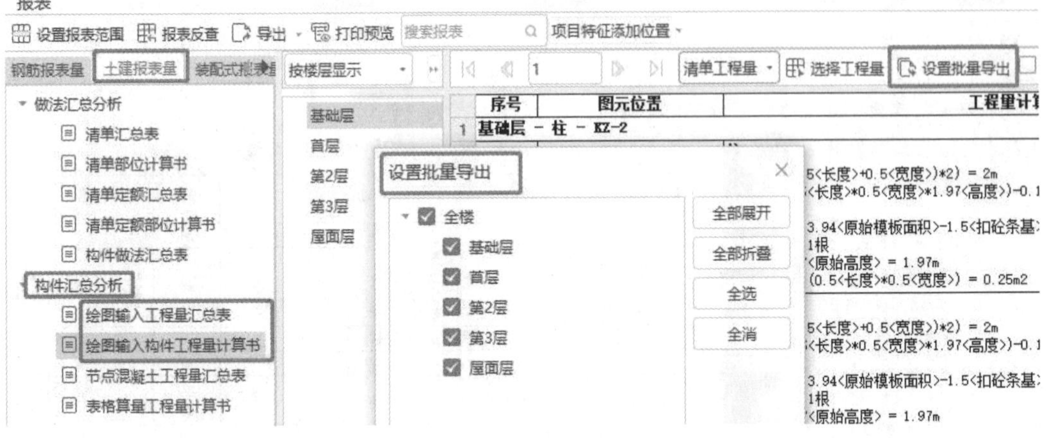

图 7.17

【测试】

1. 客观题(扫下方二维码,进行在线测试)

2. 主观题

当发现某张报表的某个量有问题时,软件中如何进行报表反查?

【知识拓展】

序号	拓展内容	扫码阅读
拓展	查询外部清单	

任务 7.2　云应用

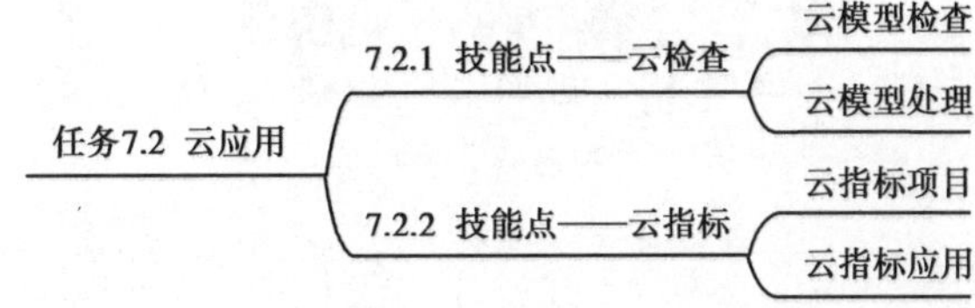

【知识与技能】

7.2.1　技能点——云检查

软件中的云应用包括规则下载中的"云规则",汇总计算中的"云汇总",工程审核中的"云检查""云指标",工程对量中的"云对比",如图 7.18 所示。

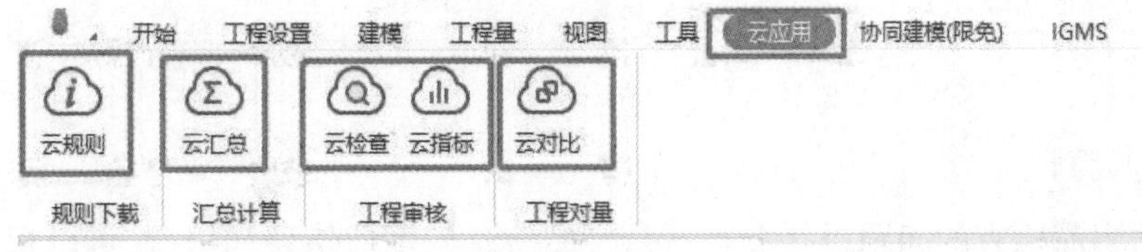

图 7.18

算量模型绘制及汇总计算之后,使用"云检查"功能可以协助进行整楼检查、当前层检查和自定义检查,如图 7.19 所示,并对检查结果进行查看、处理。

图 7.19

1) 云模型检查

单击“＊＊检查”之后,软件自动根据内置的规则进行检查,也可以根据工程的情况修改规则设置,结果列表如图 7.20 所示。

图 7.20

2) 云模型处理

软件根据当前检查的问题进行分类,包含确定错误、疑似错误和提醒,可以根据问题的等级分别处理。

(1) 定位

希望能找到问题图元或具体的错误位置,单击错误右侧的“定位”如图 7.21 所示,根据图纸修改。

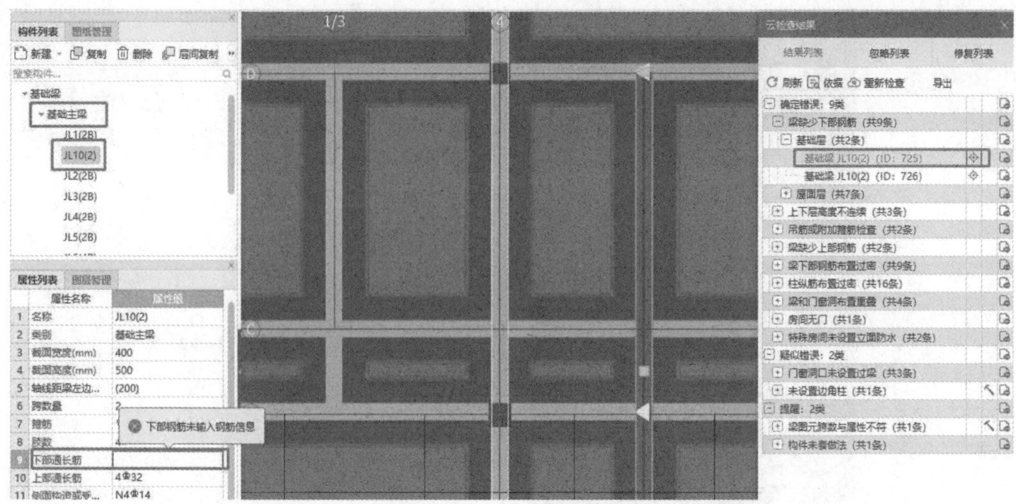

图 7.21

(2)修复

有些错误可依靠软件内置的一些修复规则自动修复，单击错误右侧“修复”标志即可，如图7.22 所示。

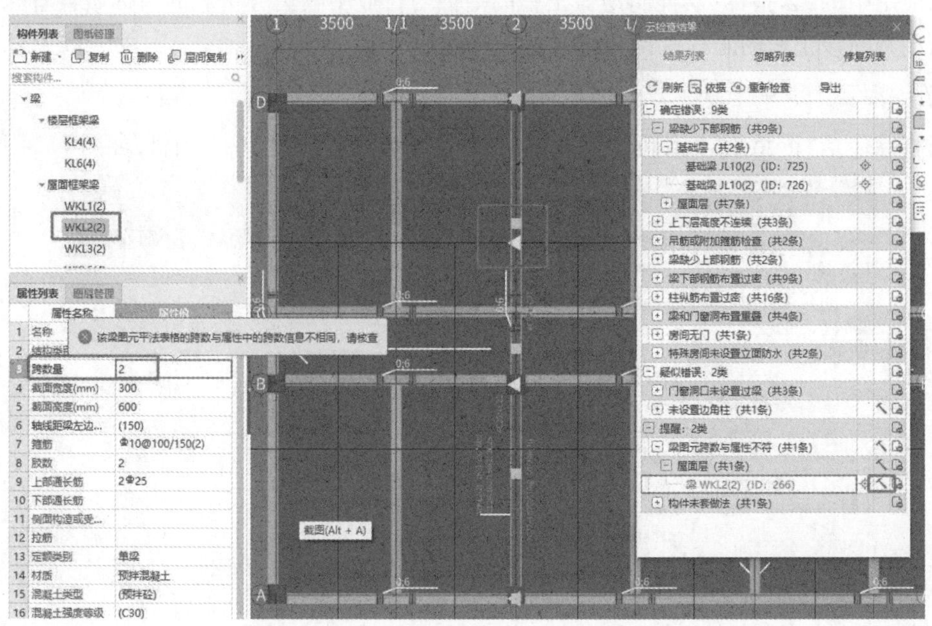

图 7.22

(3)忽略

经排查，某些不算错误的问题可以忽略，单击错误右侧“忽略”标志即可，如图 7.23 所示。

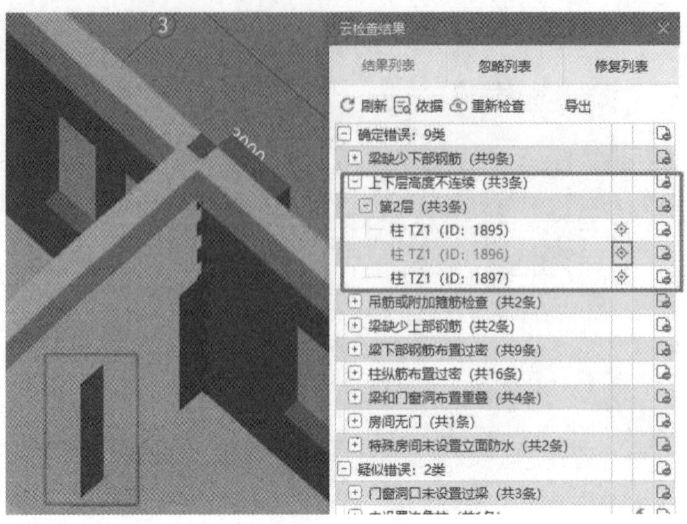

图 7.23

7.2.2　技能点——云指标

云应用中的"云指标"功能将所做工程的指标与行业中收集分析后的指标做查看和对比，从而帮助判断该工程的工程量计算结果是否合理。

1）云指标项目

云指标包括"汇总表""钢筋""混凝土""模板""装修""其他"6 个项目，如图 7.24 所示。

云指标　设置预警值　导入对比工程　导出为Excel　选择云端模板　工程量汇总规则

汇总表：工程指标汇总表
钢筋：部位楼层指标表、构件类型楼层指标表
混凝土：部位楼层指标表、构件类型楼层指标表
模板：部位楼层指标表、构件类型楼层指标表
装修：装修指标表
其他：砌体指标表

未检测到预警指标，请 设置预警值 即可帮您贴心判断，或者您也可以 导入指标

工程指标汇总表

总建筑面积（m2）：1239.76

	指标项	单位	清单工程量	1m2单位建筑面积指标
1	挖土方	m3	845.043	0.682
2	混凝土	m3	720.069	0.581
3	钢筋	kg	81991.662	66.136
4	模板	m2	3952.426	3.188
5	砌体	m3	454.977	0.367
6	防水	m2	454.044	0.366
7	墙体保温	m2	-	-
8	外墙面抹灰	m2	1131.692	0.913
9	内墙面抹灰	m2	2903.108	2.342
10	踢脚面积	m2	133.353	0.108
11	楼地面	m2	1099.094	0.887
12	天棚抹灰	m2	4.29	0.003
13	吊顶面积	m2	1065.889	0.86
14	门	m2	146.16	0.118
15	窗	m2	135	0.109

图 7.24

（1）工程指标汇总表

汇总表中的"工程指标汇总表"展现"指标项""单位""清单工程量""1 m^2 单位建筑面积指标"，如图 7.25 所示。

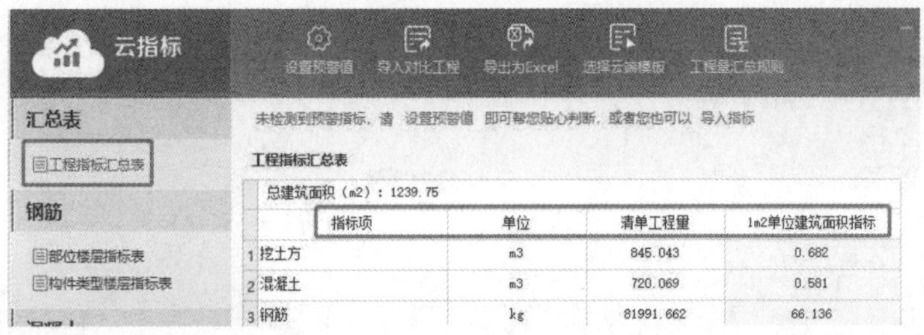

图 7.25

(2) 部位楼层指标表

钢筋、混凝土、模板都可以查看“部位楼层指标表”，以钢筋为例，如图 7.26 所示。

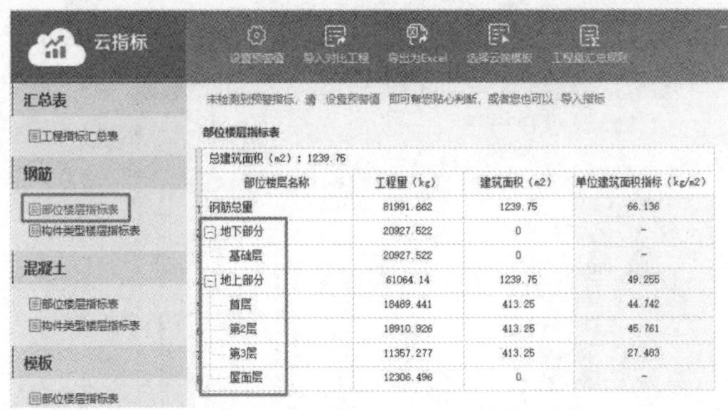

图 7.26

(3) 构件类型楼层指标表

钢筋、混凝土、模板也可以查看“构件类型楼层指标表”，以混凝土为例，如图 7.27 所示。

图 7.27

2) 云指标应用

(1) 设置预警值

为核对指标数据是否合理，可设置预警值或直接导入指标，如图 7.28 所示，导入的指标，如图 7.29 所示。

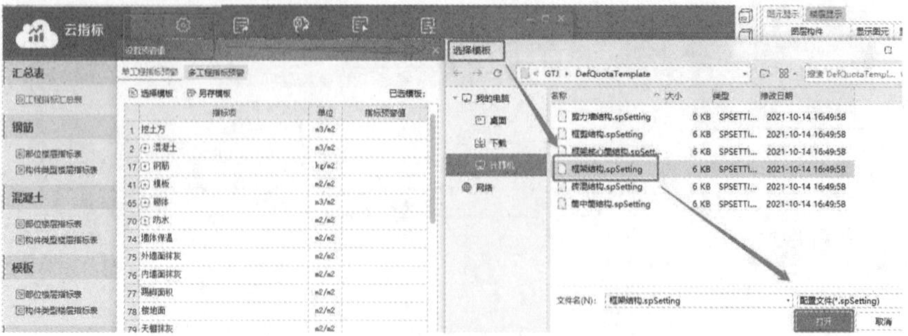

图 7.28

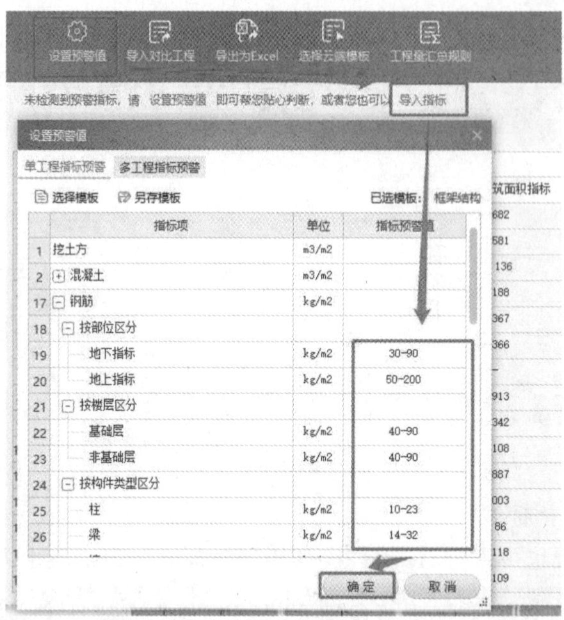

图 7.29

(2)导入对比工程

导入一个对比工程，如图 7.30 所示，指标差值和指标偏差率如图 7.31 所示。

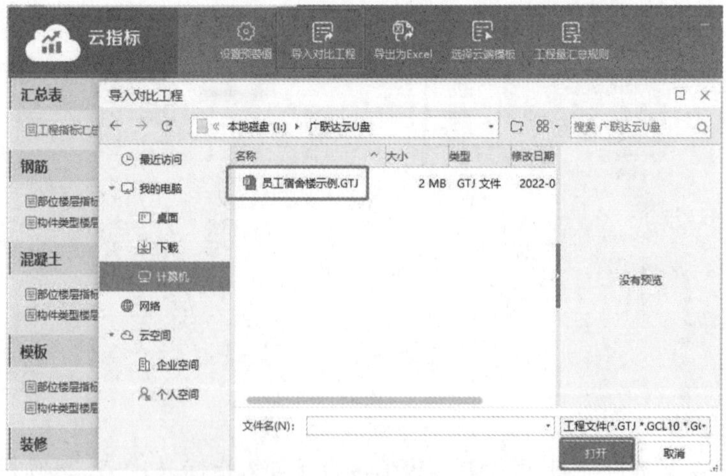

图 7.30

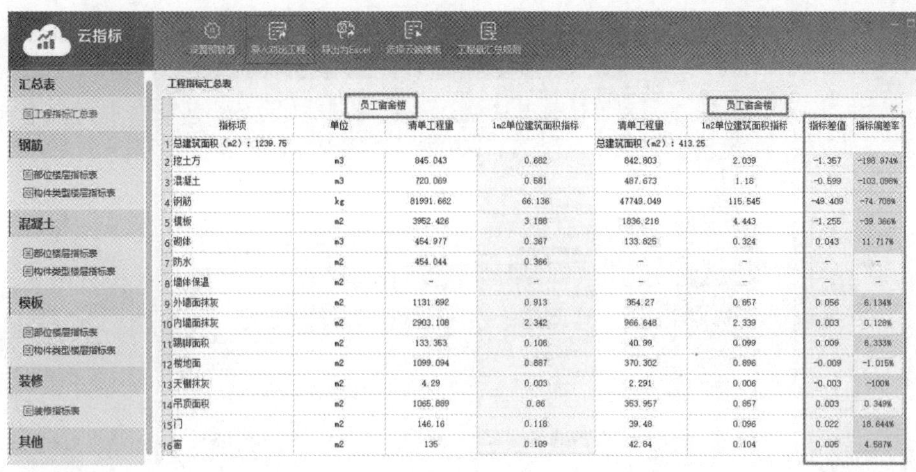

	员工宿舍楼				员工宿舍楼		
指标项	单位	清单工程量	1m2单位建筑面积指标	清单工程量	1m2单位建筑面积指标	指标差值	指标偏差率
1 总建筑面积（m2）：1239.75				总建筑面积（m2）：413.25			
2 挖土方	m3	845.043	0.682	842.803	2.039	-1.357	-198.974%
3 混凝土	m3	720.069	0.581	487.673	1.18	-0.599	-103.098%
4 钢筋	kg	81991.662	66.136	47749.049	115.545	-49.409	-74.708%
5 模板	m2	3952.426	3.188	1836.218	4.443	-1.255	-39.366%
6 砌体	m3	454.977	0.367	133.825	0.324	0.043	11.717%
7 防水	m2	454.044	0.366	-	-	-	-
8 墙体保温	m2	-	-	-	-	-	-
9 外墙面抹灰	m2	1131.692	0.913	354.27	0.857	0.056	6.134%
10 内墙面抹灰	m2	2903.108	2.342	966.648	2.339	0.003	0.128%
11 踢脚面积	m2	133.353	0.108	40.99	0.099	0.009	8.333%
12 楼地面	m2	1099.094	0.887	370.302	0.896	-0.009	-1.015%
13 天棚抹灰	m2	4.29	0.003	2.291	0.006	-0.003	-100%
14 吊顶面积	m2	1065.889	0.86	353.957	0.857	0.003	0.349%
15 门	m2	146.16	0.118	39.48	0.096	0.022	18.644%
16 窗	m2	135	0.109	42.84	0.104	0.005	4.587%

图 7.31

(3)导出为 Excel

可以将这些表格导出为 Excel 文件,如图 7.32 所示。

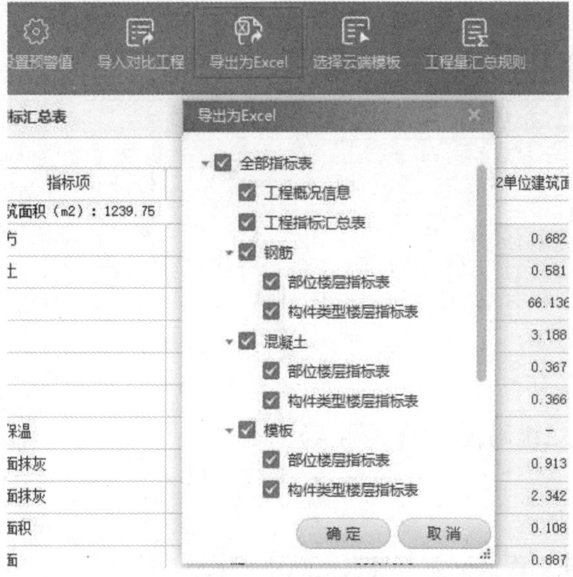

图 7.32

(4)选择云端模板

登录广联云账号,使用云端模板,如图 7.33 所示。

(5)工程量汇总规则

工程量汇总规则,如图 7.34 所示。

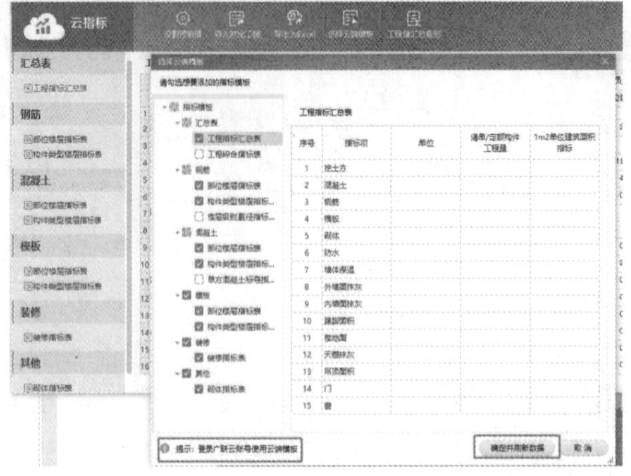

图 7.33

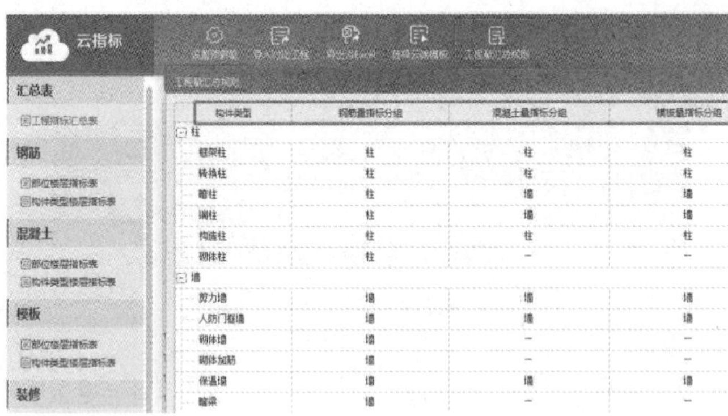

图 7.34

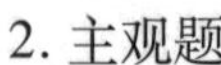

【测试】

1. 客观题(扫右边二维码,进行在线测试)

2. 主观题

为什么云指标钢筋工程量汇总与报表汇总不一致?

【知识拓展】

序号	拓展内容	扫码阅读
拓展	云应用	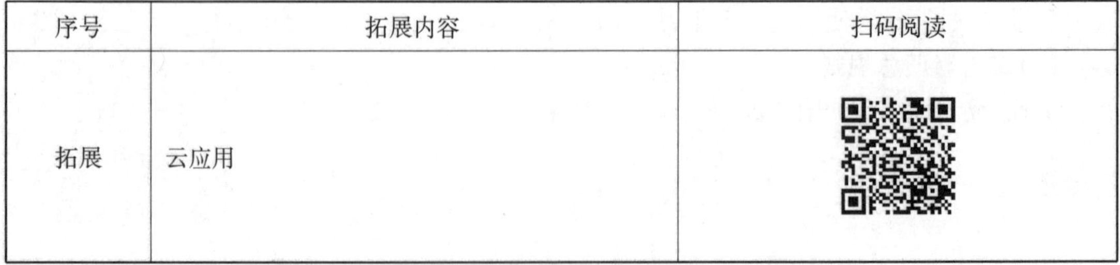

项目 8 装配式建筑工程量计量

【教学目标】

1. 知识目标

(1)熟悉装配式建筑基本概念、装配率。

(2)熟悉装配式建筑结构体系。

(3)熟悉装配式建筑生产流程和施工流程。

(4)熟悉预制柱、预制墙处理思路。

(5)熟悉叠合梁、叠合板处理思路。

2. 能力目标

(1)认识装配式建筑,能看懂结构体系、生产流程、施工流程和装配率。

(2)知道预制柱、预制墙、叠合梁、叠合板的处理思路。

3. 素养目标

(1)培养学生的好奇心和想象力,以及不畏困难、坚持不懈的科学精神。

(2)培养学生乐学、善学的学习精神。

(3)培养学生乐于求知、不畏困难、坚持不懈的科学精神(建议:学习装配式建筑概念时,引入北京城市副中心政府办公大楼装配式建筑典型案例,使学生感受勇于探究的科学精神)。

(4)具有积极的学习态度和浓厚的学习兴趣(建议:进行预制构件处理思路学习时,结合世界各国先进装配式技术,使学生乐学、善学)。

【教学载体】配套使用员工宿舍楼图纸和教材提供的数字资源。

【建议学时】4 学时

任务 8.1 装配式建筑基本知识

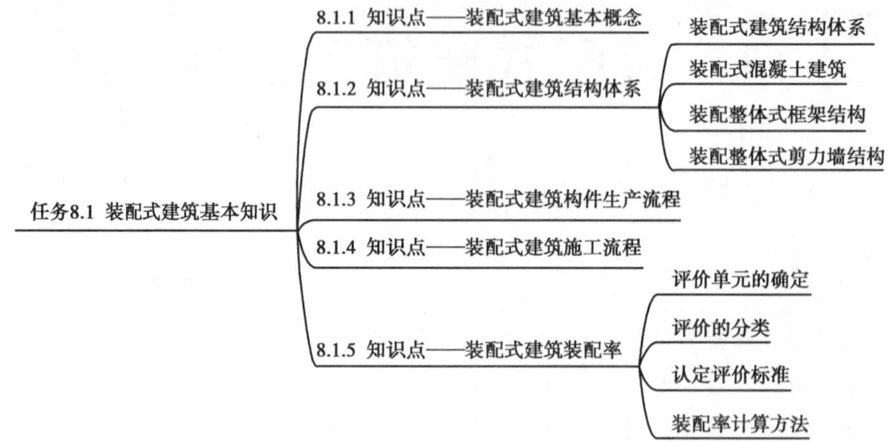

【知识与技能】

8.1.1 知识点——装配式建筑基本概念

装配式建筑是指结构系统、外围护系统、设备与管线系统、内装系统的主要部分采用预制部品部件集成的建筑。其中,建筑的结构系统由混凝土部件(预制构件)构成的装配式建筑,称为装配式混凝土建筑。

装配式建筑把传统建造方式中的大量现场作业转移到工厂进行,在工厂加工制作好建筑用部品部件,运输到建筑施工现场,通过可靠的连接方式在现场将建筑装配而成。装配式建筑采用标准化设计、工厂化生产、装配化施工、信息化管理、一体化装修和智能化应用,是现代工业化的生产方式。大力发展装配式建筑,是推进建筑业转型发展的重要方式。

8.1.2 知识点——装配式建筑结构体系

1)装配式建筑结构体系

装配式建筑分为构件装配式和模块装配式,构件装配式包括装配式混凝土建筑、钢结构建筑木结构建筑和钢-混凝土混合结构。模块装配式包括 3D 模块建筑、整体卫生间,如图 8.1 所示。

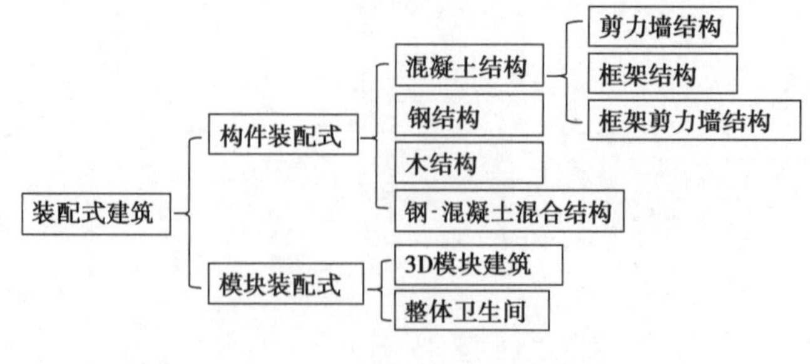

图 8.1

2) 装配式混凝土建筑

装配式混凝土建筑类型及最大适用高度如表8.1所示。

表8.1 装配式混凝土建筑类型及最大适用高度

结构类型	抗震设防烈度			
	6度	7度	8度(0.20 g)	8度(0.30 g)
装配整体式框架结构	60	50	40	30
装配整体式框架-现浇剪力墙结构	130	120	100	80
装配整体式框架-现浇核心筒结构	150	130	100	90
装配整体式剪力墙结构	130(120)	110(100)	90(80)	70(60)
装配整体式部分框支剪力墙结构	110(100)	90(80)	70(60)	40(30)

注:①房屋高度是指室外地面到主要屋面的高度,不包括局部突出屋顶的部分;

②部分框支剪力墙结构是指地面以上有部分框支剪力墙的剪力墙结构,不包括仅个别框支墙的情况。

装配整体式剪力墙结构——常用预制构件详解如图8.2所示。

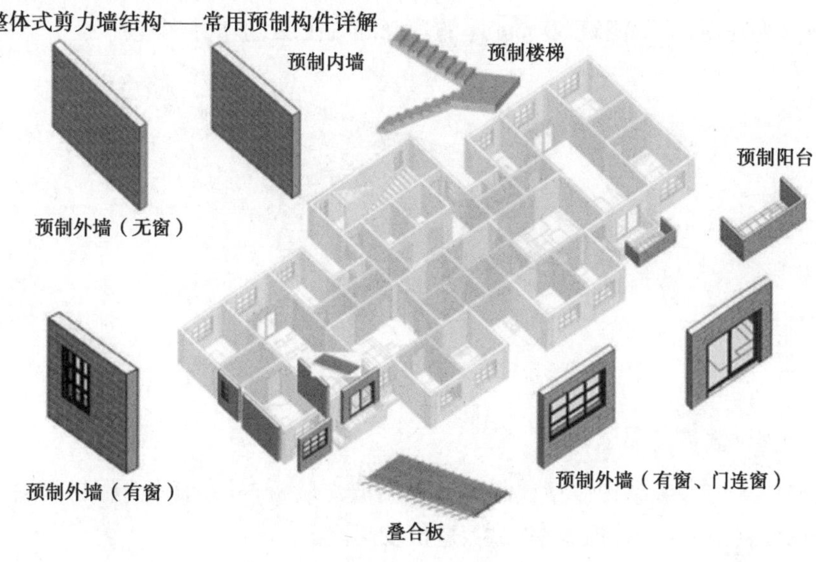

图8.2

3) 装配整体式框架结构

装配整体式框架结构包括预制混凝土框架柱、预制叠合梁+外挂墙板+叠合板,预制率较高。

(1) 预制混凝土框架柱

预制混凝土框架柱(以下简称"预制柱")是建筑物的主要竖向结构受力构件,一般采用矩形截面,如图8.3所示。预制柱采用套筒进行上下层连接,施工中通常柱梁头位置采用现浇混凝土浇筑。

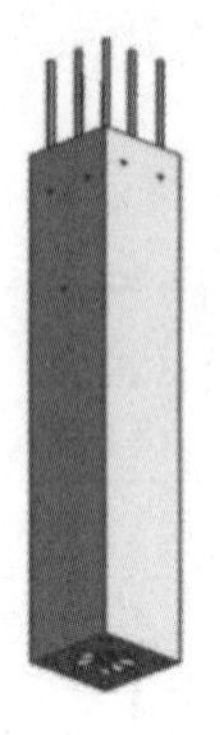
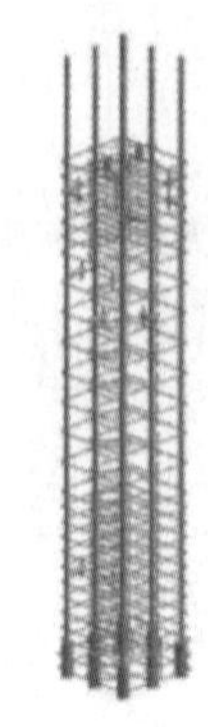

图 8.3

图 8.4

(2)预制叠合梁

叠合梁在工厂加工时,通常将梁的下部钢筋、侧面钢筋、箍筋浇筑在叠合梁内,如图 8.4 所示。当梁吊装完成后再绑扎梁上部钢筋,以及柱梁头、主次梁梁头钢筋,并浇筑现浇混凝土。

(3)叠合板

叠合板采用桁架与现浇层结合,如图 8.5 所示。桁架钢筋混凝土叠合板厚度通常为 60 mm,顶部为糙面,上部浇筑 80 mm 厚的现浇混凝土层,形成整个楼板。

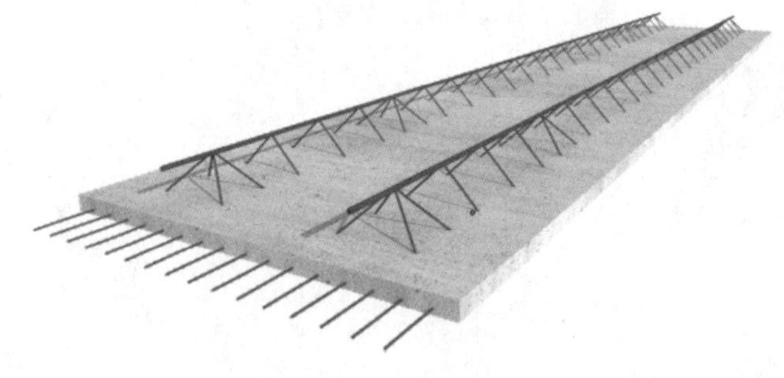

图 8.5

4)装配整体式剪力墙结构

装配整体式剪力墙结构包括预制夹心保温剪力墙板、外墙面板、预制内墙板、叠合板,竖向钢筋采用套筒灌浆技术,预制率较高、造价较高。

(1)预制夹心保温剪力墙板

预制夹心保温剪力墙板的特点是墙体分为三层,分别为内叶墙、保温层和外叶墙,并通过拉结件将三者牢固地结合在一起,如图 8.6 所示。预制墙板的各层尺寸是不同的,通常内叶墙为 200 mm,保温层为 70 mm,外叶墙为 60 mm。保温层及装饰保护层伸出部分可作为现浇段混凝土的外侧模板。

(2)外墙面板(PCF 板)

PCF 板是一种外墙保温预制构件,通常为 100 mm 厚,其外装饰混凝土为 50 mm 厚、保温层为 50 mm 厚,通常在外墙拐角处,如图 8.7 所示。PCF 板内侧绑扎钢筋,并浇筑混凝土,PCF 板起后浇混凝土外侧模板的作用。

图8.6

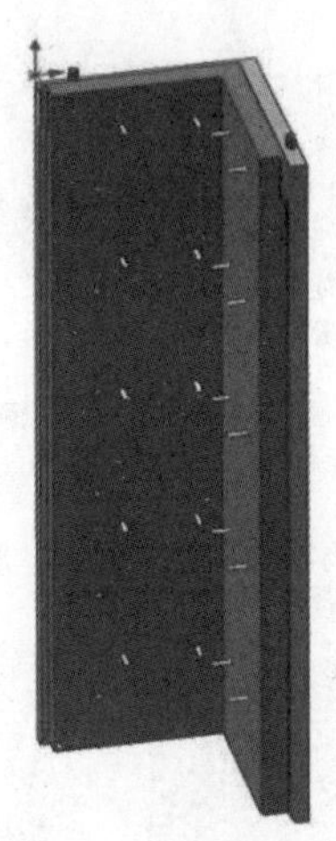

图8.7

(3)预制内墙

预制混凝土剪力墙板为承重墙如图8.8所示,相对预制外墙工艺比较简单。

(4)叠合板

叠合板采用桁架与现浇层结合,如图8.9所示。桁架钢筋混凝土叠合板厚度通常为60 mm,顶部为糙面,上部浇筑80 mm厚的现浇混凝土层,形成整个楼板。

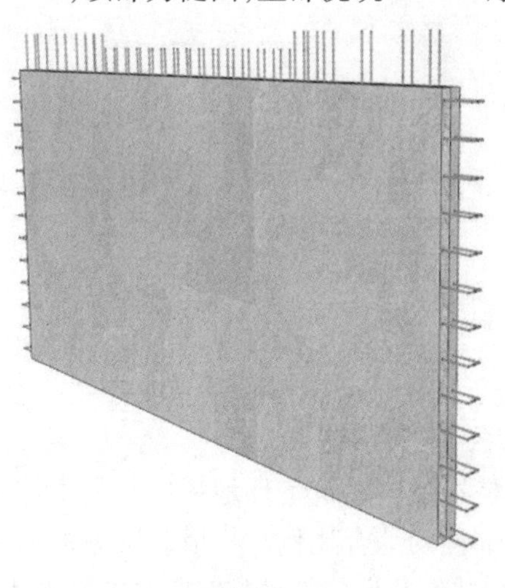

图8.8

图8.9

8.1.3 知识点——装配式建筑构件生产流程

装配式建筑构件生产流程如图8.10所示。

8.1.4 知识点——装配式建筑施工流程

装配式建筑施工流程以预制混凝土剪力墙构件安装施工(注浆法)为例,如图8.11所示。

图 8.10

图 8.11

8.1.5 知识点——装配式建筑装配率

装配式建筑的装配化程度由装配率衡量。装配率是指单体建筑室外地坪以上的主体结构、围护墙和内隔墙、装修和设备管线等采用预制部品部件的综合比例。构成装配率的衡量指标相应包括装配式建筑的主体结构、围护墙和内隔墙、装修与设备管线等部分的装配比例。

1) 评价单元的确定

装配式建筑的装配率计算和装配式建筑等级评价应以单体建筑作为计算和评价单元,并应符合以下规定:

①单体建筑应按项目规划批准文件的建筑编号确认;

②建筑由主楼和裙房组成时,主楼和裙房可按不同的单体建筑进行计算和评价;

③单体建筑的层数不大于三层,且地上建筑面积不超过 500 m^2 时,可由多个单体建筑组成建筑团作为计算和评价单元。

2) 评价的分类

①设计阶段宜进行预评价,并应按设计文件计算装配率。预评价的主要目的是促进装配

式建筑设计理念尽早融入项目实施中。如果预评价结果满足控制项要求,评价项目可结合预评价过程中发现的不足,通过调整和优化设计方案进一步提高装配化水平;如果预评价结果不满足控制项要求,评价项目应通过调整和修改设计方案使其满足要求。

②项目评价应在项目竣工验收后进行,并应按竣工验收资料计算装配率和确定评价等级。评价项目应通过工程竣工验收后再进行项目评价,并以此评价结果作为项目最终评价结果。

3)认定评价标准

装配式建筑应同时满足如下四项要求:

①主体结构部分的评价分值不低于20分。主体结构包括柱、支撑、承重墙、延性墙板等竖向构件以及梁、板、楼梯、阳台、空调板等水平构件。这些构件是建筑物主要的受力构件,对建筑物的结构安全起决定性作用。推进主体结构的装配化对发展装配式建筑有着非常重要的意义。

②围护墙和内隔墙部分的评价分值不低于10分。新型建筑墙体的应用对提高建筑质量和品质、改变建造方式等具有重要意义。积极引导和逐步推广新型建筑墙体也是装配式建筑的重点工作。非砌筑是新型建筑墙体的共同特征之一。对围护墙和内隔墙采用非砌筑类型墙体作为装配式建筑评价的控制项,也是为了推动其更好地发展。

③采用全装修。全装修是指建筑功能空间的固定面装修和设备设施安装全部完成,达到建筑使用功能和建筑性能的基本要求。

④装配率不低于50%。装配式建筑宜采用装配化装修。装配化装修是将工厂生产的部品部件在现场进行组合安装的装修方式,主要包括干式工法楼面、地面、集成厨房、集成卫生间、管线分离等。

4)装配率计算方法

(1)装配率总分计算

装配率应根据装配式建筑评分表中评价项得分按下式计算:

$$P = (Q_1 + Q_2 + Q_3)/(1 - Q_4) \times 100\%$$

式中　P——装配率;

Q_1——主体结构指标实际得分值;

Q_2——围护墙和内隔墙指标实际得分值;

Q_3——装修与设备管线指标实际得分值;

Q_4——评价项目中缺少的评价项分值总和。

装配式建筑评分表如表8.2所示。

表8.2　装配式建筑评分表

评价项		评价要求	评价分值	最低分值
主体结构(50分)	柱、支撑、承重墙、延性墙板等竖向构件	35%≤比例≤80%	20~30*	20
	梁、板、楼梯、阳台、空调板等构件	70%≤比例≤80%	10~20*	

续表

评价项		评价要求	评价分值	最低分值
围护墙和内隔墙（20 分）	非承重围护墙非砌筑	比例≥50%	5	10
	围护墙与保温、隔热、装饰一体化	50%≤比例≤80%	2～5*	
	内隔墙非砌筑	比例≥50%	5	
	内隔墙与管线、装修一体化	50%≤比例≤80%	2～5*	
装修和设备管线（30 分）	全装修	—	6	6
	干式工法楼面、地面	比例≥70%	6	—
	集成厨房	70%≤比例≤90%	3～6*	
	集成卫生间	70%≤比例≤90%	3～6*	
	管线分离	50%≤比例≤70%	4～6*	

注：表中带“ * ”项的分值采用“内插法”计算，计算结果取小数点后 1 位。

（2）柱、支撑、承重墙、延性墙板等主体结构竖向构件应用比例计算

柱、支撑、承重墙、延性墙板等主体结构竖向构件主要采用混凝土材料时，预制部品部件的应用比例应按下式计算：

$$q_{1a} = V_{1a}/V \times 100$$

式中 q_{1a}——柱、支撑、承重墙、延性墙板等主体结构竖向构件中预制部品部件的应用比例；

V_{1a}——柱、支撑、承重墙、延性墙板等主体结构竖向构件中预制部品部件中预制混凝土体积之和；

V——柱、支撑、承重墙、延性墙板等主体结构竖向构件混凝土总体积。

（3）梁、板、楼梯、阳台、空调板等构件应用比例计算

梁、板、楼梯、阳台、空调板等构件中预制部品部件的应用比例应按下式计算：

$$q_{1b} = A_{1b}/A \times 100$$

式中 q_{1b}——梁、板、楼梯、阳台、空调板等构件中预制部品部件的应用比例；

A_{1b}——各楼层中预制装配梁、板、楼梯、阳台、空调板等构件的水平投影面积之和；

A——各楼层建筑平面总面积。

预制装配式楼板、屋面板的水平投影面积包括：

①预制装配式叠合楼板、屋面板的水平投影面积；

②预制构件间宽度不大于 300 mm 的后浇混凝土带水平投影面积；

③金属楼承板和屋面板、木楼盖和屋盖及其他在施工现场免支模的楼盖和屋盖的水平投影面积。

（4）非承重围护墙中非砌筑墙体应用比例

非承重围护墙中非砌筑墙体应用比例应按下式计算：

$$q_{2a} = A_{2a}/A_{w1} \times 100\%$$

式中 q_{2a}——非承重围护墙中非砌筑墙体的应用比例；

A_{2a}——各楼层非承重围护墙中非砌筑墙体的外表面积之和，计算时可不扣除门、窗及预留洞口等的面积；

A_{w1}——各楼层非承重围护墙外表面总面积，计算时可不扣除门、窗及预留洞口等的面积。

(5)评价等级划分

当评价项目满足“认定评价标准”提到的4点要求且主体结构竖向构件中预制部品部件的应用比例不低于35%时，可进行装配式建筑等级评价。

装配式建筑评价等级应划分为A级、AA级、AAA级，并应符合下列规定：

①装配率达到60%～75%时，评价为A级装配式建筑；

②装配率达到76%～90%时，评价为AA级装配式建筑；

③装配率达到91%及以上时，评价为AAA级装配式建筑。

本节介绍的装配式建筑评价标准，适用于民用建筑的装配化程度评价，工业建筑的装配化程度评价参照执行。这里提到的民用建筑，包括居住建筑和公共建筑。装配式建筑评价除符合本节介绍的标准外，还应符合国家现行有关标准的规定。

这里需要将装配式率与预制率进行一下区分。预制率是指工业化建筑室外地坪以上的主体结构和围护结构中，预制构件部分的混凝土用量占对应部分混凝土总用量的体积比。简单地说，预制率单指预制混凝土的比例，而装配率除了需要考虑预制混凝土之外还需要考虑其他预制部品部件(如一体化装修、管线分离、干式工法施工等)的综合比例。

【测试】

1. 客观题(扫下方二维码，进行在线测试)

2. 主观题

简述装配式混凝土建筑的概念。

【知识拓展】

序号	拓展内容	扫码阅读
拓展	装配式深化设计	

任务 8.2 预制构件工程量计量

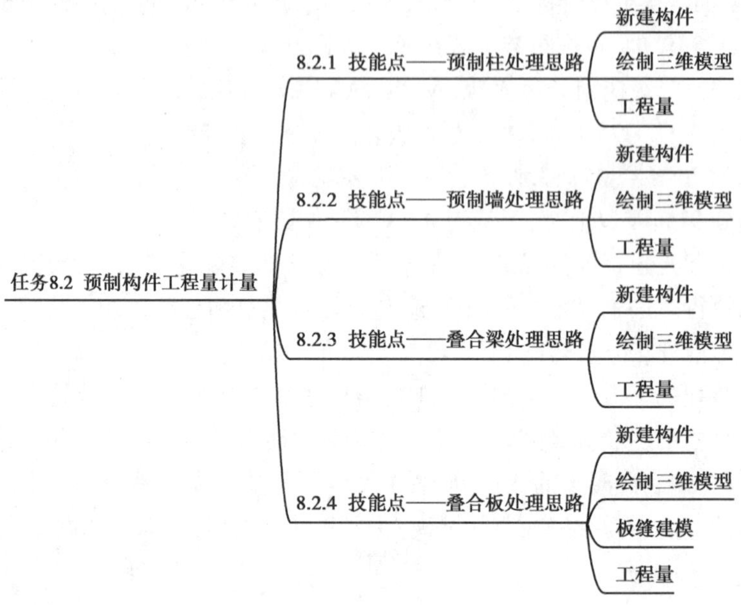

【知识与技能】

GTJ 软件中能实现的装配式构件如图 8.12 所示。

▾ 装配式
预制柱(Z)
预制墙(Q)
预制梁(L)
叠合板(整厚)(B)
叠合板(预制底板)(B)
板缝(JF)
叠合板受力筋(S)
叠合板负筋(F)

图 8.12

8.2.1 技能点——预制柱处理思路

预制柱由坐浆单元、预制单元和后浇单元 3 部分组成，如图 8.13 所示，制作地点及套用定额如图 8.14 所示。

图 8.13

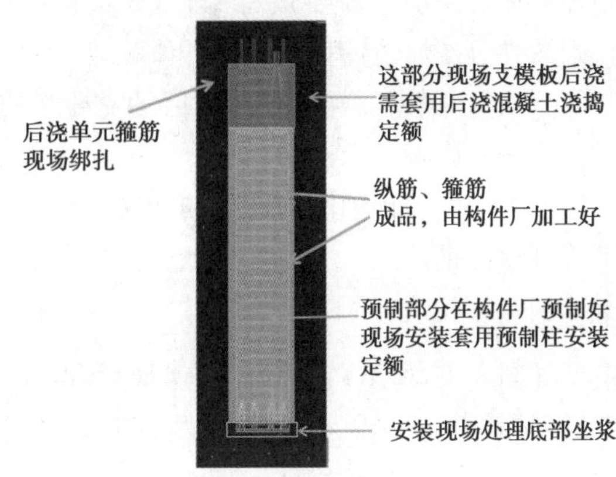

图 8.14

1) 新建构件

可以新建矩形预制柱或参数化预制柱，如图 8.15、图 8.16 所示。

属性列表　图层管理

	属性名称	属性值
1	名称	PCZ-1
2	结构类别	框架柱
3	定额类别	预制柱
4	截面宽度(B边)(...	400
5	截面高度(H边)(...	400
6	坐浆高度(mm)	20
7	预制高度(mm)	1000
8	预制混凝土强...	(C30)
9	后浇高度(mm)	
10	全部纵筋	
11	角筋	4⌀22
12	B边一侧中部筋	3⌀20
13	H边一侧中部筋	3⌀20
14	箍筋	⌀10@100/200(4*4)
15	节点区箍筋	
16	箍筋肢数	4*4
17	后浇混凝土材质	预拌混凝土
18	后浇混凝土类型	(预拌砼)
19	后浇混凝土强...	(C30)
20	后浇混凝土外...	(无)
21	泵送类型	(混凝土泵)
22	泵送高度(m)	
23	截面面积(m²)	0.16
24	截面周长(m)	1.6
25	预制部分体积(...	
26	预制部分重量(t)	
27	预制钢筋	
28	套筒及预埋件	

截面编辑

图 8.15

截面面积 (m^2)	0.16
截面周长 (m)	1.6
预制部分体积 (...	
预制部分质量 (t)	
预制钢筋	

图 8.16

①根据构件详图输入坐浆高度和预制高度。

②后浇高度自动计算 = 顶底高差 - 预制高度 - 坐浆高度。

③纵筋输入与现浇柱一样，但输入纵筋只是为了布置后浇区箍筋，不是用来计算预制钢筋的。

④预制部分体积一般不需要填写,当需要根据构件深化图给定的构件体积结算时可填写;若填写,则软件可按属性计算预制构件体积。

⑤预制部分质量一般不需要填写,当后续需要按质量查找过滤预制构件时可填写,填写上对工程量没有任何影响。

⑥预制钢筋若需要统计预制构件里的钢筋信息,则按照深化图纸钢筋明细表录入。若填写则报表可统计构件钢筋。

2)绘制三维模型

三维模型如图 8.17 所示,它的绘制有两种方式:

方式一:根据构件详图输入坐浆高度、预制高度,输入钢筋、截面编辑等属性,然后点式绘制。

方式二:按原有现浇图纸,全部识别成现浇柱,识别后构件转化成预制柱。

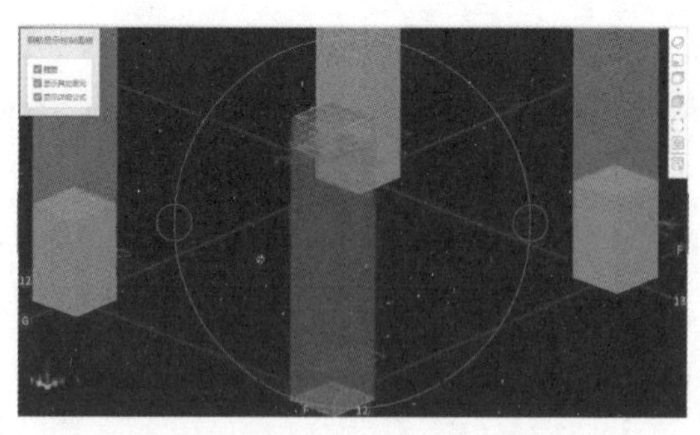

图 8.17

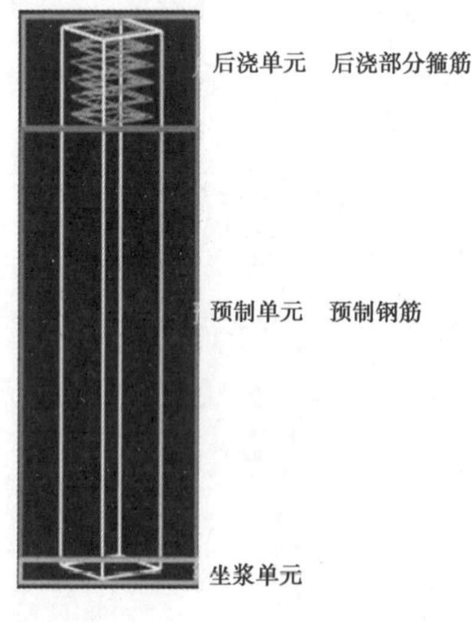

图 8.18

3)工程量

工程量计算如图 8.18 所示。

①土建计算:坐浆单元、预制单元、后浇单元体积分开出量,后浇单元出模板面积。

②钢筋计算:预制钢筋 + 后浇单元箍筋。

预制钢筋:预制柱属性 - 预制钢筋中输入,报表中单独出量;

后浇部分箍筋:属性中输入纵筋、箍筋信息(输入纵筋信息是为了计算箍筋)。

③后浇高度自动计算 = 顶底高差预制高度 - 坐浆高度。

④工程量计算包括总体积、坐浆体积、预制体积、后浇体积、后浇模板、后浇区箍筋、预制钢筋。

8.2.2 技能点——预制墙处理思路

预制剪力墙组成如图 8.19 所示,示意图如图 8.20 所示。

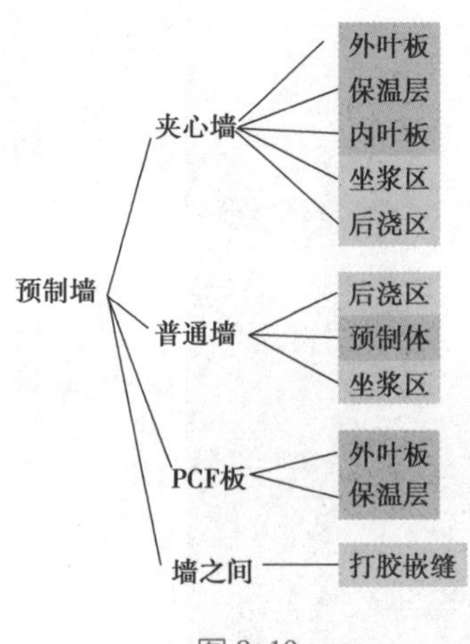

图 8.19

图 8.20

1）新建构件

可以新建矩形预制墙或参数化预制墙，如图 8.21 所示。

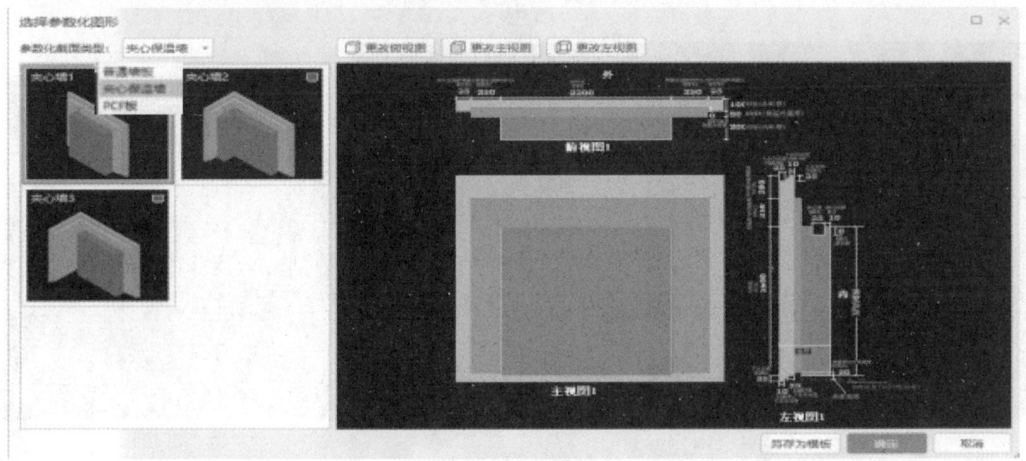

图 8.21

①根据图纸上预制墙的样式，选择类似的俯视图和左视图。

②根据深化图的标注输入对应位置的尺寸。

③输入一个后保存为模板，以后直接在左侧截面类型中选择，快速建模。

2）绘制三维模型

实心墙、夹心保温预制墙、PCF 板可以按直线绘制或点绘。

直线绘制：普通的实心墙，绘制到柱边（软件已经处理房间装修，可以找到封闭区域）。

点绘：参数化墙（实心预制墙、夹心保温墙、PCF 板），如图 8.22 所示。

预制墙上可以布置门窗洞和装修图元，如图 8.23 所示。

3）工程量

各构件制作地点及套用定额如图 8.24 所示。

①预制部分在工厂预制，现场吊装套用预制墙安装定额。

②后浇柱在现场浇筑套用连接墙柱定额。

③预制墙边现浇墙现场浇筑,套用原有现浇墙定额。

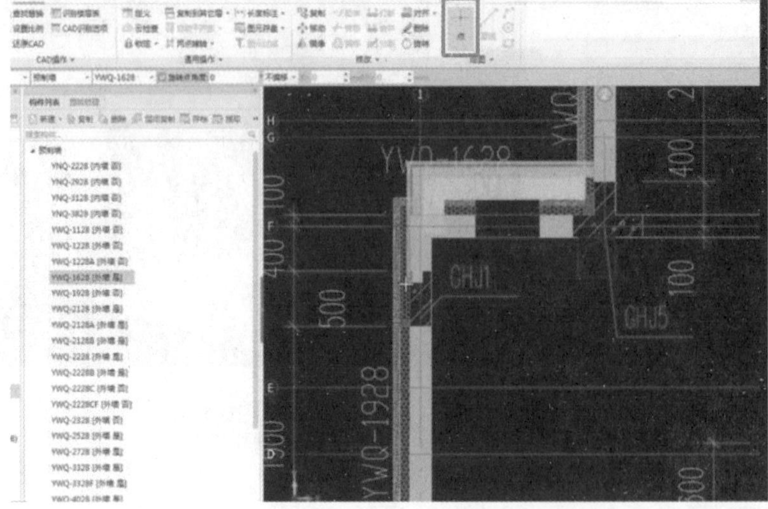

图 8.22

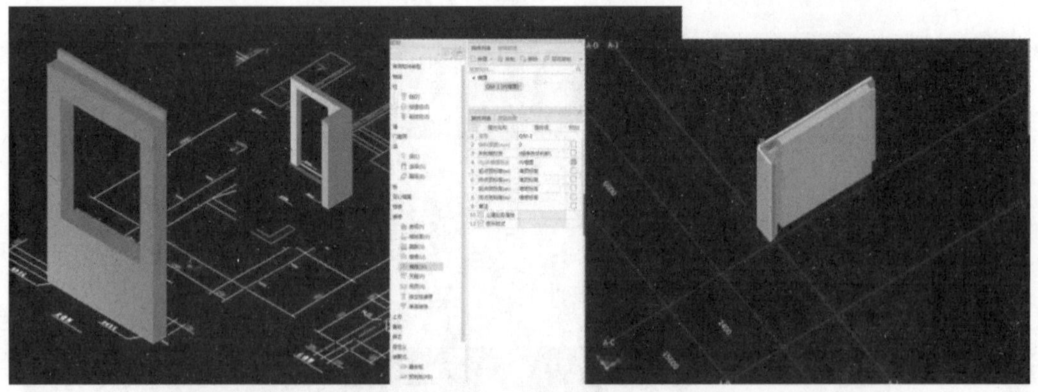

图 8.23

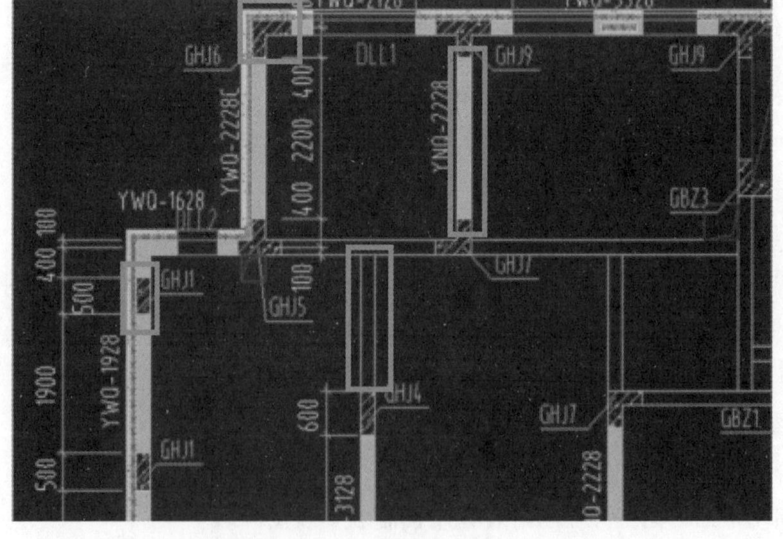

图 8.24

土建计算：预制部分、现浇部分分别出量。

钢筋计算：增加预制墙与周围现浇构件的连接节点。

8.2.3　技能点——叠合梁处理思路

叠合梁由预制构件与叠合后浇混凝土两部分组成，如图8.25所示，各构件制作地点及套用定额如图8.26所示。

图8.25

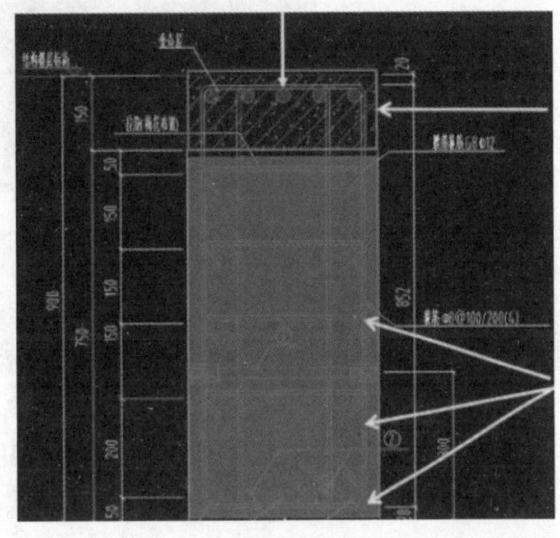

图8.26

①后浇部分上部钢筋在现场绑扎。

②后浇部分现场支模板套用后浇混凝土浇捣定额子目。

③下部钢筋、侧面钢筋、箍筋包含在预制成品中，由构件厂加工好。

④预制部分由构件厂预制，现场吊装需套用叠合梁安装定额。

1）新建构件

叠合梁平面分布图有两种情况（图8.27）：一是某跨梁都是叠合梁；二是某跨梁部分中间段是叠合梁。

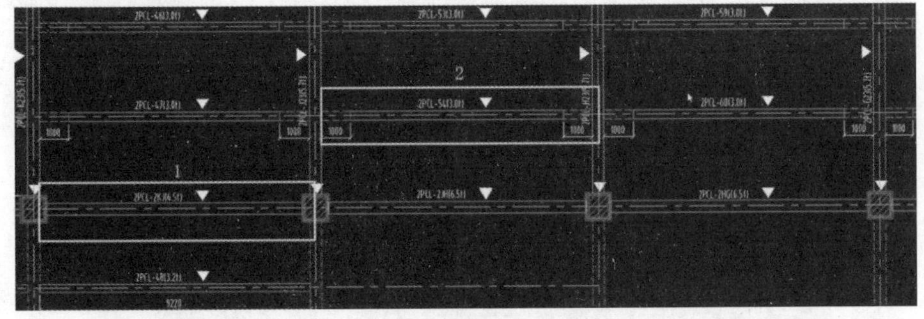

图8.27

2）绘制三维模型

预制梁绘制时需要先识别现浇梁部分，后手动绘制预制梁部分，可与梁重叠布置，默认与梁底平齐，如图8.28所示。

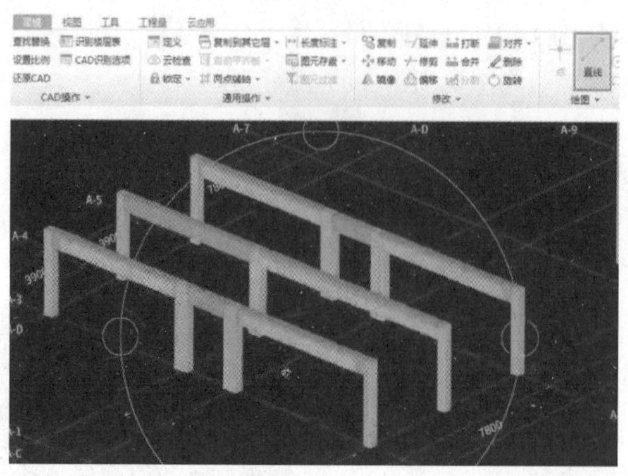

图 8.28

3）工程量（图 8.29）

土建计算：预制梁与现浇梁重叠布置，体积、模板面积自动扣减。

钢筋计算：

①预制钢筋：在预制梁属性中输入，报表中可单独出量。

②后浇部分钢筋：梁上部钢筋作为叠合梁上部钢筋，梁下部钢筋、侧面钢筋、箍筋可通过钢筋设置选择是否扣减。

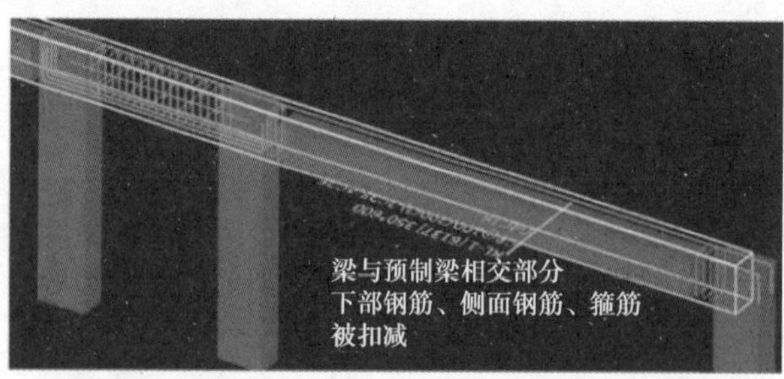

图 8.29

8.2.4 技能点——叠合板处理思路

叠合板如图 8.30 所示，叠合层与预制层制作地点及套用定额如图 8.31 所示。

图 8.30

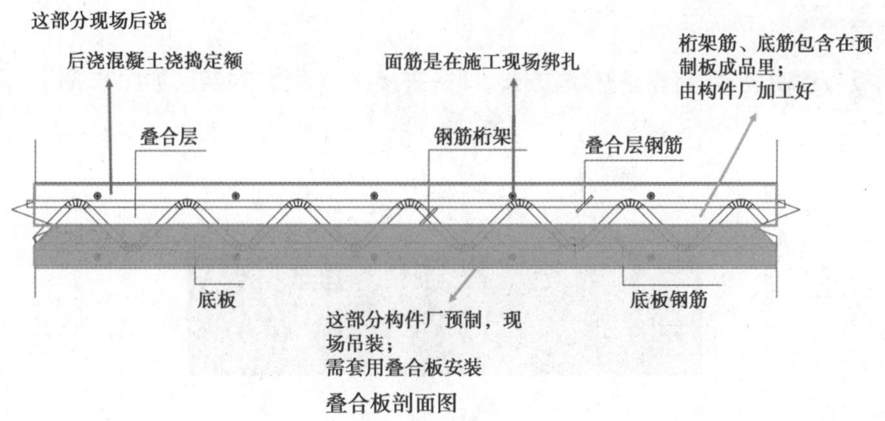

图 8.31

1)新建构件

GTJ 软件中将叠合板计算分类,如图 8.32 所示。

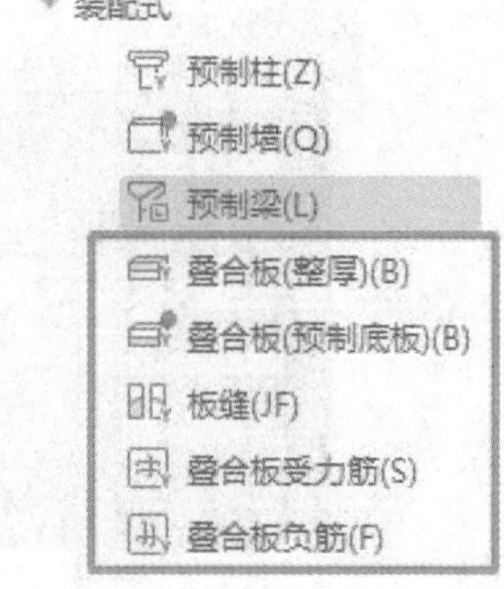

图 8.32

土建计算:叠合板(整厚)与叠合板(预制底板)重叠布置,相交处自动扣减。

钢筋计算:

①面筋:用叠合板受力筋、叠合板负筋布置,弯折自动算到预制板顶。

②接缝底筋:板受力筋自定义范围布置。

2)绘制三维模型

绘制三维模型,如图 8.33 所示。

图 8.33

叠合板(整厚)构件的定义及绘制方式与原有的现浇板一样。

叠合板(整厚)与叠合板(预制底板)模型绘制上并没有先后顺序的要求。

装配式工程某一层往往同时存在叠合板和纯现浇板,可以构件转化。

3）板缝建模

预制板与预制板之间有两种接缝方式，即密拼接缝和后浇带接缝，如图 8.34 所示。

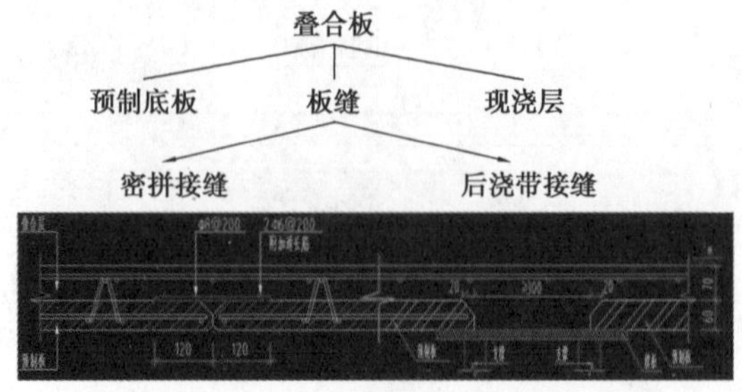

图 8.34

密拼接缝各构件制作地点及套用定额如图 8.35 所示。

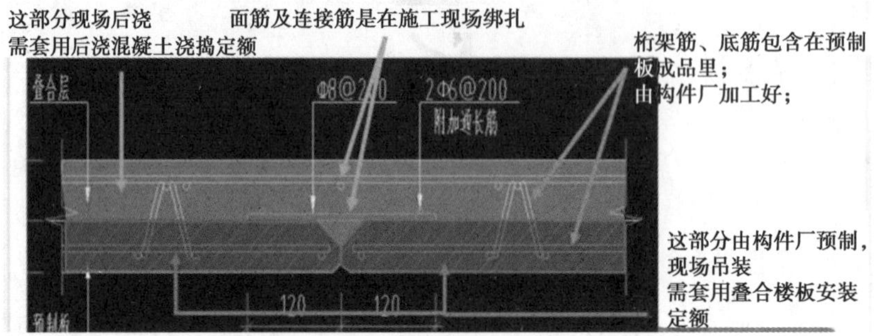

图 8.35

后浇带接缝各构件制作地点及套用定额如图 8.36 所示。

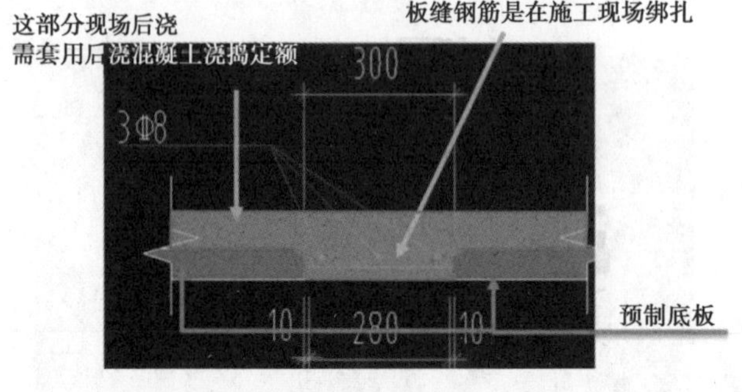

图 8.36

4）工程量

叠合板（预制底板）计算规则如图 8.37 所示。

预制底板查看计算式，体积有两种计算方式：预制部分体积（按属性）和预制部分体积（按模型），如图 8.38 所示。

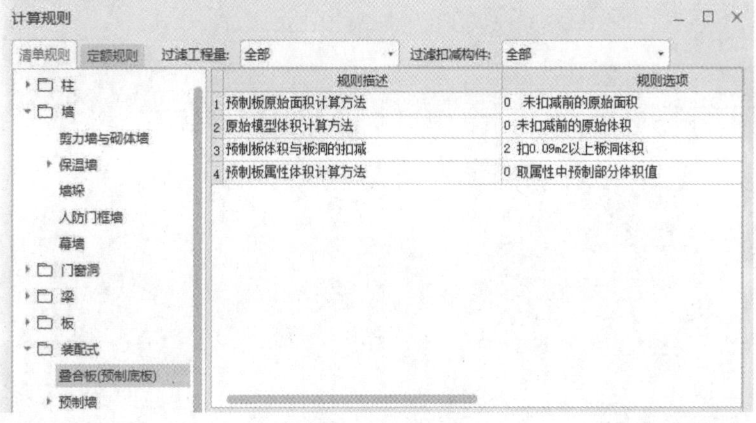

图 8.37

查看工程量计算式

工程量类别　　构件名称: YZB-1

清单工程量　定额工程量　　工程量名称: [全部]

计算机算量

数量=1块

投影面积=(0.9<长度>*0.7<宽度>+0.6<长度>*0.3<宽度>)=0.81m2

预制部分体积(按模型)=((0.9<长度>*0.7<宽度>+0.6<长度>*0.3<宽度>)*0.06<厚度>)=0.0486m3

预制部分体积(按属性)=((0.9<长度>*0.7<宽度>+0.6<长度>*0.3<宽度>)*0.06<厚度>)=0.0486m3

图 8.38

【测试】

1. 客观题(扫下方二维码,进行在线测试)

2. 主观题

在 GTJ 软件中能实现哪些装配式构件?

【知识拓展】

序号	拓展内容	扫码阅读
拓展	装配式建筑、结构、机电、内装一体化	

计价篇

项目9 招标控制价编制

【教学目标】

1. 知识目标

(1)熟悉招标控制价编制的流程和依据。

(2)熟悉招标控制价编制的相关法律法规。

(3)掌握招标控制价文件的组成。

(4)掌握招标控制价编制的方法和技巧。

2. 能力目标

(1)能够正确使用现行的建筑工程预算定额及工程量清单计价规范。

(2)能够基于具体工程,正确运用所学的专业知识以及现代信息技术手段编制招标控制价。

3. 素养目标

(1)培养学生获取、分析、归纳、交流、使用信息和新技术的能力。

(2)培养学生独立、严谨、实事求是的工作作风和团队协作意识。

(3)培养学生不断创新的精神和良好的职业道德及敬业精神。

(4)弘扬以改革创新为核心的时代精神(建议:讲解依托专业软件编制招标控制价时,结合信息化+专业方式创新解决专业难点的案例,强调改革创新推动行业、国家发展)。

(5)提高遵守法律法规的意识(建议:讲解电子标书时,结合招投标法培养学生遵纪守法的意识,做到知法用法、守法护法)。

【教学载体】配套使用员工宿舍楼图纸和教材提供的数字资源。

【建议学时】24 学时

任务9.1　招标控制价编制准备

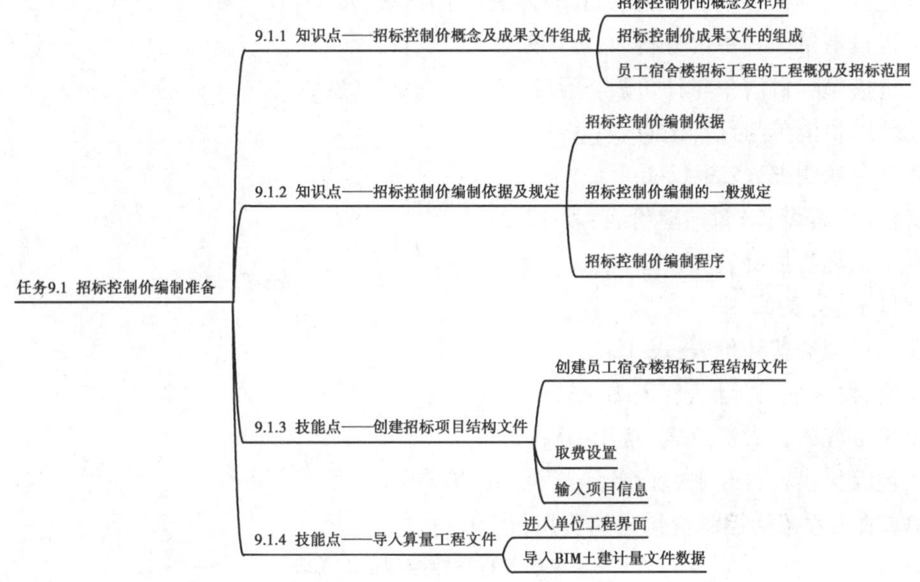

【知识与技能】

9.1.1　知识点——招标控制价概念及成果文件组成

1)招标控制价的概念及作用

(1)招标控制价的概念

招标控制价是招标人根据国家或省级、行业建设主管部门颁发的有关计价依据和办法,以及拟订的招标文件、市场行情,结合工程具体情况编制的招标工程的最高投标限价。

(2)招标控制价的作用

招标控制价是招标人的预期价格,对工程招标阶段的工作有着一定的指导作用。

①招标控制价是招标人控制建设工程投资、确定工程合同价格的参考依据。

②招标控制价是衡量、评审投标人投标报价是否合理的尺度和依据。

因此,招标控制价必须以严肃认真的态度和科学的方法进行编制,应当实事求是,综合考虑和体现发包方和承包方的利益。没有合理的招标控制价可能会导致工程招标失误,达不到降低建设投资、缩短建设周期、保证工程质量、择优选用工程承包方的目的。

2)招标控制价成果文件的组成

招标控制价成果文件样表

(1)招标控制价成果文件包含的报表

注:样表参见《建设工程工程量清单计价规范》(GB 50500—2013)。

①封面:封-2;

②扉页:扉-02;

③总说明:表-01;

④工程项目招标控制价汇总表:表-02;

⑤单项工程招标价汇总表:表-03;

⑥单位工程招标控制价汇总表:表-04;

⑦分部分项工程和单价措施项目清单与计价表:表-08;

⑧工程量清单综合单价分析表:表-09;

⑨总价措施项目清单与计价表:表-11;

⑩其他项目清单与计价汇总表:表-12;

⑪暂列金额明细表:表-12-1;

⑫材料(工程设备)暂估单价表:表-12-2;

⑬专业工程暂估价表:表-12-3;

⑭计日工表:表-12-4;

⑮总承包服务费计价表:表-12-5;

⑯规费、税金项目计价表:表-13;

⑰单位工程人材机汇总表:常用-05;

⑱发包人提供材料和工程设备一览表:表-20。

(2)单项工程招标控制价包含的费用(表9.1)

表9.1 单项工程招标控制价汇总表

工程名称: 第1页 共1页

序号	项目名称	金额(元)	其中:	
			暂估价(元)	建筑垃圾运输处置费(元)
1	分部分项工程			
2	措施项目			
2.1	其中:安全文明施工费			
2.2	其中:施工垃圾场外运输和消纳费			
3	其他项目			
3.1	其中:暂列金额(不包括计日工)			

续表

序号	项目名称	金额(元)	其中:	
			暂估价(元)	建筑垃圾运输处置费(元)
3.2	其中:专业工程暂估价			
3.3	其中:计日工			
3.4	其中:总承包服务费			
4	规费			
4.1	其中:农民工工伤保险			
5	税金			
招标控制价 =1 +2 +3 +4 +5				

注:本表适用于单项工程招标控制价或投标报价的汇总。暂估价包括分部分项工程中的暂估价和专业工程工程暂估价。

(3)单位工程招标控制价包含的费用(表9.2)

表9.2　单位工程招标控制价汇总表

工程名称:　　　　　　　　　　　　　　　　　　第1页　共1页

序号	汇总内容	金额(元)	其中:暂估价(元)
1	分部分项工程		
	其中:弃土或渣土运输和消纳费		
2	措施项目		
2.1	其中:安全文明施工费		
2.2	其中:施工垃圾场外运输和消纳费		
3	其他项目		
3.1	其中:暂列金额(不包括计日工)		
3.2	其中:专业工程暂估价		
3.3	其中:计日工		
3.4	其中:总承包服务费		
4	规费		
5	税金		
招标控制价合计 =1 +2 +3 +4 +5			

注:本表适用于单项工程招标控制价或投标报价的汇总。

3)员工宿舍楼招标工程的工程概况及招标范围

(1)工程概况

员工宿舍楼工程是北京市某单位现浇钢筋混凝土框架结构的员工宿舍楼工程,地处五环以内,合同计划工期为2021年8月1日至2021年12月30日,共152日历天。总建筑面积为1 239.75 m^2,占地面积为413.25 m^2,建筑高度为13.05 m,地上主体为三层,室内外高差为0.45 m。建设地点地下水近3~5年最高水位标高为-18 m。现场无存土条件,土方使用机械开挖,自然放坡,外运、回运距离20 km。

(2)招标范围

建筑施工图全部内容,质量标准为合格,安全生产标准化管理目标等级为"绿色"。

9.1.2 知识点——招标控制价编制依据及规定

1)招标控制价编制依据

(1)招标控制价编制的一般依据

①《建设工程工程量清单计价规范》(GB 50500—2013)。

②国家或省级、行业建设主管部门颁发的计价定额和计价办法。

③建设工程设计文件及相关资料。

④招标文件中的工程量清单及有关要求。

⑤与建设项目相关的标准、规范、技术资料。

⑥工程造价管理机构发布的工程造价信息及市场信息价。

⑦施工现场情况、工程特点及常规施工方案。

⑧其他相关资料。

(2)员工宿舍楼工程招标控制价编制依据

员工宿舍楼工程建设地点为北京市五环内,招标控制价编制依据如下:

①国家、北京市工程建设行政主管部门颁发的法律、法规及有关规定,现行《建设工程工程量清单计价规范》(GB 50500—2013)、《房屋建筑与装饰工程工程量计算规范》(GB 50854—2013)。

②《北京市建设工程计价依据——预算定额 房屋建筑与装饰工程预算定额》(2012版)及配套解释、计价方法、相关规定。

③工程项目拟订的招标文件,答疑文件,澄清和补充文件以及有关会议纪要。

④施工现场情况、工程特点、常规或类似的施工方案。

⑤《北京建设工程造价信息》2021年4月公布的人、材、机的价格。

⑥本工程有关的技术标准和质量验收规范等。

⑦工程项目地质勘查报告以及设计文件。

⑧施工期间有关风险因素和其他相关资料。

2)招标控制价编制的一般规定

(1)招标控制价的一般规定

①国有资金投资的建设工程招标,招标人必须编制招标控制价。为了有利于客观、合理

地评审投标报价和避免哄抬标价造成国有资产流失,国有资金投资的工程建设项目应实行工程量清单招标,并应编制招标控制价,作为招标人能够接受的最高交易价格。一个工程项目只能编制一个招标控制价。

②我国对国有资金投资项目的投资控制实行的是投资概算审批制度,国有资金投资的工程原则上不能超过批准的投资概算,招标控制价超过批准的概算时,招标人应当将其报原概算审批部门重新审核。

③招标控制价应由具有编制能力的招标人或受其委托具有相应资质的工程造价咨询人编制。具有相应资质的工程造价咨询人是指根据《工程造价咨询企业管理办法》的规定,依法取得工程造价咨询企业资质,并在其资质许可的范围内接受招标人的委托,编制招标控制价的工程造价咨询企业。

④招标控制价的作用决定了招标控制价不同于标底,无须保密。为体现招标的公平、公正性,防止招标人有意抬高或压低工程造价,招标人应在发布招标文件时公布招标控制价,不应上调或下浮,同时应将招标控制价及有关资料报送工程所在地或有该工程管辖权的行业管理部门工程造价管理机构备查。

⑤财政性资金投资的工程属政府采购范围,政府采购工程进行招投标的,适用《中华人民共和国招标投标法》,投标人的投标报价高于招标控制价的,其投标应予以拒绝。

⑥工程造价咨询人不得同时接受招标人和投标人对同一工程的招标控制价和投标报价的编制。

(2)员工宿舍楼工程招标控制价编制要求

①暂列金额:本工程的暂列金额为除税金额15万元。

②不考虑总承包服务费。

③设计说明及图纸未提及工作内容暂不考虑在编制范围内。

④最高投标限价的基准期为2021年4月。

⑤甲供材不含税单价一览表如表9.3所示。

表9.3　甲供材不含税单价一览表

序号	名称	单位	单价/元
1	断桥铝合金平开窗	m^2	850
2	胶合板木门	m^2	380
3	无框木门	m^2	780

⑥暂估价材料不含税单价表如表9.4所示。

表9.4　暂估价材料不含税单价表

序号	名称	单位	单价/元
1	彩色水泥瓦	m^2	25
2	彩色脊瓦	块	0.85
3	大理石踢脚板	m	45
4	大理石板(0.25 m^2 以外)	m^2	250

⑦计日工表(不含税价格)如表9.5所示。

表9.5 计日工表(不含税价格)

序号	名称	工程量	单位	单价/元	备注
1	人工				
	木工	10	工日		
	钢筋工	10	工日		
2	材料				
	砂子	100	m^3		
	砖	500	块		
	水泥	10	t		
3	施工机械				
	载重汽车(30 t)	10	台班		

3)招标控制价编制程序

(1)招标控制价编制前准备工作

①了解编制要求及范围,材料、半成品和设备的加工订货情况、工程质量和工期要求、物资供应方式,还要进行市场调查,掌握材料、设备的市场价格。

②熟悉施工图纸及有关设计文件,如果发现图纸中有问题或不明确之处,可要求设计单位进行交底、补充,做好记录,在招标文件中加以说明。

③熟悉与建设项目有关的标准、规范、技术资料。

④勘查现场,实地了解现场情况及周围环境,确定施工方案、包干系数和技术措施费等有关费用。

⑤熟悉拟订的招标文件,熟悉工程量清单。

⑥掌握工程量清单涉及计价要素的信息价格和市场价格,依据招标文件确定其价格。

(2)依托专业计价软件编制招标控制价程序

①以工程量清单确定划分的计价项目及其工程量,按照采用的消耗量定额或招标文件的规定,确定人工、材料、机械台班的市场价格,编制分部分项工程费。

②确定工程施工中的施工组织及施工技术措施费用,确定其他项目费。

9.1.3 技能点——创建招标项目结构文件

目前,行业编制招标控制文件通常采用专业软件来完成,北京地区建设项目计价基本上采用广联达云计价平台GCCP6.0协助完成,我们需要根据建设工程的项目划分原则,将员工宿舍楼工程按照软件操作的指引完成工程项目结构文件的创建。该招标项目员工宿舍楼工程的招标范围为:员工宿舍楼工程的房屋建筑装饰工程,属于一个建设项目,因此我们需要创建包含建设项目、单项工程和单位工程的三级项目结构。

1)创建员工宿舍楼招标工程结构文件

(1)新建项目

双击桌面图标打开广联达云计价平台，进入软件登录界面，登录或单击离线使用软件后，进入广联达云计价平台 GCCP6.0。在主界面右上角修改建设地点为“北京”，如图 9.1 所示。单击“新建预算”，如图 9.2 所示。

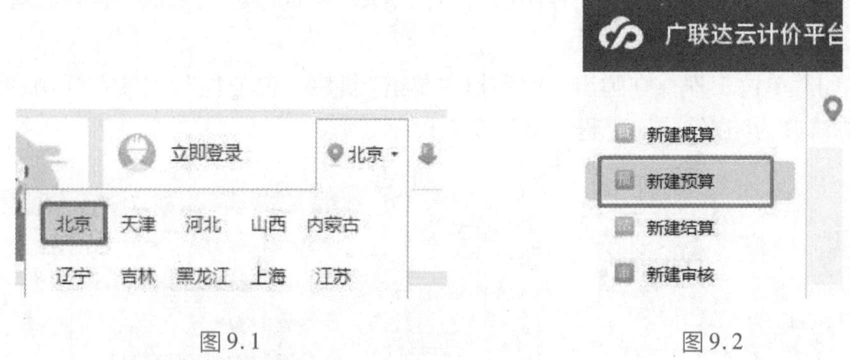

图 9.1　　　　图 9.2

(2)创建员工宿舍楼工程招标项目

单击“招标项目”进入招标项目界面，录入项目信息，根据工程具体情况选择地区标准、定额标准、单价形式、安全文明取费文件、计税方式，然后单击“立即新建”按钮，如图 9.3 所示。

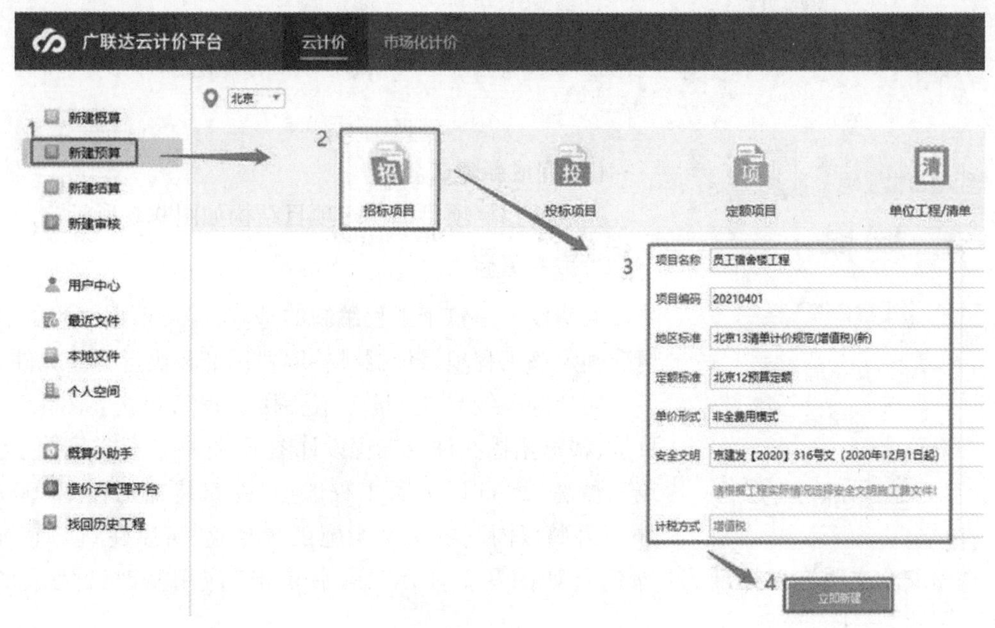

图 9.3

根据《建设工程工程量清单计价规范》(GB 50500—2013)，使用国有资金投资的建设工程发承包，必须采用工程量清单计价模式。

根据招标文件可知：

①项目资金来源为：市财政专项资金，因此项目需要采用工程量清单计价方式，计价依据《建设工程工程量清单计价规范》(GB 50500—2013)。

②项目建设地点：北京，因此定额标准采用《北京市建设工程计价依据——预算定额 房

屋建筑与装饰工程》(2012 版),单价形式为“非全费用模式”。

③项目安全生产标准化管理目标等级:绿色,安全文明执行《北京市建设工程安全文明施工费费用标准(2020 版)》,即京建发〔2020〕316 号文。

④项目名称:员工宿舍楼工程。项目编号:20210401。计税方式为“增值税”。

(3)修改单项工程名称并创建单位工程

单击鼠标右键“单项工程”,在弹出的对话框中单击“重命名”,修改“单项工程”为“员工宿舍楼”,如图 9.4 所示。

右键单击“单位工程”,在弹出的对话框中单击“新建单位工程”,继续在弹出的对话框中将工程名称修改为“建筑装饰工程”,如图 9.5 所示。

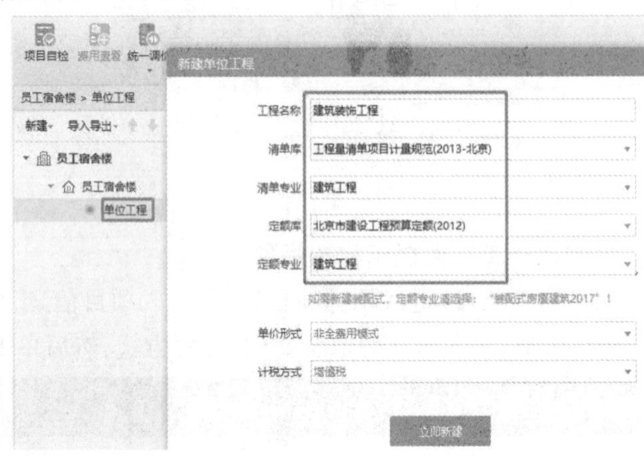

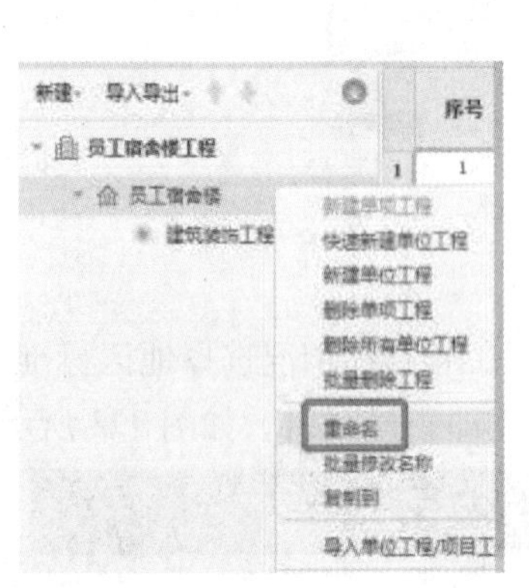

图 9.4

图 9.5

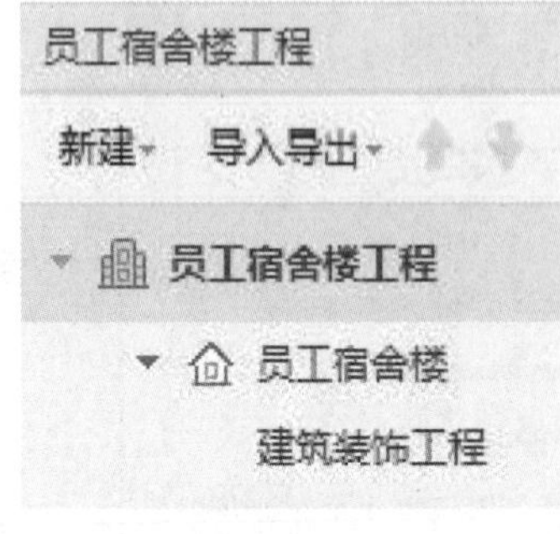

图 9.6

(4)完成新建工程

完成的招标项目的三级项目结构如图 9.6 所示。

2)取费设置

取费设置是整个工程编制的基础,需要根据工程的具体情况确定该工程项目依据哪些取费标准和执行哪些文件。

切换到一级导航“员工宿舍楼工程”,单击【取费设置】页签,根据招标文件及工程设计图纸,选择工程类别“住宅建筑”,檐高“25 m 以下”,工程地点“建筑装饰工程 20 000 以内 五环路以内”,安全文明施工费专业“房屋建筑与装饰工程”,调整安全文明施工标准为“绿色”,如图 9.7 所示。最后单击“应用修改”,完成取费设置。

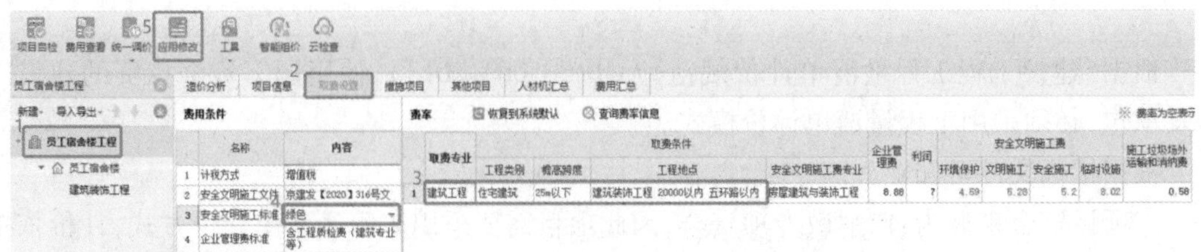

图 9.7

3）输入项目信息

项目信息包括建设项目的信息和单位工程的信息，其中红颜色显示的“建筑面积”的数据必须填写，它是造价分析和后面一些清单项目计价的基础，例如：工程水电费、脚手架费等，需要根据图纸和GTJ计量文件中的数据输入项目信息。

（1）建设项目“员工宿舍楼工程”项目信息

在一级导航栏“编制”页面下，单击“员工宿舍楼工程”项目下“项目信息”页签，输入建筑面积“1239.75”，如图9.8所示。

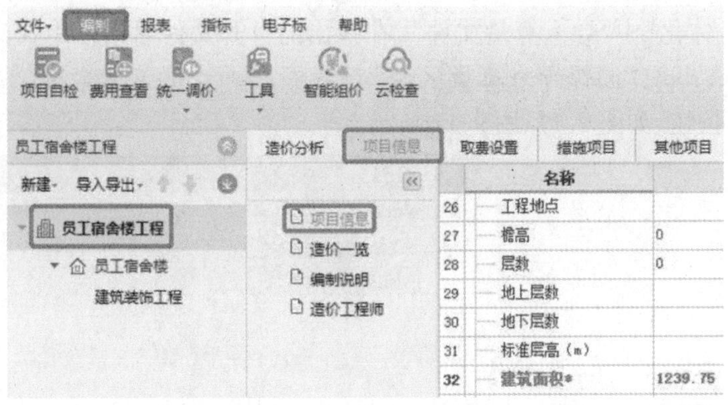

图9.8

（2）单位工程“建筑装饰工程”信息

在一级导航栏“编制”页面下，单击单位工程“建筑装饰工程”下“工程概况”页签中的“工程特征”，下拉菜单中分别选择：工程类型“住宅”、结构类型“框架”，输入建筑面积“1239.75”，如图9.9所示。

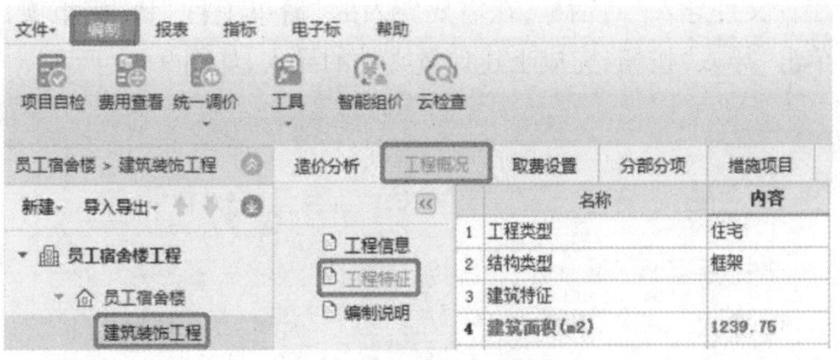

图9.9

9.1.4　技能点——导入算量工程文件

将BIM土建计量软件与计价软件进行对接，直接将土建计量软件计算得出的工程量、项目编码、项目名称、项目特征、计量单位等数据导入计价软件中。

1）进入单位工程界面

将一级导航定位在项目结构树中单位工程“建筑装饰工程”上，双击进入单位工程界面，二级导航切换到“分部分项”，如图9.10所示。

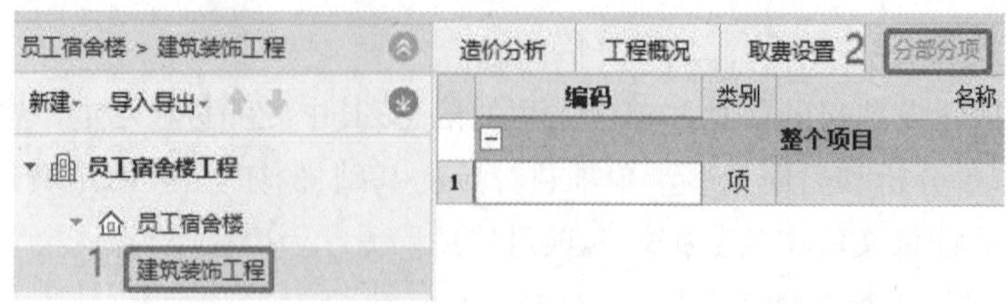

图 9.10

2）导入 BIM 土建计量文件数据

单击“量价一体化”中“导入算量文件”，在弹出的打开文件对话框中找到计量文件所在的位置，单击导入，出现“选择导入算量区域”对话框，选择“员工宿舍楼”，导入结构为“全部”，单击“确定”按钮，如图 9.11、图 9.12 所示。

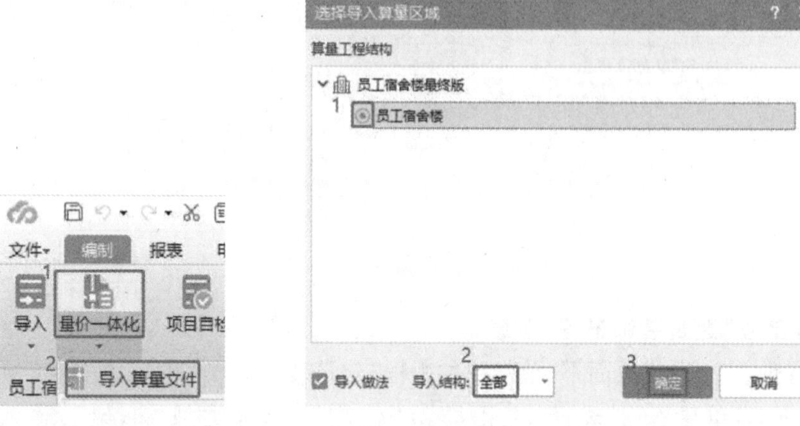

图 9.11

图 9.12

弹出“算量工程文件导入”对话框，在需要导入的“清单项目”和“措施项目”中勾选清单和定额项目后，单击“导入”按钮，完成土建计量文件的导入，如图 9.13 所示。

算量工程文件导入

清单项目　措施项目

全部选择　全部取消

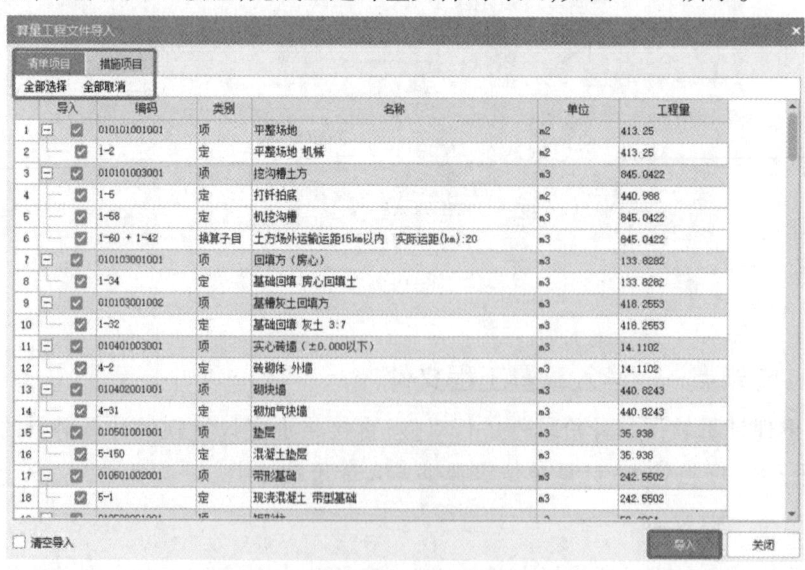

	导入	编码	类别	名称	单位	工程量
1	☑	010101001001	项	平整场地	m2	413.25
2	☑	1-2	定	平整场地 机械	m2	413.25
3	☑	010101003001	项	挖沟槽土方	m3	845.0422
4	☑	1-5	定	打钎拍底	m2	440.988
5	☑	1-58	定	机挖沟槽	m3	845.0422
6	☑	1-60 + 1-42	换算子目	土方场外运输运距15km以内　实际运距(km):20	m3	845.0422
7	☑	010103001001	项	回填方（房心）	m3	133.8282
8	☑	1-34	定	基础回填 房心回填土	m3	133.8282
9	☑	010103001002	项	基槽灰土回填方	m3	418.2553
10	☑	1-32	定	基础回填 灰土 3:7	m3	418.2553
11	☑	010401003001	项	实心砖墙（±0.000以下）	m3	14.1102
12	☑	4-2	定	砖砌体 外墙	m3	14.1102
13	☑	010402001001	项	砌块墙	m3	440.8243
14	☑	4-31	定	砌加气块墙	m3	440.8243
15	☑	010501001001	项	垫层	m3	35.938
16	☑	5-150	定	混凝土垫层	m3	35.938
17	☑	010501002001	项	带形基础	m3	242.5502
18	☑	5-1	定	现浇混凝土 带型基础	m3	242.5502

☐ 清空导入　　导入　关闭

图 9.13

【测试】

1. 客观题(扫下方二维码,进行在线测试)

2. 主观题

(1)简述清单计价模式下,招标人需要提供给投标人哪些表格。

(2)简述招标控制价的概念及编制依据。

【知识拓展】

序号	拓展内容	扫码阅读
拓展1	招标控制价的投诉与处理	
拓展2	国有资金投资的建设工程发承包必须采用工程量清单计价	

任务 9.2 分部分项工程费计价

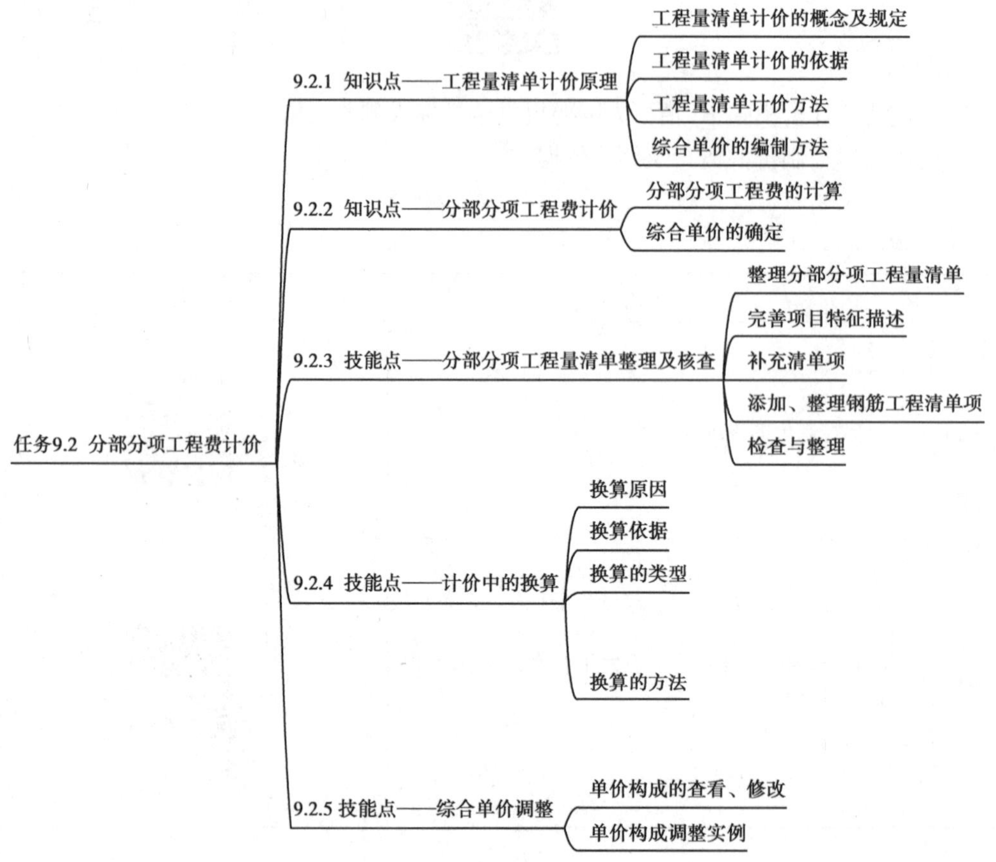

【知识与技能】

9.2.1 知识点——工程量清单计价原理

1) 工程量清单计价的概念及规定

(1) 工程量清单概念

工程量清单是载明建设工程分部分项工程项目、措施项目和其他项目的名称、相应数量以及规费和税金等内容的明细清单,又分为招标工程量清单和已标价工程量清单。采用工程量清单方式招标时,招标工程量清单必须作为招标文件的组成部分,其准确性和完整性由招标人负责。

(2) 工程量清单计价的概念

工程量清单计价是指投标人按照招标文件和清单计价规范规定,依据招标人提供的工程量清单和综合单价法,在市场竞争的基础上确定完成由招标人提供的工程量清单中所有列项的全部费用的工程造价计价方法。

工程量清单计价方式,是在建设工程招投标中,招标人自行或委托具有资质的中介机构编制反映工程实体消耗和措施性消耗的工程量清单,并作为招标文件的一部分提供给投标人,由投标人依据工程清单自主报价的计价方式。在工程招标中采用工程量清单计价是国际上较为通行的做法。

(3)工程量清单计价的相关规定

清单计价适用于建设工程发承包及其实施阶段的计价活动,且用于编制招标控制价和投标报价。使用国有资金投资的建设工程发承包,必须采用工程量清单计价;非国有资金投资的建设工程,宜采用工程量清单计价。

①采用工程量清单计价,建筑工程造价由分部分项工程费、措施项目费、其他项目费、规费和税金组成。

②招标文件中的工程量清单标明的工程量是编制招标控制价和投标报价的共同基础,分部分项工程量清单、措施项目清单、其他项目清单应采用综合单价计价。

③国有资金投资的项目包括全部使用国有资金(含国家融资资金)投资或国有资金投资为主的工程建设项目。其中国有资金(含国家融资资金)为主的工程建设项目是指国有资金占投资总额50%以上,或虽不足50%但国有投资者实质上拥有控股权的工程建设项目。

2)工程量清单计价的依据

①工程量清单计价规范规定的计价规则。

②政府统一发布的消耗量定额。

③企业自主报价时参照的企业定额。

④受市场供求关系影响的工、料、机市场价格及企业自行确定的利润、管理费标准。

⑤招标文件、工程量清单、施工图纸及图纸答疑。

⑥施工组织设计、现场踏勘情况。

3)工程量清单计价方法

我国现行的工程量清单计价采用综合单价法,综合单价法是建筑安装工程费计算中的一种计价方法(与之对应的是工料单价法)。综合单价法的分部分项工程单价为全费用单价,全费用单价经综合计算后生成,其内容包括直接工程费、企业管理费、利润和风险因素(措施费也可按此方法生成全费用价格)。各分项工程量乘以综合单价的合价汇总后,再加上规费和税金,便可生成建筑或安装工程造价。

4)综合单价的编制方法

综合单价的确定采用定额组价的方法,即以计价定额为基础进行组合计算。因为清单计价规范和建筑工程预算定额中的工程量计算规则、计量单位、工程内容不尽相同,综合单价的计算不是简单地将其所含的各项费用进行汇总,而是需通过具体计算后综合而成。其编制方法如图9.14所示。

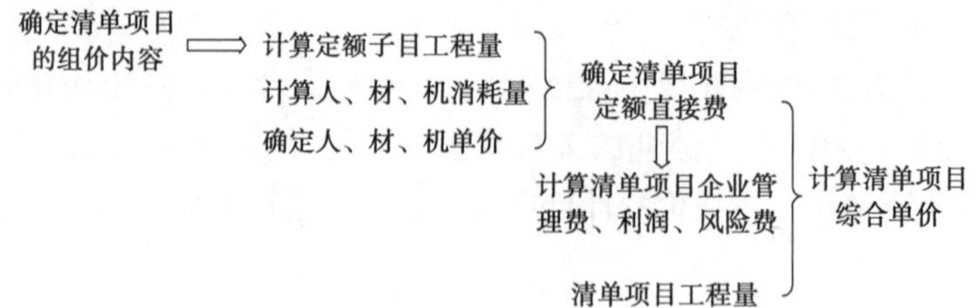

图 9.14　清单项目综合单价编制方法

9.2.2　知识点——分部分项工程费计价

1)分部分项工程费的计算

分部分项工程费由分项清单工程量乘以综合单价汇总而成。

计算公式为:分部分项工程费 = $\sum$(分项工程清单工程量 × 分项工程的综合单价)

2)综合单价的确定

(1)综合单价的概念

综合单价是指分部分项工程的单价,进行工程量清单计价时,综合单价包括除规费和税金以外的全部费用,是完成一个规定计量单位的分部分项工程和措施项目清单及其他项目清单所需的人工费、材料和工程设备费、施工机具使用费和企业管理费、利润以及一定范围内的风险费用,是计算分部分项工程费的基础。

综合单价 = 人工费 + 材料和工程设备费 + 施工机具使用费 + 企业管理费 + 利润 + 由投标人承担的风险费用 + 其他项目清单中的材料暂估单价

(2)综合单价的确定

$$\text{分项工程清单项目费} = \sum \text{定额子目人工费} + \sum \text{定额子目材料费} + \sum \text{定额子目机械费} + \sum \text{定额子目管理费} + \sum \text{定额子目利润} + \sum \text{定额子目风险费}$$

$$\text{分项工程综合单价} = \frac{\text{分项工程清单项目费}}{\text{清单工程量}}$$

9.2.3　技能点——分部分项工程量清单整理及核查

1)整理分部分项工程量清单

(1)在分部分项界面进行分部分项的清单项整理

单击“整理清单”→“分部整理”(图 9.15),弹出分部整理对话框,如图 9.16 所示,根据需要选择,按专业、章、节整理后,单击“确定”按钮,这里整理到章、节。

(2)完成整理

清单整理完成后,如图 9.17 所示。

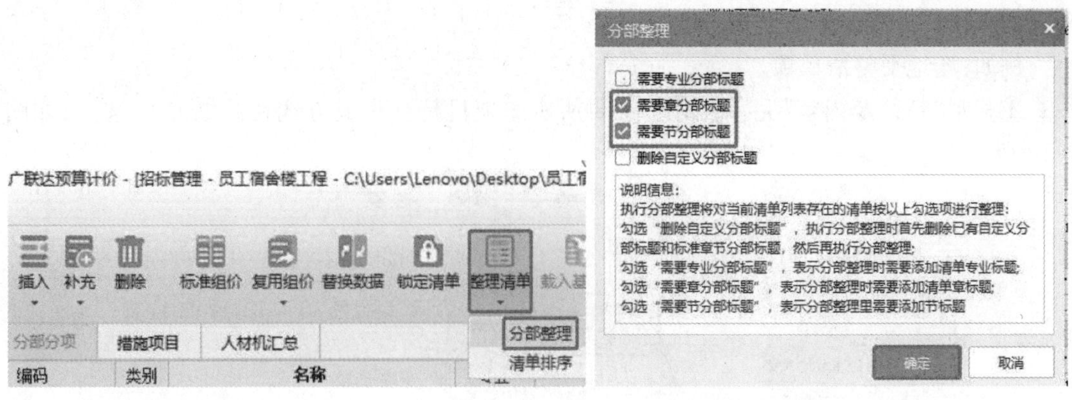

图 9.15　　　　图 9.16

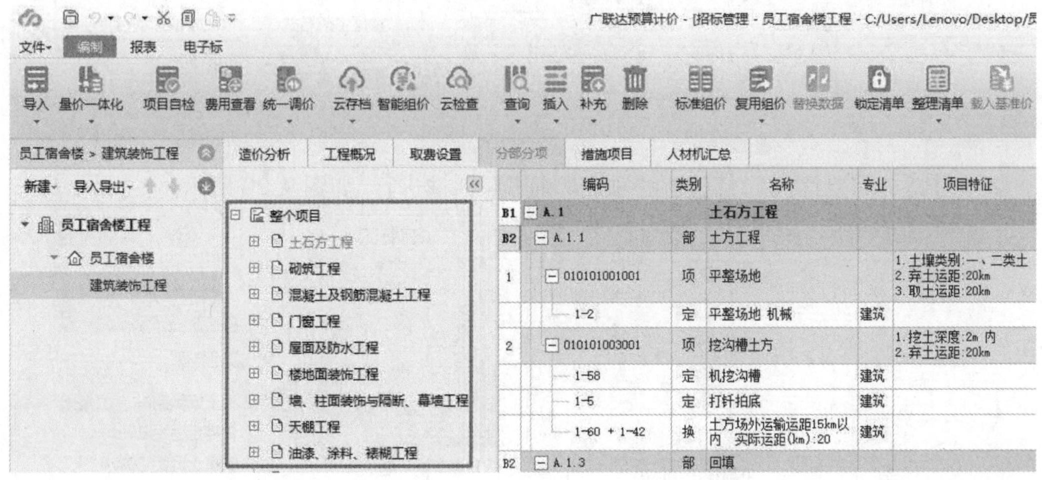

图 9.17

2）完善项目特征描述

（1）项目特征的作用

工程量清单的项目特征是确定一个清单项目综合单价不可缺少的重要依据，在编制的工程量清单中必须对其项目特征进行准确和全面的描述。工程实施和结算中众多工程经济纠纷就是因为招标时项目特征描述不准确或不全面造成的，工程招标中的工程量清单项目特征的描述是与工程计量同等重要的关键工作。

（2）项目特征描述的方法

项目特征描述的方法主要有如下 3 种：

①BIM 土建计量软件中已包含项目特征描述的，软件默认将其全部导入云计价平台，然后核查、修改。

②选择清单项，在“特征及内容”界面可以进行添加或修改来完善项目特征，通过选项，选择项目特征页面显示方式。

③直接单击“项目特征”对话框，进行修改或添加。

（3）本工程项目特征描述核查、修改完善

本工程由于现场无存土条件，土方使用机械开挖，外运、回运距离 20 km。土石方工程清单项的项目特征需要考虑土方运输。

例如:场地平整清单项。

①利用"特征及内容"完善,如图 9.18 所示。项目特征生成方式在"选项"中选择,如图 9.19 所示。

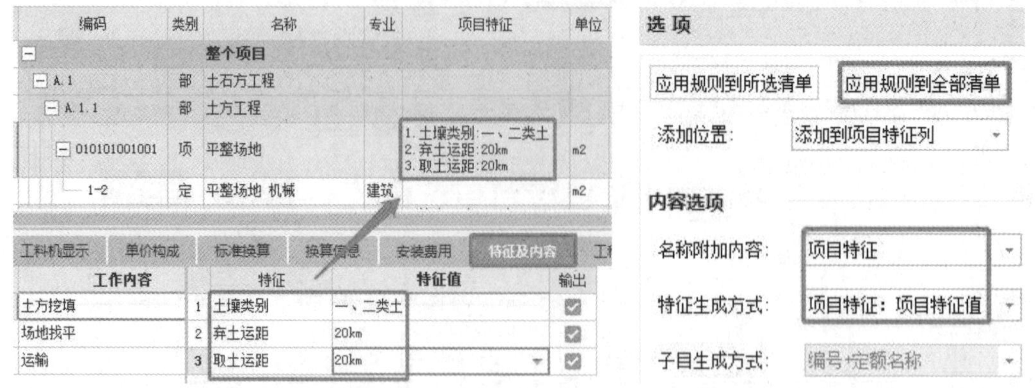

图 9.18　　　　图 9.19

②项目特征需要修改的,直接在"项目特征"对话框进行,如图 9.20 所示。

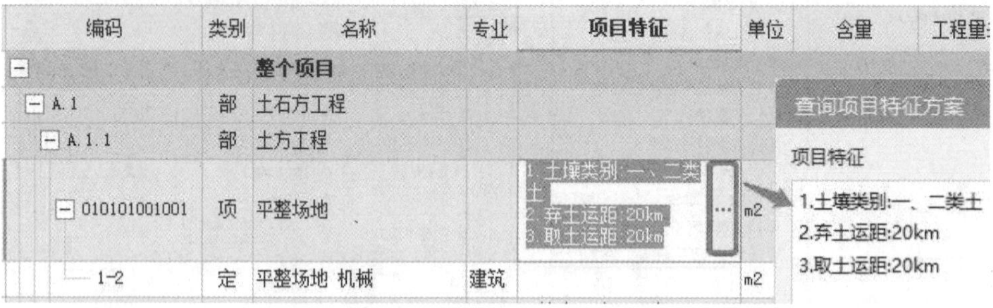

编码	类别	名称	专业	项目特征	单位	含量	工程量
整个项目							
A.1	部	土石方工程					
A.1.1	部	土方工程					
010101001001	项	平整场地		1.土壤类别:一、二类土 2.弃土运距:20km 3.取土运距:20km	m2		
1-2	定	平整场地 机械	建筑		m2		

查询项目特征方案

项目特征

1.土壤类别:一、二类土
2.弃土运距:20km
3.取土运距:20km

图 9.20

③最后核查、修改土石方工程项目特征,如图 9.21 所示。

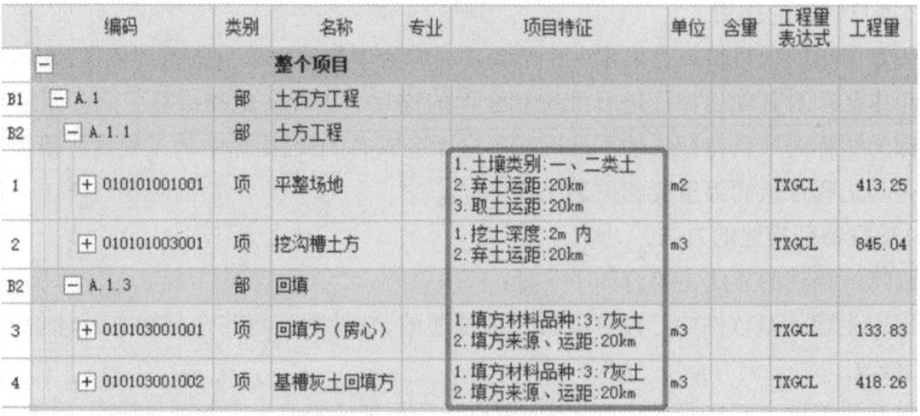

	编码	类别	名称	专业	项目特征	单位	含量	工程量表达式	工程量
	整个项目								
B1	A.1	部	土石方工程						
B2	A.1.1	部	土方工程						
1	010101001001	项	平整场地		1.土壤类别:一、二类土 2.弃土运距:20km 3.取土运距:20km	m2		TXGCL	413.25
2	010101003001	项	挖沟槽土方		1.挖土深度:2m 内 2.弃土运距:20km	m3		TXGCL	845.04
B2	A.1.3	部	回填						
3	010103001001	项	回填方(房心)		1.填方材料品种:3:7灰土 2.填方来源、运距:20km	m3		TXGCL	133.83
4	010103001002	项	基槽灰土回填方		1.填方材料品种:3:7灰土 2.填方来源、运距:20km	m3		TXGCL	418.26

图 9.21

3)补充清单项

(1)核查分部分项清单,将缺少或遗漏的清单项补充完整

方法一:单击"插入",选择"插入清单"和"插入子目",如图 9.22 所示。

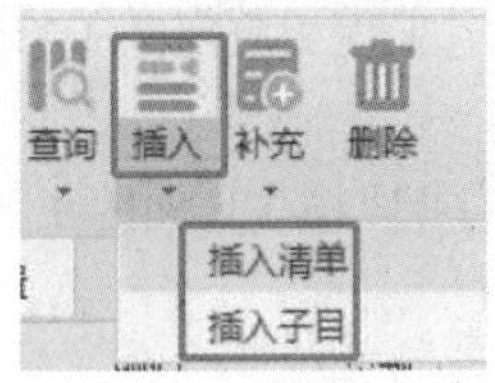

图 9.22

方法二:单击鼠标右键选择“插入清单”和“插入子目”,如图 9.23 所示。

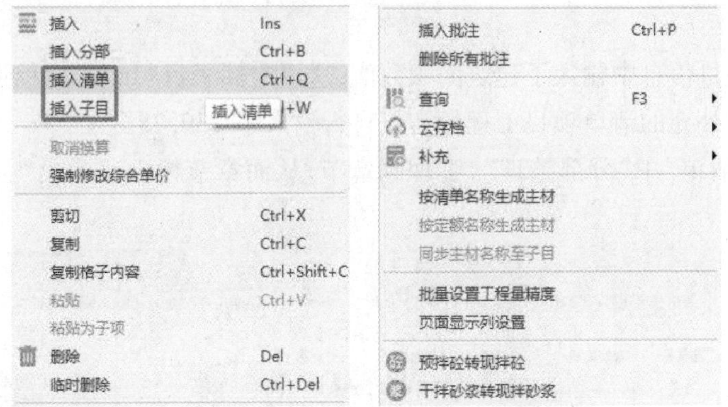

图 9.23

(2)本工程需补充的清单项

以增加工程水电清单项目为例。

①在下方空白行,单击“插入清单”“插入子目”,在插入的清单行“编码”列输入补充项清单编码“01B001”,补充清单项编码原则一般为“专业代码 + B + 三位顺序码”。回车后,在弹出窗口中输入清单项名称“工程水电费”,下拉菜单选择单位“m^2”,项目特征输入“工程水电费”,如图 9.24 所示。

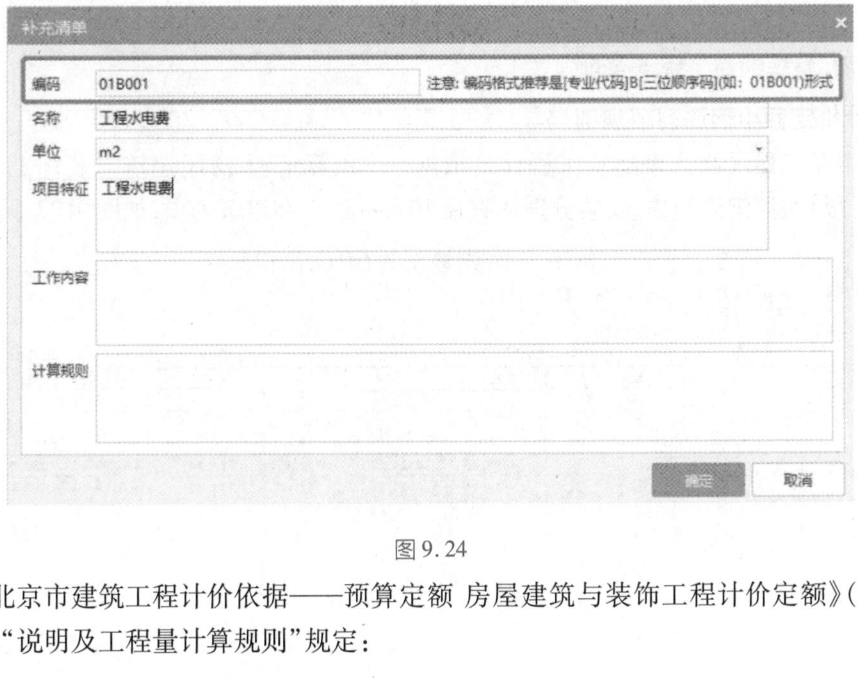

补充清单
编码 01B001 注意: 编码格式推荐是[专业代码]B[三位顺序码](如: 01B001)形式
名称 工程水电费
单位 m2
项目特征 工程水电费
工作内容
计算规则
确定 取消

图 9.24

②《北京市建筑工程计价依据——预算定额 房屋建筑与装饰工程计价定额》(2012 版)第十六章“说明及工程量计算规则”规定:

a. 住宅、宿舍、公寓、别墅执行住宅工程相应定额子目。

b. 工程量按建筑面积计算。

在插入的组价定额行，套用定额子目“16-1”，如图 9.25 所示。

	编码	类别	名称	专业	项目特征	单位	含量	工程量表达式	工程量	单价	合价	综合单价	综合合价	取费专业
B1	−		补充分部										19005.37	
1	− 01B001	补项	工程水电费			m2		1239.75	1239.75			15.33	19005.37	建筑工程
	16-1	定	工程水电费 住宅建筑工程 全现浇、框架结构 檐高(25m以下)五环以内	建筑		m2	1	JZMJ	1239.75	13.12	16265.52	15.33	19005.37	建筑工程

图 9.25

③由于前面项目信息中输入了建筑面积数值，这里定额子目“16-1”工程量按建筑面积计算，会自动带出，但补充的清单项目工程量需要自行输入“1 239.75”。

④单击“整理清单”中“分部整理”，整理到章节，从而章节树中显示出“补充分部”，如图 9.26 所示。

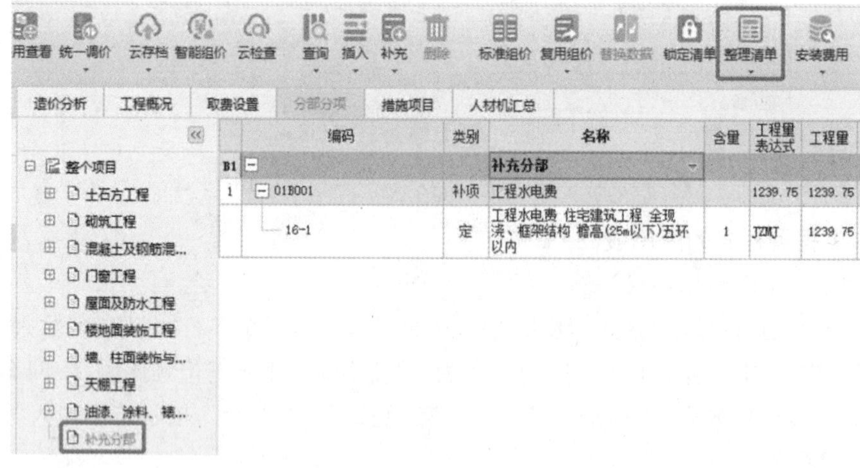

图 9.26

4）添加、整理钢筋工程清单项

（1）计价定额中钢筋列项规则

关于钢筋工程，《北京市建筑工程计价依据——预算定额 房屋建筑与装饰工程预算定额》（2012 版）按照钢筋制作、安装分别从直径 10 mm 以上和以下列项，如图 9.27 所示。

第十五节 钢筋工程（010515）

工作内容：1. 钢筋（网、笼、铁马）、钢丝束、钢绞线制作、安装。
2. 钢丝束、钢绞线张拉。
3. 预埋管孔道铺设、锚具安装。
4. 砂浆拌合；5. 孔道注浆等。

单位：t

定额编号		5-112	5-113	5-114	5-115	5-116	5-117
项目		钢筋制作			钢筋安装		
		ϕ10 以内	ϕ10 以外	冷轧带肋 $\phi5\sim\phi12$	ϕ10 以内	ϕ10 以外	冷轧带肋 $\phi5\sim\phi12$
基价（元）		**4258.65**	**4324.57**	**4739.97**	**523.44**	**496.09**	**335.99**
其中	人工费（元）	245.94	200.68	142.02	440.29	406.60	298.94
	材料费（元）	3945.42	4059.86	4538.43	65.11	72.65	25.09
	机械费（元）	67.29	64.03	59.52	18.04	16.84	11.96

图 9.27

（2）计量软件中钢筋设置规则

计量软件 GTJ2021 中钢筋工程量是按照不同种类、不同级别、不同直径分别统计的，不能直接导入广联达云计价平台计价软件 GCCP6.0 中，需要自行统计工程量后在计价软件中添加清单项。

（3）计价软件中添加、整理钢筋工程清单项

①在算量文件中查找钢筋工程量。在一级导航"工程量"页签下，单击"汇总计算"，完成后单击"查看报表"中"钢筋报表量"下"钢筋级别直径汇总表"，查看钢筋工程数据，如图 9.28 所示。

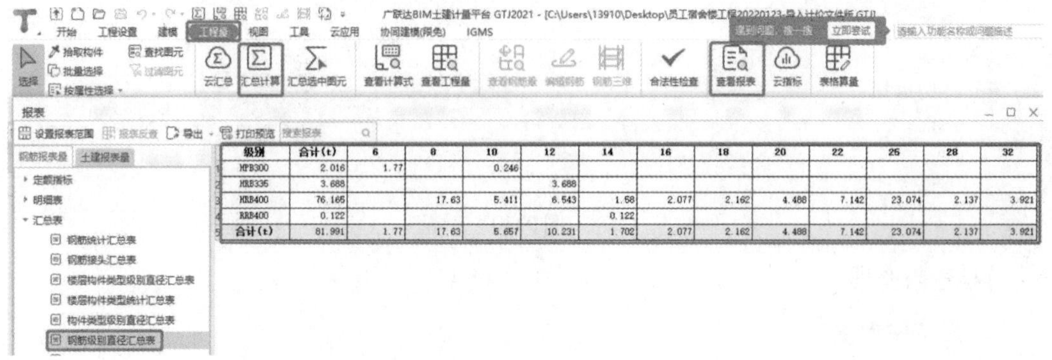

级别	合计(t)	6	8	10	12	14	16	18	20	22	25	28	32
HPB300	2.016	1.77		0.246									
HRB335	3.688				3.688								
HRB400	76.165		17.63	5.411	6.543	1.58	2.077	2.162	4.488	7.142	23.074	2.137	3.921
RRB400	0.122					0.122							
合计(t)	81.991	1.77	17.63	5.657	10.231	1.702	2.077	2.162	4.488	7.142	23.074	2.137	3.921

图 9.28

②根据《房屋建筑与装饰工程工程量计算规范》（GB 50854—2013）添加钢筋工程清单项，根据不同级别、不同直径分别列项，如图 9.29 所示。

	编码	类别	名称	专业	项目特征	单位	含量	工程量表达式	工程量
B2	A.5.15	部	钢筋工程						
19	010515001001	项	现浇构件钢筋		1.钢筋种类、规格:一级钢，Φ6	t		1.77	1.77
20	010515001002	项	现浇构件钢筋		1.钢筋种类、规格:一级钢，Φ10	t		0.246	0.246
21	010515001003	项	现浇构件钢筋		1.钢筋种类、规格:二级钢，Φ12	t		3.688	3.688
22	010515001004	项	现浇构件钢筋		1.钢筋种类、规格:三级钢，Φ8	t		17.63	17.63
23	010515001005	项	现浇构件钢筋		1.钢筋种类、规格:三级钢，Φ10	t		5.411	5.411
24	010515001006	项	现浇构件钢筋		1.钢筋种类、规格:三级钢，Φ12	t		6.543	6.543
25	010515001007	项	现浇构件钢筋		1.钢筋种类、规格:三级钢，Φ14	t		1.58	1.58
26	010515001008	项	现浇构件钢筋		1.钢筋种类、规格:三级钢，Φ16	t		2.077	2.077
27	010515001009	项	现浇构件钢筋		1.钢筋种类、规格:三级钢，Φ18	t		2.162	2.162
28	010515001010	项	现浇构件钢筋		1.钢筋种类、规格:三级钢，Φ20	t		4.488	4.488
29	010515001011	项	现浇构件钢筋		1.钢筋种类、规格:三级钢，Φ22	t		7.142	7.142
30	010515001012	项	现浇构件钢筋		1.钢筋种类、规格:三级钢，Φ25	t		23.074	23.074
31	010515001013	项	现浇构件钢筋		1.钢筋种类、规格:三级钢，Φ28	t		2.137	2.137
32	010515001014	项	现浇构件钢筋		1.钢筋种类、规格:三级钢，Φ32	t		3.921	3.921
33	010515001015	项	现浇构件钢筋		1.钢筋种类、规格:四级钢，Φ14	t		0.122	0.122

图 9.29

③根据《北京市建筑工程计价依据——预算定额 房屋建筑与装饰工程预算定额》（2012 版）钢筋工程计价的要求，将钢筋工程清单项按照制作和安装进行组价，如图 9.30 所示（仅展

示 4 项,其他项目查看阶段性成果文件)。

	编码	类别	名称	专业	项目特征	单位	含量	工程量表达式	工程量
B2	A.5.15		钢筋工程						
1	010515001001	项	现浇构件钢筋		1.钢筋种类、规格:一级钢,Φ6	t		1.77	1.77
	5-112	定	钢筋制作 φ10以内	建筑		t	1	QDL	1.77
	5-115	定	钢筋安装 φ10以内	建筑		t	1	QDL	1.77
2	010515001002	项	现浇构件钢筋		1.钢筋种类、规格:一级钢,Φ10	t		0.246	0.246
	5-112	定	钢筋制作 φ10以内	建筑		t	1	QDL	0.246
	5-115	定	钢筋安装 φ10以内	建筑		t	1	QDL	0.246
3	010515001003	项	现浇构件钢筋		1.钢筋种类、规格:二级钢,Φ12	t		3.688	3.688
	5-113	定	钢筋制作 φ10以外	建筑		t	1	QDL	3.688
	5-116	定	钢筋安装 φ10以外	建筑		t	1	QDL	3.688
4	010515001004	项	现浇构件钢筋		1.钢筋种类、规格:三级钢,Φ8	t		17.63	17.63
	5-112	定	钢筋制作 φ10以内	建筑		t	1	QDL	17.63
	5-115	定	钢筋安装 φ10以内	建筑		t	1	QDL	17.63

图 9.30

5)检查与整理

(1)整体检查

①对分部分项的清单与定额的套用做法进行检查,核查是否有误,如果有误,进行“替换”。例如:根据清单项目特征描述校核套用定额的一致性时,如果发现套用子目不合适,可选中该定额子目,然后单击鼠标右键,在弹出的对话框中单击“查询”→“查询定额”,选择相应子目进行“替换”,如图 9.31、图 9.32 所示。

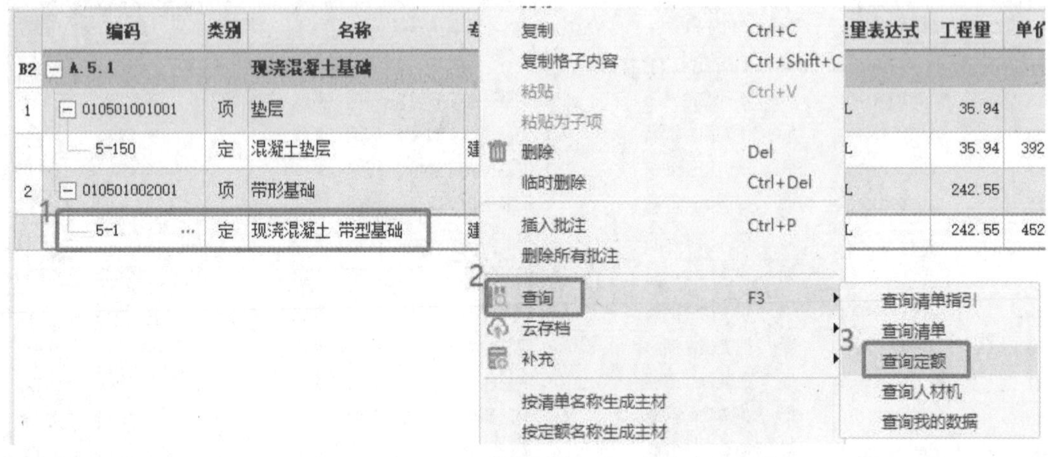

图 9.31

②查看整个分部分项中是否有空格,如有,要进行删除。

③按清单项目特征描述校核套用定额的一致性,并进行修改。

④查看清单工程量与定额工程量的数据差别是否正确。

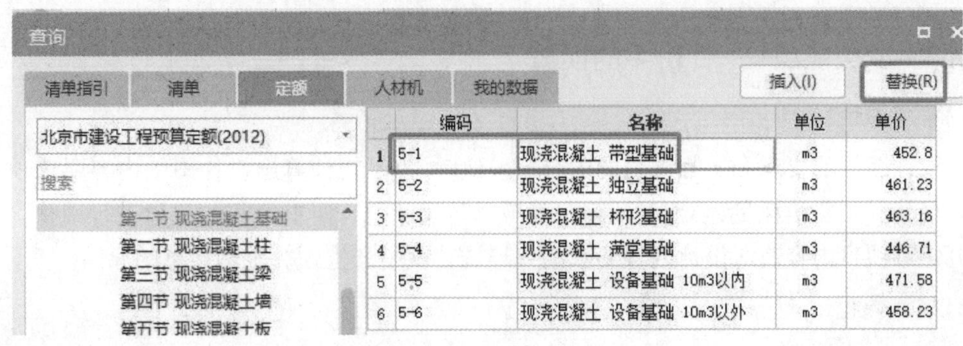

图 9.32

(2)整体进行分部整理

对于分部整理完成后出现的“补充分部”清单项,可以调整专业章节位置至应该归类的分部,操作如下:

①在清单项编辑界面单击鼠标右键,选择“页面显示列设置”,在弹出的对话框中选择“指定专业章节位置”,如图 9.33、图 9.34 所示。

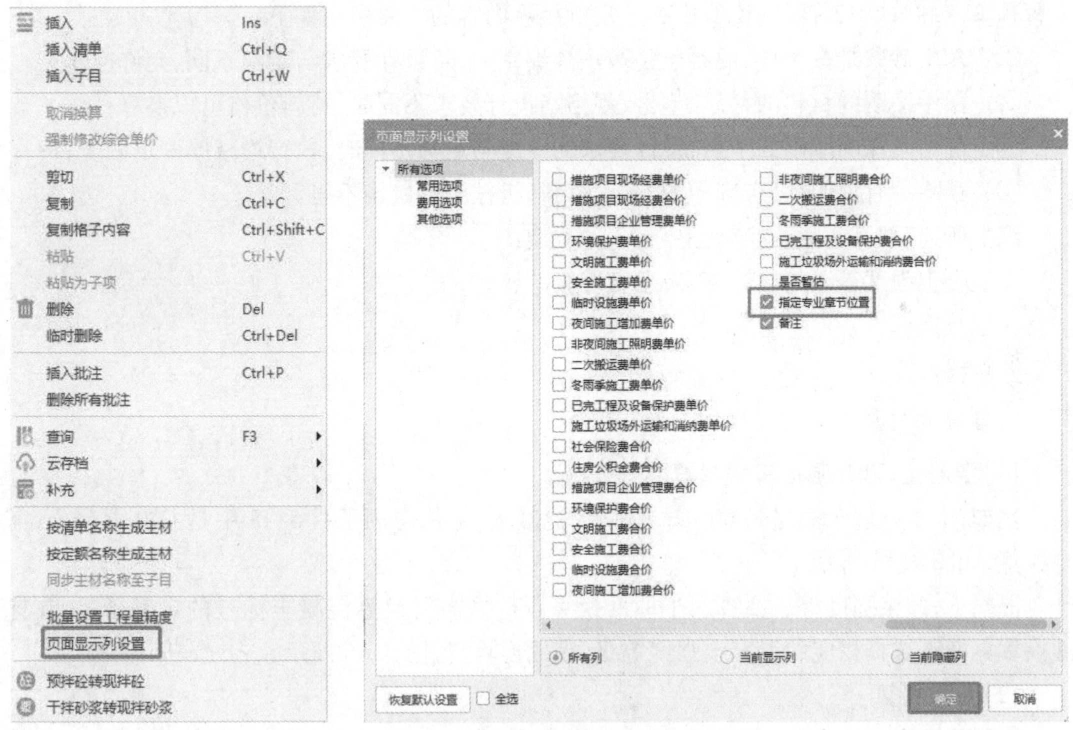

图 9.33　　　　　　　　　　　　　　　图 9.34

②单击清单项显示列中的“指定章节位置”,在弹出的“指定专业章节”对话框,选择相应的分部,调整完后再进行分部整理。

9.2.4 技能点——计价中的换算

1)换算原因

当设计图纸的要求和定额项目的内容不一致时,为了能计算出设计图纸内容要求项目的工程直接费及工料消耗量,必须对预算定额项目与设计内容要求之间的差异进行调整。这种使预算定额项目内容适应设计内容要求的差异调整就是产生预算定额换算的原因。

2)换算依据

预算定额的换算实际上是预算定额应用的进一步扩展和延伸,为保持预算定额水平,在定额说明中规定了若干条预算定额换算的具体规定,该规定是预算定额换算的主要依据。

3)换算的类型

预算定额换算包括人工费和材料费的换算。人工费换算主要是由用工量的增减引起的。而材料费换算则是由材料消耗量的改变或材料代换引起的,其中材料费和材料消耗量的换算占预算定额换算相当大的比重。《北京市建筑工程计价依据——预算定额 房屋建筑与装饰工程预算定额》(2012 版)的说明中关于定额换算内容的主要规定如下:

①定额中砂浆是按干拌、混凝土是按预拌编制的,若设计要求与定额不同,允许换算;

②定额中注明的材料的材质、型号、规格与设计要求不同时,材料价格可以换算;

③定额中凡注明厚度的子目,设计要求的厚度与定额不同时,执行增减厚度定额子目;

④各章除另有说明外,定额中的人工、材料、机械消耗量均不得调整。

综上所述,预算定额的换算主要有 3 种类型:

①混凝土强度等级的换算、砂浆强度等级的换算;

②系数换算;

③材料换算。

4)换算的方法

(1)混凝土、砂浆强度等级换算

例如:本工程散水面层是 60 mm 厚 C15 混凝土,组价定额子目 5-43 中是 C20 混凝土,需要换算,如图 9.35 所示。

混凝土、砂浆强度等级换算属于标准换算。选择需要换算混凝土标号的定额子目,在标准换算界面下选择相应的混凝土强度等级,完成换算,如图 9.36 所示。

(2)系数换算

①调整运距。以土石方工程为例,本工程挖沟槽土方由于场地限制,土方全部外运,回填土方全部回运,实际工程土方运距是 20 km,而定额子目中运距 15 km 以内,需要换算,调整运距为 20 km。

a. 挖沟槽土方:选中要换算的子目 1-60,单击“标准换算”调整“换算内容”由“15”到“20”,组价定额子目会增加“1-42”来调整运距,如图 9.37 所示。

	编码	类别	名称	专业	项目特征	单位
B2	A.5.7		现浇混凝土其他构件			
1	010507001001	项	散水、坡道		1.垫层材料种类、厚度:150厚3:7灰土 2.面层厚度:混凝土，面加5厚1:1水泥砂浆 3.混凝土种类:预拌 4.混凝土强度等级:60厚C15	m2
	4-72	定	垫层 3:7灰土	建筑		m3
	5-43	定	现浇混凝土 散水	建筑		m3
	11-1	定	楼地面整体面层 DS砂浆 厚度20mm	装饰		m2
	11-2 *-3	换	楼地面整体面层 DS砂浆 每增减5mm 单价*-3	装饰		m2

工料机显示　单价构成　标准换算　换算信息　安装费用　特征及内容　组价方案　工程

	编码	类别	名称	规格及型号	单位	损耗率	含量	数量	含税预算价
1	870001	人	综合工日		工日		2.746	15.1305	74.3
2	400007	商砼	C20预拌混凝土		m3		1.015	5.5927	375
3	030003	材	木模板		m3		0.0166	0.0915	1676.5

图9.35

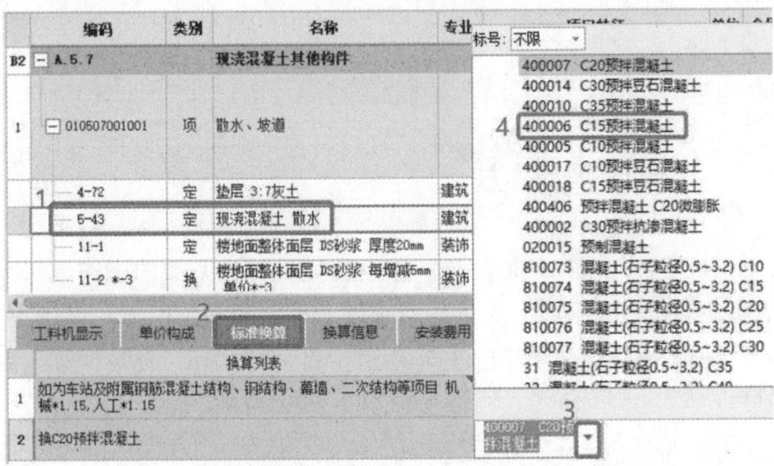

	编码	类别	名称	专业
B2	A.5.7		现浇混凝土其他构件	
1	010507001001	项	散水、坡道	
	4-72	定	垫层 3:7灰土	建筑
	5-43	定	现浇混凝土 散水	建筑
	11-1	定	楼地面整体面层 DS砂浆 厚度20mm	装饰
	11-2 *-3	换	楼地面整体面层 DS砂浆 每增减5mm 单价*-3	装饰

工料机显示　单价构成　标准换算　换算信息　安装费用

	换算列表	
1	如为车站及附属钢筋混凝土结构、钢结构、幕墙、二次结构等项目 机械*1.15,人工*1.15	
2	换C20预拌混凝土	400007 C20预拌混凝土

标号:不限
400007 C20预拌混凝土
400014 C30预拌豆石混凝土
400010 C35预拌混凝土
400006 C15预拌混凝土
400005 C10预拌混凝土
400017 C10预拌豆石混凝土
400018 C15预拌豆石混凝土
400406 预拌混凝土 C20微膨胀
400002 C30预拌抗渗混凝土
020015 预制混凝土
810073 混凝土(石子粒径0.5~3.2) C10
810074 混凝土(石子粒径0.5~3.2) C15
810075 混凝土(石子粒径0.5~3.2) C20
810076 混凝土(石子粒径0.5~3.2) C25
810077 混凝土(石子粒径0.5~3.2) C30
31 混凝土(石子粒径0.5~3.2) C35

图9.36

	编码	类别	名称	专业	项目特征	单位
B2	A.1.1		土方工程			
1	010101001001	项	平整场地		1.土壤类别:一、二类土 2.弃土运距:20km 3.取土运距:20km	m2
	1-2	定	平整场地 机械	建筑		m2
2	010101003001	项	挖沟槽土方		1.挖土深度:2m 内 2.弃土运距:20km	m3
	1-58	定	机挖沟槽	建筑		m3
	1-5	定	打钎拍底	建筑		m2
	1-60 + 1-42	换	土方场外运输运距15km以内 实际运距(km):20	建筑		m3

工料机显示　单价构成　标准换算　换算信息　安装费用　特征及内容　工程量

	换算列表	换算内容
1	实际运距(km)	20

图9.37

b. 回填土方：由于全部土方需要回运，组价定额子目包括回填土方和土体场外运输两项，因此需要增加“1-60”场外运输，并对其进行运距换算，从“15 km”到“20 km”。插入空白组价子目行，输入“1-60”回车，弹出窗口，显示定额库中“1-60”子目和当前工程中曾用到且换算过的“1-60”子目，我们直接选取使用即可，如图 9.38、图 9.39 所示。

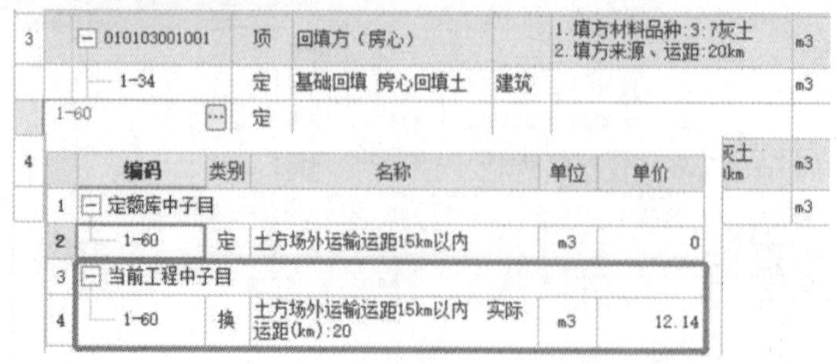

3	010103001001	项	回填方（房心）		1.填方材料品种:3:7灰土 2.填方来源、运距:20km	m3
	1-34	定	基础回填 房心回填土	建筑		m3
	1-60	定				

	编码	类别	名称	单位	单价
1	定额库中子目				
2	1-60	定	土方场外运输运距15km以内	m3	0
3	当前工程中子目				
4	1-60	换	土方场外运输运距15km以内 实际运距(km):20	m3	12.14

图 9.38

B2	A.1.3	部	回填								
3	010103001001	项	回填方（房心）		1.填方材料品种:3:7灰土 2.填方来源、运距:20km	m3		TXGCL	133.83		
	1-34	定	基础回填 房心回填土	建筑		m3	1	TXGCL	133.83	29.92	4004.19
	1-60 + 1-42	换	土方场外运输运距15km以内 实际运距(km):20	建筑		m3	1	QDL	133.83	12.14	1624.7
4	010103001002	项	基槽灰土回填方		1.填方材料品种:3:7灰土 2.填方来源、运距:20km	m3		TXGCL	418.26		
	1-32	定	基础回填 灰土 3:7	建筑		m3	1	TXGCL	418.26	80.84	33812.14
	1-60 + 1-42	换	土方场外运输运距15km以内 实际运距(km):20	建筑		m3	1	QDL	418.26	12.14	5077.68

图 9.39

②调整人、材、机系数。以砌块墙为例，介绍调整人材机系数的操作方法。由于工作条件变化等原因，砌块墙机械费乘以 1.2，人工费乘以 1.5，材料费乘以 1.1，其他不变，如图 9.40 所示。用鼠标左键单击砌块墙清单项的 4-31 组价子目，然后单击“标准换算”，在对话框中调整相应系数即可。

B2	A.4.2		砌块砌体					
1	010402001001	项	砌块墙		1.砌块品种、规格、强度等级:加气混凝土砌块 2.砂浆强度等级:干混砌筑砂浆DMM5	m3		TXGCL
	4-31 R*1.5,C*1.1,J*1.2	换	砌加气块墙 人工*1.5,材料*1.1,机械*1.2	建筑		m3	1	TXGCL

工料机显示 | 单价构成 | 标准换算 | 换算信息 | 安装费用 | 特征及内容 | 工程量明细 | 反查图形工程量

	换算列表	换算内容
1	墙砌体高度超过3.6m时，超过部分 人工*1.3	☐
2	换砌筑砂浆 DM5.0-HR	400054 砌筑砂浆 DM5.0-HR

	工料机类别	系数
1	人工	1.5
2	材料	1.1
3	机械	1.2
4	设备	1
5	主材	1
6	单价	1

图 9.40

③调整墙面抹灰厚度。以“011201001001 墙面一般抹灰（内墙）”清单项为例，介绍墙面抹灰厚度的调整方法和过程，如图 9.41 所示。

B2	B.2.1		墙面抹灰					
1	011201001001	项	墙面一般抹灰（内墙）	1.墙体类型:砌块墙 2.部位：内墙面 3.底层厚度、砂浆配合比:9mm 1:3水泥砂浆 4.找平层厚度、砂浆配合比:5mm 1:2.5水泥砂浆	m2		TXGCL	2358.25

图9.41

本工程内墙面底层为“9mm　1:3水泥砂浆”打底,抹灰厚度调整有两种方法。

方法一:插入组价子目“12-16”后弹出抹灰厚度调整对话框,将“5”直接调整为“9”即可,如图9.42所示。

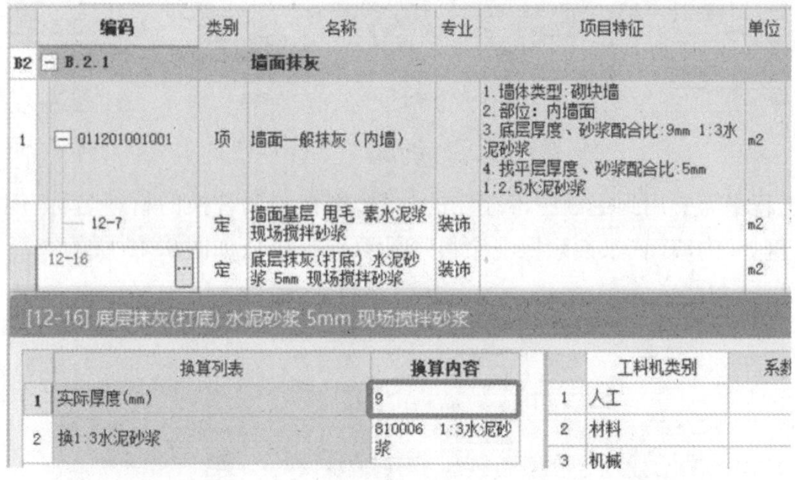

编码
类别
名称
专业
项目特征
单位
B2 B.2.1
墙面抹灰
1 011201001001 项 墙面一般抹灰（内墙）
1.墙体类型:砌块墙
2.部位：内墙面
3.底层厚度、砂浆配合比:9mm 1:3水泥砂浆
4.找平层厚度、砂浆配合比:5mm 1:2.5水泥砂浆
m2
12-7 定 墙面基层 甩毛 素水泥浆 现场搅拌砂浆 装饰 m2
12-16 定 底层抹灰(打底) 水泥砂浆 5mm 现场搅拌砂浆 装饰 m2
[12-16] 底层抹灰(打底) 水泥砂浆 5mm 现场搅拌砂浆
换算列表
换算内容
1 实际厚度(mm) 9
2 换1:3水泥砂浆 810006 1:3水泥砂浆
工料机类别
1 人工
2 材料
3 机械

图9.42

方法二:如果已经有组价子目“12-16”,只需要用鼠标左键单击子目“12-16”,然后单击下方“标准换算”,直接调整实际厚度为“9”即可,如图9.43所示。

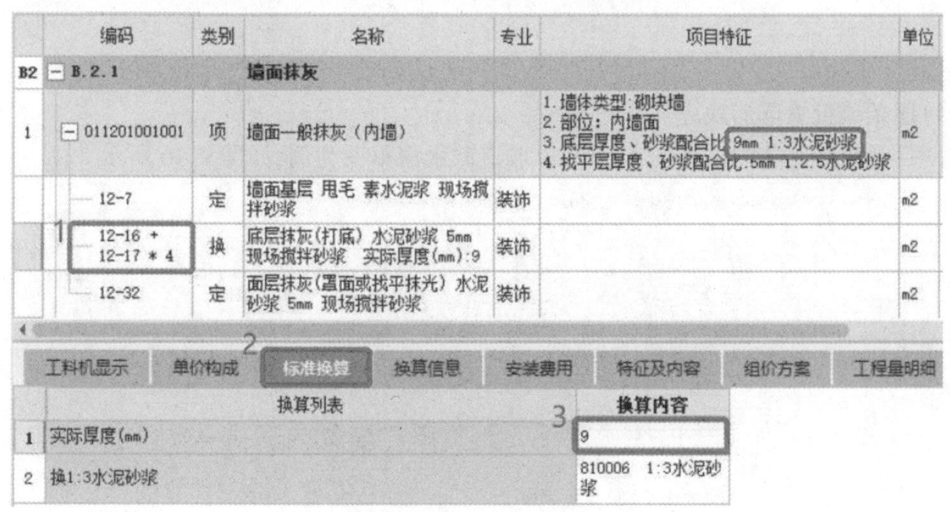

编码
类别
名称
专业
项目特征
单位
B2 B.2.1
墙面抹灰
1 011201001001 项 墙面一般抹灰（内墙）
1.墙体类型:砌块墙
2.部位：内墙面
3.底层厚度、砂浆配合比:9mm 1:3水泥砂浆
4.找平层厚度、砂浆配合比:5mm 1:2.5水泥砂浆
m2
12-7 定 墙面基层 甩毛 素水泥浆 现场搅拌砂浆 装饰 m2
1
12-16 + 12-17 * 4 换 底层抹灰(打底) 水泥砂浆 5mm 现场搅拌砂浆 实际厚度(mm):9 装饰 m2
12-32 定 面层抹灰(罩面或找平抹光) 水泥砂浆 5mm 现场搅拌砂浆 装饰 m2
2
工料机显示
单价构成
标准换算
换算信息
安装费用
特征及内容
组价方案
工程量明细
换算列表
换算内容
3
1 实际厚度(mm) 9
2 换1:3水泥砂浆 810006 1:3水泥砂浆

图9.43

(3)材料替换

①替换条件。当项目特征中要求材料与子目相对应人材机材料不相符时,需要对材料进行替换。

②替换方法。在“工料机显示”界面，点开材料名称进行查询，选择需要的材料后，单击“替换”按钮，完成修改。

例如：在门窗工程中，木质门 M-1 为“无框木门，800×2100”需要进行材料替换。用鼠标左键单击组价子目“8-4”，然后单击下方“工料机显示”，在对应材料“胶合板木门”处单击⋯，在弹出的对话框中选择“无框木门”进行替换，如图 9.44 所示。

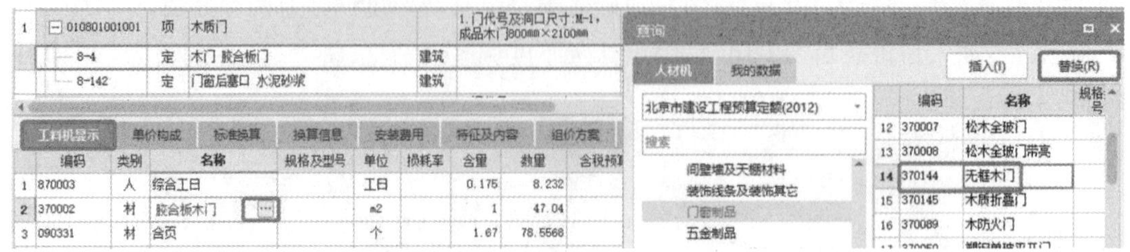

图 9.44

③有时工程中需要用到定额中不存在的材料，则在需要替换的材料名称、规格型号处直接修改即可，例如：内墙面“水性耐擦洗涂料”采用“立邦漆”，如图 9.45 所示。

	编码	类别	名称	专业	项目特征	单位
B1	B.4		油漆、涂料、裱糊工程			
B2	B.4.7	部	喷刷涂料			
1	011407001001	项	墙面喷刷涂料（内墙）		1.装饰面材料种类:水性耐擦洗涂料	m2
	14-730	定	内墙涂料 耐擦洗涂料	装饰		m2

工料机显示 单价构成 标准换算 换算信息 安装费用 特征及内容 组价方案

	编码	类别	名称	规格及型号	单位	损耗率	含量	数量
1	870003	人	综合工日		工日		0.04	101.9632
2	110271@1	材	白色耐擦洗涂料	立邦漆	kg		0.35	892.178
3	110097	材	乳液型建筑胶粘剂		kg		0.03	76.4724
4	840004	材	其他材料费		元		0.164	418.0491
5	840023	机	其他机具费		元		0.133	339.0276

图 9.45

(4) 逐条或批量取消换算

方法一：数据编辑区右键取消换算，以坡道散水清单项为例，如图 9.46 所示。

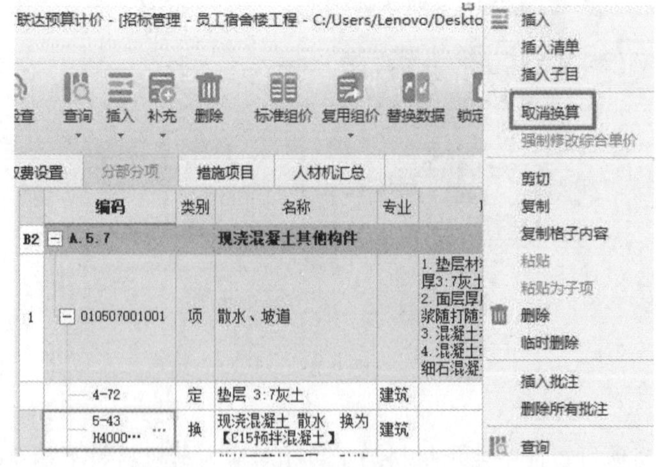

图 9.46

方法二:属性窗口下“换算信息”处单击鼠标右键取消换算,以坡道散水清单项为例,如图9.47所示。

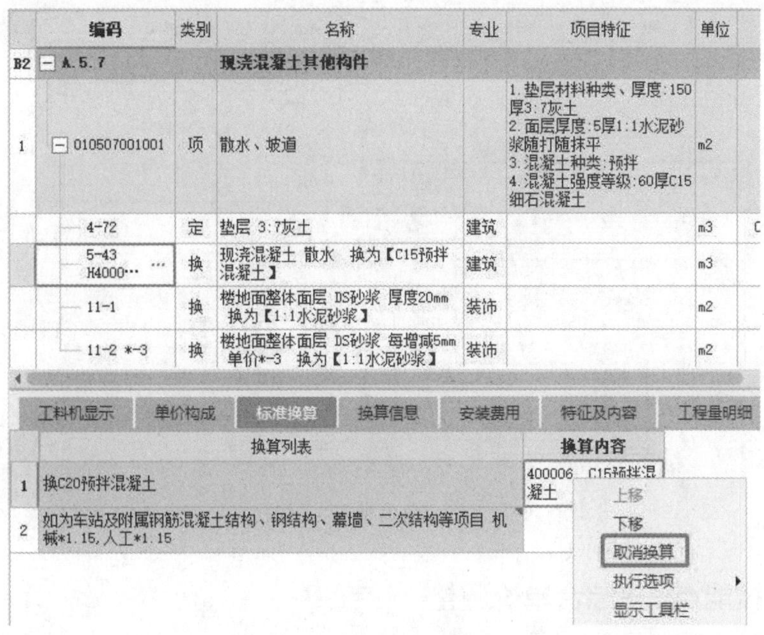

图9.47

(5)员工宿舍楼工程中换算综合示例

本工程换算综合示例如图9.48所示。

	编码	类别	名称	专业	项目特征	单位
B2	A.5.7		现浇混凝土其他构件			
1	010507001001	项	散水、坡道		1.垫层材料种类、厚度:150厚3:7灰土 2.面层厚度:混凝土,面加5厚1:1水泥砂浆 3.混凝土种类:预拌 4.混凝土强度等级:60厚C15	m2
	4-72	定	垫层 3:7灰土	建筑		m3
	5-43	定	现浇混凝土 散水	建筑		m3
	11-1	定	楼地面整体面层 DS砂浆 厚度20mm	装饰		m2

图9.48

散水涉及换算内容有:组价子目“5-43”中混凝土换算成“C15”的;“11-1”中砂浆换成“1:1水泥砂浆”,且厚度换成“5 mm”厚。

①用鼠标左键点选“5-43”子目行后,单击“标准换算”,“C20”换成“C15”即可。

②用鼠标左键点选“11-1”子目行后,单击“标准换算”,厚度“20”换成“5”,“DS砂浆”替换成“聚合物水泥砂浆”即可,如图9.49所示。

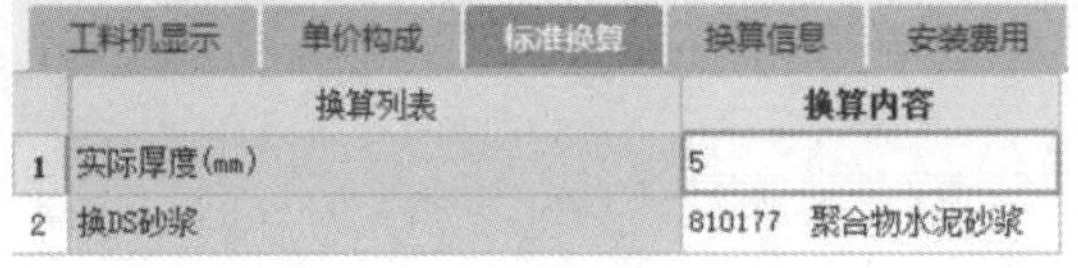

图9.49

③用鼠标左键单击下方"工料机显示",在"规格与型号"处标注"1∶1水泥砂浆",如图9.50所示。

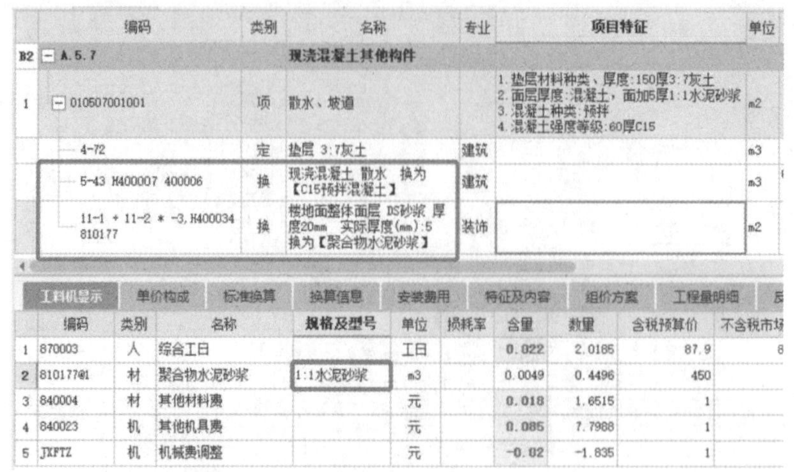

图9.50

9.2.5 技能点——综合单价调整

"单价构成"页签的主要作用是查看或修改分部分项清单和定额子目单价的构成,也适用于查看和修改单价措施项目清单和定额子目的单价构成。

1)单价构成的查看、修改

(1)查看清单项组价子目的"单价构成"

一级导航切换到"编制",项目结构切换到单位工程节点,二级导航切换到"分部分项"或"措施项目",查看数据编辑区下方的属性窗口,切换到"单价构成"页签,会显示出当前定位到的分部、清单、子目下的费用构成项,以"墙面喷刷涂料(内墙)"为例,如图9.51所示。

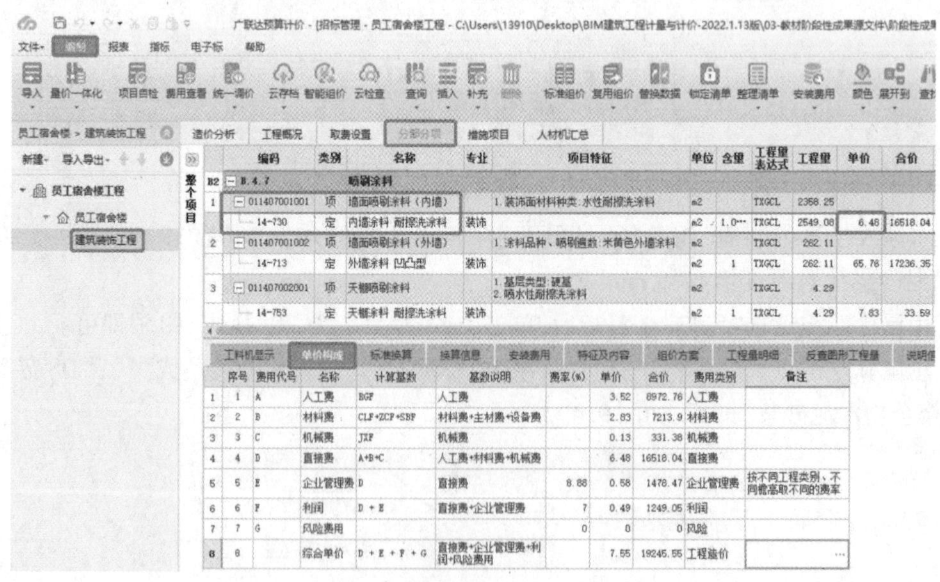

图9.51

(2)根据清单计价规范和计价定额的有关规定修改计费基数

单击“单价　构成”下“计算基数”的▾,根据实际情况选择费用代码,如图9.52所示。

	编码	类别	名称
1	011407001003	项	墙面喷刷涂料
	14-730	定	内墙涂料 耐擦洗涂

费用代码
子目代码
人材机

	费用代码	费用名称	费用金额
1	ZJF	直接费	6.4
2	RGF	人工费	3.5
3	CLF	材料费	2.8
4	JXF	机械费	0.1
5	ZCF	主材费	
6	SBF	设备费	
7	GR	工日合计	0.0
8	JGRGF	甲供人工费	
9	JGCLF	甲供材料费	
10	JGJXF	甲供机械费	
11	JGZCF	甲供主材费	
12	JGSBF	甲供设备费	

工料机显示　单价构成　标准换算

	序号	费用代码	名称						
1	1	A	人工费						
2	2	B	材料费						
3	3	C	机械费						
4	4	D	直接费						
5	5	E	企业管理费						
6	6	F	利润						
7	7	G	风险费用			0	0	0	风险
8	8		综合单价	D + E + F + G	直接费+企业管理费+利润+风险费用		7.55	21260.27	工程造价

图9.52

(3)修改费率

单击取费项目对应“费率”下拉菜单,根据项目具体情况或招标要求,修改管理费和利润的取费费率,如图9.53所示。

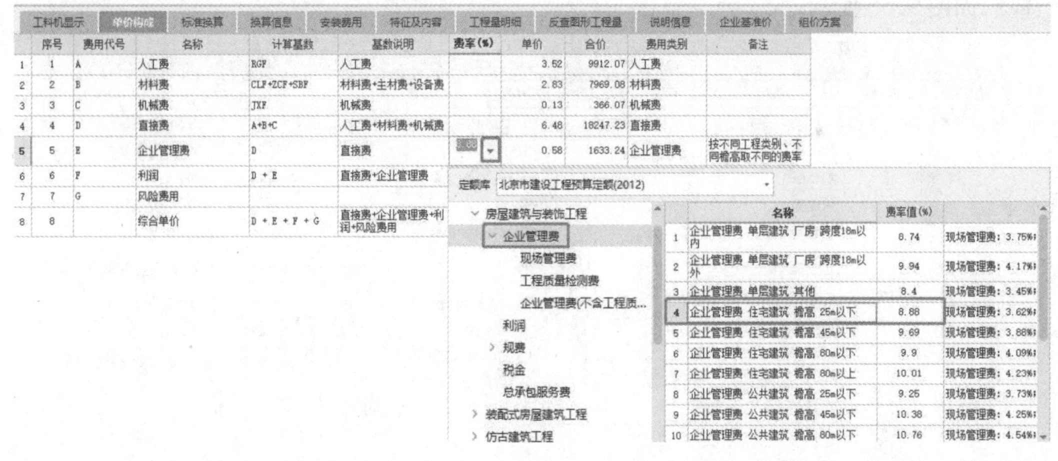

	序号	费用代码	名称	计算基数	基数说明	费率(%)	单价	合价	费用类别	备注
1	1	A	人工费	RGF	人工费		3.52	9912.07	人工费	
2	2	B	材料费	CLF+ZCF+SBF	材料费+主材费+设备费		2.83	7969.08	材料费	
3	3	C	机械费	JXF	机械费		0.13	366.07	机械费	
4	4	D	直接费	A+B+C	人工费+材料费+机械费		6.48	18247.23	直接费	
5	5	E	企业管理费	D	直接费		0.58	1633.24	企业管理费	按不同工程类别、不同檐高取不同的费率
6	6	F	利润	D + E	直接费+企业管理费					
7	7	G	风险费用							
8	8		综合单价	D + E + F + G	直接费+企业管理费+利润+风险费用					

	名称	费率值(%)	
1	企业管理费 单层建筑 厂房 跨度18m以内	8.74	现场管理费: 3.75%;
2	企业管理费 单层建筑 厂房 跨度18m以外	9.94	现场管理费: 4.17%;
3	企业管理费 单层建筑 其他	8.4	现场管理费: 3.45%;
4	企业管理费 住宅建筑 檐高 25m以下	8.88	现场管理费: 3.62%;
5	企业管理费 住宅建筑 檐高 45m以下	9.69	现场管理费: 3.88%;
6	企业管理费 住宅建筑 檐高 80m以下	9.9	现场管理费: 4.09%;
7	企业管理费 住宅建筑 檐高 80m以上	10.01	现场管理费: 4.23%;
8	企业管理费 公共建筑 檐高 25m以下	9.25	现场管理费: 3.73%;
9	企业管理费 公共建筑 檐高 45m以下	10.38	现场管理费: 4.25%;
10	企业管理费 公共建筑 檐高 80m以下	10.76	现场管理费: 4.54%;

图9.53

2)单价构成调整实例

(1)单价构成调整实例要求

本员工宿舍楼工程“建筑装饰工程”中“混凝土及钢筋混凝土工程”下的“钢筋工程”。

①清单综合单价费用构成要求:其中企业管理费以直接费为基数,按9.25%计取;利润以直接费加企业管理费为基数,按8%计取;

②考虑到人工及材料费用价格浮动带来的风险,需要在综合单价中考虑1.2%的风险。

(2)具体操作

①单击【钢筋工程】下任意一个清单项的组价定额子目,单击“单价构成”,直接修改企业

管理费的取费基数:直接费,费率 9.25%;利润取费基数:直接费 + 企业管理费,费率 8%,如图 9.54 所示。

图 9.54

②单价构成中增加“风险费用”,取费基数为人工费 + 材料费,费率为 1.2%。

a.“单价构成”窗口中用鼠标右键单击“显示工具栏”功能,则页签上方会显示出相应功能选项,如图 9.55 所示。

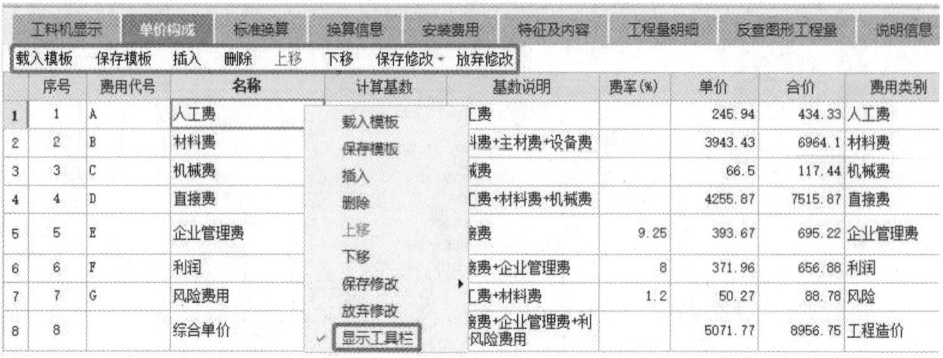

图 9.55

b. 通过“插入”“删除”“上移”“下移”功能,在当前界面中根据实际情况自行修改费用行,增加“风险费用”费用行。

c. 单击“风险费用”取费基数后面的▭,在弹出的对话框中分别双击“人工费”和“材料费”,然后在对应费率处直接修改为 1.2,如图 9.56、图 9.57 所示。

③保存修改内容,并应用到当前分部工程。

a. 单击“保存模板”(该单价构成模板调整好也可以保存),以便以后重复载入调用,如图 9.58 所示。

b. 单击“保存修改”,将修改后的费用构成模板应用到“应用到当前分部”,如图 9.59 所示。

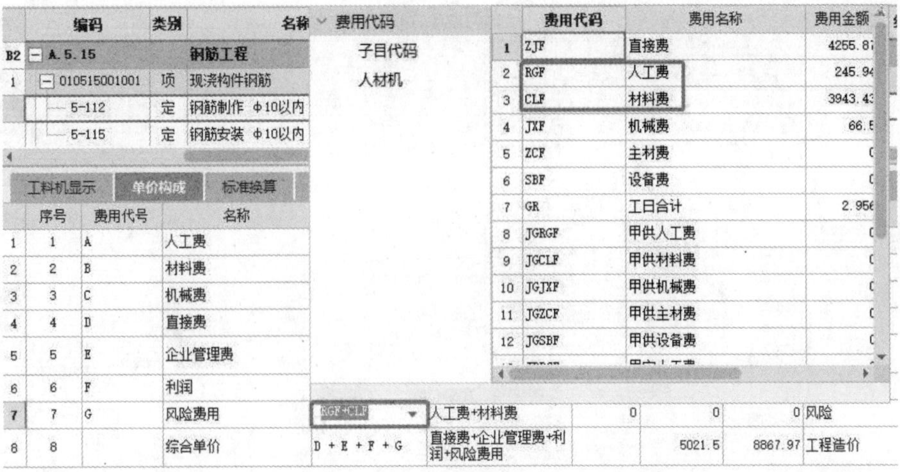

	编码	类别	名称
B2	A.5.15		钢筋工程
1	010515001001	项	现浇构件钢筋
	5-112	定	钢筋制作 φ10以内
	5-115	定	钢筋安装 φ10以内

工料机显示　单价构成　标准换算

	序号	费用代号	名称	计算基数	基数说明				
1	1	A	人工费						
2	2	B	材料费						
3	3	C	机械费						
4	4	D	直接费						
5	5	E	企业管理费						
6	6	F	利润						
7	7	G	风险费用	RGF+CLF	人工费+材料费	0	0	0	风险
8	8		综合单价	D + E + F + G	直接费+企业管理费+利润+风险费用		5021.5	8867.97	工程造价

费用代码　子目代码　人材机

	费用代码	费用名称	费用金额
1	ZJF	直接费	4255.87
2	RGF	人工费	245.94
3	CLF	材料费	3943.43
4	JXF	机械费	66.5
5	ZCF	主材费	0
6	SBF	设备费	0
7	GR	工日合计	2.956
8	JGRGF	甲供人工费	0
9	JGCLF	甲供材料费	0
10	JGJXF	甲供机械费	0
11	JGZCF	甲供主材费	0
12	JGSBF	甲供设备费	0

图 9.56

工料机显示　单价构成　标准换算　换算信息　安装费用　特征及内容　工程量明

	序号	费用代号	名称	计算基数	基数说明	费率(%)
1	1	A	人工费	RGF	人工费	
2	2	B	材料费	CLF+ZCF+SBF	材料费+主材费+设备费	
3	3	C	机械费	JXF	机械费	
4	4	D	直接费	A+B+C	人工费+材料费+机械费	
5	5	E	企业管理费	D	直接费	9.25
6	6	F	利润	D + E	直接费+企业管理费	8
7	7	G	风险费用	RGF+CLF	人工费+材料费	1.2
8	8		综合单价	D + E + F + G	直接费+企业管理费+利润+风险费用	

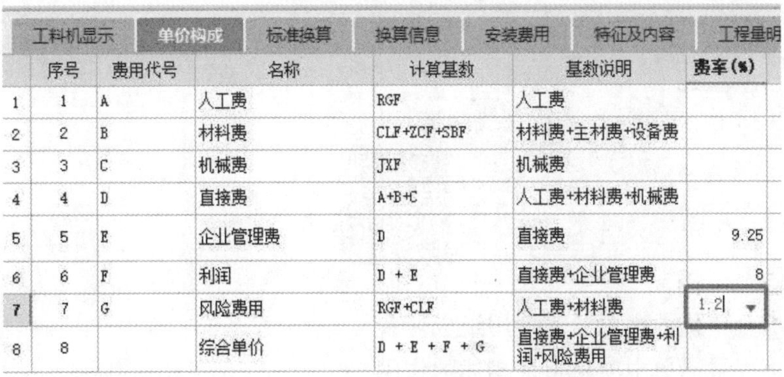

图 9.57

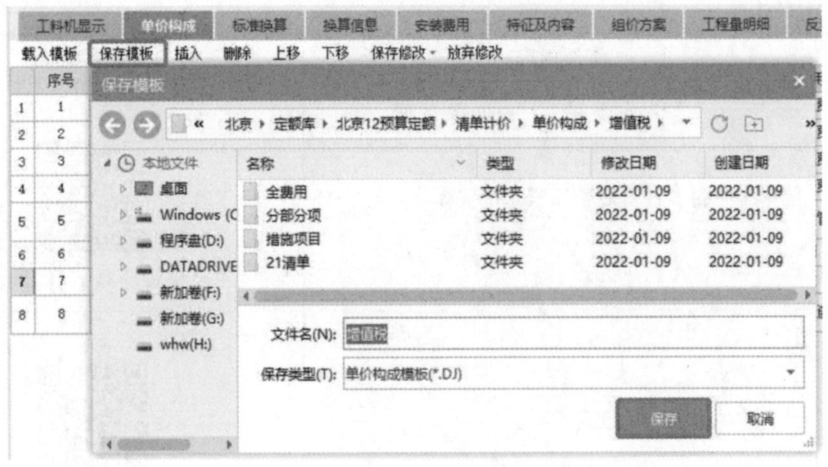

图 9.58

	编码	类别	名称	单位	含量	工程量表达式	工程量	单价	合价	综合单价	综合合价	取费专业
B2	A.5.15		钢筋工程								455105.31	建筑工程
1	010515001001	项	现浇构件钢筋	t		1.766	1.766			5539.27	9782.35	建筑工程
	5-112	定	钢筋制作 φ10以内	t	1	QDL	1.766	4255…	7515.87	4958.16	8756.11	建筑工程
	5-115	定	钢筋安装 φ10以内	t	1	QDL	1.766	498.8	880.88	581.11	1026.24	建筑工程

工料机显示 单价构成 标准换算 换算信息 安装费用 特征及内容 工程量明细 反查图形工程量 说明信息 企业基准价 组价

载入模板 保存模板 插入 删除 上移 下移 保存修改 放弃修改

应用到当前项
应用到当前分部
应用到同名称单价构成

	序号	费用代号	名称	计		费率(%)	单价	合价	费用类别	备注
1	1	A	人工费	RGF		.	245.94	434.33	人工费	
2	2	B	材料费	CLF+ZC			3943.43	6964.1	材料费	
3	3	C	机械费	JXF	机械费		66.5	117.44	机械费	
4	4	D	直接费	A+B+C	人工费+材料费+机械费		4255.87	7515.87	直接费	
5	5	E	企业管理费	D	直接费	9.25	393.67	695.22	企业管理费	按不同工程类别、不同檐高取不同的费率
6	6	F	利润	D + E	直接费+企业管理费	8	371.96	656.88	利润	
7	7	G	风险费用	RGF+CLF	人工费+材料费	1.2	50.27	88.78	风险	
8	8		综合单价	D + E + F + G	直接费+企业管理费+利润+风险费用		5071.77	8956.75	工程造价	

图 9.59

【测试】

1. 客观题(扫下方二维码,进行在线测试)

2. 主观题

(1)简述综合单价的概念及其费用组成。

(2)简述工程量清单中项目特征描述的作用。

【知识拓展】

序号	拓展内容	扫码阅读
拓展 1	清单工程量和计价定额工程量的关系	
拓展 2	计价中风险的相关规定	

任务9.3　措施项目费计价

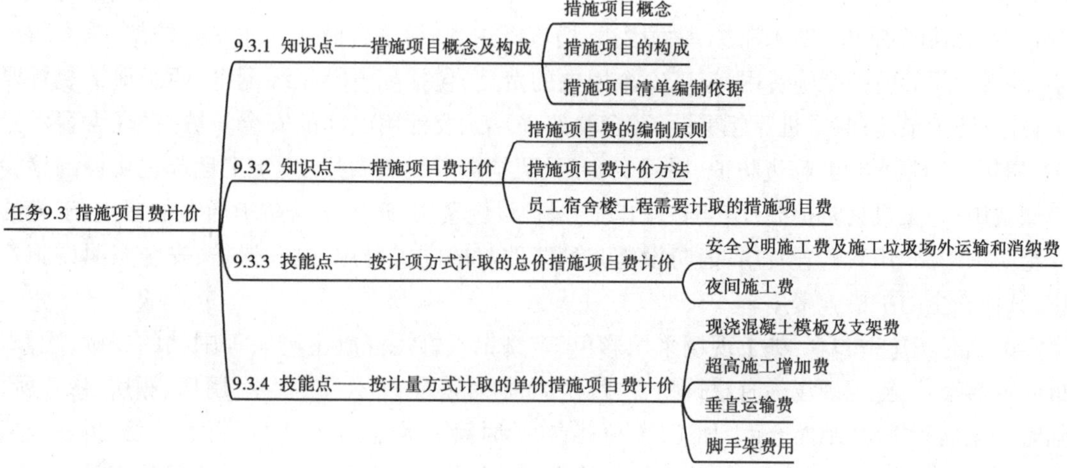

【知识与技能】

9.3.1　知识点——措施项目概念及构成

1) 措施项目概念

措施项目是指为完成工程项目施工,发生于该工程施工准备和施工过程中的技术、生活、安全、环境保护等方面的项目。

措施项目清单应根据相关专业现行工程量计算规范的规定编制,并应根据拟建工程的实际情况列项。

2) 措施项目的构成

(1) 一般措施项目

一般措施项目包括安全文明施工,夜间施工,非夜间施工照明,二次搬运,冬雨季施工,大型机械设备进出场及安拆,地上、地下设施、建筑物的临时保护设施和已完工程及设备保护。

①安全文明施工费:环境保护费、文明施工费、安全施工费、临时设施费。

a. 环境保护费包含:现场施工机械设备降低噪声、防扰民措施费用;水泥和其他易飞扬细颗粒建筑材料密闭存放或采取覆盖措施等费用;工程防扬尘洒水费用;土石方、建渣外运车辆冲洗、防洒漏等费用;现场污染源的控制、生活垃圾清理外运、场地排水排污措施的费用;其他环境保护措施费用。

b. 文明施工费包含:"五牌一图"的费用;现场围挡的墙面美化(包括内外粉刷、刷白、标语等)费用、压顶装饰费用;现场厕所便槽刷白、贴面砖,水泥砂浆地面或地砖费用,建筑物内临时便溺设施费用;其他施工现场临时设施的装饰装修、美化措施费用;现场生活卫生设施费用;符合卫生要求的饮水设备、淋浴、消毒等设施费用;生活用洁净燃料费用;防煤气中毒、防蚊虫叮咬等措施费用;施工现场操作场地的硬化费用;现场绿化费用、治安综合治理费用;现场配备医药保健器材、物品费用和急救人员培训费用;用于现场工人的防暑降温费用、电风扇、空调等设备及用电费用;其他文明施工措施费用。

c.安全施工费包含:安全资料、特殊作业专项方案的编制,安全施工标志的购置及安全宣传的费用;“三宝”(安全帽、安全带、安全网)、“四口”(楼梯口、电梯井口、通道口、预留洞口)、“五临边”(阳台围边、楼板围边、屋面围边、槽坑围边、卸料平台两侧)、水平防护架、垂直防护架、外架封闭等防护措施费用;施工安全用电的费用,包括配电箱三级配电、两级保护装置要求、外电防护措施;起重机等起重设备(含井架、门架)及外用电梯的安全防护措施(含警示标志)费用及卸料平台的临边防护、层间安全门、防护棚等设施费用;建筑工地起重机械的检验检测费用;施工机具防护棚及其围栏的安全保护设施费用;施工安全防护通道的费用;工人的安全防护用品、用具购置费用;消防设施与消防器材的配置费用;电气保护、安全照明设施费用;其他安全防护措施费用。

d.临时设施费包含:施工现场采用彩色、定型钢板,砖、混凝土砌块等围挡的安砌、维修、拆除或摊销费;施工现场临时建筑物、构筑物,如临时宿舍、办公室、食堂、厨房、厕所、诊疗所、临时文化福利用房、临时仓库、加工厂、搅拌台、临时简易水塔、水池等的搭设、维修、拆除或摊销费用。施工现场临时设施,如临时供水管道、临时供电管线、小型临时设施等的搭设、维修、拆除或摊销费;施工现场规定范围内临时简易道路铺设,临时排水沟、排水设施安砌、维修、拆除的费用;其他临时设施费搭设、维修、拆除或摊销费用。

②夜间施工费:夜间固定照明灯具和临时可移动照明灯具的设置、拆除;夜间施工时,施工现场交通标志、安全标牌、警示灯等的设置、移动、拆除;夜间照明设备摊销及照明用电、施工人员夜班补助、夜间施工劳动效率降低等费用。

③二次搬运费:由于施工场地条件限制而发生的材料、成品、半成品等一次运输不能到达堆放地点,必须进行二次或多次搬运的费用。

④非夜间施工照明费:为保证工程施工正常进行,在如地下室等特殊施工部位施工时所采用的照明设备的安拆、维护、摊销及照明用电等费用。

⑤冬雨季施工费:冬雨季施工时增加的临时设施(防寒保温、防雨、防风设施)的搭设、拆除;对砌体、混凝土等采用的特殊加温、保温和养护措施;施工现场的防滑处理、对影响施工的雨雪的清除;以及增加的临时设施的摊销、施工人员的劳动保护用品、冬雨季施工劳动效率降低等费用。

⑥大型机械设备进出场及安拆费:大型机械设备进出场费用包括施工机械整体或分体自停放场地运至施工现场,或由一个施工地点运至另一个施工地点所发生的施工机械进出场运输及转移费用,由机械设备的装卸、运输及辅助材料费等构成;大型机械设备安拆费包括施工机械在施工现场进行安装、拆卸所需的人工费、材料费、机械费、试运转费和安装所需的辅助设施的费用。

⑦施工排水费:为保证工程在正常条件下施工,所采取的排水措施所发生的费用,包括排水沟槽开挖、砌筑、维修,排水管道的敷设、维修,排水的费用以及专人值守的费用等。

⑧施工降水费:为保证工程在正常条件下施工,所采取的降低地下水位的措施所发生的费用,包括成井、井管安装、排水管道安拆及摊销、降水设备的安拆及维护的费用,抽水的费用

以及专人值守的费用等。

⑨地上、地下设施、建筑物的临时保护设施费:在工程施工过程中,对已建成的地上、地下设施和建筑物进行的遮盖、封闭、隔离等必要保护措施所发生的费用。

⑩已完工程及设备保护费:对已完工程及设备采取的覆盖、包裹、封闭、隔离等必要保护措施所发生的费用。

(2)脚手架工程

脚手架工程是工程建设中必然发生的项目。《北京市建设工程计价依据——预算定额 房屋建筑与装饰工程预算定额》(2012 版)中脚手架费包括:

①脚手架费用综合了施工现场为满足施工需要而搭设的各种脚手架的费用,包括脚手架与附件(扣件、卡销等)的租赁(或周转、摊销)、搭设、维护、拆除与场内外运输,脚手板、挡脚板、水平安全网的搭设与拆除以及其他辅助材料等费用。

②搭拆费综合了脚手架的搭设、拆除、上下翻板子、挂安全网等全部工作内容的费用。

③租赁费综合了脚手架周转材料每 100 m^2 每日的租赁费及正常施工期间的维护、调整用工等费用。

④摊销材料费包括脚手板、挡脚板、垫木、钢丝绳、预埋锚固钢筋、铁丝等应摊销材料的材料费。

⑤租赁材料费包括架子管、扣件、底座等周转材料的租赁费。

(3)混凝土模板及支架

拟建工程中若有混凝土或钢筋混凝土工程则应列此项,以 m^2 计量,按模板与混凝土构件的接触面积计算;若以 m^3 计量,则按混凝土及钢筋混凝土实体项目执行,模板及支撑(支架)不再单列,综合单价中应包含模板及支架。混凝土模板及支架(撑)项目不再按“项”取费。

(4)垂直运输

垂直运输费是指现场所用材料、机具从地面至相应高度以及工作人员上下工作面等所发生的运输费用。

(5)超高施工增加

单层建筑物檐口高度超过 20 m,多层建筑物超过 6 层时,可按超高部分的建筑面积计算超高施工增加。计算层数时,地下室不计入层数。同一建筑物有不同檐高时,可按不同高度的建筑面积分别计算建筑面积,以不同檐高分别编码列项。

3)措施项目清单编制依据

由于影响措施项目设置的因素众多,除工程本身的因素外,还涉及水文、气象、环境、安全等因素,不可能将施工中可能出现的措施项目一一列出,在编制措施项目清单时,因工程情况不同,若出现《建设工程工程量清单计量规范》(GB 50500—2013)附录中未列的措施项目,可由招标人根据实际情况在工程量清单编制时自行补充。投标人补充项目,应按招标文件规定补充,招标文件无规定时,补充的项目应单独列在投标书中说明。措施项目清单编制依据如下:

①施工现场情况、地勘水文资料、工程特点。

②常规施工方案。

③与建设工程有关的标准、规范、技术资料。

④拟订的招标文件。

⑤建设工程设计文件及相关资料。

9.3.2　知识点——措施项目费计价

1）措施项目费的编制原则

①招标人在招标文件中列出的措施项目清单是根据一般情况确定的，没有考虑不同投标人的具体情况。因此，投标人投标报价时应根据自身拥有的施工装备、技术水平和采用的施工方法确定的施工方案，对招标人所列的措施项目进行调整，并确定措施项目费。

②措施项目中的单价措施项目，应根据招标文件和招标工程量清单项目中的特征描述确定按综合单价计算。

③措施项目中的总价项目金额，应根据招标文件及投标时拟订的施工组织设计或施工方案，按照《建设工程工程量清单计价规范》（GB 50500—2013）的规定自主确定。其中安全文明施工费应按照国家或省级、行业建设主管部门的规定计算，不得作为竞争性费用。

2）措施项目费计价方法

在《建设工程工程量清单计价规范》（GB 50500—2013）中，将措施项目划分为两类：总价措施项目和单价措施项目。

（1）单价措施项目计价

单价措施项目是指可以根据拟定的招标文件和招标工程量清单项目中的特征描述及有关要求计算工程量的措施项目，如脚手架、现浇混凝土模板及支架、垂直运输、超高施工等，采用分部分项工程量清单计价的方式，用其工程量乘以与分部分项工程工程量清单单价相同的方式确定的综合单价，计算公式如下：

$$\text{措施项目清单费} = \sum(\text{措施项目工程量} \times \text{综合单价})$$

单价措施项目计价表采用分部分项工程量清单计价的方式编制，列出项目编码、项目名称、项目特征、计量单位、工程量和综合单价等，如表 9.6 所示。

表 9.6　分部分项工程和单价措施项目清单与计价表

工程名称：　　　　　　　　　　　　　标段：　　　　　　　　　　第　页　共　页

序号	项目编码	项目名称	项目特征	计量单位	工程量	金额（元）		
						综合单价	合价	其中：暂估价
本页合计								
合计								

（2）总价措施项目计价

总价措施项目是指不能计算工程量的措施项目，如安全文明施工、夜间施工和二次搬运等，采用费率法按有关规定综合取定，采用费率法时需确定某项费用的计费基数及其费率，结果应是包括除规费、税金以外的全部费用，计算公式如下：

$$措施项目清单费 = \sum(措施项目计费基数 \times 费率)$$

总价措施项目清单与计价表如表9.7所示。

表9.7　总价措施项目清单与计价表

工程名称：　　　　　　　　　　　　　标段：　　　　　　　　　　　第　　页　　共　　页

序号	项目编码	项目名称	计算基础	费率(%)	金额/元	调整费率(%)	调整后金额/元	备注
		安全文明施工						
		夜间施工						
		二次搬运						
		冬雨季施工						
		已完工程及设备保护						
		各专业工程的措施项目						
		……						
合计								

3)员工宿舍楼工程需要计取的措施项目费

(1)结合北京地区的相关规定，明确员工宿舍楼工程需要计取的措施项目费

①员工宿舍楼工程除计取安全文明施工费(环境保护费、文明施工费、安全施工费、临时设施费)、大型机械设备进出场及安拆费、脚手架搭拆及租赁费、垂直运输费、现浇混凝土模板及支架费用、施工垃圾场外运输和消纳费，其他措施费用项目均不计取。

②其中按计量方式计取的有脚手架搭拆及租赁费、垂直运输费、现浇混凝土模板及支架费用。

③其中按计项方式计取的有安全文明施工费(环境保护费、文明施工费、安全施工费、临时设施费)、大型机械设备进出场及安拆费、施工垃圾场外运输和消纳费。

(2)北京地区措施项目费计取文件的相关规定

①建筑垃圾运输处置费：依据《北京市住房和城乡建设委员会关于建筑垃圾运输处置费用单独列项计价的通知》(京建法〔2017〕27号)。

a.规定：

编制招标控制价(即最高投标限价)时，建筑垃圾运输处置费用应根据招标工程量清单和本通知规定单独计价，并在工程计价汇总表中单独汇总列明。综合单价不应上浮或下调。

弃土(石)方、渣土消纳费用根据专家论证通过的弃土(石)运输处置方案、自然密实状态的容重(密度)、《北京市发展和改革委员会 北京市市政市容管理委员会关于调整本市非居民垃圾处理收费有关事项的通知》(京发改〔2013〕2662号)等计算确定。

施工垃圾场外运输和消纳费用单独补充列在各专业定额的措施项目章节中，并按规定计取各项费用和税金。

b. 建筑垃圾运输处置费用计算标准如表 9.8 所示。

表 9.8　建筑垃圾运输处置费用计算标准

<table>
<tr><td>定额编号</td><td>17-240</td><td>17-241</td><td>17-242</td><td>17-243</td><td>17-244</td><td>17-245</td><td>17-246</td><td>17-247</td><td>17-248</td><td>17-249</td></tr>
<tr><td rowspan="4">项目</td><td colspan="6">建筑装饰工程</td><td colspan="2" rowspan="3">钢结构工程</td><td colspan="2" rowspan="3">其他工程</td></tr>
<tr><td colspan="6">建筑面积</td></tr>
<tr><td colspan="2">20 000 以内</td><td colspan="2">50 000 以内</td><td colspan="2">50 000 以外</td></tr>
<tr><td>五环路以内</td><td>五环路以外</td><td>五环路以内</td><td>五环路以外</td><td>五环路以内</td><td>五环路以外</td><td>五环路以内</td><td>五环路以外</td><td>五环路以内</td><td>五环路以外</td></tr>
<tr><td>计费基数</td><td colspan="10">除税预算价</td></tr>
<tr><td>费率(%)</td><td>0.58</td><td>0.43</td><td>0.45</td><td>0.36</td><td>0.38</td><td>0.32</td><td>0.26</td><td>0.23</td><td>0.25</td><td>0.22</td></tr>
</table>

c. 本工程施工垃圾场外运输和消纳费率为 0.58%。

②安全文明施工费:依据《北京市建设工程安全文明施工费管理办法(试行)》(京建法〔2019〕9 号)。

a. 规定:

“第三条　本办法所称安全文明施工费是指按照国家及本市现行的建筑施工安全(消防)、施工现场环境与卫生、绿色施工等管理规定和标准规范要求,用于购置和更新施工安全防护用具及设施,改善现场安全生产条件和作业环境,防止施工过程对环境造成污染以及开展安全生产标准化管理等所需要的费用。安全文明施工费由安全施工费、文明施工费、环境保护费及临时设施费组成。

“第四条　安全文明施工费应根据相关施工措施和市场价格测算确定,但不得低于按本办法规定的费用标准(费率)计算的金额,且不得作为让利因素。

“第六条　招标文件公布最高投标限价时,应单独列明安全文明施工费的总额。”

b. 安全文明施工费费用标准:

2020 年 12 月 1 日(含)之后,新确立(依法须经项目审批部门审批、核准或者备案的项目,以项目审批部门审批、核准或者备案之日为准)执行《北京市建设工程安全文明施工费费用标准(2020 版)》(京建发〔2020〕316 号),如表 9.9 所示。

表 9.9　房屋建筑与装饰工程安全文明施工费费用标准

<table>
<tr><td colspan="2" rowspan="3">项目名称</td><td colspan="6">房屋建筑与装饰工程</td></tr>
<tr><td colspan="3">一般计税方式</td><td colspan="3">简易计税方式</td></tr>
<tr><td>达标</td><td>绿色</td><td>样板</td><td>达标</td><td>绿色</td><td>样板</td></tr>
<tr><td colspan="2">计费基数</td><td colspan="6">以人工费与机械费之和为基数计算</td></tr>
<tr><td colspan="2">费率(%)</td><td>21.41</td><td>23.09</td><td>25.71</td><td>22.22</td><td>23.98</td><td>26.73</td></tr>
<tr><td rowspan="4">其中</td><td>安全施工</td><td>4.72</td><td>5.20</td><td>5.82</td><td>4.89</td><td>5.40</td><td>6.05</td></tr>
<tr><td>文明施工</td><td>4.75</td><td>5.28</td><td>6.11</td><td>4.91</td><td>5.48</td><td>6.35</td></tr>
<tr><td>环境保护</td><td>4.25</td><td>4.59</td><td>4.90</td><td>4.43</td><td>4.76</td><td>5.10</td></tr>
<tr><td>临时设施</td><td>7.69</td><td>8.02</td><td>8.88</td><td>7.99</td><td>8.34</td><td>9.23</td></tr>
</table>

c. 本工程项目招标范围为建筑施工图全部内容：质量标准为合格；安全生产标准化管理目标等级为“绿色”。因此，安全施工 5.20%、文明施工 5.28%、环境保护 4.59%、临时设施 8.02%。

9.3.3　技能点——按计项方式计取的总价措施项目费计价

编制招标控制价时，所有费率根据北京市相关规定，结合员工宿舍楼工程计取。

1) 安全文明施工费及施工垃圾场外运输和消纳费

①安全文明施工费为必须计取的总价措施费，执行《北京市建设工程安全文明施工费费用标准(2020 版)》(京建发〔2020〕316 号)，费率分别为：安全施工 5.20%、文明施工 5.28%、环境保护 4.59%、临时设施 8.02%。

②施工垃圾场外运输和消纳费，费率为 0.58%。

③费率输入方法如下：

a. 在取费设置页面设置费用条件：计税方式、安全文明施工文件、安全文明施工标准，以及项目取费专业、工程类别、檐高、工程地点等，设置好后，费率会自动匹配好。如果对费率有特殊要求，也可以直接输入费率，如图 9.60 所示。

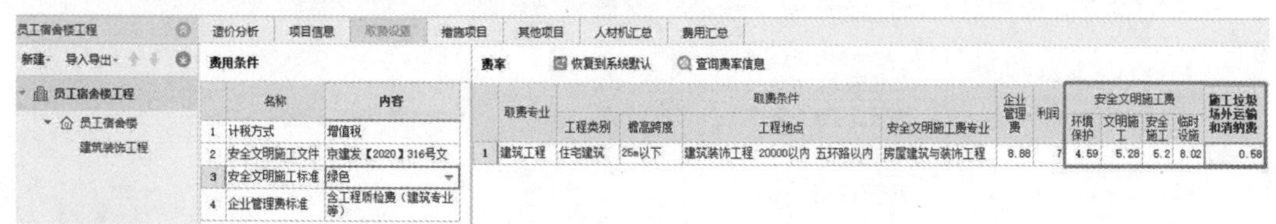

图 9.60

b. 在措施项目页面自行输入。

在措施项目页面，根据项目实际情况单击“计算基数”后的▾，选择计算基数，在对应费率处输入费率，如图 9.61 所示。

序号		类别	名称	单位	项目特征	计算基数	费率(%)
			措施项目				
	一		总价措施				
1	011707001001		安全文明施工(最低限价不计入工程总造价)	项			
2	1.1		安全施工费	项		RGF+JXF+JSCS_RGF+JSCS_JXF	5.2
3	1.2		文明施工费	项		RGF+JXF+JSCS_RGF+JSCS_JXF	5.28
4	1.3		环境保护费	项		RGF+JXF+JSCS_RGF+JSCS_JXF	4.59
5	1.4		临时设施费	项		RGF+JXF+JSCS_RGF+JSCS_JXF	8.02
6	0117B001		施工垃圾场外运输和消纳费	项		ZJF+ZCF+SBF+JSCS_ZJF+JSCS_ZCF+JSCS_SBF	0.58

图 9.61

c. 在措施项目页面也可以通过费率索引进行费率点选，如图 9.62 所示。

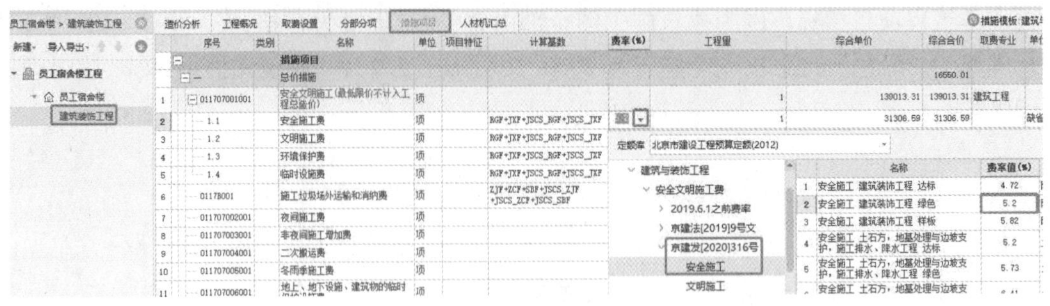

图 9.62

2) 夜间施工费

例如:在员工宿舍楼工程中,为了保证工期要求,需要考虑夜间施工费,本费用初步确定为分部分项人工费的 5%。

①切换到单位工程措施项目页面,单击"夜间施工"计算基数对应的▾,如图 9.63 所示,在弹出的对话框中点选"分部分项人工费",如图 9.64 所示。

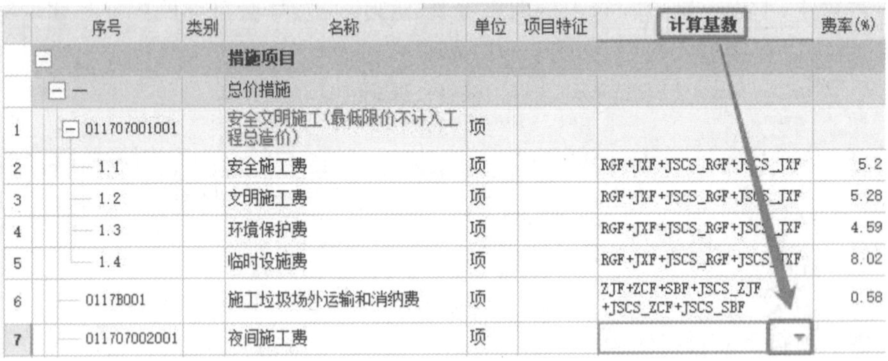

	序号	类别	名称	单位	项目特征	计算基数	费率(%)
			措施项目				
	一		总价措施				
1	011707001001		安全文明施工(最低限价不计入工程总造价)	项			
2	1.1		安全施工费	项		RGF+JXF+JSCS_RGF+JSCS_JXF	5.2
3	1.2		文明施工费	项		RGF+JXF+JSCS_RGF+JSCS_JXF	5.28
4	1.3		环境保护费	项		RGF+JXF+JSCS_RGF+JSCS_JXF	4.59
5	1.4		临时设施费	项		RGF+JXF+JSCS_RGF+JSCS_JXF	8.02
6	0117B001		施工垃圾场外运输和消纳费	项		ZJF+ZCF+SBF+JSCS_ZJF+JSCS_ZCF+JSCS_SBF	0.58
7	011707002001		夜间施工费	项			

图 9.63

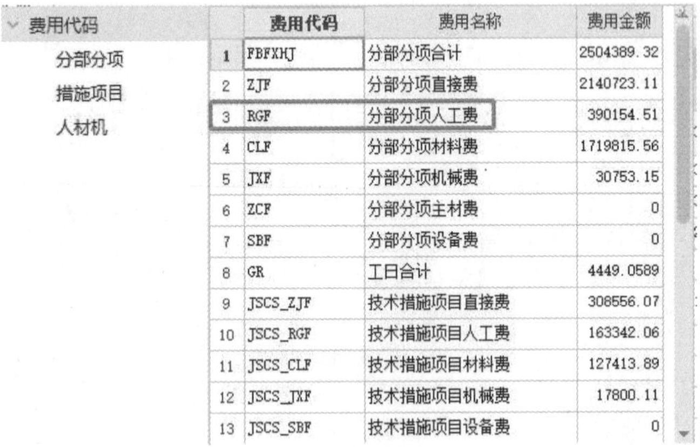

费用代码：分部分项、措施项目、人材机

	费用代码	费用名称	费用金额
1	FBFXHJ	分部分项合计	2504389.32
2	ZJF	分部分项直接费	2140723.11
3	RGF	分部分项人工费	390154.51
4	CLF	分部分项材料费	1719815.56
5	JXF	分部分项机械费	30753.15
6	ZCF	分部分项主材费	0
7	SBF	分部分项设备费	0
8	GR	工日合计	4449.0589
9	JSCS_ZJF	技术措施项目直接费	308556.07
10	JSCS_RGF	技术措施项目人工费	163342.06
11	JSCS_CLF	技术措施项目材料费	127413.89
12	JSCS_JXF	技术措施项目机械费	17800.11
13	JSCS_SBF	技术措施项目设备费	0

图 9.64

②在"夜间施工"对应费率处直接输入"5",如图 9.65 所示。

	序号	类别	名称	单位	项目特征	计算基数	费率(%)
			措施项目				
	一		总价措施				
1	011707001001		安全文明施工(最低限价不计入工程总造价)	项			
2	1.1		安全施工费	项		RGF+JXF+JSCS_RGF+JSCS_JXF	5.2
3	1.2		文明施工费	项		RGF+JXF+JSCS_RGF+JSCS_JXF	5.28
4	1.3		环境保护费	项		RGF+JXF+JSCS_RGF+JSCS_JXF	4.59
5	1.4		临时设施费	项		RGF+JXF+JSCS_RGF+JSCS_JXF	8.02
6	0117B001		施工垃圾场外运输和消纳费	项		ZJF+ZCF+SBF+JSCS_ZJF+JSCS_ZCF+JSCS_SBF	0.58
7	011707002001		夜间施工费	项		RGF	5

图 9.65

9.3.4　技能点——按计量方式计取的单价措施项目费计价

1)现浇混凝土模板及支架费

(1)现浇混凝土模板及支架费有两种方式计取

①第一种方式:从计量软件中直接导入,如图 9.66 所示。

图 9.66

②第二种方式:提取模板项目。在措施项目界面中选择“其他工具”中“提取模板项目”,如图 9.67 所示,正确选择对应模板子目,如图 9.68 所示。

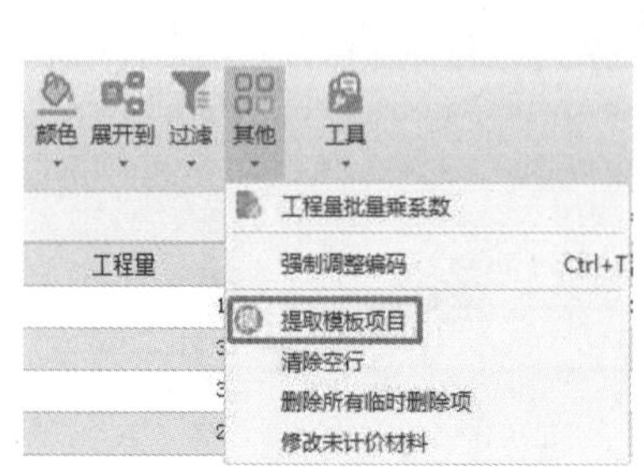

图 9.67

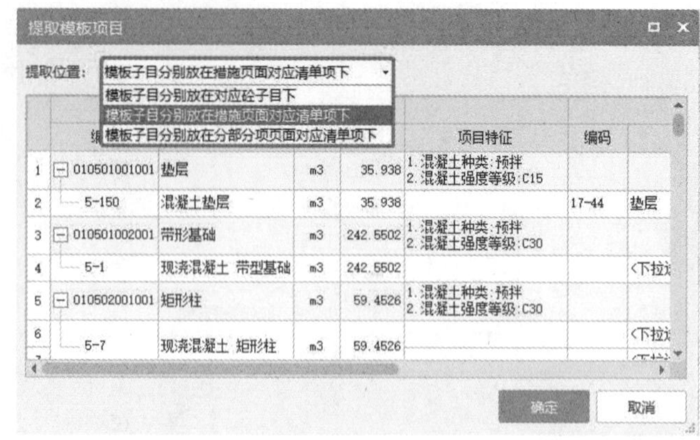

图 9.68

(2)强制修改模板措施项综合单价

现浇混凝土模板及支架费属于技术措施费用，是可竞争性费用，可以强制修改其综合单价。

例如：在员工宿舍楼工程中，带形基础复合模板属于技术措施费用，是可竞争性费用，经过市场询价，可以按综合单价 52.5 元/m^2 计取，使用强制修改综合单价的方式，并保留组价内容、分摊到子目工程量中。

①在单位工程“措施项目”页面，用鼠标左键点选基础模板清单项对应的“综合单价”处，然后用鼠标右键在弹出的对话框中单击“强制修改综合单价”，如图 9.69 所示。

序号	类别	名称	单位	项目特征	计算基数	费率(%)	工程量	综合单价
17 011702001001		基础	m2	模板类别：复合模板			276.15	37.55
17-45	定	带形基础 有梁式	m2				242.55	42.75
18 011702001002		基础	m2	1.基础类型：模板类别：复合模板			35.14	17.95
17-44	定	垫层	m2				35.14	17.95
19 011702002001		矩形柱	m2	模板类别：复合模板			392.01	69.47
17-58	定	矩形柱 复合模板	m2				422.48	62.73
17-71	定	柱支撑高度3.6m以上每增1m	m2				190.62	3.84
20 011702002002		矩形柱（梯柱）	m2	模板类别：复合模板			11.77	67.15
17-58	定	矩形柱 复合模板	m2				12.6	62.73

图 9.69

②单击“强制修改综合单价”后在弹出的对话框中将原始综合单价调整为“52.5”，并勾选“保留组价内容”和“分摊到子目工程量”，然后单击确定，如图 9.70 所示。

图 9.70

③强制修改综合单价后，清单综合单价会锁定，如图 9.71 所示。

造价分析　工程概况　取费设置　分部分项　措施项目　人材机汇总　措施模板:建筑

	序号	类别	名称	单位	项目特征	计算基数	费率(%)	工程量	综合单价	综合合价	取费专业	单价构成文件	锁定综合单价
17	011702001001		基础	m2	模板类别：复合模板			276.15	52.5	14497.88	建筑工程	建筑工程	☑
	17-45	定	带形基础 有梁式	m2				339.12	42.75	14497.38	建筑工程	建筑工程	
18	011702001002		基础	m2	1.基础类型:模板类别:复合模板			35.14	17.95	630.76	建筑工程	建筑工程	☐
	17-44	定	垫层	m2				35.14	17.95	630.76	建筑工程	建筑工程	

图 9.71

2)超高施工增加费

本工程为多层建筑，层数未超过 6 层，不计算超高施工增加费。

3)垂直运输费

(1)垂直运输费计取相关规定

①《北京市建设工程计价依据——预算定额 房屋建筑与装饰工程预算定额》(2012 版)第十七章第三节垂直运输规定：

垂直运输费用以单项工程为单位计算，按单项工程的层数、结构类型、首层建筑面积划分。垂直运输按建筑面积计算；泵送混凝土增加费按要求泵送的混凝土图示体积计算。

②《北京市建设工程计价依据预算定额 房屋建筑与装饰工程预算定额》解读(七)明确了泵送增加费与垂直运输费的关系及计取，如下：

现行定额中的泵送增加费属于垂直运输费范畴。在编制招标控制价时，若招标工期大于或等于定额工期，不计取；招标工期小于定额工期幅度在 10% 以内(含)时，按定额的规定计取地泵增加费；招标工期小于定额工期幅度在 10%(不含)~30%(含)之间，计取汽车泵增加费。投标报价或直接发包议价时，垂直运输费(含泵送增加费)可依据施工方案自主报价。

③《北京市建设工程工期定额(2018 版)》关于现浇框架结构住宅工程工期的规定如表 9.10 所示。

表 9.10　北京市建设工程工期定额(2018 版)住宅工程

结构类型:3.现浇框架结构

编号	层数	地上建筑面积(m^2)	工期(天)	其中:结构工期
1-129	6 以下	3 000 以内	195	145
1-130		5 000 以内	210	160
1-131		8 000 以内	225	175
1-132		10 000 以内	245	195
1-133		10 000 以外	265	215

④员工宿舍楼工程泵送增加费计取：

员工宿舍楼工程地处五环以内，合同计划工期为 2021 年 8 月 1 日至 2021 年 12 月 30 日，152 天。总建筑面积为 1 239.75 m^2，占地面积为 413.25 m^2。

根据《北京市建设工程工期定额(2018 版)》规定，定额工期为 195 天，合同计划工期 152 天小于定额工期，幅度为(195 − 152)/195 = 22%，在 10% 与 30% 之间，计取汽车泵增加费。

(2)员工宿舍楼工程垂直运输费计取

①在“垂直运输”措施清单项的组价行单击查询索引，在弹出的对话框中根据本工程概况：现浇框架结构，3 层，首层建筑面积为 413.25 m^2，点选“17-158”组价定额子目，如图 9.72 所示。

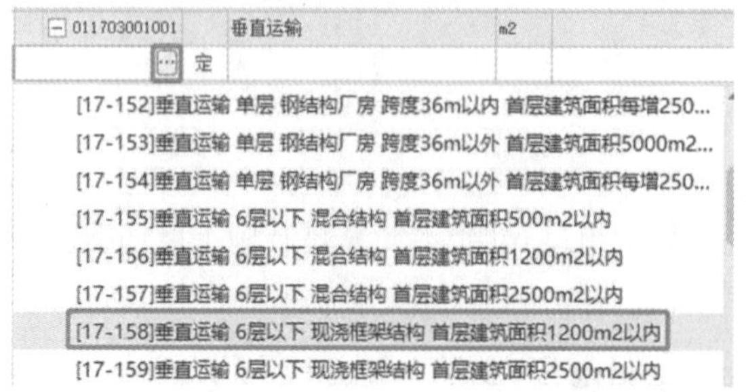

图 9.72

②同理，计取泵送混凝土的垂直运输费。插入空白行，查询输入“垂直运输(泵送费)”清单项，工程量为 1 239.75 m^2，在其组价行单击查询索引，并在弹出的对话框中点选“17-194”，通过查看计量文件混凝土工程量为 828.636 7 m^3，如图 9.73 所示。

造价分析 | 工程概况 | 取费设置 | 分部分项 | 措施项目 | 人材机汇总

	序号	类别	名称	单位	项目特征	计算基数	费率(%)	工程量	综合单价
30	011703001001		垂直运输	m2	1. 建筑物建筑类型及结构形式：现浇框架结构 2. 建筑物檐口高度、层数：13.05m、3层			1239.75	71.4
	17-158	定	垂直运输 6层以下 现浇框架结构 首层建筑面积1200m2以内	m2				1239.75	71.4
31	011703001002		垂直运输（泵送费）	m2				1239.75	7.45
	17-194	定	泵送混凝土增加费 汽车泵	m3				828.64	11.15

图 9.73

4)脚手架费用

(1)《北京市建设工程计价依据——预算定额 房屋建筑与装饰工程预算定额》(2012 版)第十七章第一节脚手架费计取相关规定

①脚手架包括综合脚手架、室内装修脚手架、其他脚手架。

②综合脚手架包括结构(含砌体)和外装修施工期的脚手架，不包括设备安装专用脚手架和安全文明施工费中的防护架和防护网。室内装修工程计取天棚装修脚手架后，不再计取内墙装修脚手架。

③脚手架费用包括搭拆费和租赁费；按搭拆与租赁分开列项的脚手架定额子目，应分别计算搭拆和租赁工程量。使用工期的计算规定如下：

a. 脚手架的使用工期原则上应根据合同工期及施工方案进行计算确定，即按施工方案中具体分项工程的脚手架开始搭设至全部拆除期间所对应的结构工程、装修工程施工工期计算。

b. 综合脚手架的使用工期，在合同工期尚未确定前，可参照 2018 年《北京市建设工程工期定额》的单项工程定额工期乘以折算系数执行。在合同工期确定后，依据合同工期中单项工程的相应施工工期计算确定。

(2)员工宿舍楼工程脚手架费计取

如图9.74所示,综合脚手架现场租赁期按120 d计,室内吊顶装修脚手架租赁按30 d计。

造价分析 | 工程概况 | 取费设置 | 分部分项 | 措施项目 | 人材机汇总

	序号	类别	名称	单位	项目特征	计算基数	费率(%)	工程量	综合单价
	⊞ 一		总价措施						
	⊟ 二		单价措施						
14	⊟ 011701001001		综合脚手架	m2	1.建筑结构形式:框架结构 2.檐口高度:13.05			1239.75	29.59
	17-15	定	综合脚手架 ±0.000以上工程 框架结构 6层以下 搭拆	100m2				12.3975	2082.07
	17-16 *120	换	综合脚手架 ±0.000以上工程 框架结构 6层以下 租赁 单价*120	100m2				12.3975	876.55
15	⊟ 011701006001		满堂脚手架	m2	吊顶脚手架			1065.89	14.85
	17-27	定	吊顶装修脚手架(3.6米以上) 层高4.5m以内 搭拆	100m2				10.6589	1304.66
	17-28 *30	换	吊顶装修脚手架(3.6米以上) 层高4.5m以内 租赁 单价*30	100m2				10.6589	180.69

图9.74

吊顶装修脚手架应使用满堂脚手架,因此,需要将"011701001002 综合脚手架"调整为"011701006001 满堂脚手架",并组价。

【测试】

1.客观题(扫下方二维码,进行在线测试)

2.主观题

(1)简述按计量方式计取的单价措施项目包含的一般项目。

(2)简述措施项目费的编制原则。

【知识拓展】

序号	拓展内容	扫码阅读
拓展1	对"投标报价不得低于工程成本"的理解	
拓展2	建筑垃圾运输处置费及其计取方法	

任务 9.4　其他项目费计价

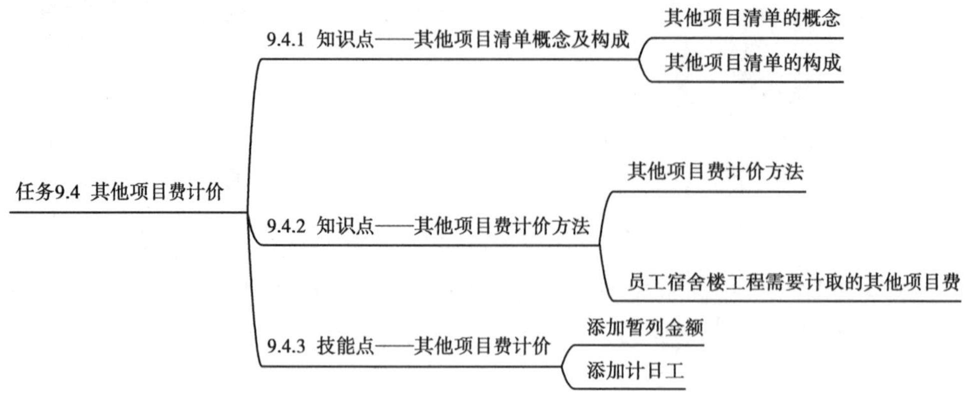

【知识与技能】

9.4.1　知识点——其他项目清单概念及构成

1)其他项目清单的概念

其他项目清单是指分部分项工程项目清单、措施项目清单所包含的内容以外，因招标人的特殊要求而发生的与拟建工程有关的其他费用项目和相应数量的清单。

工程建设标准的高低、工程的复杂程度、工期长短、工程的组成内容、发包人对工程管理的要求等都直接影响其他项目清单的具体内容。

2)其他项目清单的构成

其他项目清单包括暂列金额、暂估价(包括材料暂估单价、工程设备暂估单价、专业工程暂估价)、计日工、总承包服务费。

其他项目清单编制格式如表 9.11 所示。未包含在表格中内容的项目，可根据工程实际情况补充。

表 9.11　其他项目清单与计价汇总表

工程名称：　　　　　　　　　　　　标段：　　　　　　　　　　第　页　共　页

序号	项目名称	金额(元)	结算金额(元)	备注
1	暂列金额			明细详见表 9.12
2	暂估价			
2.1	材料(工程设备)暂估价/调整			明细详见表 9.13
2.2	专业工程暂估价/结算价			明细详见表 9.14
3	计日工			明细详见表 9.15
4	总承包服务费			明细详见表 9.16
合计				

(1)暂列金

工程建设自身的特性决定了工程的设计需要根据工程进展不断地进行调整和优化,业主的需求可能会随工程建设的进展发生变化,工程建设过程还会存在一些不能预见、不能确定的因素。

暂列金是指招标人在工程量清单中暂定并包括在合同价款中的一笔款项,用于工程合同签订时尚未确定或者不可预见的所需材料、设备、服务的采购,施工中可能发生的工程变更、合同约定调整因素出现时的工程价款调整以及发生的索赔、现场签证确认等的费用。一般按分部分项工程费的10%～15%计取,或按概算造价的5%～8%计取,取整。暂列金额明细表如表9.12所示。

表9.12　暂列金额明细表

工程名称:　　　　标段:　　　　第　页　共　页

序号	项目名称	计量单位	暂定金额(元)	备注
1				
2				
3				
合计				

(2)暂估价

暂估价是指招标人在工程量清单中提供的用于支付必然发生但暂时不能确定价格的材料、工程设备的单价以及专业工程的金额。

暂估价由发包人在工程量清单中给定,并在实际合同履行过程中,及时根据合同中所约定的程序和方式确定适用暂估价的实际价格,其目的是减少或避免纠纷。暂估价内容包括材料暂估价、工程设备暂估价和专业工程暂估价。

①材料、工程设备暂估价计入的原则:凡材料、设备暂估价已经计入工程量清单综合单价中的,不再汇总计入暂估价;若为甲方自行采购的且未计入综合单价的材料、设备可按其供应数量乘以其单价汇总计入暂估价。材料(工程设备)暂估单价及调整表如表9.13所示。

表9.13　材料(工程设备)暂估单价及调整表

工程名称:　　　　标段:　　　　第　页　共　页

序号	材料(工程设备)名称、规格、型号	计量单位	数量		暂估(元)		确认(元)		差额±(元)		备注
			暂估	确认	单价	合价	单价	合价	单价	合价	
1											
2											
3											
合计											

②专业工程暂估价分不同的专业分别列,专业工程暂估价及结算价如表9.14所示。

表 9.14　专业工程暂估价及结算价表

工程名称：　　　　　　　　　　　　　标段：　　　　　　　　　　　第　　页　　共　　页

序号	工程名称	工程内容	暂估金额(元)	结算金额(元)	差额±(元)	备注
1						
2						
合计						

(3)计日工

计日工是指在施工过程中，承包人完成发包人提出的工程合同范围以外的零星项目或工作，按合同中约定的单价计价方式。它是根据过去和类似工程项目经验，对图纸以外且实际工程可能发生的零星用工、材料和机械设备的数量进行预估，其目的是使投标人事先进行估算报价。计日工对完成零星工作所消耗的人工工时、材料数量、施工机械台班进行计量，并按照计日工表中填报的适用项目的单价进行计价支付。计日工表如表 9.15 所示。

表 9.15　计日工表

工程名称：　　　　　　　　　　　　　标段：　　　　　　　　　　　第　　页　　共　　页

编号	项目名称	单位	暂定数量	综合单价	合价
一	人工				
1					
2					
人工小计					
二	材料				
1					
2					
材料小计					
三	施工机械				
1					
施工机械小计					
总计					

(4)总承包服务费

总承包服务费是指总承包人为配合协调发包人进行的专业工程发包，对发包人自行采购的材料、工程设备等进行保管以及施工现场管理、竣工资料汇总整理等服务所需的费用。若发包人对专业工程进行发包、自行采购供应部分材料设备，则应在招标文件中明确总承包服务的范围和深度，估算该项费用并按投标人的投标报价向投标人支付该项费用，承包人在报价中计取该部分费用。总承包服务费计价表如表 9.16 所示。

表9.16　总承包服务费计价表

工程名称：　　　　　　　　　　　　　标段：　　　　　　　　　　　　第　页　　共　页

序号	项目名称	项目价值(元)	服务内容	计算基础	费率(%)	金额(元)
1	发包人发包专业工程					
2	发包人提供材料					
合计						

9.4.2　知识点——其他项目费计价方法

1)其他项目费计价方法

(1)暂列金额

①招标人:在编制招标控制价时,暂列金额可根据工程的复杂程度、设计深度、工程环境条件(包括地质、水文、气候条件等)进行估算,一般可以分部分项工程费的10% ~15%为参考。

②投标人:在编制投标报价时,应按招标工程量清单中列出的金额直接填写,不得变动。

(2)暂估价

①招标人:在编制招标控制价时,暂估价中的材料单价应按照工程造价管理机构发布的工程造价信息中的材料单价计算,工程造价信息未发布的材料单价,其单价参考市场价格估算;暂估价中的专业工程暂估价应分不同专业,按有关计价规定估算。

②投标人:在编制投标报价时,材料、工程设备暂估价应按招标工程量清单中列出的单价计入综合单价,不得更改,且材料、工程设备暂估价不再计入其他项目费中。

专业工程暂估价应按招标工程量清单中列出的金额直接填写,不得更改。

(3)计日工

①招标人:在编制招标控制价时,对计日工中的人工单价和施工机械台班单价应按省级、行业建设主管部门或其授权的工程造价管理机构公布的单价计算;材料应按工程造价管理机构发布的工程造价信息中的材料单价计算,工程造价信息未发布单价的材料,其价格应按市场调查确定的单价计算。

②投标人:在编制投标报价时,应按招标工程量清单中列出的项目和数量,自主确定综合单价,并计算计日工金额。

(4)总承包服务费

①招标人:在编制招标控制价时,总承包服务费应按照省级或行业建设主管部门的规定计算,在计算时可参考以下标准:

a.招标人仅要求对分包的专业工程进行总承包管理和协调时,按分包的专业工程估算造价的1.5%计算。

b.招标人要求对分包的专业工程进行总承包管理和协调,并同时要求提供配合服务时,根据招标文件中列出的配合服务内容和提出的要求,按分包的专业工程估算造价的3% ~5%计算。

c. 招标人自行供应材料的，按招标人供应材料价值的 1% 计算。

②投标人：在编制投标报价时，应按招标工程量清单中列出的内容和提出的要求自主确定。

2) 员工宿舍楼工程需要计取的其他项目费

根据员工宿舍楼工程招标文件，其他项目费需要计取暂列金和计日工费。

①本工程暂列金额为除税金额 15 万元。

②计日工表如表 9.5 所示。

9.4.3 技能点——其他项目费计价

1) 添加暂列金额

①根据员工宿舍楼工程招标文件：本工程暂列金额为除税金额 15 万元，税金费率为 9%，这样暂列金税金为 150 000 × 9% = 13 500（元），含税金额 150 000 + 13 500 = 163 500（元）。

②员工宿舍楼单项工程的“其他项目”页签，点选“暂列金额”，在“含税金额”处输入“163500”即可，如图 9.75 所示。

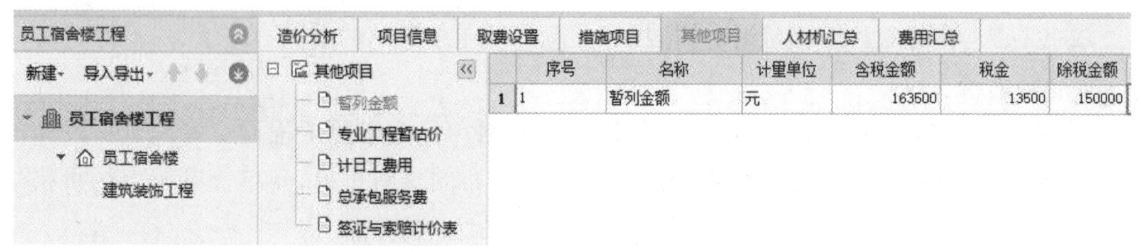

图 9.75

2) 添加计日工

员工宿舍楼单项工程的“其他项目”页签，点选“计日工费用”，按招标文件要求，点选费用行，使用常用工具“插入”，插入费用行，输入招标文件的计日工表，其中：木工为 150 元/工日、钢筋工为 135 元/工日、砂子 120 元/m^3、砖 0.58 元/块、水泥 631 元/t、载重汽车（30t）800 元/台班，如图 9.76 所示。

	序号	名称	单位	数量	单价	合价	综合单价	综合合价	取费文件
1		计日工						29450	
2	一	劳务（人工）						2850	人工模板
3	1	木工	工日	10	150	1500	150	1500	人工模板
4	2	钢筋工	工日	10	135	1350	135	1350	人工模板
5	二	材料						18600	材料模板
6	1	砂子	m3	100	120	12000	120	12000	材料模板
7	2	砖	块	500	0.58	290	0.58	290	材料模板
8	3	水泥	t	10	631	6310	631	6310	材料模板
9	三	施工机械						8000	机械模板
10	1	载重汽车（30t）	台班	10	800	8000	800	8000	机械模板

图 9.76

【测试】

1. 客观题（扫下方二维码，进行在线测试）

2. 主观题

（1）简述其他项目清单的构成。

（2）简述其他项目费的编制原则。

【知识拓展】

序号	拓展内容	扫码阅读
拓展 1	建设项目施工招投标流程	
拓展 2	建设项目投标报价编制流程	

任务9.5 人材机及费用汇总

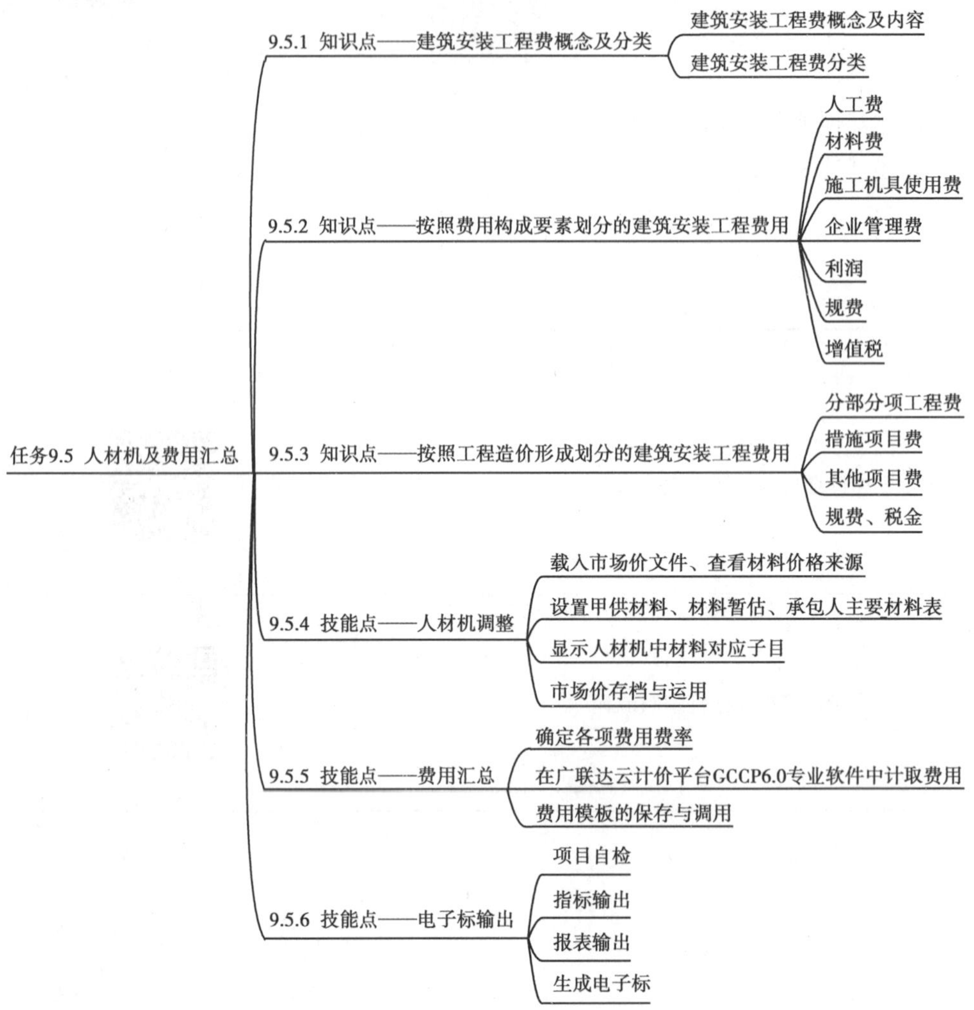

【知识与技能】

9.5.1 知识点——建筑安装工程费概念及分类

1) 建筑安装工程费概念及内容

建筑安装工程费是指为完成工程项目建造、生产性设备及配套工程安装所需的费用,包括建筑工程费用和安装工程费用。

(1) 建筑工程费用内容

①各类房屋建筑工程和列入房屋建筑工程预算的供水、供暖、卫生、通风、煤气等设备费用及其装设、油饰工程的费用,列入建筑工程预算的各种管道、电力、电信和电缆导线敷设工

程的费用。

②设备基础、支柱、工作台、烟囱、水塔、水池、灰塔等建筑工程以及各种炉窑的砌筑工程和金属结构工程的费用。

③为施工而进行的场地平整，工程和水文地质勘察，原有建筑物和障碍物的拆除以及施工临时用水、电、暖、气、路、通信和完工后的场地清理，环境绿化、美化等工作的费用。

④矿井开凿、井巷延伸、露天矿剥离，石油、天然气钻井，修建铁路、公路、桥梁、水库、堤坝、灌渠及防洪等工程的费用。

(2)安装工程费用内容

①生产、动力、起重、运输、传动、医疗和实验等各种需要安装的机械设备的装配费用，与设备相连的工作台、梯子、栏杆等设施的工程费用，附属于被安装设备的管线敷设工程费用，以及被安装设备的绝缘、防腐、保温、油漆等工作的材料费和安装费。

②为测定安装工程质量，对单台设备进行单机试运转、对系统设备进行系统联动无负荷试运转工作的调试费。

2)建筑安装工程费分类

根据《住房和城乡建设部、财政部 关于印发〈建筑安装工程费用项目组成〉的通知》(建标〔2013〕44 号)，我国现行建筑安装工程费用项目按两种不同的方式划分，即按费用构成要素划分和按造价形成划分，其具体构成如图 9.77 所示。

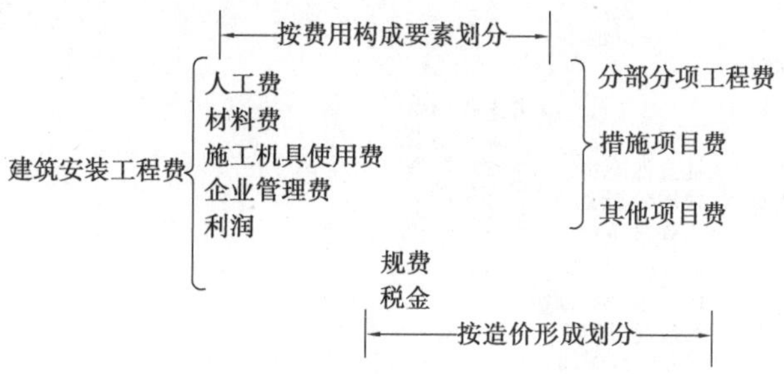

图 9.77　建筑安装工程费用构成

9.5.2　知识点——按照费用构成要素划分的建筑安装工程费用

我国建筑安装工程费用按费用构成要素组成可划分为人工费、材料费、施工机具使用费、企业管理费、利润、规费和税金 7 项费用。其中，人工费、材料费、施工机具使用费、企业管理费和利润包含在分部分项工程费、措施项目费、其他项目费中。建筑安装工程费用构成(按费用构成要素划分)如图 9.78 所示。

1)人工费

人工费是指按工资总额构成规定，支付给从事建筑安装工程施工的生产工人和附属生产单位工人的各项费用。计算人工费的基本要素有两个，即人工工日消耗量和人工日工资单价。

2)材料费

材料费是指工程施工过程中耗费的各种原材料、半成品、构配件、工程设备等的费用，以及周转材料等的摊销、租赁费用。计算材料费的基本要素是材料消耗量和材料单价。

3)施工机具使用费

施工机具使用费是指施工作业所发生的施工机械、仪器仪表使用费或其租赁费。

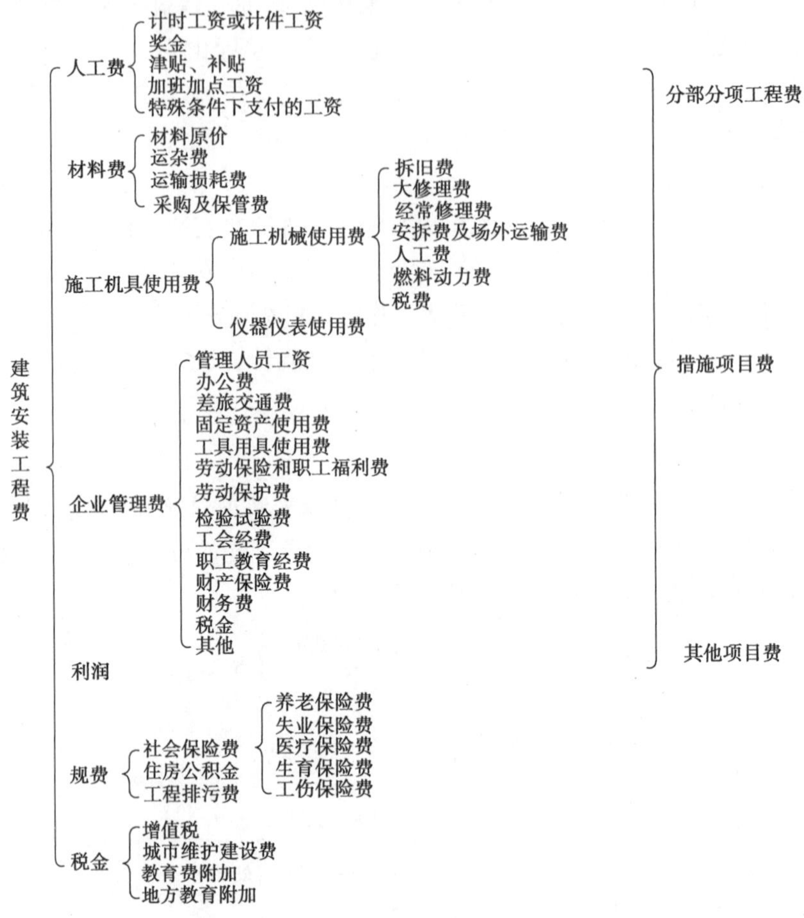

图 9.78　建筑安装工程费用构成(按费用构成要素划分)

4)企业管理费

企业管理费是指施工单位组织施工生产和经营管理所发生的费用。根据人工、材料、机械成分的不同,企业管理费费率划分为 3 种:以分部分项工程费为计算基础,以人工费和机械费合计为计算基础,以人工费为计算基础。

5)利润

利润是指施工单位从事建筑安装工程施工所获得的盈利,由施工企业根据企业自身需求并结合建筑市场实际自主确定。

6)规费

①规费是指按国家法律、法规规定,由省级政府和省级有关权力部门规定施工单位必须缴纳或计取,应计入建筑安装工程造价的费用。规费主要包括社会保险费、住房公积金。社会保险费包括养老保险费、失业保险费、医疗保险费、工伤保险费、生育保险费。

②规费的计算:社会保险费和住房公积金应以定额人工费为计算基础,根据工程所在地省、自治区、直辖市或行业建设主管部门规定费率计算。

7)增值税

增值税按税前造价乘以增值税税率确定,有一般计税法和简易计税法两种。

(1)一般计税方法增值税的计算

当采用一般计税方法时,建筑业增值税税率为9%。计算公式为:

$$增值税 = 税前造价 \times 9\%$$

税前造价为人工费、材料费、施工机具使用费、企业管理费、利润和规费之和,各费用项目均以不包含增值税可抵扣进项税额的价格计算。

(2)简易计税法增值税的计算

简易计税法适用范围:根据《营业税改征增值试点实施办法》《营业税改征增值税试点有关事项的规定》《关于建筑服务等营改增试点政策的通知》的规定,简易计税方法主要适用于以下几种情况:

①小规模纳税人发生应税行为适用简易计税方法计税。小规模纳税人通常是指纳税人提供建筑服务的年应征增值税销售额未超过500万元,并且会计核算不健全,不能按规定报送有关税务资料的增值税纳税人。年应税销售额超过500万元但不经常发生应税行为的单位也可选择按照小规模纳税人计税。

②一般纳税人以清包工方式提供的建筑服务,适用简易计税方法计税。以清包工方式提供建筑服务,是指施工方不采购建筑工程所需的材料或只采购辅助材料,并收取人工费、管理费或者其他费用的建筑服务。

③一般纳税人为甲供工程提供的建筑服务,适用简易计税方法计税。甲供工程是指全部或部分设备、材料、动力由工程发包方自行采购的建筑工程。其中建筑工程总承包单位为房屋建筑的地基与基础、主体结构提供工程服务,建设单位自行采购全部或部分钢材、混凝土、砌体材料、预制构件的,适用简易计税方法计税。

④一般纳税人为建筑工程老项目提供的建筑服务,适用简易计税方法计税。建筑工程老项目是指《建筑工程施工许可证》注明的合同开工日期在2016年4月30日前的建筑工程项目;未取得《建筑工程施工许可证》的,建筑工程承包合同注明的开工期在2016年4月30日前的建筑工程项目。

简易计税的计算方法:当采用简易计税方法时,建筑业增值税税率为3%。

计算公式为:增值税 = 税前造价 ×3%(税前造价为人工费、材料费、施工机具使用费、企业管理费、利润和规费之和)。

9.5.3 知识点——按照工程造价形成划分的建筑安装工程费用

根据工程造价形成,建筑安装工程费由分部分项工程费、措施项目费、其他项目费、规费、税金组成。分部分项工程费、措施项目费、其他项目费包含人工费、材料费、施工机具使用费、企业管理费和利润。建筑安装工程费用构成(按工程造价形成划分)如图9.79所示。

1)分部分项工程费

分部分项工程费是指各专业工程的分部分项工程应予列支的各项费用。

$$分部分项工程费 = \sum(分部分项工程量 \times 综合单价)$$

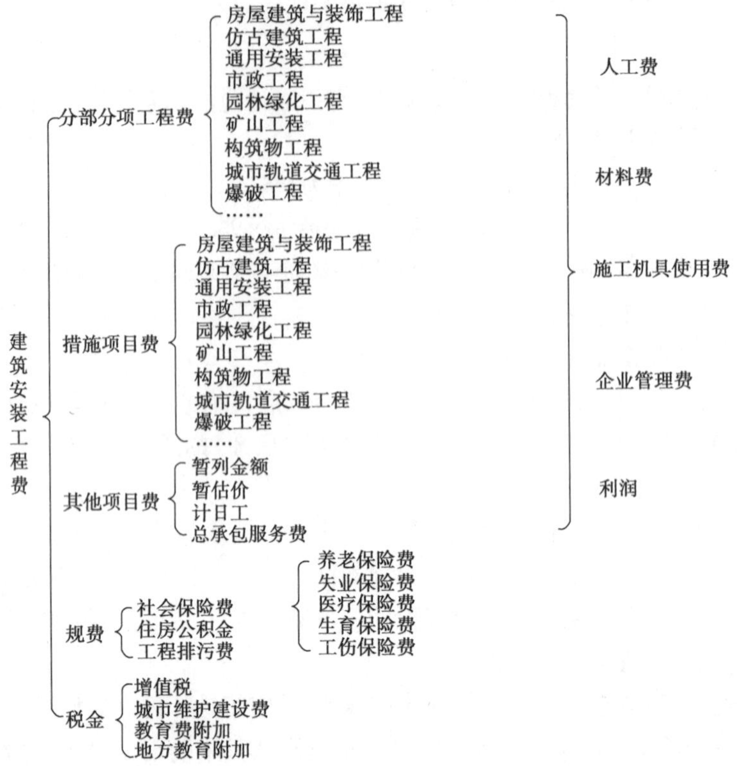

- 建筑安装工程费
  - 分部分项工程费
    - 房屋建筑与装饰工程
    - 仿古建筑工程
    - 通用安装工程
    - 市政工程
    - 园林绿化工程
    - 矿山工程
    - 构筑物工程
    - 城市轨道交通工程
    - 爆破工程
    - ……
  - 措施项目费
    - 房屋建筑与装饰工程
    - 仿古建筑工程
    - 通用安装工程
    - 市政工程
    - 园林绿化工程
    - 矿山工程
    - 构筑物工程
    - 城市轨道交通工程
    - 爆破工程
    - ……
  - 其他项目费
    - 暂列金额
    - 暂估价
    - 计日工
    - 总承包服务费
  - 规费
    - 社会保险费
      - 养老保险费
      - 失业保险费
      - 医疗保险费
      - 生育保险费
      - 工伤保险费
    - 住房公积金
    - 工程排污费
  - 税金
    - 增值税
    - 城市维护建设费
    - 教育费附加
    - 地方教育附加

（分部分项工程费、措施项目费、其他项目费均包括：人工费、材料费、施工机具使用费、企业管理费、利润）

图 9.79　建筑安装工程费用构成(按工程造价形成划分)

2)措施项目费

措施项目费是指为完成建设工程施工,发生于该工程施工前和施工过程中的技术、生活、安全、环境保护等方面的费用。措施项目费计算分为以下两种情况:

①单价措施项目,即国家计量规范规定应予以计量的措施项目,其计算公式为:

$$单价措施项目费 = \sum(单价措施项目工程量 \times 综合单价)$$

②总价措施项目即国家计量规范规定不宜计量的措施项目,其计算方式如下:

$$总价措施项目费 = 计算基数 \times 总价措施项目费费率(\%)$$

3)其他项目费

其他项目费包括暂列金额、暂估价、计日工和总承包服务费。

4)规费、税金

规费、税金同“按照费用构成要素划分”。

9.5.4 技能点——人材机调整

1）载入市场价文件、查看材料价格来源

（1）员工宿舍楼工程招标文件规定

按照招标文件规定，本工程最高投标限价的基准期为2021年4月，因此除暂估材料及甲供材料外，人、材、机价格按2021年4月公布的《北京市工程造价信息》取定；人工费：一般建筑装饰工程141元/工日、高级装饰工程144元/工日。

（2）批量载入市场价文件，完成调价工作

①在单位工程页面，选择“人材机汇总”，单击功能区“载价”，选择“批量载价”，如图9.80所示。

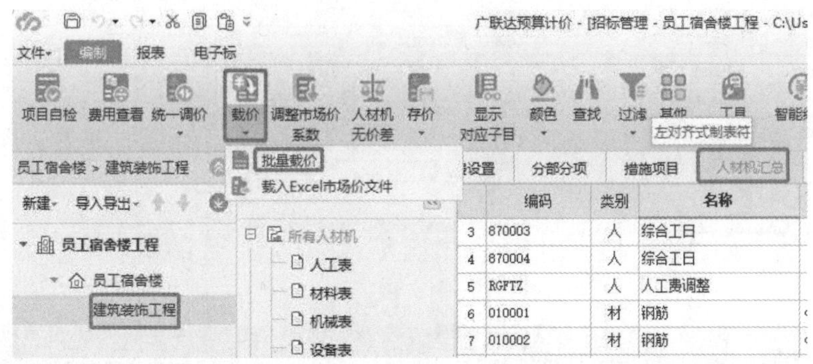

图9.80

②在弹出的窗口中，根据项目实际情况选择“北京、房建、2021年4月”信息价格，然后单击“下一步”，如图9.81所示。

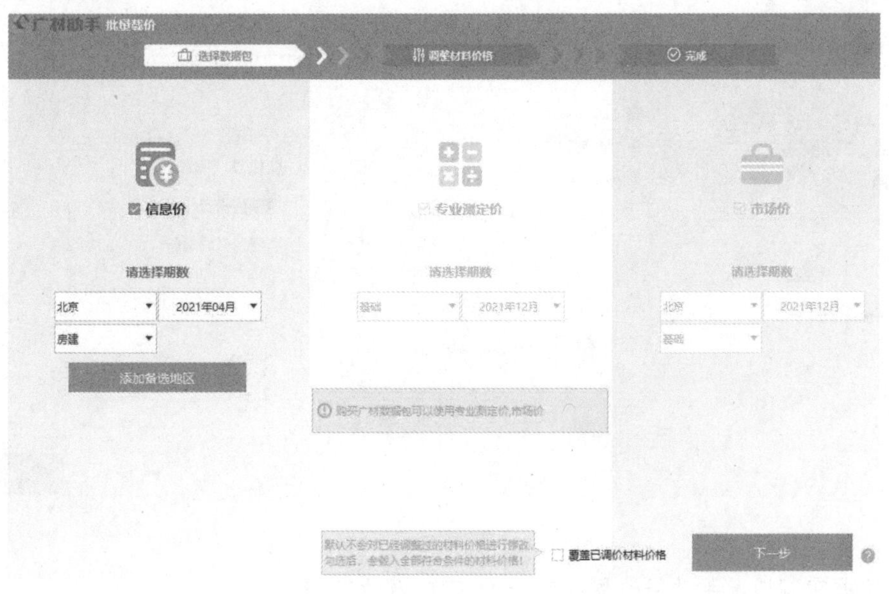

图9.81

③在“载价结果预览”窗口可以看到待载价格和信息价，完成后单击“下一步”完成载价，如图9.82、图9.83所示。

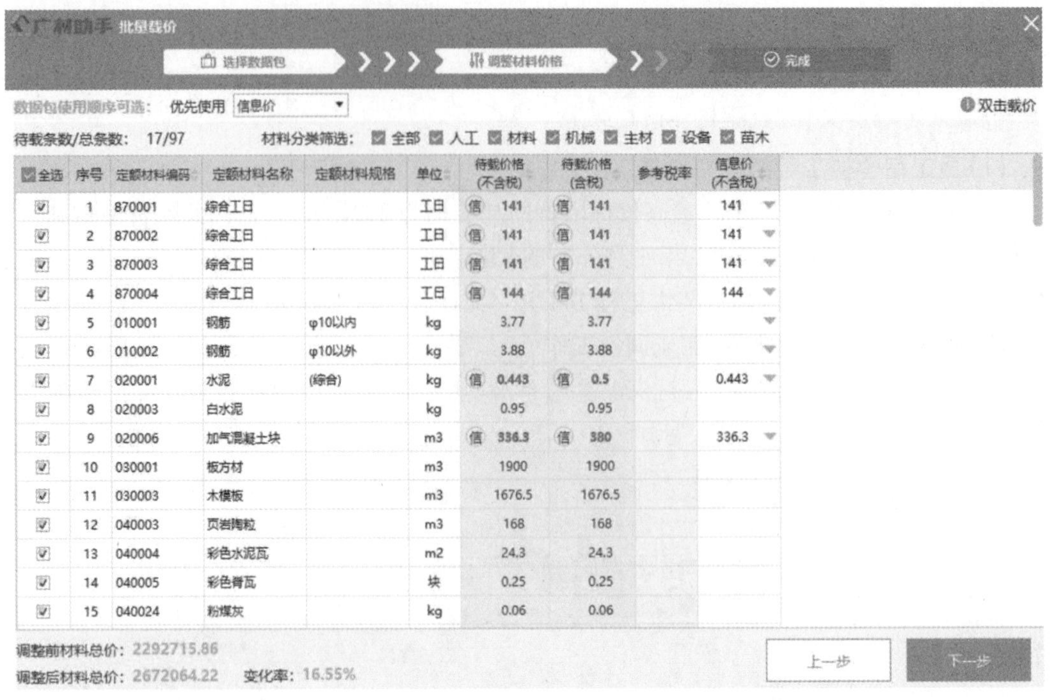

全选	序号	定额材料编码	定额材料名称	定额材料规格	单位	待载价格(不含税)	待载价格(含税)	参考税率	信息价(不含税)
☑	1	870001	综合工日		工日	信 141	信 141		141
☑	2	870002	综合工日		工日	信 141	信 141		141
☑	3	870003	综合工日		工日	信 141	信 141		141
☑	4	870004	综合工日		工日	信 144	信 144		144
☑	5	010001	钢筋	φ10以内	kg	3.77	3.77		
☑	6	010002	钢筋	φ10以外	kg	3.88	3.88		
☑	7	020001	水泥	(综合)	kg	信 0.443	信 0.5		0.443
☑	8	020003	白水泥		kg	0.95	0.95		
☑	9	020006	加气混凝土块		m3	信 336.3	信 380		336.3
☑	10	030001	板方材		m3	1900	1900		
☑	11	030003	木模板		m3	1676.5	1676.5		
☑	12	040003	页岩陶粒		m3	168	168		
☑	13	040004	彩色水泥瓦		m2	24.3	24.3		
☑	14	040005	彩色脊瓦		块	0.25	0.25		
☑	15	040024	粉煤灰		kg	0.06	0.06		

图 9.82

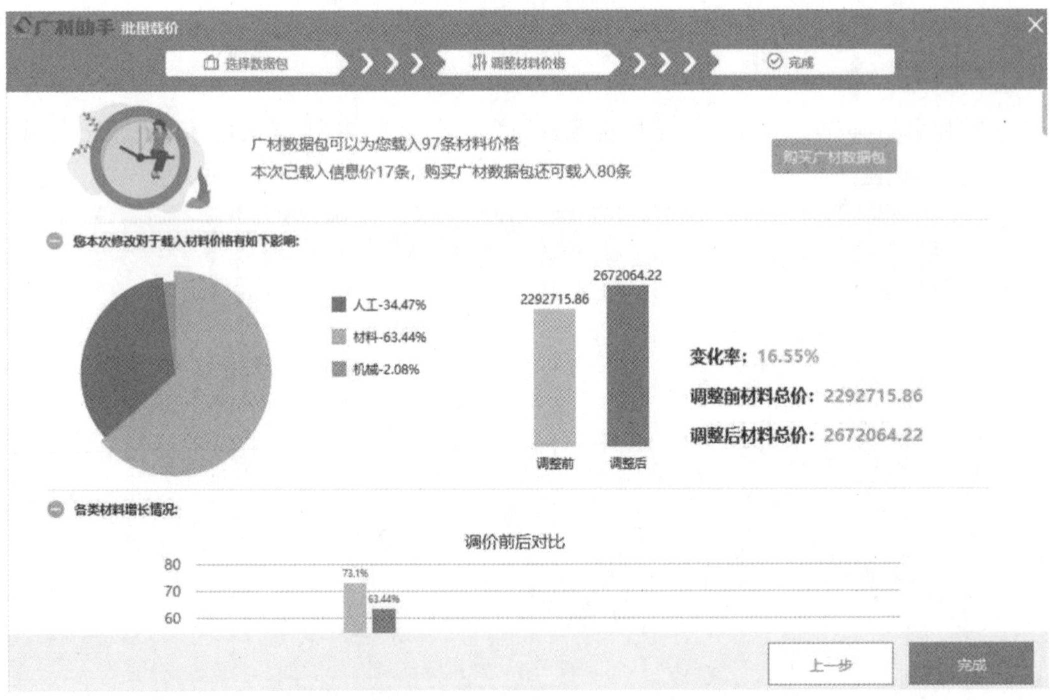

图 9.83

(3)根据实际情况手动修改材料市场价，完成调价工作

①员工宿舍楼工程中，部分材料(主材)价格及税率如表 9.17 所示，需要对其进行调整。

表 9.17　员工宿舍楼工程部分材料(主材)价格及税率

序号	名称	规格型号	单位	不含税市场价(元)	税率(%)
1	膨胀螺栓	Φ10	套	3.2	1.2
2	安全网	安全网	m^2	13	
3	复合木模板	复合木模板	m^2	32	

②在单位工程“人材机汇总”页面材料表中找到膨胀螺栓、安全网、复合木模板,在其对应的“不含税市场价”处手动修改不含税市场价格为 3.2、13、32,在“税率”处手动修改为 1.2%,如图 9.84 所示。

	编码	类别	名称	规格型号	单位	数量	含税预算价	不含税市场价	含税市场价	税率	价格来源	不含税市场价合计	含税市场价合计
27	090265	材	硬质合金锯片		片	5.2064	45	45	45	0		234.29	234.29
28	090290	材	电焊条	(综合)	kg	134.0216	7.78	7.78	7.78	0		1042.69	1042.69
29	090331	材	合页		个	246.8928	5	5	5	0		1234.46	1234.46
30	090342	材	火烧丝		kg	327.6523	5.9	5.9	5.9	0		1933.15	1933.15
31	090429	材	塑料膨胀螺栓	M8*110	个	994.5196	1.13	1.13	1.13	0		1123.81	1123.81
32	090820	材	膨胀螺栓	M8*100	个	993.0828	2.18	3.2	3.238	1.2	自行询价	3177.86	3215.6
33	091060	材	镀锌方形薄壁钢管挂瓦条	25*25*1.5	m	1334.907	9	9	9	0		12014.16	12014.16

	编码	类别	名称	规格型号	单位	数量	含税预算价	不含税市场价	含税市场价	税率	价格来源	不含税市场价合计	含税市场价合计
56	130040	材	耐碱涂塑玻纤网格布		m2	734.4015	2	2	2	0		1468.8	1468.8
57	150122	材	石料切割机片		片	63.6277	8	8	8	0		509.02	509.02
58	150163	材	安全网		m2	840.5245	11.8	13	13.156	1.2	自行询价	10926.82	11057.94
59	370002	材	胶合板木门		m2	99.12	198	198	198	0		19625.76	19625.76
60	370144@1	材	无框木门	800×2100	m2	48.72	580	580	580	0		28257.6	28257.6
61	370168	材	断桥铝合金平开窗		m2	138.12	650	650	650	0		89778	89778
62	400044	材	嵌缝剂	DTG砂浆	m3	2.3193	5100	5100	5100	0		11828.43	11828.43
63	810140	材	钢筋混凝土基础		m3	11.5297	2270	2270	2270	0		26172.42	26172.42
64	810238	材	同混凝土等级砂浆	(综合)	m3	3.0291	480	480	480	0		1453.97	1453.97
65	830075	材	复合木模板		m2	571.1351	30	32	32.384	1.2	自行询价	18276.32	18495.64
66	830076	材	组合钢模板		m2·日	1226.2263	0.35	2.3	2.6	0	北京信息价(2021年04月)	2820.32	3188.19
67	840004	材	其他材料费		元	43721.0759	1	1	1	0		43721.08	43721.08

图 9.84

(4)材料价格来源

完成载价或调整价格后,可以看到市场价的变化,并在价格来源列看到价格的来源,如图 9.85 所示。

2)设置甲供材料、材料暂估、承包人主要材料表

(1)员工宿舍楼工程招标文件规定甲供材料、材料暂估

员工宿舍楼工程招标文件规定甲供材料、材料暂估如表 9.3、表 9.4 所示。

在编制招标文件的时候,需要设置甲供材料,材料暂估,单独出甲供材的报表和暂估材料表,甲供材料表、暂估材料表中涉及的材料价格是不能进行调整的, 为了避免在调整其他材料价格时出现操作失误,需要使用“市场价锁定”对修改后的材料价格进行锁定。

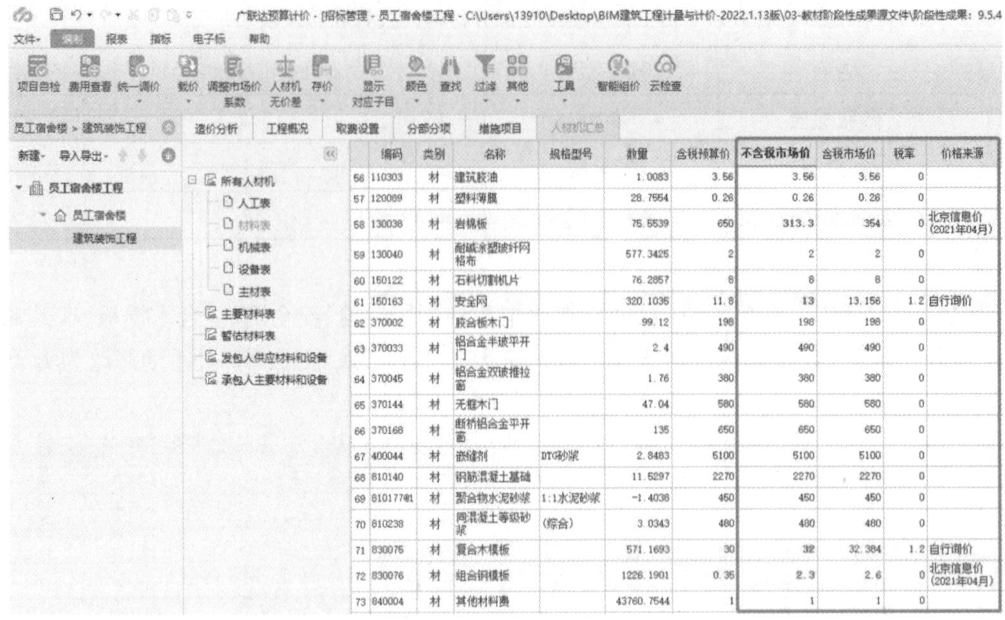

图 9.85

(2)设置甲供材料,形成甲供材料表

①人材机中设置甲供材料。在员工宿舍楼工程项目的“人材机汇总”页面,在所有人材机中分别选中“断桥铝合金平开窗、胶合板门、无框木门”3 种需要设为甲供的材料,将供货方式由默认的“自行采购”修改为“甲供材料”,如图 9.86 所示。

图 9.86

②查看甲供材料表。在员工宿舍楼单位工程“人材机汇总”中“发包人供应材料和设备”可以看到在人材机中设置的甲供的材料,如图 9.87 所示。

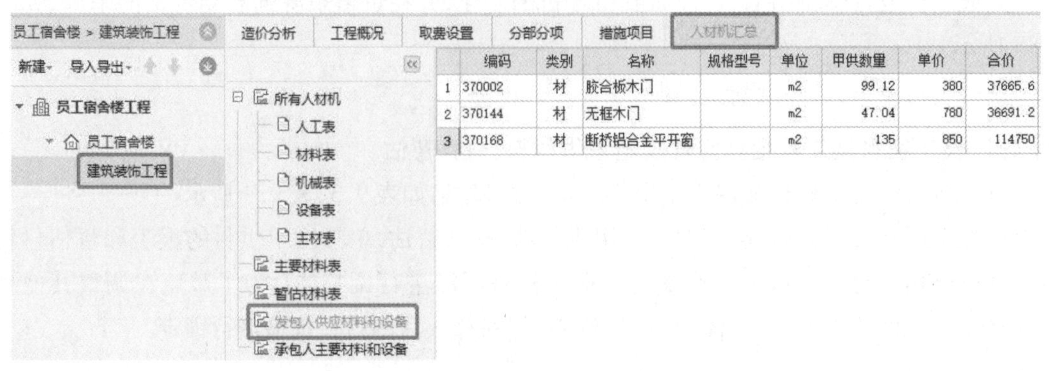

图 9.87

(3)设置材料暂估,形成暂估材料表

在编制招标文件时,甲方或招标方给出暂估材料单价,投标方按此价格进行组价,材料价格计入综合单价。

①设置材料暂估。

方法一:在建设项目"人材机汇总"页面,在所有人材机中选中材料市场价需要暂估的材料:"彩色水泥瓦""彩色脊瓦""大理石踢脚板""大理石板(0.25 m^2 以外)",对应修改不含税市场价分别为"25""0.85""45""250",在对应的【是否暂估】列打上钩,这时市场价会自动锁定,含税市场价列变换底色,如图 9.88 所示。

	编码	类别	名称	规格型号	单位	不含税市场价	含税市场价	税率	不含税市场价合计	含税市场价合计	供货方式	二次分析	直接修改单价	是否暂估	价格来源	市场价锁定
9	040004	材	彩色水泥瓦		m2	25	25	0	11691.79	11691.79	自行采购			☑		☑
10	040005	材	彩色脊瓦		块	0.85	0.85	0	111.92	111.92	自行采购			☑		☑
11	040024	材	粉煤灰		kg	0.06	0.06	0	28.06	28.06	自行采购			☐		☐
12	040025	材	砂子		kg	0.07	0.07	0	10213.01	10213.01	自行采购			☐		☐
13	040048	材	白灰		kg	0.23	0.23	0	1.87	1.87	自行采购			☐		☐
14	040207	材	烧结标准砖		块	0.58	0.58	0	4382.42	4382.42	自行采购			☐		☐
15	040225	材	生石灰		kg	0.126	0.13	0	19988.36	20622.91	自行采购			☐	北京信息…	☐
16	040285	材	弃土或渣土消纳		m3	0	0	0	0	0	自行采购			☐		☐
17	060002	材	地面砖	0.16m2以内	m2	54.6	54.6	0	5786.96	5786.96	自行采购			☐		☐
18	060012	材	大理石板	0.25m2以外	m2	250	250	0	254553.75	254553.75	自行采购			☑		☑
19	060015	材	大理石踢脚板		m	45	45	0	41543.51	41543.51	自行采购			☑		☑
20	060045	材	釉面砖	0.015m2以外	m2	35	35	0	26947.17	26947.17	自行采购			☐		☐

图 9.88

方法二:在单位工程"人材机汇总"页面,"暂估材料表"中,单击鼠标右键从菜单中选择"从人材机汇总中选择",在弹出的窗口中勾选,将材料设为暂估,如图 9.89、图 9.90 所示。

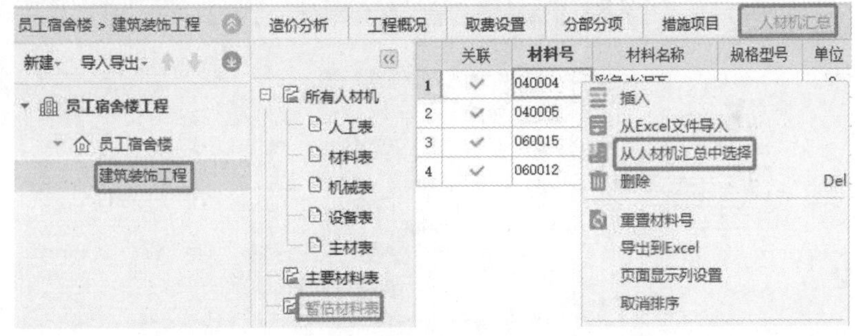

图 9.89

	选择	编码	类别	名称	规格型号	单位	数量	不含税市场价	含税市场价	税率	供货方式	是否暂估
8	☑	040004	材	彩色水泥瓦		m2	467.6715	25	25	0	自行采购	☑
9	☑	040005	材	彩色脊瓦		块	131.6745	0.85	0.85	0	自行采购	☑
10	☐	040024	材	粉煤灰		kg	467.62	0.06	0.06	0	自行采购	☐
11	☐	040025	材	砂子		kg	157985.5568	0.07	0.07	0	自行采购	☐
12	☐	040048	材	白灰		kg	28.7094	0.23	0.23	0	自行采购	☐
13	☐	040225	材	生石灰		kg	207196.272	0.126	0.13	0	自行采购	☐
14	☐	040285	材	弃土或渣土…		m3	1103.62	0	0	0	自行采购	☐
15	☐	060002	材	地面砖	0.16m2…	m2	105.9984	54.6	54.6	0	自行采购	☐
16	☑	060012	材	大理石板	0.25m2…	m2	1018.2354	250	250	0	自行采购	☑
17	☑	060015	材	大理石踢脚板		m	928.6274	45	45	0	自行采购	☑
18	☐	060045	材	釉面砖	0.015m2…	m2	626.9261	35	35	0	自行采购	☐

图 9.90

②查看材料暂估价表。在员工宿舍楼单位工程“人材机汇总”中的“暂估材料表”下可以看到在人材机中设置的暂估价材料,如图 9.91 所示。

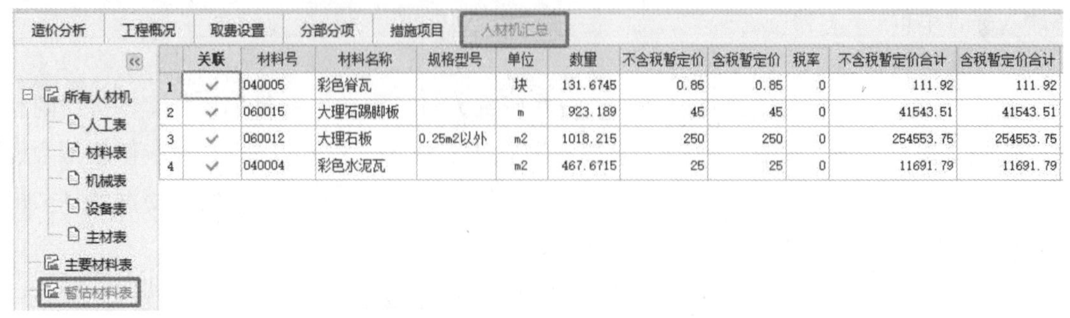

	关联	材料号	材料名称	规格型号	单位	数量	不含税暂定价	含税暂定价	税率	不含税暂定价合计	含税暂定价合计
1	✓	040005	彩色脊瓦		块	131.6745	0.85	0.85	0	111.92	111.92
2	✓	060015	大理石踢脚板		m	923.189	45	45	0	41543.51	41543.51
3	✓	060012	大理石板	0.25m2以外	m2	1018.215	250	250	0	254553.75	254553.75
4	✓	040004	彩色水泥瓦		m2	467.6715	25	25	0	11691.79	11691.79

图 9.91

(4)编制承包人主要材料表

在员工宿舍楼单位工程“人材机汇总”中,选中“承包人主要材料和设备”,在操作界面单击鼠标右键选择“从人材机汇总中选择” 或单击页面上方工具“从人材机汇总中选择”,弹出窗口中勾选需要设为承包人主要材料,单击“确定”即可,如图 9.92 所示。

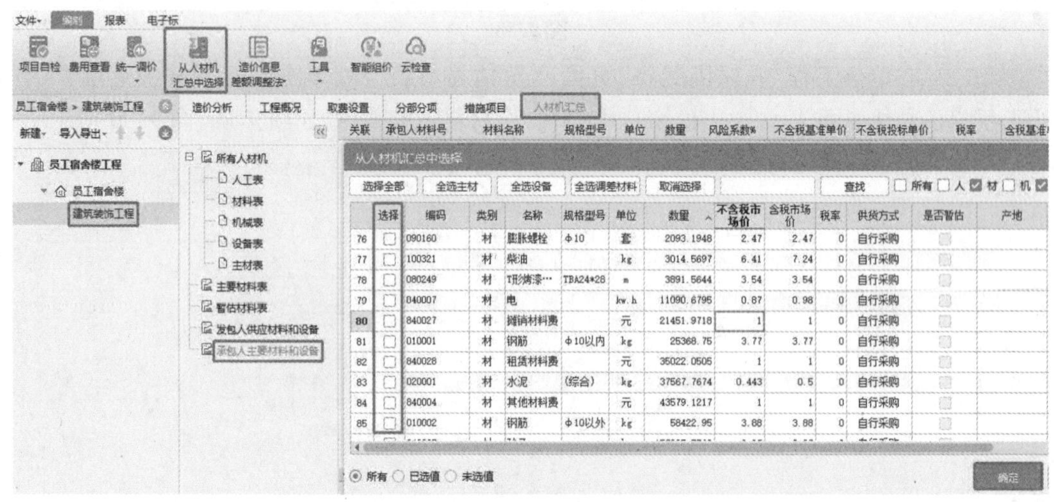

选择	编码	类别	名称	规格型号	单位	数量	不含税市场价	含税市场价	税率	供货方式	是否暂估	产地
76	090160	材	膨胀螺栓	Φ10	套	2093.1948	2.47	2.47	0	自行采购		
77	100321	材	柴油		kg	3014.5697	6.41	7.24	0	自行采购		
78	080249	材	T形烤漆…	TBA24*28	m	3891.5644	3.54	3.54	0	自行采购		
79	840007	材	电		kw.h	11090.6796	0.87	0.98	0	自行采购		
80	840027	材	摊销材料费		元	21451.9718	1	1	0	自行采购		
81	010001	材	钢筋	Φ10以内	kg	25368.75	3.77	3.77	0	自行采购		
82	840028	材	租赁材料费		元	35022.0505	1	1	0	自行采购		
83	020001	材	水泥	(综合)	kg	37567.7674	0.443	0.5	0	自行采购		
84	840004	材	其他材料费		元	43579.1217	1	1	0	自行采购		
85	010002	材	钢筋	Φ10以外	kg	58422.95	3.88	3.88	0	自行采购		

图 9.92

3)显示人材机中材料对应子目

对于人材机汇总中出现材料名称异常或数量异常等的情况,可直接用鼠标右键单击相应材料,选择显示相应子目,在分部分项中进行修改。

(1)“人材机汇总”界面自查

员工宿舍楼“人材机汇总”中出现“白色耐擦洗涂料”有两个,一个有规格型号,一个没有,需要反查看看具体情况,再处理,如图 9.93 所示。

(2)显示人材机中材料对应子目

分别在材料子目行上单击鼠标右键,在弹出的窗口中点选“显示对应子目”,如图 9.94—图 9.96 所示。

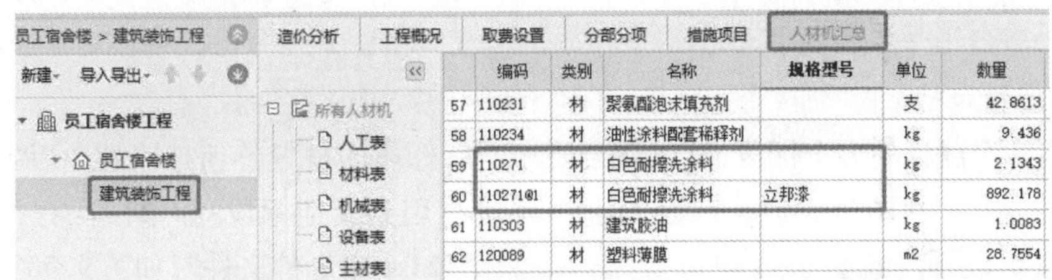

	编码	类别	名称	规格型号	单位	数量
57	110231	材	聚氯酯泡沫填充剂		支	42.8613
58	110234	材	油性涂料配套稀释剂		kg	9.436
59	110271	材	白色耐擦洗涂料		kg	2.1343
60	110271@1	材	白色耐擦洗涂料	立邦漆	kg	892.178
61	110303	材	建筑胶油		kg	1.0083
62	120089	材	塑料薄膜		m2	28.7554

图 9.93

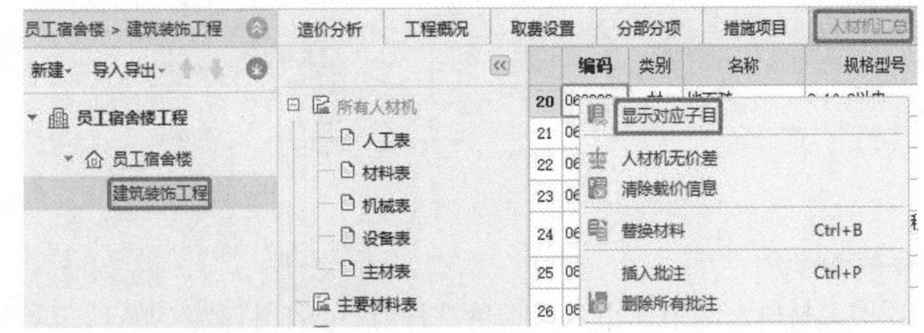

图 9.94

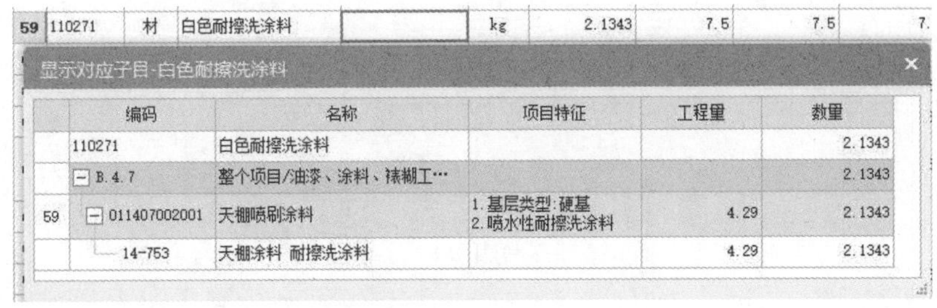

59	110271	材	白色耐擦洗涂料		kg	2.1343	7.5	7.5

显示对应子目-白色耐擦洗涂料

	编码	名称	项目特征	工程量	数量
	110271	白色耐擦洗涂料			2.1343
	B.4.7	整个项目/油漆、涂料、裱糊工…			2.1343
59	011407002001	天棚喷刷涂料	1.基层类型:硬基 2.喷水性耐擦洗涂料	4.29	2.1343
	14-753	天棚涂料 耐擦洗涂料		4.29	2.1343

图 9.95

60	110271@1	材	白色耐擦洗涂料	立邦漆	kg	892.178	7.5	7.5

显示对应子目-白色耐擦洗涂料

	编码	名称	项目特征	工程量	数量
	110271@1	白色耐擦洗涂料			892.178
	B.4.7	整个项目/油漆、涂料、裱糊工…			892.178
57	011407001001	墙面喷刷涂料（内墙）	1.装饰面材料种类:水性耐擦洗涂料	2358.25	892.178
	14-730	内墙涂料 耐擦洗涂料		2549.08	892.178

图 9.96

(3)分析原因、修改

两种材料分别是墙面涂料和天棚涂料，由于是同一个项目同一种材质，应采用统一的“规格型号”，因此直接在对应的“规格型号”处填写“立邦漆”即可，如图 9.97 所示。

	编码	类别	名称	规格型号	单位	数量	含税预算价	不含税市场价	含税市场价
58	110234	材	油性涂料配套稀释剂		kg	9.436	11.1	11.1	11.1
59	110271	材	白色耐擦洗涂料	立邦漆	kg	2.1343	7.5	7.5	7.5
60	110271@1	材	白色耐擦洗涂料	立邦漆	kg	892.178	7.5	7.5	7.5
61	110303	材	建筑胶油		kg	1.0083	3.56	3.56	3.56

图 9.97

4)市场价存档与运用

(1)市场价存档

对于同一个项目的多个标段,发包方会要求所有标段的材料价保持一致,在调整好一个标段的材料价后可利用“市场价存档”将此材料价运用到其他标段;在单位工程“人材机汇总”“所有人材机”界面,上方工具“存价”选择“保存 Excel 市场价文件”,如图 9.98 所示。

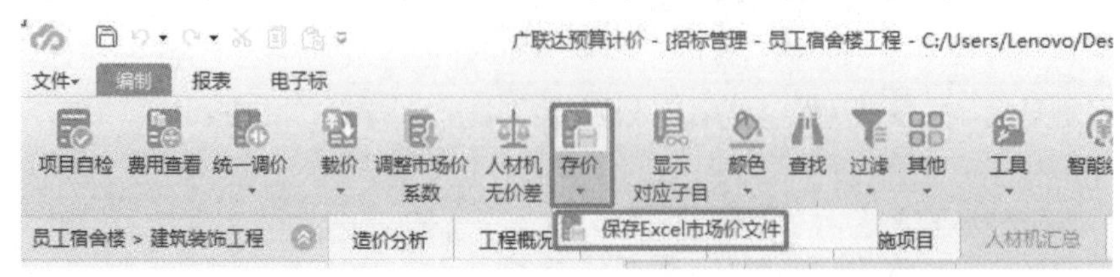

图 9.98

(2)调用存档市场价

在其他标段的人材机汇总中使用该市场价文件时,可运用“载入 Excel 市场价”,此处选用已经保存好的 Excel 市场价文件,如图 9.99 所示。

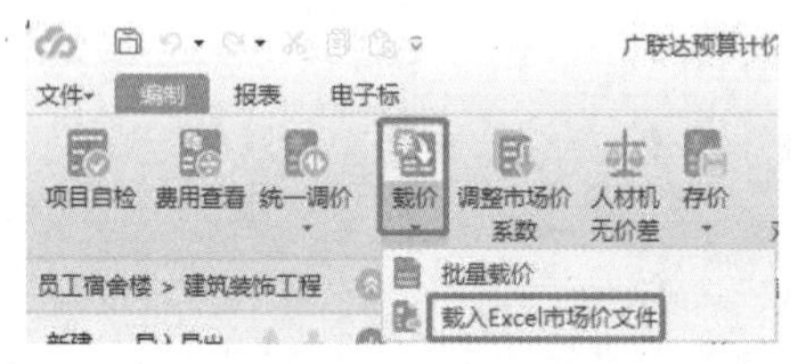

图 9.99

9.5.5 技能点——费用汇总

1)确定各项费用费率

(1)企业管理费费率

①费率取定原则:在编制招标控制价或标底时,企业管理费应按现行费率标准执行;在编制投标报价时,可根据企业的管理水平和工程项目的具体情况自主报价,但不得影响工程质量安全成本。

②员工宿舍楼工程企业管理费费率:根据《北京市住房和城乡建设委员会关于印发〈关于建筑业营业税改征增值税 调整北京市建设工程计价依据的实施意见〉的通知》(京建发〔2016〕116 号),企业管理费费率如表 9.18 所示。

表 9.18 企业管理费

序号	项目名称		计费基数	企业管理费费率(%)	其中	
					现场管理费费率(%)	工程质量检测(%)
4	住宅建筑	25 以下	除税预算价	8.88	3.62	0.46
5		45 以下		9.69	3.88	0.47
6		80 以下		9.90	4.09	0.48
7		80 以上		10.01	4.23	0.50

③员工宿舍楼工程企业管理费费率为8.88%。

(2)利润率

①利润率取定原则:在编制招标控制价或标底时,利润应按现行定额费率标准执行。

②员工宿舍楼工程利润率:根据《北京市建设工程计价依据——预算定额 房屋建筑与装饰工程预算定额》(2012版)"附表 房屋建筑与装饰工程费用标准",如表9.19所示。

表9.19　房屋建筑与装饰工程费用标准——利润

序号	项目	计费基数	费率(%)
1	利润	预算价+企业管理费	7.00

③员工宿舍楼工程利润率为7%。

(3)规费费率

①规费费率取定原则:应按本市现行费率标准计算,并单独列出,不得作为竞争性费用。费率由建设行政主管部门适时发布,进行调整。

②员工宿舍楼工程规费费率:根据《北京市住房和城乡建设委员会关于调整北京市建设工程规费费率的通知》(京建发〔2019〕333号),《北京市建设工程计价依据——预算定额 房屋建筑与装饰工程预算定额》(2012版)规费费用标准,如表9.20所示。

表9.20　规费费用标准

<table>
<tr><th rowspan="2">序号</th><th rowspan="2" colspan="2">项目名称</th><th rowspan="2">计费基数</th><th rowspan="2">规费费率(%)</th><th colspan="2">其中</th></tr>
<tr><th>社会保险费率(%)</th><th>住房公积金(%)</th></tr>
<tr><td>1</td><td colspan="2">房屋建筑与装饰工程</td><td rowspan="13">人工费</td><td>19.76</td><td>13.79</td><td>5.97</td></tr>
<tr><td>2</td><td colspan="2">仿古建筑工程</td><td>19.76</td><td>13.79</td><td>5.97</td></tr>
<tr><td>3</td><td colspan="2">通用安装工程</td><td>19.04</td><td>13.29</td><td>5.75</td></tr>
<tr><td>4</td><td rowspan="2">市政工程</td><td>道路、桥梁</td><td rowspan="2">21.72</td><td rowspan="2">15.15</td><td rowspan="2">6.57</td></tr>
<tr><td>5</td><td>管道</td></tr>
<tr><td>6</td><td rowspan="2">园林绿化工程</td><td>绿化</td><td rowspan="2">18.55</td><td rowspan="2">12.95</td><td rowspan="2">5.60</td></tr>
<tr><td>7</td><td>庭园</td></tr>
<tr><td>8</td><td colspan="2">构筑物工程</td><td>19.76</td><td>13.79</td><td>5.97</td></tr>
<tr><td>9</td><td rowspan="5">城市轨道交通工程</td><td>土建</td><td rowspan="2">18.62</td><td rowspan="2">13.00</td><td rowspan="2">5.62</td></tr>
<tr><td>10</td><td>轨道</td></tr>
<tr><td>11</td><td>通信、信号</td><td rowspan="3">23.32</td><td rowspan="3">16.28</td><td rowspan="3">7.04</td></tr>
<tr><td>12</td><td>供电</td></tr>
<tr><td>13</td><td>智能与控制系统、机电</td></tr>
</table>

③员工宿舍楼工程属于房屋建筑与装饰工程，规费费率取 19.76%，其中社会保险率 13.79%，住房公积金 5.97%。

(4)增值税税率

①增值税税率取定原则：应按本市现行费率标准计算，并单独列出，不得作为竞争性费用。费率由建设行政主管部门适时发布，进行调整。

②员工宿舍楼工程增值税税率：根据《北京市住房和城乡建设委员会关于重新调整北京市建设工程计价依据增值税税率的通知》(京建发〔2019〕141 号)，现行北京市建设工程计价依据中增值税税率由 10% 调整为 9%，2019 年 4 月 1 日(含)以后开标或签订施工合同的建设工程项目，招标人或发包人应按照本通知执行。

③员工宿舍楼工程增值税税率为 9%。

2)在广联达云计价平台 GCCP6.0 专业软件中计取费用

(1)单位工程页面“取费设置”

①如果是新建预算项目，在建立项目结构时，选择好项目信息“取费专业”“工程类别”“檐高跨度”“工程地点”，相应费率会自动设置好。

②企业管理费和利润属于可竞争性费用，费率可以根据项目和承包单位具体情况取定，直接修改即可，如图 9.100 所示。

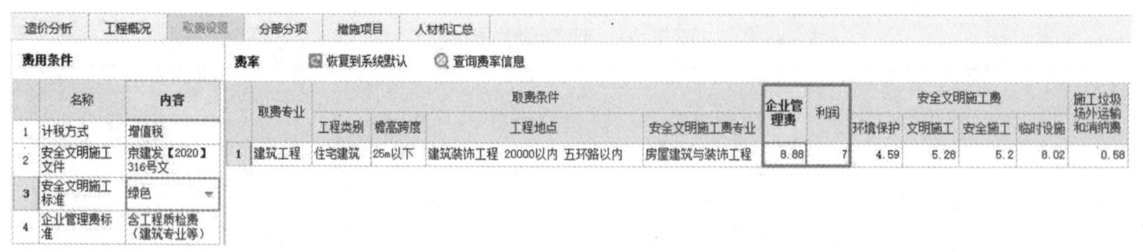

	名称	内容
1	计税方式	增值税
2	安全文明施工文件	京建发【2020】316号文
3	安全文明施工标准	绿色
4	企业管理费标准	含工程质检费（建筑专业等）

	取费专业	取费条件				企业管理费	利润	安全文明施工费				施工垃圾场外运输和消纳费
		工程类别	檐高跨度	工程地点	安全文明施工费专业			环境保护	文明施工	安全施工	临时设施	
1	建筑工程	住宅建筑	25m以下	建筑装饰工程 20000以内 五环路以内	房屋建筑与装饰工程	8.88	7	4.59	5.28	5.2	8.02	0.58

图 9.100

(2)单项工程页面“费用汇总”

单击员工宿舍楼单项工程“费用汇总”页面，软件则根据“取费设置”填写好的费率计算各项费用，如图 9.101 所示。

(3)员工宿舍楼工程招标文件的规定

暂估材料，其费用不计入合价中；甲供材料的费用在计取相应税后，从工程造价中扣除，并以扣除后的工程造价作为工程的评标造价。

①在员工宿舍楼单位工程“人材机汇总”页面，找到暂估材料“彩色水泥瓦”，点选后单击鼠标右键，在弹出的窗口中用鼠标左键点选“显示对应子目”，在弹出的窗口中查看涉及的清单项和组价子目，如图 9.102、图 9.103 所示。

在单位工程“分部分项”页面，找到对应清单项及组价子目，选中后单击“工料机显示”，在该页面将暂估材料对应“是否计价”取消勾选即可，如图 9.104 所示。其他暂估材料操作方法同上。

造价分析 | 项目信息 | 取费设置 | 措施项目 | 其他项目 | 人材机汇总 | 费用汇总

	序号	费用代号	名称	计算基数	基数说明	费率(%)	金额	费用类别	输出
1	1	A	分部分项工程	FBFXHJ	分部分项合计		2,936,067.94	分部分项工程费	☑
4	2	B	措施项目	CSXMHJ	措施项目合计		634,190.10	措施项目费	☑
5	2.1	B1	其中：安全文明施工费	AQWMSGF	安全文明施工费		0.00	安全文明施工费	☑
6	2.2	B2	其中：施工垃圾场外运输和消纳费	SGLJCWYSF	施工垃圾场外运输和消纳费		20,363.68	施工垃圾场外运输和消纳费	☑
7	3	C	其他项目	QTXMHJ	其他项目合计		179,450.00	其他项目费	☑
8	3.1	C1	其中：暂列金额	暂列金额	暂列金额		150,000.00	暂列金额	☑
9	3.2	C2	其中：专业工程暂估价	专业工程暂估价	专业工程暂估价		0.00	专业工程暂估价	☑
10	3.3	C3	其中：计日工	计日工	计日工		29,450.00	计日工	☑
11	3.4	C4	其中：总承包服务费	总承包服务费	总承包服务费		0.00	总承包服务费	☑
12	4	D	规费				182,130.82	规费	☑
13			其中：农民工工伤保险				0.00	农民工工伤保险	☑
14	4.1		项目：安全文明施工费规费	AQWMSG_RGF_XM	项目安全文明施工人工费	19.76	0.00	安全文明施工费（规费）	☑
15	4.1.1		项目：社会保险费	AQWMSG_RGF_XM	项目安全文明施工人工费	13.79	0.00	项目社会保险费	☑
16	4.1.2		项目：住房公积金费	AQWMSG_RGF_XM	项目安全文明施工人工费	5.97	0.00	项目住房公积金费	☑
17	4.2		项目：计日工规费	JRGGF_RGF_XM	项目计日工人工费规费		0.00	计日工人工费规费	☑
18	4.3		员工宿舍楼				182,130.82		☑
19	4.3.1		建筑装饰工程	RGF_DW+JSCS_RGF_DW+ZZCS_RGF_DW	单位分部分项人工费+单位技术措施人工费+单位组织措施人工费	19.76	182,130.82		☑
20	4.3.1.1		社会保险费	RGF_DW+JSCS_RGF_DW+ZZCS_RGF_DW	单位分部分项人工费+单位技术措施人工费+单位组织措施人工费	13.79	127,104.46	社会保险费	☑
21	4.3.1.2		住房公积金费	RGF_DW+JSCS_RGF_DW+ZZCS_RGF_DW	单位分部分项人工费+单位技术措施人工费+单位组织措施人工费	5.97	55,026.37	住房公积金费	☑
22	5	E	税金	A + B + C + D	分部分项工程+措施项目+其他项目+规费	9	353,865.50	税金	☑
23	6		工程造价	A + B + C + D + E	分部分项工程+措施项目+其他项目+规费+税金		4,285,704.36	工程造价	☑

图9.101

员工宿舍楼 > 建筑装饰工程 | 造价分析 | 工程概况 | 取费设置 | 分部分项 | 措施项目 | 人材机汇总

新建 · 导入导出

员工宿舍楼工程
员工宿舍楼
建筑装饰工程

所有人材机
人工表
材料表
机械表
设备表

	编码	类别	名称	规格型号	单位	数量
11	030001	材	板方材		m3	15.2913
12	040003	材	页岩陶粒		m3	13.0934
13	040004	材	彩色水泥瓦			
14	040005	材	彩色脊瓦			
15	040024	材	粉煤灰			
16	040025	材	砂子			

显示对应子目
人材机无价差
清除载价信息

图9.102

显示对应子目-彩色水泥瓦

	编码	名称	项目特征	工程量	数量
	040004	彩色水泥瓦			467.6715
	A.9.1	整个项目/屋面及防水工程/瓦、…			467.6715
33	010901001001	瓦屋面	1.瓦品种、规格:暗红色块瓦屋面 2.3+3SBS防水层 3.20厚1:3水泥砂浆找平层，内掺丙烯或锦纶 4.160厚岩棉保温 5.1:8膨胀珍珠岩找坡，最薄处20厚 6.钢筋混凝土板	454.05	467.6715
	9-3	瓦屋面 彩色水泥瓦 钢挂瓦条 …		454.05	467.6715

图9.103

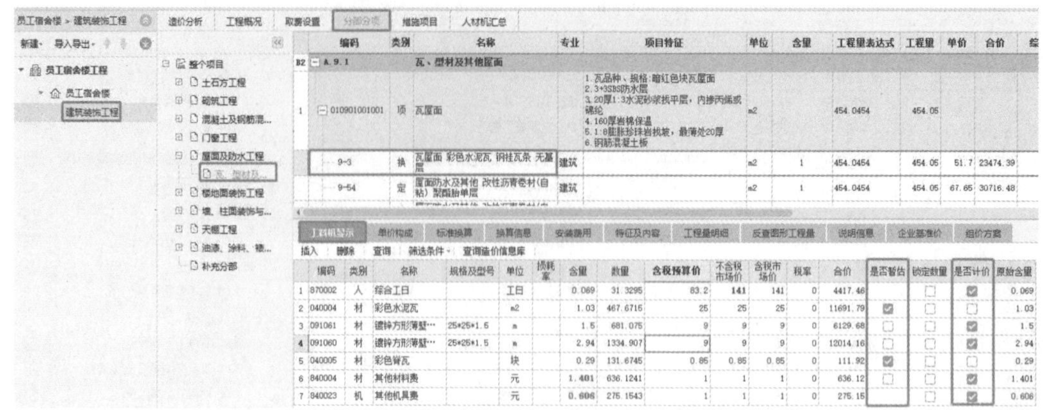

图 9.104

②在员工宿舍楼工程项目“费用汇总”页面，在税金行后面插入一个空白费用行，费用代码设置为“F”，名称为“甲供材料费”，在对应“计算基数”处单击▣，在弹出的窗口中选择“JGCLF”，最后在“工程造价”行对应“计算基数”处扣减 F，调整为“A + B + C + D + E − F”，如图 9.105 所示。

造价分析 | 项目信息 | 取费设置 | 措施项目 | 其他项目 | 人材机汇总 | 费用汇总

	序号	费用代号	名称	计算基数	基数说明	费率(%)	金额	费用类别	输出
1	1	A	分部分项工程	FBFXHJ	分部分项合计		2,681,364.75	分部分项工程费	☑
4	2	B	措施项目	CSXMHJ	措施项目合计		632,712.79	措施项目费	☑
5	2.1	B1	其中：安全文明施工费	AQWMSGF	安全文明施工费		0.00	安全文明施工费	☑
6	2.2	B2	其中：施工垃圾场外运输和消纳费	SGLJCWYSF	施工垃圾场外运输和消纳费		18,886.37	施工垃圾场外运输和消纳费	☑
7	3	C	其他项目	QTXMHJ	其他项目合计		179,450.00	其他项目费	☑
8	3.1	C1	其中：暂列金额	暂列金额	暂列金额		150,000.00	暂列金额	☑
9	3.2	C2	其中：专业工程暂估价	专业工程暂估价	专业工程暂估价		0.00	专业工程暂估价	☑
10	3.3	C3	其中：计日工	计日工	计日工		29,450.00	计日工	☑
11	3.4	C4	其中：总承包服务费	总承包服务费	总承包服务费		0.00	总承包服务费	☑
12	4	D	规费				182,130.82	规费	☑
13			其中：农民工工伤保险				0.00	农民工工伤保险	☑
14	4.1		项目：安全文明施工费规费	AQWMSG_RGF_XM	项目安全文明施工人工费	19.76	0.00	安全文明施工费（规费）	☑
15	4.1.1		项目：社会保险费	AQWMSG_RGF_XM	项目安全文明施工人工费	13.79	0.00	项目社会保险费	☑
16	4.1.2		项目：住房公积金费	AQWMSG_RGF_XM	项目安全文明施工人工费	5.97	0.00	项目住房公积金费	☑
17	4.2		项目：计日工规费	JRGGF_RGF_XM	项目计日工人工费规费		0.00	计日工人工费规费	☑
18	4.3		员工宿舍楼				182,130.82		☑
19	4.3.1		建筑装饰工程	RGF_DW+JSCS_RGF_DW+ZZCS_RGF_DW	单位分部分项人工费+单位技术措施人工费+单位组织措施人工费	19.76	182,130.82		☑
20	4.3.1.1		社会保险费	RGF_DW+JSCS_RGF_DW+ZZCS_RGF_DW	单位分部分项人工费+单位技术措施人工费+单位组织措施人工费	13.79	127,104.46	社会保险费	☑
21	4.3.1.2		住房公积金费	RGF_DW+JSCS_RGF_DW+ZZCS_RGF_DW	单位分部分项人工费+单位技术措施人工费+单位组织措施人工费	5.97	55,026.37	住房公积金费	☑
22	5	E	税金	A + B + C + D	分部分项工程+措施项目+其他项目+规费	9	330,809.25	税金	☑
23	6	F	甲供材料费	JGCLF	甲供材料费		189,106.80		☑
24	7		工程造价	A + B + C + D + E-F	分部分项工程+措施项目+其他项目+规费+税金-甲供材料费		3,817,360.81	工程造价	☑

图 9.105

3) 费用模板的保存与调用

做好的费用汇总表可以做成标准模板，在使用时，可以进行编制、存档、调用。

(1) 保存调整后模板，供下次调用

单击“功能区”的“保存模板”，将费用模板保存在指定位置，供后期调用，如图 9.106 所示。

图9.106

(2)调用费用模板

选择单项工程“费用汇总”,单击“功能区”的“载入模板”,根据工程实际情况,选择需要使用的费用模板,然后单击“确定”,即载入模板成功。

9.5.6　技能点——电子标输出

1)项目自检

在编制招标文件时,编制完成后需要对一些项进行检查,如项目编码不重复,同一清单多个单位,招标控制价的清单综合单价唯一,工料机一致等,具体步骤如下:

(1)项目自检

在“功能区”单击“项目自检”,根据需要,在“设置检查项”中选择检查方案为“招标书自检选项”,然后设置需要检查的项,单击“执行检查”进行项目符合性检查,如图9.107所示。

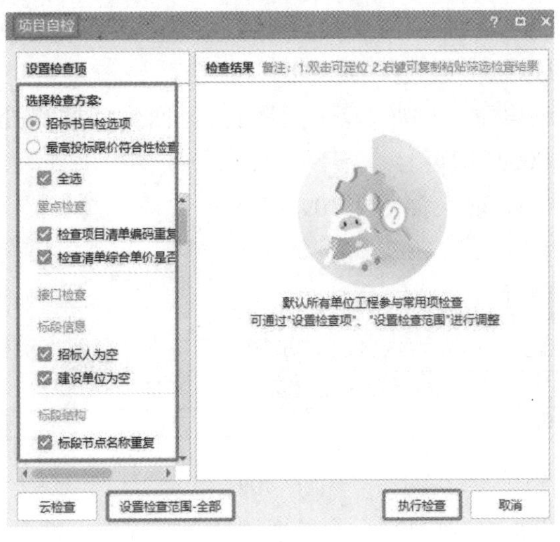

图9.107

在“检查结果”中可看到项目自检出来的问题,然后根据检查结果进行调整,确定无误后,方可生成电子标书,员工宿舍楼工程检查结果,如图 9.108 所示。

图 9.108

(2)自检结果修改

对于检查结果出现的问题,我们需要分别对待,对成果文件有影响的,需要调整、修改;对于一些信息类的内容,可以忽略。

①对于标准清单的编码重复问题,双击问题行,返回到问题源处,将“01B001 赶工增加费”编码直接修改为“01B002”即可。

②清单综合单价不一致问题,如图 9.109 所示。

18	⊟ 011702002001		矩形柱	m2	模板类别:复合模板			392.01	99.41
	17-58	定	矩形柱 复合模板	m2				422.48	89.63
	17-71	定	柱支撑高度3.6m以上每增1m	m2				190.62	5.79
19	⊞ 011702002002		矩形柱(梯柱)	m2	模板类别:复合模板			11.77	95.95
20	⊟ 011702002003		矩形柱	m2	模板类别:复合模板			24.98	89.63
	17-58	定	矩形柱 复合模板	m2				24.98	89.63

图 9.109

由于一个是框架柱模板综合单价,一个是框架柱 3.6 m 以上部分的超高增加费的综合单价,因此不同是正常的,不用修改。

③对于计日工表序号重复问题,双击问题行,返回到问题源处,由于是属于不同内容下的

序号,因此不需要修改,如图 9.110 所示。

	序号	名称	单位	数量	单价	合价	综合单价
1		计日工					
2	一	劳务(人工)					
3	1	木工	工日	10	150	1500	150
4	2	钢筋工	工日	10	135	1350	135
5	二	材料					
6	1	砂子	m3	100	120	12000	120
7	2	砖	块	500	0.58	290	0.58
8	3	水泥	t	10	631	6310	631
9	三	施工机械					
10	1	载重汽车(30t)	台班	10	800	8000	800

图 9.110

2)指标输出

指标用来查看工程数据的合理性,体现为工程的经济指标。

①单项工程"项目信息"页面,填写该工程的基本信息,红色字体显示处建议填写,便于指标的正确计算,如图 9.111 所示。

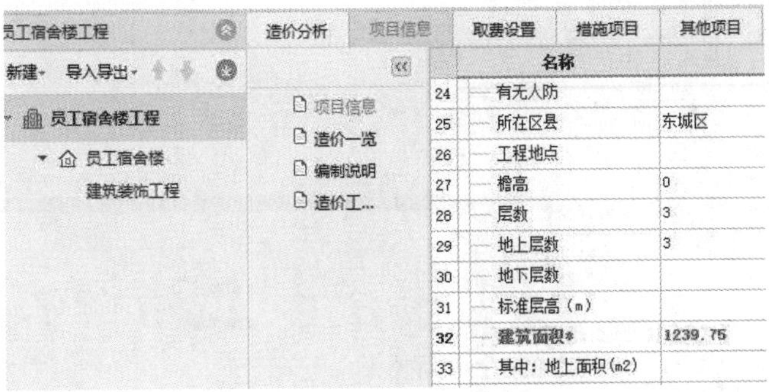

员工宿舍楼工程　新建·　导入导出·
员工宿舍楼工程
员工宿舍楼
建筑装饰工程

造价分析　项目信息　取费设置　措施项目　其他项目

项目信息
造价一览
编制说明
造价工...

	名称	
24	有无人防	
25	所在区县	东城区
26	工程地点	
27	檐高	0
28	层数	3
29	地上层数	3
30	地下层数	
31	标准层高(m)	
32	建筑面积*	1239.75
33	其中:地上面积(m2)	

图 9.111

②切换到"造价分析""单方造价",根据自身需要,查看经济指标,如图 9.112 、图 9.113 所示。

员工宿舍楼工程　新建·　导入导出·
员工宿舍楼工程
员工宿舍楼
建筑装饰工程

造价分析　项目信息　取费设置　措施项目　其他项目　人材机汇总　费用汇总

	序号	名称	项目造价(元)	分部分项		措施项目		占造价比例(%)(仅包括分部分项和单价措施)	工程规模(m2或m)	单位造价(元/m2或元/m)(仅包括分部分项和单价措施)
				其中:弃土或渣土运输和消纳费	分部分项合计	其中:施工垃圾场外运输和消纳费	单价措施项目合计			
1	1	员工宿舍楼	3172141.66	12128.79	2587992.63	18382.56	584149.03	81.88		
2	1.1	建筑装饰工程	3172141.66	12128.79	2587992.63	18382.58	584149.03	100	1239.75	2558.69
3		总价措施项目	330071.48					8.52		
4		安全文明施工费	274925.24					83.29		
5		其他总价措施	55146.24					16.71		
6		其他项目	44450					1.15		
7		暂列金额	15000					33.75		
8		暂估价	0					0		
9		专业工程暂估价	0					0		
10		材料和工程设备暂估价	0					0		
11		计日工	29450					66.25		
12		总承包服务费	0					0		
13		规费	184987.47					4.78		
14		项目:安全文明施工费规费	0					0		
15		项目:计日工规费	0					0		
16		各单位工程规费合计	184987.47					100		
17		税金	335848.55					8.67		
18										
19		合计	3874021.96	12128.79	2587992.63	18382.58	584149.03		1239.75	3124.84

图 9.112

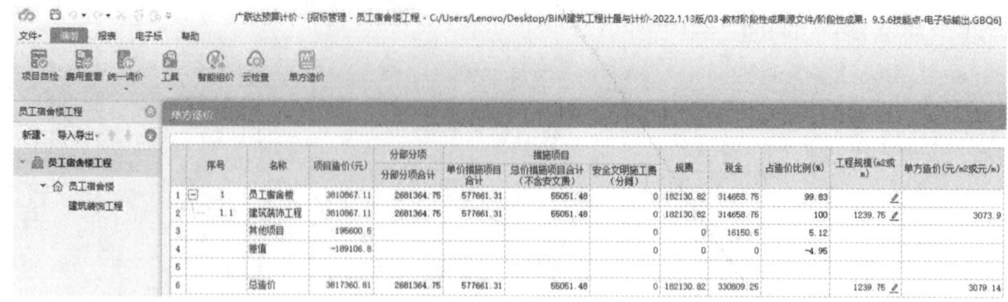

图 9.113

3)报表输出

报表是完成招标控制价后呈现的结果,需要导出存档或用来制作标书。

(1)报表输出

报表输出的步骤如下:

①一级导航切换到“报表”页签,在分栏显示区里可以对报表数据进行查看,单项工程的“招标控制价”如图 9.114 所示。

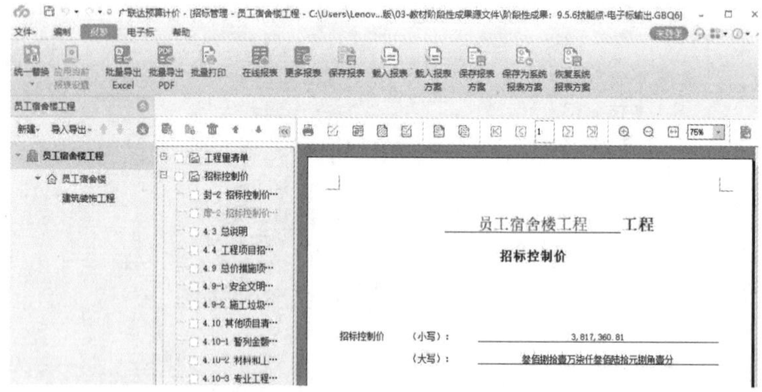

图 9.114

②根据自身需要,单击功能区中的“批量导出 Excel”“批量导出 PDF”“批量打印”,进行报表的输出,如图 9.115 所示。

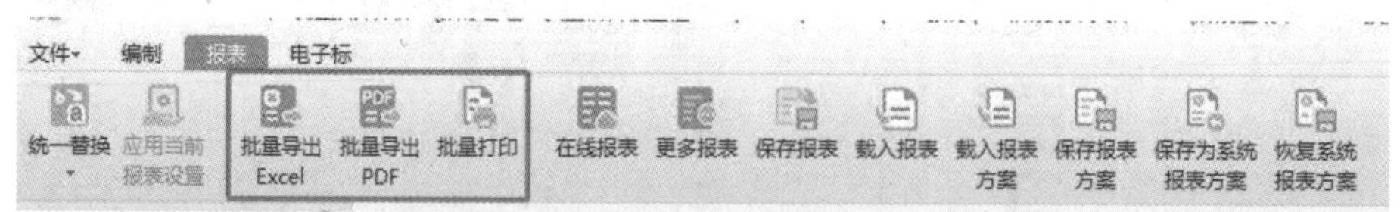

图 9.115

③以“批量打印”为例,首先选择报表类型,软件自动会把项目下所有的报表都呈现在界面上,然后根据需要选择需要打印的表格,完成后单击打印即可,如图 9.116 所示。

图9.116

(2)报表设计

①如果软件默认的格式需要修改,如添加页眉、页脚,则单击工具条中“简便设计”功能进行修改。若需要所有的报表都遵循修改后的设置,则单击功能区“应用当前报表设置”完成整个设置,如图9.117所示。

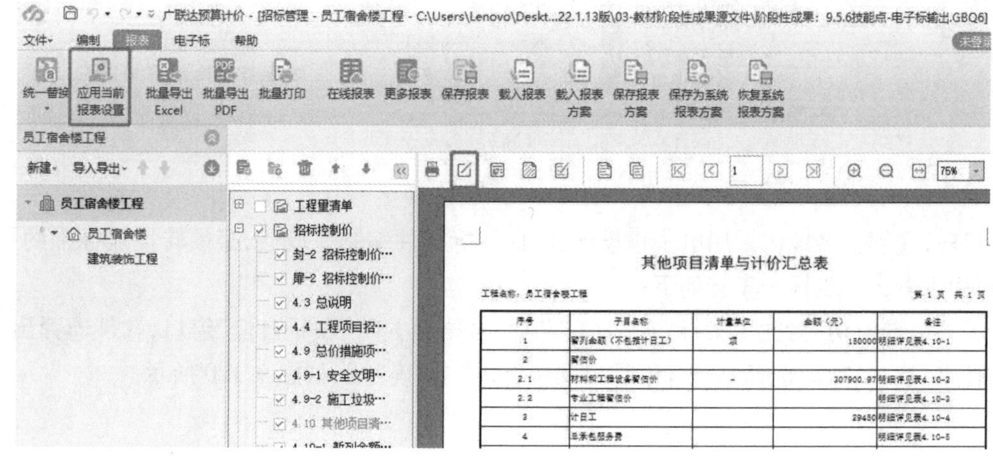

图9.117

②如果自身公司有积累的报表,或者希望把自己常用的报表放在一个文件夹里,则可以在分栏显示区单击鼠标右键新建文件夹,如图 9.118 所示。对新建的文件夹进行命名,然后把常用报表放在自己新建的文件夹下。

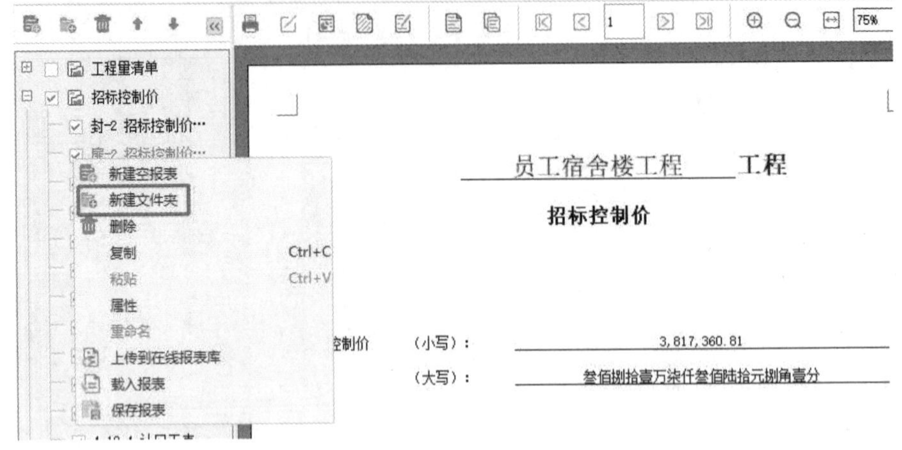

图 9.118

③更改过的报表想要在后面几个工程中都能调用,则可以单击功能区"保存系统报表方案"进行保存,如图 9.119 所示。

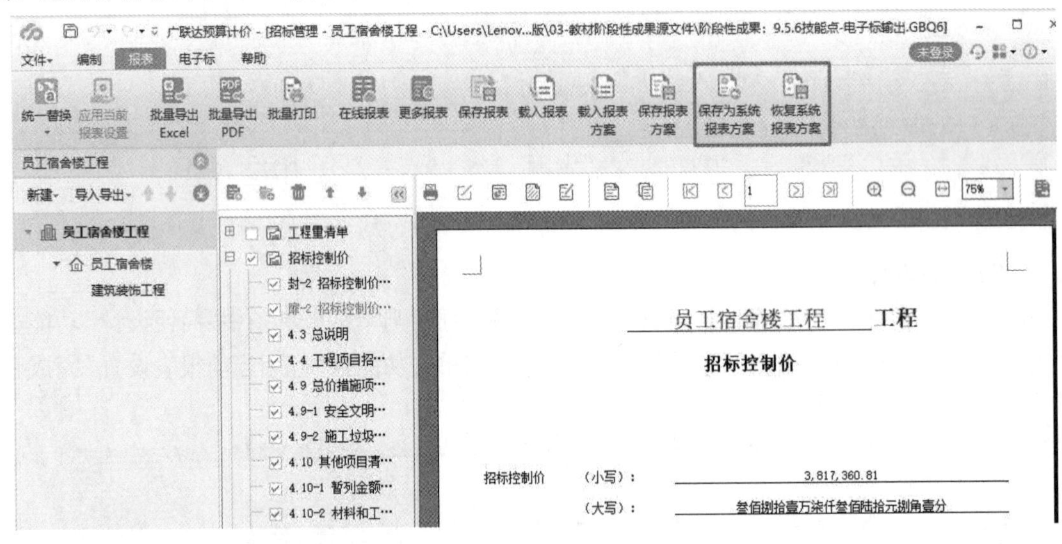

图 9.119

4)生成电子标

目前,我国很多地区采用电子招投标,因此招标文件编制完成后,必须转换成标准的招标文件,用于电子招投标。步骤如下:

①一级导航切换到"电子标"或"项目自检"合格后关闭"项目自检"窗口,软件即弹出"导出招标书"窗口,然后选择电子标书导出的位置,单击"确定",如图 9.120 所示。

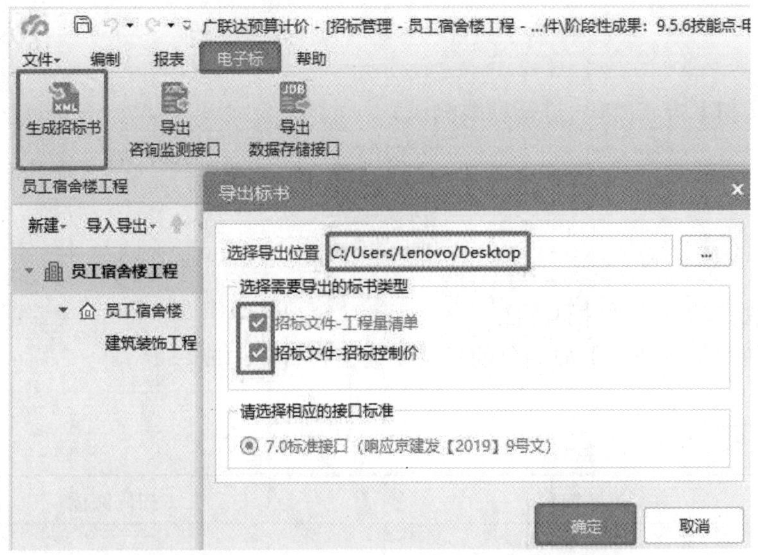

图9.120

②导出成功，如图9.121所示。

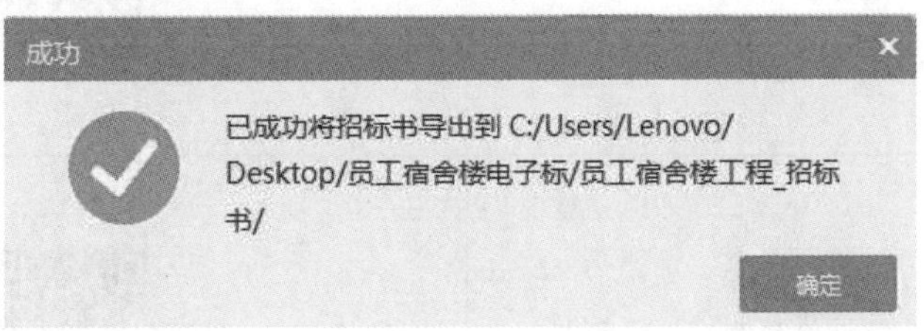

图9.121

③电子标书查看，如图9.122所示。

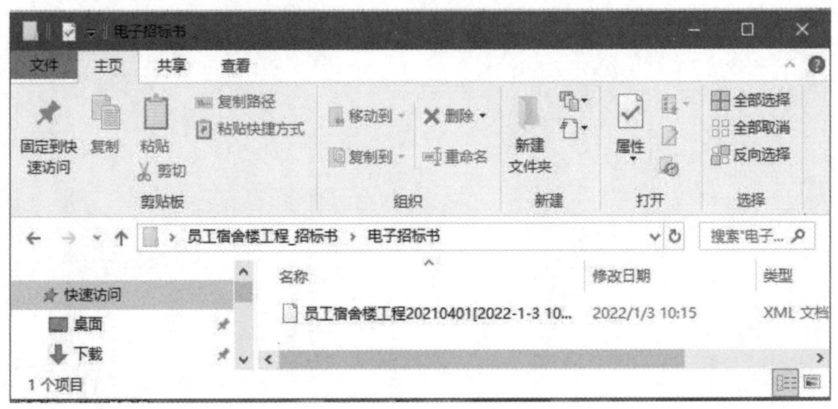

图9.122

【测试】

1. 客观题(扫下方二维码,进行在线测试)

2. 主观题

(1)简述规费的构成及计算方法。

(2)简述按照工程造价形成划分的建筑安装工程费用构成。

【知识拓展】

序号	拓展内容	扫码阅读
拓展 1	投标文件初步评审内容和方法	
拓展 2	工程量清单计价案例——任务书	

附　录

附录 1　课证融通

“1 + X”证书制度的逐渐推行，标志着职业教育迈进了改革的快车道，职业院校需要积极主动地将新技术、新工艺、新规范、新要求融入人才培养过程，将“X”证书的内容与院校对应课程融合。

本书根据工程造价人员岗位能力要求，对接“1 + X”工程造价数字化应用职业技能等级证书及工程造价专业高职人才培养方案，以“员工宿舍楼工程”案例工程为知识点和技能点的载体，以 GTJ2021、GCCP6.0 专业软件为操作平台，以工程造价职业岗位标准为导向，重构课程教学内容，尽可能涵盖“1 + X”工程造价数字化应用职业技能等级证书的初、中级内容，按照职业岗位发展脉络，先计量后计价，从工程计量计价基础、数字化建筑工程量计算到数字化建筑工程计价，分工作任务，通过“知识点 + 技能点”的方式一步一步引导学习者完成 BIM 建筑工程计量与计价内容，实现“岗课结合，书证融通”。本书内容的学习有助于“1 + X”工程造价数字化应用职业技能等级证书的取得，具有契合度高、针对性强的特点。

同时，本书注重课程思政，将习近平新时代中国特色社会主义思想与社会主义核心价值观融入课程，根据课程具体知识点背后蕴含的思政元素，激发学生的爱国主义情怀，增强学生的民族自信心与责任感，帮助学生树立正确的价值观，并将造价人员应具备的严守纪律、公正公平、诚实守信、保守秘密的职业品质，严谨求实、一丝不苟、精益求精、吃苦耐劳的职业精神，谦虚谨慎、勤于沟通、团队协作的职业态度融入教材，将造价人员应具备的精神与品格贯穿教材始终，充分发挥课程的育人功能。

1）课内外教学内容及学时分配

（1）课程框架体系及知识、技能要点

课程框架体系及知识、技能要点见附录 2。

(2)课程教学内容及学时分配参考表

课程教学内容及学时分配参考表见下表：

项目	内容	参考学时
1	BIM 建筑工程计量与计价基础知识	6
2	工程计量设置	4
3	主体结构工程量计量	16
4	二次结构工程量计量	4
5	装修及其他工程量计量	4
6	基础及土方工程量计量	4
7	查看报表及云应用	2
8	装配式建筑工程量计量	4
9	招标控制价编制	20
合计		64

2)课程教学方法和考核方法

(1)课程教学方法

课程教学应紧密结合现行国家计量与计价规范:《建设工程工程量清单计价规范》(GB 50500—2013)、《房屋建筑与装饰工程计量规范》(GB 500854—2013)、《建筑工程建筑面积计算规范》(GB/T 50353—2013),建筑工程定额:《北京市建设工程计价依据——预算定额 房屋建筑与装饰工程预算定额》(2012 版),以及国家建筑标准设计图集 16G101-1/2/3 进行。

本门课程是一门实践性很强的课程,应在基础理论“必需、适度、够用”的基础上,加大实践教学比重。针对课程特点、学习要求、学习难点等灵活运用多种教学方法,如理实一体化教学手段、配合信息化资源、采用翻转课堂、微课等形式用案例教学、任务驱动、网络教学等,体现“学生为主体,教师为主导,以教学内容为载体”的教学理念。

(2)课程考核方法

课程考核采用形成性评价和终结性评价相结合的方式,其中形成性评价占比 60%,终结性评价占比 40%。形成性评价关注评价的多元性,结合学生的考勤、课堂表现、课堂实操笔记、课后作业等情况综合评价学生成绩。终结性评价注重学生动手能力和实践中分析问题、解决问题能力的考核。

①形成性评价。

	评价组成	占比	考核形式	考核的学习目标
形成性评价(60%)	考勤	5%	是否出勤,有无迟到、早退	是否按照学生守则要求,有无规矩意识
	课堂表现	5%	态度端正、积极配合老师的程度等综合表现	课堂上是否态度端正、团结互助、充满正能量
	课堂实操	25%	是否按时、保质完成	对课堂重点教学内容的掌握情况
	笔记、课后作业	25%	是否按时、保质完成	是否消化课堂重点教学内容

②终结性评价。

<table>
<tr><td rowspan="6">终结性评价
(40%)</td><td>考核的学习目标</td><td>考核形式</td><td>占比(%)</td></tr>
<tr><td>工程设置、修改:楼层信息、混凝土标号、抗震等级、保护层;建立楼层</td><td>实操</td><td>5</td></tr>
<tr><td>基础层中混凝土基础梁、柱、垫层(不含筏板基础垫层)的构件工程计量计价</td><td>实操</td><td>10</td></tr>
<tr><td>首层中混凝土柱(不含梯柱)、构造柱(按图示位置布置)、梁(不含梯梁)、板计量计价</td><td>实操</td><td>10</td></tr>
<tr><td>砌体墙、门窗、室内粗装修、台阶、散水的构件计量计价</td><td>实操</td><td>5</td></tr>
<tr><td>编制招标控制价</td><td>实操</td><td>10</td></tr>
</table>

3)课证融通学习资源

序号	资源名称
1	"1+X"工程造价数字化应用职业技能等级标准
2	"1+X"工程造价数字化应用职业技能等级考评大纲
3	"1+X"工程造价数字化应用职业技能等级考试样题(初级、中级、高级)

4)课证融通理论题真题实战

<table>
<tr><td>序号</td><td colspan="3">实战模块内容</td></tr>
<tr><td rowspan="13">1</td><td rowspan="13">"1+X"工程造价数字化应用职业技能等级考试 理论真题分模块实战</td><td rowspan="2">16 G 平法模块</td><td>16 G 平法识图基础</td></tr>
<tr><td>16 G 平法——柱、墙、梁、板、基础</td></tr>
<tr><td rowspan="10">清单模块</td><td>建筑面积</td></tr>
<tr><td>工程量清单基础知识</td></tr>
<tr><td>钢筋混凝土工程、装配式(柱、墙、混凝土其他、钢筋、装配式)</td></tr>
<tr><td>二次结构与装饰工程</td></tr>
<tr><td>土石方与地基处理工程</td></tr>
<tr><td>防水与保温工程</td></tr>
<tr><td>拆除与金属结构</td></tr>
<tr><td>措施项目</td></tr>
<tr><td>识图基础与其他</td></tr>
<tr><td>计价模块</td><td>建筑工程计价</td></tr>
</table>

续表

序号	实战模块内容			
1	“1+X”工程造价数字化应用职业技能等级考试 理论真题分模块实战	招投标与合同管理模块	招投标与合同管理	
		GTJ2021 软件操作模块	工程计算设置	
			钢筋混凝土构件(柱、墙、梁、板)	
			二次结构及装饰装修(门窗、装修)	
			基础工程	
			软件操作综合(查看报表、软件操作综合)	
2	“1+X”工程造价数字化应用职业技能等级考试 理论真题实战	初级	初级 真题 实战 1	试卷
				试卷附件
				部分参考答案
			初级 真题 实战 2	试卷
				试卷附件
				部分参考答案
			初级 真题 实战 3	试卷
				试卷附件
				部分参考答案
		中级	中级 真题 实战 1	试卷
				试卷附件
				部分参考答案
			中级 真题 实战 2	试卷
				试卷附件
				部分参考答案
3	“1+X”工程造价数字化应用职业技能等级考试 在线模测		下载链接 http://rzds.glodonedu.com/rzds/getDownLoadPage	

参考文献

[1] 中华人民共和国住房和城乡建设部,中华人民共和国国家质量监督检验检疫总局. 建设工程工程量清单计价规范:GB 50500—2013[S]. 北京:中国计划出版社,2013.

[2] 北京市住房和城乡建设委员会. 北京市建设工程计价依据:预算定额 房屋建筑与装饰工程预算定额[M]. 北京:中国建筑工业出版社,2012.

[3] 中国建筑标准设计研究院. 中华人民共和国住房和城乡建设部. 国家建筑标准设计图集:16G101-1、16G101-2、16G101-3[S]. 北京:中国计划出版社,2016.

[4] 中华人民共和国住房和城乡建设部. 工程造价术语标准:GB/T 50875—2013[S]. 北京:中国计划出版社,2013.

[5] 全国造价工程师执业资格考试培训教材编审委员会. 建设工程计价[M]. 北京:中国计划出版社,2021.

[6] 朱溢镕,兰丽,邹雪梅. 建筑工程 BIM 造价应用[M]. 北京:化学工业出版社,2020.

[7] 王全杰,杨文生,徐红玲. 建筑工程计量与计价实训教程:北京版[M]. 重庆:重庆大学出版社,2014.

[8] 黄臣臣,陆军,齐亚丽. 工程自动算量软件应用:广联达 BIM 土建计量平台 GTJ 版[M]. 北京:中国建筑工业出版社,2020.

[9] 李建峰. 建筑工程计量与计价[M]. 北京:机械工业出版社,2017.